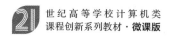
21 世纪高等学校计算机类
课程创新系列教材·微课版

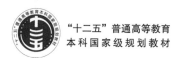

"十二五"普通高等教育
本科国家级规划教材

江苏省高等学校重点教材
编号：2021-1-040

数字逻辑电路设计

第4版·微课视频版

鲍可进 赵念强 赵不贿 / 编著

U0282958

清华大学出版社

北京

内 容 简 介

本书从数字电路的基础知识出发，介绍数制和编码、门电路、逻辑代数、组合逻辑、触发器、时序逻辑、硬件描述语言(VHDL)、可编程器件(PLD、CPLD、FPGA)、在系统可编程技术(ISP)及 EDA 技术的设计思想等内容。本书采用 VHDL 描述电路的设计，每章均附有小结、习题与思考题，大部分内容嵌入了微课视频，并提供全部内容的 PPT 课件。

本书可作为高等院校计算机、通信、电子信息、自动化等专业"数字逻辑"课程的教材，也可作为相关技术人员的参考书。

图书在版编目(CIP)数据

数字逻辑电路设计：微课视频版/鲍可进，赵念强，赵不贿编著. —4 版. —北京：清华大学出版社，2022.6(2025.2重印)

21 世纪高等学校计算机类课程创新系列教材：微课版

ISBN 978-7-302-60575-1

Ⅰ. ①数…　Ⅱ. ①鲍…　②赵…　③赵…　Ⅲ. ①数字电路－逻辑电路－电路设计－高等学校－教材　Ⅳ. ①TN790.2

中国版本图书馆 CIP 数据核字(2022)第 064246 号

责任编辑：黄　芝　李　燕
封面设计：刘　键
责任校对：李建庄
责任印制：刘海龙

出版发行：清华大学出版社
　　　　　网　　　址：https://www.tup.com.cn, https://www.wqxuetang.com
　　　　　地　　　址：北京清华大学学研大厦 A 座　　邮　　编：100084
　　　　　社 总 机：010-83470000　　　　　　　　邮　　购：010-62786544
　　　　　投稿与读者服务：010-62776969，c-service@tup.tsinghua.edu.cn
　　　　　质量反馈：010-62772015，zhiliang@tup.tsinghua.edu.cn
　　　　　课件下载：https://www.tup.com.cn,010-83470236
印 装 者：三河市君旺印务有限公司
经　　销：全国新华书店
开　　本：185mm×260mm　　印　张：23　　　　字　　数：557 千字
版　　次：2004 年 2 月第 1 版　2022 年 8 月第 4 版　印　　次：2025 年 2 月第 4 次印刷
印　　数：23201~24200
定　　价：69.80 元

产品编号：093883-01

前　言

　　"数字逻辑电路设计"是电子信息类专业必修的专业基础课,主要介绍数字系统的基础知识及讨论数字系统的分析与设计的基本理论和方法。

　　进入 21 世纪以来,随着信息技术的飞速发展,电子技术面临着严峻的挑战。电子器件从传统的小规模集成芯片到中大规模集成芯片,从复杂可编程器件到高密度可编程器件,其设计方法已从经典的手工设计发展到电子设计自动化(EDA)。该方法使得几乎硬件电子电路的所有设计过程都可以通过计算机来完成,大大缩短了专用集成电路的设计周期,使得生产厂商的产品能够迅速上市,提高产品的竞争力。

　　EDA 技术是 20 世纪 90 年代以后发展起来的,它打破了传统的由固定集成芯片组成数字系统的模式,对数字系统设计带来了革命性的变化。对电子信息类专业的学生来说,掌握此项新技术十分必要。所以,本书中除保留了数字逻辑最基本的内容外,增加了对硬件描述语言(VHDL)的介绍,在介绍逻辑电路传统设计方法的同时,还插入了 VHDL 对电路的描述,为学生掌握 EDA 技术打下良好的基础。本书有相当大的篇幅介绍了近年来发展迅速的高密度可编程逻辑器件(HDPLD),讲述了以美国 Lattice 公司的在系统可编程芯片(ISP 芯片)为模型的在系统可编程技术,同时也介绍了 Altera、Xilinx 公司 FPGA 芯片的基本结构及工作原理。

　　本书第 4 版对第 3 版的内容做了进一步的优化,对主要内容嵌入了微课视频,以便于学生自学和消化课堂的教学内容,还增加了实验中常用工具软件的使用方法和基本实验项目的介绍,并配有视频讲解,结合配套的《数字逻辑电路设计学习指导与实验教程》,使学生更易进入学用结合的学习过程。全书内容共分 7 章,并提供 PPT 课件,按循序渐进的原则,第 1～5 章主要讲解数字电路的基础知识及逻辑电路设计的基本方法,并介绍 VHDL 的描述方法,这是学习数字逻辑电路课程所必需的知识,也是学习可编程逻辑器件及 EDA 技术的基础。在此基础上,第 6 章、第 7 章主要讨论大规模集成电路、可编程逻辑器件(PLD)、在系统可编程技术(ISP)、现场可编程门阵列(FPGA)器件,重点放在讲解这些器件的基本结构和利用它们设计逻辑电路及系统的基本原理与方法。为方便读者学习,每章都附有小结、习题与思考题。全部内容建议安排 50～60 学时讲授,并配以一定学时的实验课及课程设计,以加深学生对基本理论的理解和对新技术的掌握。本书的相关配套资源可从清华大学出版社官方网站下载。

　　本书由鲍可进负责统稿。第 1 章和第 5 章由鲍可进编写;第 3 章由鲍可进、赵念强编写；第6章由赵念强编写；第2章和第4章由赵不赇编写；第7章由鲍可进、袁晓云、曾宇编写；附录由袁小云、赵念强、鲍可进负责整理；微课视频由赵念强、鲍可进、袁晓云、曾宇制作。

　　由于编者水平有限，加之时间较仓促，书中难免有一些缺点和错误，希望广大读者批评指正。

编　者

2022 年 1 月

目　录

第1章 数字系统与编码

数字系统广泛应用于计算机、数据处理、控制系统、通信及测量等领域。在数字系统中，信号或物理量是用离散值来表示的。电压和电流是最常用的电信号，通常数字系统的信号只有两个量："有"或"无"、"通"或"断"、"高"或"低"，称为二进制信号。具有导通和截止两种工作状态的电子器件能十分可靠地反映两个离散量，且在工程上较容易实现，加上人类的逻辑思维方式也倾向于二值，所以，数字系统常采用二进制信号，有 0 和 1 两个数值。

本章主要围绕数字系统中的二进制信号，讨论数字系统中数的表示方法、数字系统中的编码等基础知识。这些编码不仅在数字系统中使用，在计算机系统中也得到广泛的应用。

1.1 数字系统中的进位制

1.1.1 数制

视频讲解

数制是人们对数量记数的一种统计规律，也就是按进位方式实现记数的一种规则。在日常生活中常用的数制是十进制、十二进制、六十进制等。

对于任何一个数，可以用不同的进位制来表示。先从熟悉的十进制开始，分析各种进位制的特点和表示方法。

十进制有 10 个数字符号，即 0,1,2,3,4,5,6,7,8,9。将若干这样的符号并列在一起可以表示一个十进制数，每位不超过 9，由低位向高位进位是"逢 10 进 1"，这是十进制的特点。这里要引入两个术语：一个叫"基数"，它表示某种进位制所具有的数字符号的个数，例如十进制的基数为 10。另一个叫"位权"或"权"，它表示某种进位制的数中不同位置上数字的单位数值，例如十进制数 234.56，最左位为百位（2 代表 200），权为 10^2；第二位为十位（3 代表 30），权为 10^1；第三位为个位（4 代表 4），权为 10^0；小数点右边第一位为十分位（5 代表 5/10），权为 10^{-1}；第二位为百分位（6 代表 6/100），权为 10^{-2}。

基数和权是进位制的两个要素，根据基数和权的概念，可以将任何一个数表示成多项式的形式。

例如：
$$234.56 = 2 \times 10^2 + 3 \times 10^1 + 4 \times 10^0 + 5 \times 10^{-1} + 6 \times 10^{-2}$$

对于一个一般的十进制数 N，它可表示成

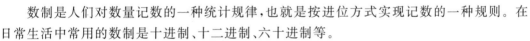

$$(N)_{10} = (d_{n-1} d_{n-2} \cdots d_1 d_0 d_{-1} d_{-2} \cdots d_{-m})_{10} \tag{1-1}$$

或

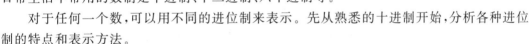

$$(N)_{10} = d_{n-1}(10)^{n-1} + d_{n-2}(10)^{n-2} + \cdots + d_1(10)^1 + d_0(10)^0$$

$$+d_{-1}(10)^{-1}+d_{-2}(10)^{-2}+\cdots+d_{-m}(10)^{-m}$$

$$=\sum_{i=-m}^{n-1}d_i(10)^i \tag{1-2}$$

式中 n 表示整数部分的位数；m 表示小数部分的位数；10 表示基数，$(10)^i$ 为第 i 位的权；d_i 表示各个数字符号，在十进制中有 $d_i\in\{0,1,2,3,4,5,6,7,8,9\}$。通常，把式(1-1)称为并列表示法,把式(1-2)称为多项式表示法或按权展开式。

一般地,对于任意进制数可表示为

$$(N)_R=(r_{n-1}r_{n-2}\cdots r_1 r_0 r_{-1}r_{-2}\cdots r_{-m})_R$$

$$=r_{n-1}R^{n-1}+r_{n-2}R^{n-2}+\cdots+r_1 R^1+r_0 R^0+r_{-1}R^{-1}+r_{-2}R^{-2}+\cdots+r_{-m}R^{-m}$$

$$=\sum_{i=-m}^{n-1}r_i\times R^i \tag{1-3}$$

式中 n 表示整数的位数,m 表示小数的位数；R 为基数,在十进制中 R 应写成 10；r_i 是 R 进制中各个数字符号,即有 $r_i\in\{0,1,2,\cdots,R-1\}$。在数字系统中,常用二进制来表示数并进行运算。这时 R 写成 2,$r_i\in\{0,1\}$。

二进制算术运算十分简单,规则如下：

加法规则 $0+0=0$, $0+1=1+0=1$, $1+1=10$；

乘法规则 $0\times 0=0$, $0\times 1=1\times 0=0$, $1\times 1=1$。

下面举几个二进制数四则运算的例子,从中领会其运算规则。

例 1-1 两个二进制数(1101 和 1001)相加,采用"逢 2 进 1"的法则。

解：

$$
\begin{array}{r}
1101\\
+)\ 1001\\
\hline
10110
\end{array}
$$

例 1-2 两个二进制数(1101 和 0110)相减,采用"借 1 当 2"的法则。

解：

$$
\begin{array}{r}
1101\\
-)\ 0110\\
\hline
0111
\end{array}
$$

例 1-3 两个二进制数(1011 和 1101)相乘,其方法与十进制乘法运算相似,但采用二进制运算规则。

解：

$$
\begin{array}{r}
1011\\
\times)1101\\
\hline
1011\\
0000\\
1011\\
1011\\
\hline
10001111
\end{array}
$$

例 1-4 两个二进制数(1101 和 10001001)相除,其方法与十进制除法运算相似,但采用二进制运算规则。

解：

$$
\begin{array}{r}
1010 \cdots 商 \\
1101 \overline{) 10001001} \\
1101 \\
\overline{\quad 10000} \\
1101 \\
\overline{\quad\quad 111 \cdots 余数}
\end{array}
$$

虽然数字系统广泛采用二进制,但当二进制数的位数很多时,书写和阅读很不方便,容易出错。为此,人们通常采用二进制的缩写形式——八进制和十六进制。

八进制的基数 $R=8$,每位可取 8 个不同的数字符号(即 0,1,2,3,4,5,6,7),其进位规则是"逢 8 进 1"。

由于 1 位八进制的 8 个数字符号正好对应于 3 位二进制数的 8 种不同组合,所以,八进制与二进制之间有简单的对应关系:

八进制　 0　 1　 2　 3　 4　 5　 6　 7
二进制　000　001　010　011　100　101　110　111

这样,八进制与二进制之间数的转换就极为方便。

例如,将二进制数 11010.1101 转换为八进制数,按八-二进制对应关系,有

011　　010　 .　　110　　100

3　　　2　 .　　6　　　4

所以,$(11010.1101)_2 = (32.64)_8$。

由上述可知,二进制数转换成八进制数的方法是:以小数为界,将二进制数的整数部分从低位开始,小数部分从高位开始,每 3 位分成一组,头尾不足 3 位的补零;然后将每组的 3 位二进制数转换为 1 位八进制数。同理,由八进制数转换成二进制数同样很方便。

例如,将八进制数 357.6 转换为二进制数,按八-二进制对应关系,有

3　　 5　　 7　 .　　6

↓　　 ↓　　 ↓　　　 ↓

011　 101　 111　 .　 110

所以,$(357.6)_8 = (11101111.11)_2$。

十六进制的基数 $R=16$,每位可取 16 个不同的数字符号(即 0,1,2,3,4,5,6,7,8,9,A,B,C,D,E,F),其进位规则是"逢 16 进 1"。

同理,由于 1 位十六进制的 16 个数字符号正好对应于 4 位二进制数的 16 种不同的组合,所以,十六进制与二进制之间有简单的对应关系:

十六进制　 0　 1　 2　 3　 4　 5　 6　 7
　　　　　　8　 9　 A　 B　 C　 D　 E　 F
二进制　0000　0001　0010　0011　0100　0101　0110　0111
　　　　1000　1001　1010　1011　1100　1101　1110　1111

这样,十六进制与二进制之间数的转换也很方便。

例如,将二进制数 1010110110.110111 转换为十六进制数,按十六-二进制对应关系,有

$$0010 \quad 1011 \quad 0110 \quad . \quad 1101 \quad 1100$$
$$2 \qquad B \qquad 6 \qquad . \quad D \qquad C$$

所以,$(1010110110.110111)_2 = (2B6.DC)_{16}$。

例如,将十六进制数 5D.6E 转换为二进制数,按十六-二进制对应关系,有

$$5 \qquad D \qquad . \qquad 6 \qquad E$$
$$\downarrow \qquad \downarrow \qquad \qquad \downarrow \qquad \downarrow$$
$$0101 \quad 1101 \quad . \quad 0110 \quad 1110$$

所以,$(5D.6E)_{16} = (1011101.0110111)_2$。

由此可见,采用八进制和十六进制要比用二进制书写简短,易读易记,而且转换也方便。因此,计算机工作者普遍采用八进制或十六进制来书写和表达。

1.1.2 数制转换

视频讲解

在计算机和其他数字系统中普遍采用二进制,采用二进制的数字系统只能处理二进制数或用二进制编码形式表示的其他进位制数。由于人们习惯于使用十进制数,所以在用计算机进行信息处理时,首先必须把十进制数转换成二进制数以便计算机接受;然后进行运算;最后必须把二进制数的运算结果转换成人们习惯的十进制数。

1. 二进制数和十进制数的转换

二进制数转换成十进制数是很方便的,只要将二进制数写成按权展开式,并将式中各乘积项的积算出来,然后各项相加,即可得到与该二进制数相对应的十进制数。

例如:$(11010.101)_2 = 1 \times 2^4 + 1 \times 2^3 + 0 \times 2^2 + 1 \times 2^1 + 0 \times 2^0 + 1 \times 2^{-1} + 0 \times 2^{-2} +$

$$1 \times 2^{-3}$$
$$= 16 + 8 + 2 + 0.5 + 0.125 = (26.625)_{10}$$

将十进制数转换成二进制数时,需将待转换的数分成整数部分和小数部分,并分别加以转换。将一个十进制数写成

$$(N)_{10} = [整数部分]_{10}[小数部分]_{10}$$

转换时,首先将[整数部分]$_{10}$转换成[整数部分]$_2$,然后再将[小数部分]$_{10}$转换成[小数部分]$_2$。待整数部分和小数部分确定后,就可写成$(N)_2 = [整数部分]_2 . [小数部分]_2$。

1) 整数转换

十进制数的整数部分采用"除 2 取余"法进行转换,即把十进位制整数除以 2,取出余数 1 或 0 作为相应二进制数的最低位,把得到的商再除以 2,再取余数 1 或 0 作为二进制数的次低位,以此类推,继续上述过程,直至商为 0,所得余数为二进制数的最高位。

例如,要将十进制整数 58 转换为二进制整数,就要把它写成以下形式:

$$(58)_{10} = (a_{n-1}a_{n-2}\cdots a_1 a_0)_2 = a_{n-1} \times 2^{n-1} + a_{n-2} \times 2^{n-2} + \cdots + a_1 \times 2^1 + a_0 \times 2^0$$
$$= 2(a_{n-1} \times 2^{n-2} + a_{n-2} \times 2^{n-3} + \cdots + a_1) + a_0$$

只要求出等式中的各个系数 $a_{n-1}, a_{n-2}, \cdots, a_1, a_0$,便得到二进制数。将上式两边除以 2,得

$$(29)_{10} = a_{n-1} \times 2^{n-2} + a_{n-2} \times 2^{n-3} + \cdots + a_1 + a_0/2$$

两数相等,整数部分和小数部分必须对应相等,等式左边余数为0,则取a_0为0,因而得$(29)_{10}=2(a_{n-1}\times2^{n-3}+a_{n-2}\times2^{n-4}+\cdots+a_2)+a_1$,将等式两边再除以2,得

$$(14+1/2)_{10}=a_{n-1}\times2^{n-3}+a_{n-2}\times2^{n-2}+\cdots+a_2+a_1/2$$

比较等式两边,等式左边余数为1,则取a_1为1。以此类推,可得系数$a_2,a_3,\cdots,a_{n-2}$,a_{n-1}。根据上面讨论的方法,可用下列形式很方便地将十进制整数转换成二进制数。

$$
\begin{array}{r|l}
2 & 58 \\
2 & 29 \quad \text{余数 0}(a_0)\text{最低位} \\
2 & 14 \quad \text{余数 1}(a_1) \\
2 & 7 \quad \text{余数 0}(a_2) \\
2 & 3 \quad \text{余数 1}(a_3) \\
2 & 1 \quad \text{余数 1}(a_4) \\
 & 0 \quad \text{余数 1}(a_5)\text{最高位}
\end{array}
$$

因此,$(58)_{10}=(111010)_2$。

2) 纯小数转换

十进制数的小数部分采用"乘2取整"法进行转换,即先将十进制小数乘2,取其整数1或0,作为二进制小数的最高位;然后将乘积的小数部分再乘2,并再取整数,作为次高位。重复上述过程,直到小数部分为0或达到所要求的精度。

例如,将十进制小数0.625转换为二进制小数,需把它写成以下形式:

$$(0.625)_{10}=(0.a_{-1}a_{-2}\cdots a_{-m})_2=a_{-1}\times2^{-1}+a_{-2}\times2^{-2}+\cdots+a_{-m}\times2^{-m}$$
$$=a_{-1}/2+1/2(a_{-2}\times2^{-1}+\cdots+a_{-m}\times2^{-m+1})$$

只要求出各系数$a_{-1},a_{-2},\cdots,a_{-m}$,便得到二进制小数。将上式两边乘以2,得

$$(1.25)_{10}=a_{-1}+(a_{-2}\times2^{-1}+\cdots+a_{-m}\times2^{-m+1})$$

根据两个数相等,其整数部分和小数部分必须分别相等的道理,a_{-1}等于左边的整数,则a_{-1}为1。

等式右边括号内的数仍为小数,因而

$$(0.25)_{10}=a_{-2}/2+1/2(a_{-3}\times2^{-1}+\cdots+a_{-m}\times2^{-m+2})$$

再将等式两边乘2,得

$$(0.5)_{10}=a_{-2}+a_{-3}\times2^{-1}+\cdots+a_{-m}\times2^{-m+2}$$

比较等式两边的整数,又取a_{-2}为0。如此连续乘2,直到小数部分等于0,即可求得系数$a_{-1},a_{-2},\cdots,a_{-m}$。

根据上面讨论的方法,可很方便地将十进制小数转换成二进制数,即

$$
\begin{array}{r}
0.625 \\
\times\quad 2 \\
\hline
[1].250 \quad \text{整数 1}(a_{-1})\text{最高小数位} \\
\times\quad 2 \\
\hline
0.500 \quad \text{整数 0}(a_{-2}) \\
\times\quad 2 \\
\hline
[1].000 \quad \text{整数 1}(a_{-3})\text{最低小数位}
\end{array}
$$

因此,$(0.625)_{10} = (0.101)_2$。必须指出:式中的整数不参加连乘。

在十进制的小数部分转换中,有时连续乘2不一定能使小数部分等于0,这说明该十进制小数不能用有限位二进制小数表示。这时,只要取足够多的位数,使误差达到所要求的精度就可以了。

例 1-5 将十进制数0.18转换成二进制数,精确到小数点后4位。

解:

$$
\begin{array}{r}
0.18 \\
\times \qquad 2 \\
\hline
[0].36 \qquad \text{整数 } 0(a_{-1}) \\
\times \qquad 2 \\
\hline
[0].72 \qquad \text{整数 } 0(a_{-2}) \\
\times \qquad 2 \\
\hline
[1].44 \qquad \text{整数 } 1(a_{-3}) \\
\times \qquad 2 \\
\hline
[0].88 \qquad \text{整数 } 0(a_{-4}) \\
\times \qquad 2 \\
\hline
[1].76 \qquad \text{整数 } 1(a_{-5})
\end{array}
$$

十进制数0.18连续4次乘2后,其小数部分等于0.88,仍不为0。由于要求精确到小数点后4位,因此将0.88再乘一次2,小数点后第5位四舍五入后得$(0.18)_{10} \approx (0.0011)_2$。如果一个十进制数既有整数部分又有小数部分,转换时,整数部分采用"除2取余"法,小数部分采用"乘2取整"法,然后再把转换的结果合并起来。

例 1-6 将$(58.625)_{10}$转换成二进制数。

解:$(58.625)_{10} = (58)_{10} + (0.625)_{10} = (111010)_2 + (0.101)_2 = (111010.101)_2$

2. 任意两种进制之间的转换

前面介绍的方法并不局限于十进制与二进制之间的转换,可用于任意α,β进制之间的转换。因为人们对十进制运算十分熟悉,所以α进制→β进制,一种比较方便的方法是利用十进制作桥梁,先把α进制转换为十进制数,这时可以采用按权展开,然后再将十进制数转换为β进制数,这时可分为整数(除β取余)和小数(乘β除整)两部分进行,其示意图如图1-1所示。

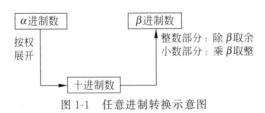

图 1-1 任意进制转换示意图

例 1-7 $(121.02)_4 = (x)_3$,求x。

解:先用按权展开的方法将四进制数转换成十进制数。

$$(121.02)_4 = (1 \times 4^2 + 2 \times 4^1 + 1 \times 4^0 + 2 \times 4^{-2})_{10}$$
$$= (16 + 8 + 1 + 0.125)_{10} = (25.125)_{10}$$

再将十进制数的整数部分、小数部分分别进行转换，即

$$
\begin{array}{r|l}
3 & 2\,5 \\
\hline
3 & 8 \\
3 & 2 \\
& 0
\end{array}
\quad
\begin{array}{l}
\text{余数} \\
1\ \text{低位} \\
2 \\
2\ \text{高位}
\end{array}
$$

$$
\begin{array}{rl}
0.1\,2\,5 & \\
\times)\quad\ \ 3 & \text{整数} \\
\hline
[0].3\,7\,5 & 0\ \text{高位} \\
\times)\quad\ \ 3 & \\
\hline
[1].1\,2\,5 & 1 \\
\times)\quad\ \ 3 & \\
\hline
[0].3\,7\,5 & 0\ \text{低位}
\end{array}
$$

$$\vdots$$

所以，$(121.02)_4 = (221.010\cdots)_3$，即 $x = 221.010\cdots$。

1.2 数字系统中的编码

1.2.1 带符号数的代码表示

1. 真值与机器数

前面讨论的数都没有考虑符号，一般认为是正数，但在算术运算中总会出现负数。不带符号的数是数的绝对值，在绝对值前加上表示正负的符号就成了带符号数。一个带符号的数由两部分组成：一部分表示数的符号；另一部分表示数的数值。数的符号是一个具有正、负两种值的离散信息，它可以用一位二进制数来表示。习惯上以 0 表示正数；而以 1 表示负数。对于一个 n 位二进制数，如果数的第一位为符号位，则剩下的 $n-1$ 位表示数的数值部分。一般直接用正号（＋）和负号（－）来表示符号的二进制数，叫作符号数的真值。数的真值形式是一种原始形式，不能直接用于计算机中。但是，当符号被数值化以后，就可在计算机中使用。计算机中使用的符号数叫作机器数，而原始形式的数称为真值。

例如，二进制正数＋0.1011 在机器中的表示如图 1-2(a)所示；二进制负数－0.1011 在机器中的表示如图 1-2(b)所示。

图 1-2 二进制数在机器中的表示

由 1.1 节介绍的二进制数的加、减、乘、除 4 种运算可知,乘法运算实际上是做移位加法运算,而除法运算是做移位减法运算。这就是说,在机器中只需要做加、减两种运算。但做减法运算时,必须先比较两个数绝对值的大小,将绝对值大的数减绝对值小的数,最后在相减结果的前面加上正确的符号。虽然逻辑电路可以实现减法运算,但所需的电路复杂,运算时间较长。为了能使减法运算变成加法运算,人们提出了三种机器数的表示形式,即原码、反码和补码。

2. 原码

原码又称为"符号-数值表示"。在以原码形式表示的正数和负数中,第 1 位表示符号位,对于正数,符号位记作 0;对于负数,符号位记作 1,其余各位表示数值部分。

假如两个带符号的二进制数分别为 N_1 和 N_2,其真值形式为

$$N_1 = +10011 \qquad N_2 = -01010$$

则 N_1 和 N_2 的原码表示形式为

$$[N_1]_原 = 010011 \qquad [N_2]_原 = 101010$$

根据上述原码形成规则,一个 n 位的整数 N(包括一位符号位)的原码一般表示式为

$$[N]_原 = \begin{cases} N, & 0 \leqslant N < 2^{n-1} \\ 2^{n-1} - N, & -2^{n-1} < N \leqslant 0 \end{cases}$$

对于定点小数,通常小数点定在最高位的左边,这时,数值小于 1。定点小数的原码一般表示式为

$$[N]_原 = \begin{cases} N, & 0 \leqslant N < 1 \\ 1 - N, & -1 < N \leqslant 0 \end{cases}$$

从原码的一般表示式中可以看出:

(1) 当 N 为正数时,$[N]_原$ 和 N 的区别只是增加一位用 0 表示的符号位。因为在数的左边增加一位 0 对该数的数值并无影响,所以 $[N]_原$ 就是 N 本身。

(2) 当 N 为负数时,$[N]_原$ 和 N 的区别是增加一位用 1 表示的符号位。

(3) 在原码表示中,有两种不同形式的 0,即

$$[+0]_原 = 0.00\cdots0, \qquad [-0]_原 = 1.00\cdots0$$

例如: $N_1 = +0.1101, N_2 = -0.1101,$则

$$[N_1]_原 = 0.1101, [N_2]_原 = 1.1101$$

3. 反码

反码又称为"对 1 的补数"。用反码表示时,左边第 1 位也为符号位,符号位为 0 代表正数,符号位为 1 代表负数。对于负数,反码的数值是将原码数值按位求反,即原码的某位为 1,反码的相应位就为 0;或者原码的某位为 0,反码的相应位就为 1。而对于正数,反码和原码相同。所以,反码数值的形成与它的符号位有关。

假如两个带符号的二进制数分别为 N_1 和 N_2,其真值形式为

$$N_1 = +10011, \qquad N_2 = -01010$$

则 N_1 和 N_2 的反码表示形式为

$$[N_1]_反 = 010011, \qquad [N_2]_反 = 110101$$

根据上述的反码形成规则,一个 n 位的整数 N(包括一位符号位)的反码一般表示式为

$$[N]_{反} = \begin{cases} N, & 0 \leqslant N < 2^{n-1} \\ (2^n - 1) + N, & -2^{n-1} < N \leqslant 0 \end{cases}$$

同样,对于定点小数,若小数部分的位数为 m,则它的反码一般表示为

$$[N]_{反} = \begin{cases} N, & 0 \leqslant N < 1 \\ 2 - 2^{-m} + N, & -1 < N \leqslant 0 \end{cases}$$

从反码的一般表示式可以看出:

(1) 正数 N 的反码 $[N]_{反}$ 与原码 $[N]_{原}$ 相同。

(2) 对于负数 N,其反码 $[N]_{反}$ 的符号位为1,数值部分是将原码数值按位取反。

(3) 在反码表示中,0 的表示有两种不同的形式,即

$$[+0]_{反} = 0.00\cdots0, \quad [-0]_{反} = 1.11\cdots1$$

在进行反码运算时,两数反码的和等于两数和的反码,即

$$[N_1]_{反} + [N_2]_{反} = [N_1 + N_2]_{反}$$

符号位也参加运算,当符号位产生进位时,需要循环进位(即把符号位的进位加到和的最低位)。

例 1-8 已知 $N_1 = +1001, N_2 = -1011$,求 $N_1 + N_2$。

解:

$$\begin{array}{r} [N_1]_{反} = 0\ 1\ 0\ 0\ 1 \\ +) \quad [N_2]_{反} = 1\ 0\ 1\ 0\ 0 \\ \hline [N_1]_{反} + [N_2]_{反} = 1\ 1\ 1\ 0\ 1 \end{array}$$

即 $[N_1 + N_2]_{反} = 11101$,所以 $N_1 + N_2 = -0010$。

例 1-9 已知 $N_1 = +1001, N_2 = -0101$,求 $N_1 + N_2$。

解:

$$\begin{array}{r} [N_1]_{反} = \quad 0\ 1\ 0\ 0\ 1 \\ +) \quad [N_2]_{反} = \quad 1\ 1\ 0\ 1\ 0 \\ \hline [N_1]_{反} + [N_2]_{反} = [1]\ 0\ 0\ 0\ 1\ 1 \\ +) \quad \quad \quad \quad \longrightarrow 1 \\ \hline 0\ 0\ 1\ 0\ 0 \end{array}$$

即 $[N_1 + N_2]_{反} = 00100$,所以 $N_1 + N_2 = +0100$。

由反码的运算可看出,反码表示法在进行加法运算时,比原码表示法简单,不用判断两数符号是否相同,只要求出两数的反码后相加即可。但在符号位有进位时,存在循环进位问题,需要多执行一次加法,这就增加了执行加法运算的时间。于是又出现了另一种使得这种运算更完善的表示法,这就是补码。

4. 补码

补码又称为"对2的补数"。在补码表示法中,正数的表示同原码和反码的表示是一样的,而负数的表示却不同。对于负数,其符号位为1,而数值位是将原码按位变反加1,即按位变反,再在最低位加1。

假如两个带符号的二进制数分别为 N_1 和 N_2,其真值形式为

$$N_1 = +10011, \quad N_2 = -01010$$

则 N_1 和 N_2 的补码表示形式为

$$[N_1]_\text{补} = 010011, \quad [N_2]_\text{补} = 110110$$

根据上述补码形成规则,一个 n 位的整数 N(包括一位符号位)的补码一般表示式为

$$[N]_\text{补} = \begin{cases} N, & 0 \leqslant N < 2^{n-1} \\ 2^n + N, & -2^{n-1} \leqslant N < 0 \end{cases}$$

同样,对于定点小数,补码一般表示式可写成

$$[N]_\text{补} = \begin{cases} N, & 0 \leqslant N < 1 \\ 2 + N, & -1 \leqslant N < 0 \end{cases}$$

由补码的一般表示式可以看出:

(1) 正数 N 的补码 $[N]_\text{补}$ 与原码 $[N]_\text{原}$ 及反码 $[N]_\text{反}$ 相同。

(2) 对于负数,补码 $[N]_\text{补}$ 的符号位为 1,其数值部分为反码数值加 1。

(3) 在补码表示中,0 的表示式是唯一的,即

$$[+0]_\text{补} = 0.00\cdots0, \quad [-0]_\text{补} = 0.00\cdots0$$

在进行补码运算时,两数补码的和等于两数和的补码,即

$$[N_1]_\text{补} + [N_2]_\text{补} = [N_1 + N_2]_\text{补}$$

运算时,符号位和数值位同样参加运算,如果符号位产生进位,则需将此进位"丢掉"。

例 1-10 已知 $N_1 = -0.1100, N_2 = -0.0010$,求 $[N_1 + N_2]_\text{补}$,$[N_1 - N_2]_\text{补}$ 以及 $N_1 + N_2, N_1 - N_2$。

解: 对于 $[N_1 + N_2]_\text{补}$,则

$$
\begin{array}{r}
[N_1]_\text{补} = 1.\,0100 \\
+) \quad [N_2]_\text{补} = 1.\,1110 \\
\hline
\text{丢掉} \leftarrow 1\,1.\,0010
\end{array}
$$

即 $[N_1 + N_2]_\text{补} = 1.0010, N_1 + N_2 = -0.1110$。

因为 $[N_1 - N_2]_\text{补} = [N_1]_\text{补} + [-N_2]_\text{补}$,所以

$$
\begin{array}{r}
[N_1]_\text{补} = 1.\,0100 \\
+) \quad [-N_2]_\text{补} = 0.\,0010 \\
\hline
1.\,0110
\end{array}
$$

即 $[N_1 - N_2]_\text{补} = 1.0110, N_1 - N_2 = -0.1010$。

已知原码求补码,或已知补码求原码,其方法是一样的。对于正数,原码、补码相同;对于负数,符号位不变,数值位按位求反加 1。

还有一种原码、补码转换的更简便的方法,当然对于正数两者还是相同的,而对于负数,原码、补码之间的转换可直接按位写出来,即符号位不变,数值位从右边起往左写,遇到 0 或第一个 1 照写,以后按位求反即可。

例如:$[N]_\text{原} = 100110100$,则

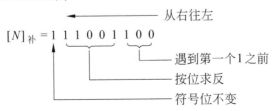

若已知$[N]_{补}$,则求$[N]_{原}$的方法一样。

以上介绍的几种代码之间与真值的关系可用图 1-3 来描述。

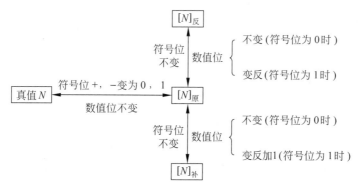

图 1-3 真值、原码、反码和补码之间的转换

另外有几个特殊补码的求法介绍如下:

(1) 当 $N=-2^{n-1}$(n 为代码长度)时,求$[N]_{补}$。

根据补码的一般表达式

$$[N]_{补}=2^n+N=2^n+(-2^{n-1})=2\times 2^{n-1}-2^{n-1}=2^{n-1}$$

例如:当 $n=5$ 时,$N=-10000$,则$[N]_{补}=10000$。

(2) 已知$[N]_{补}$,求$[-N]_{补}$。

这时只要将$[N]_{补}$连同符号位一起求反加 1 即可,这个过程称为求补,即

$$[-N]_{补}=[(N)_{补}]_{求补}$$

例如:$[N]_{补}=11011$,$[-N]_{补}=[11011]_{求补}=00101$。

(3) 已知$[N]_{补}$,求$\left[\frac{1}{2}N\right]_{补}$、$\left[\frac{1}{4}N\right]_{补}$。

求 $\left[\frac{1}{2}N\right]_{补}$ 只需将$[N]_{补}$右移一位,并保持符号位不变即可;求 $\left[\frac{1}{4}N\right]_{补}$ 只需将$[N]_{补}$右移两位,保持符号位不变即可,而移位后的最右边位略去。

例如:已知$[N]_{补}=11010$,则 $\left[\frac{1}{2}N\right]_{补}=11101$,$\left[\frac{1}{4}N\right]_{补}=11110$。

1.2.2 十进制数的二进制编码

视频讲解

以上讨论了二进制数在数字系统中的表示方法。在计算机或其他数字系统中,常用二进制代码表示十进制数,并进行运算。这种方法就是将十进制的 10 个数字符号分别用若干位二进制代码来表示,通常称为二-十进制编码。这种编码既具有二进制的形式又具有十进制数的特点。下面介绍常用的几种二-十进制编码。

1. 8421 码

8421 码是最常用的一种二-十进制编码,简称为 BCD(Binary Coded Decimal)码。它将十进制的每个数字符号用 4 位二进制数表示,这 4 位二进制数各位的权从左到右分别为 8,4,2,1,所以称为 8421(BCD)码。这样用二进制数的 0000～1001 来分别表示十进制的 0～9,如表 1-1 所列。必须注意,BCD 码只有 10 个代码,其中 1010～1111 不可能出现,这与通

常的二进制数是不同的。

表 1-1 常用的二-十进制编码表

十 进 制 数	BCD 码	余 3 码	2421 码
0	0000	0011	0000
1	0001	0100	0001
2	0010	0101	0010
3	0011	0110	0011
4	0100	0111	0100
5	0101	1000	1011
6	0110	1001	1100
7	0111	1010	1101
8	1000	1011	1110
9	1001	1100	1111

8421 码的主要特点如下：

(1) 8421 码是一种有权码,因而根据代码的组成便可知道它所代表的值。设 8421 码的各位为 a_3,a_2,a_1,a_0,则它所代表的值为

$$N = 8a_3 + 4a_2 + 2a_1 + 1a_0$$

(2) 编码简单直观,它与十进制数之间的转换只要直接按位进行就可。

例如：$(91.76)_{10} = (10010001 . 01110110)_{BCD}$

2. 余 3 码

余 3 码也是一种被广泛采用的二-十进制编码。对应于同样的十进制数字,余 3 码比相应的 BCD 码多出 0011,所以叫余 3 码,如表 1-1 所示,即

$$(N)_{余3码} = (N)_{BCD} + (0011)_2$$

例如：$(90.61)_{10} = (11000011 \cdot 10010100)_{余3码}$

余 3 码的特点如下：

(1) 余 3 码是一种对 9 的自补码。从表 1-1 可以看出,每个余 3 码只要自身按位取反,便可得到其对 9 的补码。例如,十进制数字 5 的余 3 码为 1000,5 对 9 的补是 $9-5=4$,而 4 的余 3 码是 0111,它正好是 5 的余 3 码 1000 按位取反而得的。余 3 码的这种自补性,给十进制运算带来了方便,这就是余 3 码被广泛采用的原因之一。

(2) 两个余 3 码相加,所产生的进位对应于十进制数的进位,但所产生的和要进行修正后才是正确的余 3 码。修正的方法是：如果没有进位,则和需要减 3；如果有进位,则和需要加 3。

例如：

```
            0101                            1100
      +)    0110                      +)    0100
   2        1011          9        进位[1] 0000
 +)  3 -)     11        +)   1      +)       11
----- ------          ----- -----
   5        1000         10         0011
```

3. 2421 码

2421 码和 BCD 码相似,它也是一种有权码,所不同的是 2421 码的权从左到右分别为

2,4,2,1。设 2421 码中的各位为 a_3, a_2, a_1, a_0，则它所代表的值为

$$N = 2a_3 + 4a_2 + 2a_1 + 1a_0$$

需要指出的是，2421 码的编码方案不止一种，表 1-1 中给出的只是其中的一种方案。该方案的 2421 码的特点是，它也是一种对 9 的自补码，所以在十进制运算中用得也较普遍。

除上述三种常用的二-十进制编码外，还有 5421 码、4421 码、4221 码等 4 位编码以及 5 中取 2 码、移位计数器码等 5 位编码，这里不一一介绍了。

1.2.3 可靠性编码

代码的形成或传输过程中难免会发生错误，为了减少这种错误，人们采用了可靠性编码的方法。它使代码本身具有一种特征或能力，使得代码在形成过程中不易出错，或者使这种代码出错时容易被发现，甚至能查出出错的位置并予以纠正。目前，常用的可靠性代码有格雷(Gray)码、奇偶校验码和汉明(Hamming)码等。下面分别介绍这些代码的组成及特点。

1. Gray 码

有一个两位的二进制计数器，它的计数规律为 $00 \rightarrow 01 \rightarrow 10 \rightarrow 11 \rightarrow 00 \rightarrow \cdots\cdots$ 当从 01 到 10 时，如果两位代码的变化不是同时发生(实际上不可能完全同时发生)的，那么在计数过程中就可能出现 00 或 11 短暂的错误代码，这在某些系统中是不允许的。若采用 Gray 码来进行计数就解决了这个问题。

Gray 码有多种形式，但它们都有一个共同的特点，即从一个代码变为相邻的另一代码时，只有一位发生变化。表 1-2 给出了一种典型的 Gray 码，从表中可以看出，任何相邻的十进制数，它们的 Gray 码都仅有一位之差。

表 1-2 典型的 Gray 码

十进制码	二进制码	典型 Gray 码	十进制码	二进制码	典型 Gray 码
0	0000	0000	8	1000	1100
1	0001	0001	9	1001	1101
2	0010	0011	10	1010	1111
3	0011	0010	11	1011	1110
4	0100	0110	12	1100	1010
5	0101	0111	13	1101	1011
6	0110	0101	14	1110	1001
7	0111	0100	15	1111	1000

Gray 码是一种无权码，因而很难从某个代码识别它所代表的数值。但是典型的 Gray 码与二进制码之间有简单的转换关系。设二进制码为

$$B = B_n B_{n-1} \cdots B_1 B_0$$

其对应的 Gray 码为

$$G = G_n G_{n-1} \cdots G_1 G_0$$

则有

$$\begin{cases} G_n = B_n \\ G_i = B_{i+1} \oplus B_i \quad (i < n) \end{cases}$$

式中,$i=0,1,\cdots,n-1$,而符号 $\oplus$ 表示异或运算或模 2 加运算,其规则是

$$0 \oplus 0 = 0, \quad 0 \oplus 1 = 1, \quad 1 \oplus 0 = 1, \quad 1 \oplus 1 = 0$$

例如,把二进制码 0111 和 1100 转换成典型的 Gray 码,即

$$B=0 \quad 1 \quad 1 \quad 1 \qquad\qquad B=1 \quad 1 \quad 0 \quad 0$$

$$G=0 \quad 1 \quad 0 \quad 0 \qquad\qquad G=1 \quad 0 \quad 1 \quad 0$$

反过来,如果已知 Gray 码,也可以用类似的方法求出相应的二进制码,其方法如下:

$$\begin{cases} B_n = G_n \\ B_i = B_{i+1} \oplus G_i \quad (i < n) \end{cases}$$

例如,把 Gray 码 0100 和 1010 转换成二进制码,即

$$G=0 \quad 1 \quad 0 \quad 0 \qquad\qquad G=1 \quad 0 \quad 1 \quad 0$$

$$B=0 \quad 1 \quad 1 \quad 1 \qquad\qquad B=1 \quad 1 \quad 0 \quad 0$$

Gray 码可用作二-十进制编码。表 1-3 给出了十进制数的两种 Gray 码,其中修改的 Gray 码又叫余 3 Gray 码,它具有循环性,即十进制数的头尾两个数(0 与 9)的 Gray 码也只有一位不同,构成一个"循环",所以 Gray 码有时也称循环码。

表 1-3　十进制数的两种 Gray 码

十进制码	典型 Gray 码	修改格雷码	十进制码	典型 Gray 码	修改格雷码
0	0000	0010	5	0111	1100
1	0001	0110	6	0101	1101
2	0011	0111	7	0100	1111
3	0010	0101	8	1100	1110
4	0110	0100	9	1101	1010

2. 奇偶校验码

二进制信息在传送、存储过程中,有时可能会发生错误,即有的 1 错成 0 或有的 0 错成 1。在计算机中常用一种奇偶校验码(Parity Check Codes)来发现这种错误,以便进行出错处理。

奇偶校验码由信息位和校验位两部分组成。信息位就是要传送的信息本身,可以是位数不限的二进制代码。例如并行传送 BCD 码,信息位就是 4 位;校验位是附加的冗余位,这里仅用 1 位。

1) 奇偶校验码的编码方法

在信息的发送端,对校验位进行编码。编码的方法有两种:一种是校验位的取值(0 或 1)使得整个代码中信息位和校验位 1 的个数为奇数,称为奇校验;另一种是校验位的取值使得整个代码中信息位和校验位 1 的个数为偶数,称为偶校验。表 1-4 给出了以 BCD 码为

视频讲解

14

信息位所构成的奇校验码和偶校验码。其中，B_8，B_4，B_2，B_1为信息位，P为校验位。

表 1-4　BCD 码的奇偶校验码

BCD 码				奇 检 验 码					偶 校 验 码				
B_8	B_4	B_2	B_1	B_8	B_4	B_2	B_1	P	B_8	B_4	B_2	B_1	P
0	0	0	0	0	0	0	0	1	0	0	0	0	0
0	0	0	1	0	0	0	1	0	0	0	0	1	1
0	0	1	0	0	0	1	0	0	0	0	1	0	1
0	0	1	1	0	0	1	1	1	0	0	1	1	0
0	1	0	0	0	1	0	0	0	0	1	0	0	1
0	1	0	1	0	1	0	1	1	0	1	0	1	0
0	1	1	0	0	1	1	0	1	0	1	1	0	0
0	1	1	1	0	1	1	1	0	0	1	1	1	1
1	0	0	0	1	0	0	0	0	1	0	0	0	1
1	0	0	1	1	0	0	1	1	1	0	0	1	0

一般来说，对于任何 n 位二进制信息位，只要增加一位校验位，便可构成 $n+1$ 位的奇或偶校验码。设奇偶校验码为 $C_1C_2C_3\cdots C_nP$，则校验位 P 可以表示成

$$P = C_1 \oplus C_2 \oplus C_3 \oplus \cdots \oplus C_n（对偶校验码）$$

或

$$P = C_1 \oplus C_2 \oplus C_3 \oplus \cdots \oplus C_n \oplus 1（对奇校验码）$$

2) 奇偶校验码的校验方法

在发送端对校验位进行编码后，将信息位和校验位构成的奇（或偶）校验码一起发送出去。在接收端对接收到的奇（或偶）校验码进行校验，其校验方程为

$$S = C_1 \oplus C_2 \oplus \cdots \oplus C_n \oplus P$$

当采用奇校验码时，$S = \begin{cases} 1, & 正确 \\ 0, & 错误 \end{cases}$

当采用偶校验码时，$S = \begin{cases} 0, & 正确 \\ 1, & 错误 \end{cases}$

从上可以看出，奇偶校验码能发现代码一位（或奇数位）出错，但它不能发现两位（或偶数位）出错。由于两位出错的概率远低于一位出错的概率，所以用奇偶校验码来检测代码在传送过程中的错误是很有效的。

实现奇偶校验只需要在发送端增加一个奇偶形成电路和在接收端增加一个奇偶校验电路。图 1-4 表示了实现 BCD 码奇偶校验的原理框图。

3. 汉明校验码

上面介绍的奇偶校验码只能发现一位（或奇数位）出错，但不能定位错误，因而也就不能纠正错误。那么，能否构成一种既能发现错误，又能定位错误的可靠性编码呢？这里要介绍的汉明（Hamming）校验码就是具有这种能力的一种最简单的可靠性编码。汉明校验的基础是奇偶校验，可以把汉明校验码看成多重的奇偶校验码。

下面来讨论汉明校验码的编码方法以及它为什么不仅能够检错，还能纠错。

视频讲解

数字系统与编码

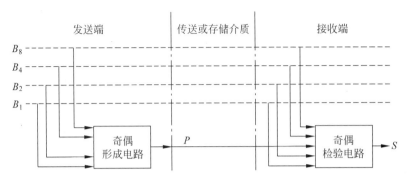

图 1-4　BCD 码奇偶校验原理框图

1) 汉明码的编码方法

汉明码也是由信息位、校验位两部分构成的,但校验位不是一位而是多位。

① 根据要传输的信息码位数 k 来确定需要的最小汉明校验码位数 r,它们应满足:

$$2^r \geqslant k+r+1$$

即 r 位校验位共有 2^r 种不同取值,它要能表达代码正确以及指示 $k+r$ 位(整个代码位数)哪一位出错。表 1-5 列出了校验码位数 r 和可能校验的信息码的最大位数 $k_{\max}$ 之间的关系。

表 1-5　r 和 $k_{\max}$ 之间的关系

检验位数 r	最大信息位数 $k_{\max}$	总位数 n	检验位数 r	最大信息位数 $k_{\max}$	总位数 n
1	0	1	5	26	31
2	1	3	6	57	63
3	4	7	7	120	127
4	11	15	8	247	255

② 将校验位分别设置在 $2^i (i=0,1,2,\cdots)$ 码位上。例如,有校验码 3 位 $b_1 b_2 b_3$,信息码 4 位 $a_1 a_2 a_3 a_4$,则组成的汉明码为

码位:b_1	b_2	a_1	b_3	a_2	a_3	a_4
1	2	3	4	5	6	7
2^0	2^1		2^2			

③ 对汉明码分组,并进行奇偶校验运算以确定校验位的取值。

将码位用二进制值表示,在同一位上标 1 的码元分为一组,在组内进行奇偶运算求得 b_i。

码位:1	2	3	4	5	6	7	
1	0	1	0	1	0	1	($b_1 a_1 a_2 a_4$)
0	1	1	0	0	1	1	($b_2 a_1 a_3 a_4$)
0	0	0	1	1	1	1	($b_3 a_2 a_3 a_4$)
b_1	b_2	a_1	b_3	a_2	a_3	a_4	

则
$$b_1 = a_1 \oplus a_2 \oplus a_4$$
$$b_2 = a_1 \oplus a_3 \oplus a_4$$
$$b_3 = a_2 \oplus a_3 \oplus a_4 \text{（偶校验）}$$

或
$$b_1 = a_1 \oplus a_2 \oplus a_4 \oplus 1$$
$$b_2 = a_1 \oplus a_3 \oplus a_4 \oplus 1$$
$$b_3 = a_2 \oplus a_3 \oplus a_4 \oplus 1 \text{（奇校验）}$$

2）汉明码的校验方法

在发送端将编码好的汉明码发送出去后，在接收端根据接收到的信息码和校验码进行检错和纠错。通过下列方程组来实现（对于偶校验）：

$$S_1 = b_1 \oplus a_1 \oplus a_2 \oplus a_4$$
$$S_2 = b_2 \oplus a_1 \oplus a_3 \oplus a_4$$
$$S_3 = b_3 \oplus a_2 \oplus a_3 \oplus a_4$$

根据 S_1, S_2, S_3 的值可检测错误和定位错误。若 $S_3 S_2 S_1 = 000$，则代码正确；若有错（只考虑一位发生错），则 $S_3 S_2 S_1$ 的值就是出错的码位号，只要将该位求反即可纠正。

例 1-11 试将一位 BCD 码编成奇校验的汉明码。

解：设 BCD 码为 $a_1 a_2 a_3 a_4$。

① 因为 $k = 4$，所以取 $r = 3$，即有 3 位校验码 $b_1 b_2 b_3$。

② 将 3 位校验码分别置于 1, 2, 4 码位上，则构成汉明码 $b_1 b_2 a_1 b_3 a_2 a_3 a_4$。

③ 根据分组规则将它分为 3 组，得

$$b_1 = a_1 \oplus a_2 \oplus a_4 \oplus 1$$
$$b_2 = a_1 \oplus a_3 \oplus a_4 \oplus 1$$
$$b_3 = a_2 \oplus a_3 \oplus a_4 \oplus 1$$

计算每组与 BCD 码对应的校验位即可得出完整的 BCD 码的汉明码表，如表 1-6 所示。

表 1-6 BCD 码的汉明码表

信息码序号	b_1	b_2	a_1	b_3	a_2	a_3	a_4
0	1	1	0	1	0	0	0
1	0	0	0	0	0	0	1
2	1	0	0	0	0	1	0
3	0	1	0	1	0	1	1
4	0	1	0	0	1	0	0
5	1	0	0	1	1	0	1
6	0	0	0	1	1	1	0
7	1	1	0	0	1	1	1
8	0	0	1	1	0	0	0
9	1	1	1	0	0	0	1

下面来看一下如何进行校验。假设发送代码 5 的汉明码为 1001101，而接收到的汉明码为 1011101，则根据校验方程组，有

$$S_3 = b_3 \oplus a_2 \oplus a_3 \oplus a_4 \oplus 1 = 1 \oplus 1 \oplus 0 \oplus 1 \oplus 1 = 0$$

数字系统与编码

$$S_2 = b_2 \oplus a_1 \oplus a_3 \oplus a_4 \oplus 1 = 0 \oplus 1 \oplus 0 \oplus 1 \oplus 1 = 1$$
$$S_1 = b_1 \oplus a_1 \oplus a_2 \oplus a_4 \oplus 1 = 1 \oplus 1 \oplus 1 \oplus 1 \oplus 1 = 1$$

由 S_3，S_2，S_1 构成的二进制数为 011，所以可判定第 3 码位的 a_1 错了。只要将接收到的 a_1 由 1 改成 0，就纠正了错误。

1.2.4　字符编码

在数字系统中，还需要把文字、符号用二进制数码表示，这些字符的编码称为字符代码。目前用得最多的字符有十进制数 $0 \sim 9$，大写和小写英文字母各 26 个，通用运算符号（＋，－，×，÷等）及标点符号，共有 128 个。可用 7 位二进制数对它们进行编码。

7 位 ASCII(American Standard Code for Information Interchange)原为美国用于信息交换的标准代码，现已成为国际通用的一种标准代码。7 位 ASCII 如表 1-7 所示。

表 1-7　美国信息交换标准代码 ASCII

$b_3b_2b_1b_0$	$b_6b_5b_4$							
	000	001	010	011	100	101	110	111
0000	NUL	DLE	SP	0	@	P	`	p
0001	SOH	DC1	!	1	A	Q	a	q
0010	STX	DC2	"	2	B	R	b	r
0011	ETX	DC3	♯	3	C	S	c	s
0100	EOT	DC4	$	4	D	T	d	t
0101	ENQ	NAK	％	5	E	U	e	u
0110	ACK	SYN	&.	6	F	V	f	v
0111	BEL	ETB	′	7	G	W	g	w
1000	BS	CAN	(	8	H	X	h	x
1001	HT	EM	)	9	I	Y	i	y
1010	LF	SUB	*	:	J	Z	j	z
1011	VT	ESC	+	;	K	[	k	{
1100	FF	FS	,	<	L	\	l	|
1101	CR	GS	－	=	M	]	m	}
1110	SO	RS	.	>	N	∧	n	～
1111	SI	US	/	?	O	－	o	DEL

注：

NUL：空白	SOH：序始	STX：文始	ETX：文终	EOT：送毕	ENQ：询问	ACK：承认
BEL：响铃	BS：退格	HT：横表	LF：换行	VT：纵表	FF：换页	CR：回车
SO：不用切换	SI：启用切换	DLE：转义	DC1：机控 1	DC2：机控 2	DC3：机控 3	DC4：机控 4
NAK：否认	SYN：同步	ETB：组终	CAN：作废	EM：截终	SUB：取代	ESC：取消
FS：卷隙	GS：群隙	RS：录隙	US：元隙	SP：空格	DEL：删除	

表 1-8 列出了我国用于信息处理交换用的七位编码字符（GB 1998—80）。为了与国际标准码具有互换性，国家标准码基本上采用了 ASCII 的编码方案。除少数图形字符（如 $ 改为￥）有区别外，多数是一致的。

表 1-8　我国的信息处理交换通用代码表(GB 1988—80)

$b_3b_2b_1b_0$	$b_6b_5b_4$							
	000	001	010	011	100	101	110	111
0000	NUL	TC7	SP	0	@	P	`	p
0001	TC1	DC1	!	1	A	Q	a	q
0010	TC2	DC2	"	2	B	R	b	r
0011	TC3	DC3	#	3	C	S	c	s
0100	TC4	DC4	￥	4	D	T	d	t
0101	TC5	TC8	%	5	E	U	e	u
0110	TC6	TC9	&	6	F	V	f	v
0111	BEL	TC10	'	7	G	W	g	w
1000	FE0	CAN	(	8	H	X	h	x
1001	FE1	EM	)	9	I	Y	i	y
1010	FE2	SUB	*	:	J	Z	j	z
1011	FE3	ESC	+	;	K	[	k	{
1100	FE4	IS4	,	<	L	\	l	|
1101	FE5	IS3	—	=	M	]	m	}
1110	SO	IS2	.	>	N	∧	n	~
1111	SI	IS1	/	?	O	=	o	DEL

计算机中实际的一个字符用 8 位二进制代码表示,称为 1 字节。通常在 7 位标准码的左边最高位填入奇偶校验位,它可以是奇校验,也可以是偶校验。这种编码的好处是低 7 位仍然保持 7 位标准码的编码,高位奇偶校验不影响计算机的内部处理和输入输出规则。此外,还有直接采用 8 位二进制代码进行编码的 EBCDIC 码,称为扩充的 BCD 码。这里就不多介绍了,需要时读者可查阅有关资料。

1.3　小　　结

数字系统中是采用二进制数进行存储、运算和传输的。所有的信号量都用二进制数形式表示。

为书写、记忆方便,二进制数可使用八进制数、十六进制数来表示;十进制数可用二-十进制编码(BCD 码)来表示。

带符号数可用原码、反码、补码来编码,使得符号位与数值位一样参与运算。

为使数据的传输、运算可靠,可采用可靠性编码,如 Gray 码、奇偶校验码和汉明码。

1.4　习题与思考题

1. 把下列不同进制数写成按权展开的形式。

(1) $(4517.239)_{10}$；

(2) $(10110.010)_2$；

(3) $(325.744)_8$；   (4) $(785.4AF)_{16}$。

2. 将下列二进制数转换成十进制数、八进制数和十六进制数。

(1) 1101；   (2) 101110；

(3) 0.101；   (4) 0.01101；

(5) 10101.11；   (6) 10110110.001。

3. 将下列十进制数转换成二进制数、八进制数和十六进制数。

(1) 27；   (2) 915；

(3) 0.375；   (4) 0.65；

(5) 174.25；   (6) 250.8。

4. 完成下列数制的转换。

(1) $(78.8)_{16} = (?)_{10}$；   (2) $(10.375)_{10} = (?)_2$；

(3) $(65634)_8 = (?)_{16}$；   (4) $(121.02)_3 = (?)_4$。

5. 写出下列各数的原码、反码和补码。

$+0.00101, -0.10000, -0.11011, +10101, -10000, -11111$。

6. 写出下列机器数的真值。

$[X_1]_原 = 11011, [X_2]_反 = 11011, [X_3]_补 = 11011, [X_4]_补 = 10000$。

7. 完成下列代码之间的转换。

(1) $(0001100110010001.0111)_{BCD} = (?)_{10}$；

(2) $(137.9)_{10} = (?)_{余3}$；

(3) $(1011001110010111)_{余3} = (?)_{BCD}$。

8. 将下列 BCD 码转换成十进制数和二进制数。

(1) 011010000011；   (2) 01000101.1001。

9. 试写出下列二进制数的典型 Gray 码。

(1) 111000；   (2) 10101010。

10. 试编写一位余 3 码的奇校验汉明码。

第2章　门　电　路

　　电子电路中的信号分为两类：一类是随时间连续变化的模拟信号；另一类是离散的脉冲信号，称为数字信号。处理模拟信号的电路称为模拟电路，处理数字信号的电路称为数字电路。在数字电路中，只判别数字信号的有无，不必反映数字信号本身的数值，对元件的精度要求不那么严格，并可通过半导体器件饱和、截止的开关特性，方便地获得数字信号，因此，数字电路准确度高，抗干扰能力强，应用范围广。

　　本章首先介绍脉冲信号、半导体器件及其开关特性，然后介绍基本逻辑门电路的逻辑符号、逻辑表达式和真值表，最后对 TTL 和 CMOS 集成门电路以及两种集成电路之间的电平转换电路进行介绍。

2.1　数字信号基础

视频讲解

2.1.1　脉冲信号

　　脉冲信号有许多种，如矩形波、尖顶波、锯齿波、三角波等，持续时间短暂，有时只有几微秒或几纳秒。图 2-1 是矩形波和尖顶波。由于电路中晶体管的结电容和电路中分布电容、电感的影响，实际波形的边沿并不如图 2-1 中的波形那样理想。图 2-2 是实际的矩形波。如果脉冲波跃变后的值比初始值高，称为正脉冲(有时指脉冲的上升沿)，脉冲的上升沿称为它的前沿，脉冲的下降沿称为它的后沿；如果脉冲波跃变后的值比初始值低，称为负脉冲(有时指脉冲的下降沿)，对负脉冲而言，前沿为下降沿，后沿为上升沿。脉冲波形的特征常用以下参数来表示。

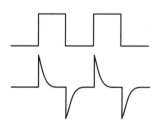

图 2-1　矩形波和尖顶波

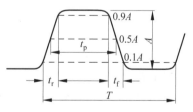

图 2-2　实际的矩形波

　　脉冲幅度 A：脉冲信号变化的最大值；

　　脉冲周期 T：周期性脉冲信号前后两次出现的时间间隔；

　　脉冲频率 f：单位时间的脉冲数；

上升时间 t_r：脉冲从 $0.1A$ 增加到 $0.9A$ 所需的时间；

下降时间 t_f：脉冲从 $0.9A$ 下降到 $0.1A$ 所需的时间；

脉冲宽度 t_p：从脉冲前沿 $0.5A$ 到脉冲后沿 $0.5A$ 所需的时间；

占空比：脉冲宽度 t_p 与脉冲周期 T 的比值。

2.1.2 逻辑电平与正、负逻辑

1. 逻辑电平

在数字电路中,用逻辑电平来表示逻辑变量的逻辑状态 0 和 1。逻辑电平有高电平(H)和低电平(L)之分,高电平表示一种状态,而低电平则表示另一种不同的状态,它们表示的都是一定的电压范围,而不是一个固定不变的值。具体表示某个电平时,常用电位值来表示。不同的逻辑电路,高、低电平取值的范围不同,例如在 TTL 电路中,常常规定标准高电平 $V_H=3.6V$,标准低电平为 $V_L=0.2V$。然而 $0\sim0.8V$ 都算作低电平,$2\sim5V$ 都算作高电平,超出这一范围才是不允许的,它不仅会破坏电路的逻辑关系,而且还可能损坏元器件。图 2-3 表示 TTL 逻辑电平的电压变化范围。

2. 正逻辑和负逻辑

正逻辑和负逻辑是对逻辑 1 和逻辑 0 所表示的逻辑电平的一种约定。用高电平表示逻辑 1,用低电平表示逻辑 0,就是正逻辑;反之,如果用高电平表示逻辑 0,用低电平表示逻辑 1,就是负逻辑,如图 2-4 所示。对于一个给定的逻辑电路,它的输出与输入之间的逻辑电平具有确定的关系,而这个逻辑电路实现了什么样的逻辑关系还要看逻辑定义。同样一个电路,如采用正逻辑时是一种与逻辑关系,而采用负逻辑则是或逻辑关系。在数字电路中,一般都用正逻辑来命名集成逻辑电路,因此,一般电路都采用正逻辑。本书如不加说明,指的都是正逻辑。

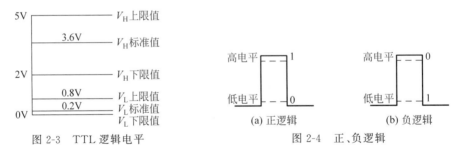

图 2-3 TTL 逻辑电平   图 2-4 正、负逻辑

2.2 半导体器件的开关特性

在数字逻辑电路中,获得高、低电平的方法如图 2-5 所示。u_i 用来控制开关 S 的接通与断开。当 S 接通时,输出为低电平;当 S 断开时,输出为高电平。在数字电路中,这个开关通常是由二极管、三极管和场效应管等电子元件来实现的,称为电子开关。

2.2.1 二极管的开关特性

1. PN 结

纯净的半导体晶体,称为本征半导体,其内部是共价键结构,由于热或光的激发,产生导

电的载流子——自由电子和空穴对。通过不同的掺杂工艺,可以使一块半导体一边成为P型半导体,另一边成为N型半导体。由于P型半导体中的多数载流子是空穴,N型半导体中的多数载流子是自由电子,在它们的交界面处就出现了自由电子和空穴的浓度差,载流子就会从浓度高的一边向浓度低的一边扩散,因此,P区的空穴向N区扩散,而N区的自由电子向P区扩散,如图2-6(a)所示;自由电子与空穴相遇复合消失,在交界面附近留下了一个不能移动的空间电荷区(又称耗尽层、阻挡层),形成一个由N区指向P区的内电场,如图2-6(b)所示。内电场阻碍多数载流子的进一步扩散,但它吸引P区的少数载流子——自由电子向N区漂移,吸引N区的少数载流子——空穴向P区漂移。当多数载流子的扩散运动与少数载流子的漂移运动达到动态平衡时,空间电荷区的厚度相对稳定,其宽度一般为数微米,称为PN结。

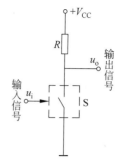

图 2-5　获得高、低电平的基本方法

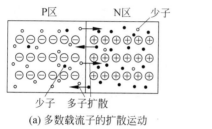

(a) 多数载流子的扩散运动

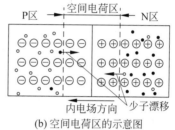

(b) 空间电荷区的示意图

图 2-6　PN 结的形成

2. 二极管的伏安特性

PN结加上引线封装成一个二极管。二极管具有单向导电性,加正向电压导通,加反向电压截止,可作为开关元件使用。图2-7是二极管的伏安特性,由伏安特性可知,二极管的正向特性存在一个死区电压,硅管约为0.5V,锗管约为0.2V。当正向电压小于死区电压时,外电场不足以克服PN结的内电场,这时的正向电流几乎为零,二极管相当于断开;当正向电压大于死区电压时,内电场被大大削弱,电流随电压的增加而快速增加。正向电流在一定的范围时,硅的压降可视为0.7V,锗管的压降可视为0.3V,如同一个开关闭合一样。有时为考虑问题方便,忽略二极管的正向压降,将它视为理想二极管。

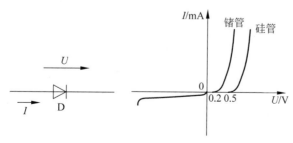

图 2-7　二极管的伏安特性

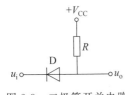

图 2-8　二极管开关电路

3. 二极管的开关电路和开关特性

图 2-8 是二极管的开关电路,用 u_i 的高、低电平控制二极管的开关状态。当 u_i 为高电平时,u_o 为高电平;当 u_i 为低电平时,u_o 为低电平。

二极管的开关特性,主要表现在正向导通与反向截止两种状态转换过程中所具有的特性,如图 2-9 所示。当二极管外加电压从反向电压转变为正向电压时,二极管也将从截止转换为正向导通,这一过程所需的时间称为二极管的开通时间,这一时间较短,通常忽略不计。当二极管外加电压从正向电压转变为反向电压时,二极管将从导通转变为截止,这一过程称为反向恢复过程,这一过程所需的时间称为反向恢复时间 t_{re},它由存储时间 t_s 和下降时间 t_f 组成,即 $t_{re} = t_s + t_f$。这一时间较长,通常为纳秒数量级,它限制了二极管的开关速度。这是因为二极管正向导通时,PN 结的空间电荷区变窄,PN 结两侧有大量的载流子(电荷)储存,当二极管截止时,PN 结的空间电荷区变宽,要使储存的这些载流子消散需要一个时间过程。显然,正向导通电流越大,反向恢复时间 t_{re} 越长。为了提高二极管的开关速度,对二极管的正向导通电流需要一定的限制,不要使之太大。

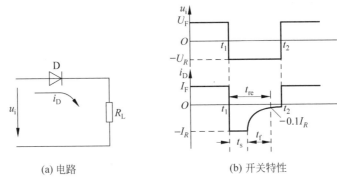

(a) 电路　　　　　　　　　　(b) 开关特性

图 2-9　二极管的开关特性

视频讲解

2.2.2　三极管的开关特性

1. 三极管的结构和符号

三极管又称晶体管,它有三个区:发射区、基区、集电区;发射区掺杂浓度高,即多数载流子浓度高,基区很薄且杂质浓度低,集电区体积大,掺杂浓度较低,这是三极管具有电流放大作用的内因。三个区分别引出三个电极,即发射极 E、基极 B 和集电极 C;有两个 PN 结,发射区与基区之间的 PN 结称为发射结,集电区与基区之间的 PN 结称为集电结。三极管有两种类型,一种是 NPN 管,另一种是 PNP 管,它们的结构、示意图及符号如图 2-10 所示,符号中的箭头反映了正常情况下管中电流的流向,它们使用时所加电源的极性相反。

2. 三极管的伏安特性

图 2-11 是三极管的伏安特性,分输入特性和输出特性。三极管的输入特性是指当 U_{CE} 为某一固定值时,基极电流 I_B 与 U_{BE} 之间的关系,即

$$I_B = f(U_{BE}) \mid U_{CE} = 常数$$

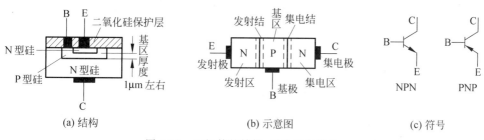

(a) 结构　　　　　　　　　　　(b) 示意图　　　　　　　　　(c) 符号

图 2-10　三极管的结构、示意图及符号

三极管的输出特性是指当 I_B 为某一固定值时,输出电路中集电极电流 I_C 与 U_{CE} 之间的关系,即

$$I_C = f(U_{CE}) \mid I_B = 常数$$

输出特性可以划分为三个区,对应于三极管的三种工作状态。

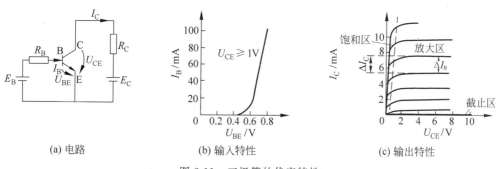

(a) 电路　　　　　　　　(b) 输入特性　　　　　　　　(c) 输出特性

图 2-11　三极管的伏安特性

3. 三极管的工作状态

1) 放大状态

当发射极加正向电压(正向偏置),集电极加反向电压(反向偏置)时,三极管工作在放大区。当基极电流 I_B 有一个增量 ΔI_B 时,I_C 也有相应的增量 ΔI_C,且 $\Delta I_C \gg \Delta I_B$,集电极电流 I_C 几乎随基极电流 I_B 的增大成比例增大,受基极电流控制,这就是所谓的电流放大作用。集电极电流变化量与基极电流变化量之比称为交流电流放大系数 β,即

$$\beta = \frac{\Delta I_C}{\Delta I_B}$$

而 I_C 与 I_B 之比称为直流电流放大系数 $\overline{\beta}$,即

$$\overline{\beta} = \frac{I_C}{I_B}$$

2) 截止状态

当 U_{BE} 小于死区电压(硅管为 0.5V,锗管为 0.2V)时,三极管工作在截止区,基极电流 I_B 为 0,集电极电流 I_C 很小,一般为几百微安,在数字电路中可视为 0,C 与 E 之间相当于开关打开。

3) 饱和状态

当三极管的发射极和集电极都加正向电压时,三极管处于饱和状态。在如图 2-11 所示

的电路中,当 U_{BE} 增大,使得 $I_B \geq I_{BS} = I_{CS}/\beta \approx V_{CC}/(\beta R_C)$ 时,三极管进入饱和区,$U_{CE} \leq U_{CES}$ (硅管为 0.3V,锗管为 0.1V),这时集电极电位低于基极电位,集电极处于正向偏置,C 与 E 之间相当于开关闭合。

4. 三极管的开关电路和开关特性

图 2-12 是三极管的开关电路,用 u_i 的高、低电平控制三极管的开关状态,使三极管工作在截止或饱和状态。当 u_i 为高电平时,三极管饱和导通,u_o 为低电平;当 u_i 为低电平时,三极管截止,u_o 为高电平,实现了非逻辑关系。

图 2-13 是三极管的开关特性。由图可知,三极管从截止状态转换成饱和状态,或者从饱和状态转换成截止状态都需要一定的时间,其原因仍然是由于 PN 结外加电压的变化引起电荷的存储与消散。这一过程可由 4 个时间参数来描述。

延时时间 t_d:从输入电压 u_i 上跳边开始至集电极电流 i_C 升至 $0.1I_{CS}$ 所需的时间;

上升时间 t_r:i_C 从 $0.1I_{CS}$ 上升到 $0.9I_{CS}$ 所需的时间;

存储时间 t_s:从输入电压 u_i 下跳边开始至 i_C 降至 $0.9I_{CS}$ 所需的时间;

下降时间 t_f:i_C 从 $0.9I_{CS}$ 降至 $0.1I_{CS}$ 所需的时间。

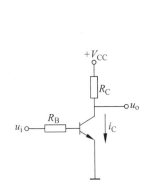

图 2-12 三极管的开关电路

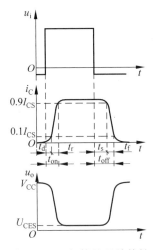

图 2-13 三极管的开关特性

上述参数都是以集电极电流 i_C 的变化为基准的。通常称 $t_{on} = t_d + t_r$ 为开通时间,是三极管由截止到饱和所需的时间;称 $t_{off} = t_s + t_f$ 为关断时间,是三极管由饱和到截止所需的时间。$t_{off} > t_{on}$,t_{off} 一般在纳秒数量级。t_{off} 与三极管的饱和深度有关,饱和越深,关断时间越长。为了提高三极管的开关速度,需要对三极管工作时的饱和深度进行限制。

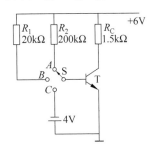

图 2-14 例 2-1 图

例 2-1 电路如图 2-14 所示,当开关 S 分别接到 A、B、C 三个触点时,判断晶体管的工作状态,设 $\beta=50$。

解: 当 S 位于 A 点时,$I_B = (6-U_{BE})/R_2 = (6-0.7)/200 \approx 6/200 = 0.03$ (mA) $= 30(\mu A)$

$$I_{CS} \approx 6/R_C = 6/1.5 = 4 \text{(mA)}$$

$I_{BS} = I_{CS}/\beta = 4/50 = 0.08$ (mA) $> I_B$,所以晶体管处于放大

状态。

当 S 位于 B 点时，$I_B = (6 - U_{BE})/R_1 = 0.3\text{mA} > I_{BS}$，所以晶体管处于饱和状态。

当 S 位于 C 点时，发射结加的是反向电压，晶体管处于截止状态。

2.2.3　MOS 管的开关特性

1. MOS 管的结构和符号

场效应管分为结型场效应管和绝缘栅场效应管两大类，它们是用电场效应来控制导电的一种半导体器件，因而是一种电压控制型元件。绝缘栅场效应管是以二氧化硅作为金属栅极和半导体之间的绝缘层的，简称 MOS(Metal Oxide Semiconductor, MOS)管，它有 N 沟道和 P 沟道两类，如图 2-15 所示，而每类又分增强型和耗尽型两种。图 2-15(a)是增强型 N 沟道绝缘栅场效应管的结构和符号。它以 P 型硅为衬底，在上面扩散两个高杂质浓度的 N^+ 区，引出源极(S)和漏极(D)，在漏极和源极之间引出栅极(G)，电极通常用金属铝制成。

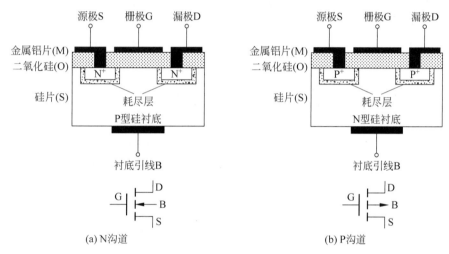

图 2-15　增强型绝缘栅场效应管

2. MOS 管的伏安特性

在增强型 N 沟道绝缘栅场效应管中，由于两个 N^+ 区之间为 P 型衬底所隔开，形同两个背靠背的 PN 结，此时在 D、S 之间加电压 U_{DS}，不管电压极性如何，都不会导通。

正常工作情况下，衬底常常与源极相连，在 G 与 S 两端加控制电压 U_{GS}，如图 2-16(a)所示。当 $U_{GS} = 0$ 时，D 与 S 之间不通，$I_D = 0$。当 $U_{GS} > 0$ 时，栅极和绝缘层下的半导体犹如电容器的两个极板，栅极上的正电荷在半导体的表面感生一层负电荷，即 P 型衬底中的少数载流子——自由电子，被栅极吸引。当 U_{GS} 大到一定程度时，就会形成一层以自由电子为多子的 N 型薄层，称为反型层，这个反型层构成了源极与漏极之间的 N 型导电沟道。漏极加上正电压后，电子将通过沟道形成漏极电流 I_D。把出现沟道时的 U_{GS} 称为开启电压，用 $U_{GS(TH)}$ 表示，它有点类似三极管的死区电压。U_{GS} 越大，感生出的电子越多，导电沟道越宽，I_D 越大。图 2-16(b)是它的伏安特性，与三极管的伏安特性相似。

对于如图 2-15(b)所示的增强型 P 沟道绝缘栅场效应管，只有当 $U_{GS} < 0$ 时，才能产生导电沟道使管子导通。由于这种 MOS 管必须依靠外加电压 U_{GS} 来形成导电沟道，故称为

增强型,而耗尽型场效应管的区别在于,栅极不加电压时,导电沟道就已存在。

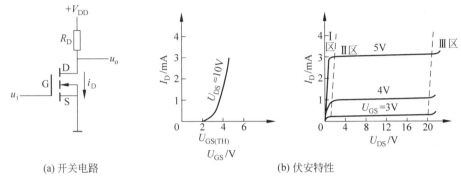

(a) 开关电路 (b) 伏安特性

图 2-16 增强型 N 沟道 MOS 管的开关电路和伏安特性

3. MOS 管的开关电路与开关特性

图 2-16(a)是 MOS 管的开关电路,当 u_i 小于开启电压 $U_{GS(TH)}$ 时,漏极与源极之间无沟道,$i_D=0$,MOS 管的 D 与 S 之间相当于开关打开。当 u_i 增大时,MOS 管导通,如 u_i 和 R_D 选择适当,可使 MOS 管工作在 I 区,这时 D、S 之间的电压很小,相当于开关闭合。

MOS 管是单极型器件,沟道的形成和消失所需要的时间在电路分析时可忽略不计。它的开关特性在原理上与双极型的三极管有着本质的不同,它的开关时间主要取决于输入回路和输出回路中电容充放电的时间。由于 MOS 管的输入电阻极高($10^{10}\,\Omega$ 以上),栅极输入电容大,而且导通时漏、源间的电阻和漏极电阻 R_D 比三极管饱和时集电极、发射极之间的电阻和集电极电阻 R_C 大,因此,MOS 管的状态转换所需的时间长,故 MOS 管的开关速度比二极管、三极管的开关速度低。

2.3 基本逻辑门电路

视频讲解

2.3.1 与门、或门和非门

1. 与门

能够实现与逻辑关系的电路称为与门电路,简称与门。图 2-17 是二输入与门的逻辑符号,表 2-1 是它的真值表。真值表反映了输入与输出之间的各种对应关系。与门电路的输入端可以有多个,但只有输入全部为 1 状态时,输出才会是 1 状态;输入只要有一个为 0 状态,输出为 0 状态。与门的逻辑表达式为

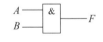

图 2-17 与门逻辑符号

$$F = A \cdot B$$

表 2-1 与门真值表

A	B	F		A	B	F
0	0	0		1	0	0
0	1	0		1	1	1

实现与门的电路多种多样,图 2-18 是由二极管组成的与门电路。设高电平为 3V,低电平为 0V,二极管的正向压降忽略不计。当输入端 A、B 均为高电平时,两个二极管都导通,输出端 F 为高电平;只要有一个输入端为低电平,则与输入为低电平连接的二极管抢先导通,将输出端钳在低电平,这时与输入为高电平连接的二极管受反向电压而截止。

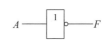

图 2-18 二极管组成的与门电路

2. 或门

能够实现或逻辑关系的电路称为或门电路,简称或门。图 2-19 是二输入或门逻辑符号,表 2-2 是它的真值表,其逻辑表达式为

$$F = A + B$$

图 2-19 或门逻辑符号

表 2-2 或门真值表

A	B	F
0	0	0
0	1	1
1	0	1
1	1	1

或门电路可以有多个输入,而输入只要有一个是 1 状态,输出就为 1 状态;只有输入全为 0 状态时,输出才会是 0 状态。图 2-20 是由二极管组成的或门电路,输入端只要有一个为高电平,输出就是高电平;只有输入全为低电平时,输出才会是低电平。

3. 非门

实现非逻辑关系的电路称为非门电路,简称非门。图 2-21 是非门的逻辑符号,表 2-3 是它的真值表。非门的输出状态与它的输入状态相反,其逻辑表达式为

$$F = \overline{A}$$

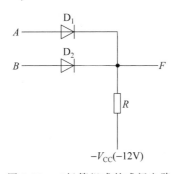

图 2-20 二极管组成的或门电路　　图 2-21 非门逻辑符号

图 2-22 是由三极管组成的非门电路,当输入 A 为高电平时,三极管饱和导通,输出 F 为低电平;当输入 A 为低电平时,三极管截止,输出 F 为高电平。输出与输入总是反相的,故非门又称为反相器。

表 2-3 非门真值表

A	F
0	1
1	0

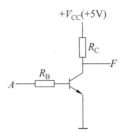

图 2-22　三极管组成的非门电路

视频讲解

2.3.2　复合门

1. 与非门

如果在与门的输出端接一个非门,使与门的输出反相,就组成了一个与非门。与非门实现与非逻辑关系,图 2-23 是二输入与非门的逻辑符号,逻辑表达式为

$$F = \overline{AB}$$

表 2-4 是与非门的真值表,由表可知,与非门的输入端只要有一个为 0,则输出为 1;只有当所有的输入为 1 时,输出才为 0。

图 2-23　与非门逻辑符号

表 2-4　与非门真值表

A	B	F
0	0	1
0	1	1
1	0	1
1	1	0

2. 或非门

如果在或门的输出端接一个非门,使或门的输出反相,就组成了一个或非门。或非门实现或非逻辑关系,图 2-24 是二输入或非门的逻辑符号,逻辑表达式为

$$F = \overline{A + B}$$

表 2-5 是或非门的真值表,由表可知,或非门只要有一个输入为 1,则输出为 0;只有当所有的输入为 0 时,输出才会是 1 状态。

图 2-24　或非门逻辑符号

表 2-5　或非门真值表

A	B	F
0	0	1
0	1	0
1	0	0
1	1	0

3. 与或非门

将与门、或门和非门组合起来,就组成与或非门,实现与或非逻辑关系。图 2-25 是与或

非门的逻辑符号,其逻辑表达式为

$$F = \overline{AB + CD}$$

读者可根据逻辑表达式列出它的真值表。

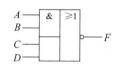

图 2-25　与或非门逻辑符号

4. 异或门

异或门实现异或逻辑关系。图 2-26 是异或门的逻辑符号,表 2-6 是它的真值表。由真值表可知,异或门的输入相同,输出为 0;输入相异输出为 1。逻辑表达式为

$$F = A\bar{B} + \bar{A}B = A \oplus B$$

图 2-26　异或门逻辑符号

表 2-6　异或门真值表

A B	F
0 0	0
0 1	1
1 0	1
1 1	0

5. 同或门

同或门实现同或逻辑关系。图 2-27 是同或门的逻辑符号,表 2-7 是它的真值表。同或门的输入相同,输出为 1;输入相异,输出为 0。对于二输入同或门和异或门,它们的逻辑关系正好相反,其逻辑表达式为

$$F = AB + \bar{A}\,\bar{B} = \overline{A \oplus B} = A \odot B$$

图 2-27　同或门逻辑符号

表 2-7　同或门真值表

A B	F
0 0	1
0 1	0
1 0	0
1 1	1

上述这些复合门,都可以由与门、或门和非门这三种最基本的门电路组成,读者不妨试一试。这些复合门都有专门的集成电路,实际使用中不必用其他门来组合,直接选用即可。

例 2-2　与门、或门、与非门、或非门、异或门、同或门的输入 A、B 的波形如图 2-28 所示,输出分别为 F_1、F_2、F_3、F_4、F_5、F_6。根据输入 A、B 的波形,画出各输出端的波形。

解:根据它们的逻辑关系,可画出波形图如图 2-28 所示。

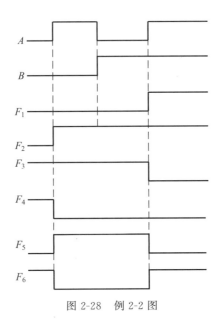

图 2-28　例 2-2 图

2.3.3　三态门与传输门

1. 三态门

前面所讨论的门电路都只有两种状态,而且不论输出端是高电平还是低电平,门电路的输出电阻都比较小。三态门的输出端除了 0 和 1 两种状态外,还有第三种状态,称为高阻状态或禁止状态,在这种状态下,输出端相当于断开(虚断)。

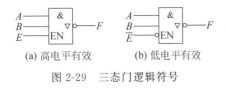

(a) 高电平有效　　　(b) 低电平有效

图 2-29　三态门逻辑符号

图 2-29 是三态与非门的逻辑符号,图中符号 ▽ 是三态门的标记。它有一个控制端 E(或 $\bar{E}$),又称使能端。图 2-29(a)是高电平有效(使能)的三态门,图 2-29(b)是低电平有效的三态门。逻辑功能如下:

当 $E=1(\bar{E}=0)$ 时, $F=\overline{AB}$;

当 $E=0(\bar{E}=1)$ 时, F 为高阻状态。

三态门常用于总线结构的数字系统中。总线是传输信息的公共通道,一般分为地址总线、数据总线和控制总线。图 2-30 是在一条数据线上传送信息的情况。如果要将 A 端的信号传送到 G 端,只要使三态门 G_A、G_G 使能,其他三态门不使能,A 端的信号就可以通过门 G_A、数据总线和 G_G 传送到 G 端。

2. 传输门

传输门在电路中起开关作用,也是数字电路中常用的器件。图 2-31 是传输门的逻辑符号。传输门与三态门一样有控制端,它的两个控制信号为 C 和 $\bar{C}$。当 $C=1$、$\bar{C}=0$ 时,传输门的输入与输出之间就像开关接通一样,输入电压 u_i 可以几乎无衰减地传到输出端;而当 $C=0$、$\bar{C}=1$ 时,输入与输出之间就像开关打开一样,信号通路被阻断。由于传输门具有双向传输特性,又能传输模拟信号,故又称为双向模拟电子开关。

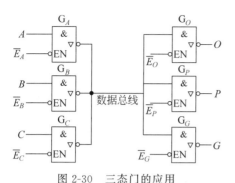

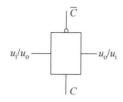

图 2-30 三态门的应用　　　　　图 2-31 传输门逻辑符号

2.4 TTL 集成门电路

视频讲解

2.4.1 数字集成电路的分类

集成电路就是将半导体器件、电阻、电容及导线等都制造在一个半导体基片(通常是硅片)上,构成一个功能完整的电路,然后封装起来。与分立元件电路相比,集成电路具有体积小、重量轻、可靠性高、功耗低和工作速度高等优点,自 20 世纪 60 年代初问世以来,得到了广泛的应用,尤其是数字集成电路。随着半导体技术和制造工艺的迅速发展,在单块硅片上集成器件的规模越来越大,集成电路的功能也日趋复杂和完善。通常把单块硅片上集成的三极管的个数称为集成度。按集成度划分,集成电路分为小规模、中规模、大规模和超大规模集成电路,随着芯片集成度的不断提高,片上系统(System on Chip,SoC)、片上网络(Network on Chip,NoC)的开发与应用已十分普遍。

按照所用半导体器件的不同,数字集成电路可分为两大类:一类以双极型晶体管为基本元件,称为双极型数字集成电路;另一类以 MOS 管为基本元件,称为单极型数字集成电路。

上述这些集成电路中,TTL 和 CMOS 电路应用最为普遍。TTL 电路的分类如表 2-8 所示。目前国内只有 CT54/74(早期命名为 CT1000)、CT54/74H(CT2000)、CT54/74S(CT3000)、CT54/74LS(CT4000)等系列的产品与表 2-8 中相应的系列对应。C 代表中国,也可省略,T 表示 TTL。54 系列为军品,74 系列为民用品,两者参数基本相同,主要是电源范围和工作环境温度范围不同;54 系列的电源范围为 4.50～5.50V,工作温度范围为－55～＋125℃,74 系列分别为 4.75～5.25V 和 0～70℃。

表 2-8　TTL 逻辑系列

系列名称	符号	特性
标准	54/74	标准功耗和速度
低功耗	54/74L	功耗是标准系列的 1/10,速度低于标准系列
高速	54/74H	速度高于标准系列,功耗大于标准系列
肖特基	54/74S	速度比标准系列的快 3 倍,功耗大于标准系列
低功耗肖特基	54/74LS	速度与标准系列相同,功耗为标准系列的 1/5

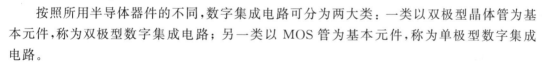

33

第 2 章

门电路

系 列 名 称	符　号	特　　　性
先进肖特基	54/74AS	速度比标准系列快 10 倍,功耗低于标准系列
先进低功耗肖特基	54/74ALS	速度比标准系列快 2 倍,功耗是标准系列的 1/10
快速	54/74F	速度比标准系列快近 5 倍,功耗比标准系列低

　　CMOS 电路的分类如表 2-9 所示。国产的 CMOS 集成电路有 CC4000 系列等。第一个 C 代表中国,第二个 C 表示 CMOS 电路。

表 2-9　COMS 逻辑系列

系 列 名 称	符　号	特　　　性
标准 CMOS	4000	微功耗,低速
有缓冲 CMOS	4000B	微功耗,低速,扇出比标准 CMOS 大
高速 CMOS	74HC	功耗低,速度达到 LS TTL 的水平
高速 CMOS(TTL 兼容)	74HCT	类似 74HC,可直接与 TTL 接口
先进 CMOS	74AC	高速,可代替 74HC
先进 CMOMS(TTL 兼容)	74ACT	高速,可代替 74HCT

视频讲解

2.4.2　TTL 与非门

　　TTL 与非门的电路原理图如图 2-32 所示。电路由输入级、倒相级和输出级三个部分组成。下面分析其工作原理。

1. TTL 与非门的工作原理

　　设输入信号的高、低电平分别为 $U_{iH} = 3.6V$,$U_{iL} = 0.3V$。

　　(1) 输入 A、B 至少有一个低电平。

　　这时电路的工作情况如图 2-33(a)所示。多发射极三极管 T_1 可以等效为一个二极管组成的与门电路。

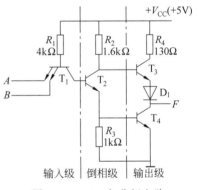

图 2-32　TTL 与非门电路

　　由于输入端 A、B 中至少有一个为低电平 0.3V,如设输入端 A 为低电平,则二极管 D_2 导通,导通后它的正向电压为 0.7V,这样 P 点电位为 1V,D_3 反向截止。P 点的电位不足以使 D_4、T_2、T_4 导通,因为它们导通需要 2.1V。这时电路的输出级如图 2-33(b)所示,R_L 为后级的等效负载电阻,选择合适的 R_2、R_4 和 T_3 的参数,就能保证输出为高电平。由于 T_3 管的饱和电流有限,因此对电路的输出电流 i_L 有一定的限制,只要 R_L 不是太小,保证输出高电平时 i_L 的最大值用输出高电平电流 I_{OH} 表示。

　　(2) 输入端 A、B 全为高电平。

　　电路的工作情况如图 2-34(a)所示。这时 D_2、D_3 均不能导通,D_4 导通,T_2、T_4 饱和导通,P 点电位被钳制在 2.1V,输出电压为 0.3V,即 T_4 管饱和时集电极与发射极之间的电压。T_2 的集电极电位近似为 1V,T_3、D_1 截止。输出级等效电路如图 2-34(b)所示。由图可知,只要 i_L 不要太大,就能维持 T_4 饱和导通而不进入线性放大区,使输出为低电平。保证

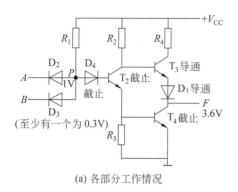 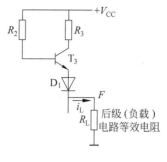

(a) 各部分工作情况   (b) 输出级等效电路

图 2-33　输入有低电平时的工作情况

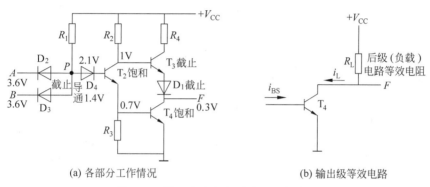

(a) 各部分工作情况   (b) 输出级等效电路

图 2-34　输入全为高电平时的工作情况

输出低电平时的 i_L 的最大值用输出低电平电流 I_{OL} 来表示。

综上所述,该电路的输出与输入之间的逻辑关系为 $F = \overline{AB}$。

图 2-35 是集成电路 74LS00 芯片实物图和引脚排列,内部有 4 个与非门,每个与非门有 2 个输入端,称为 4-2 输入与非门 74LS00。缺口对左边,引脚的序号自下而上按逆时针方向排列。

 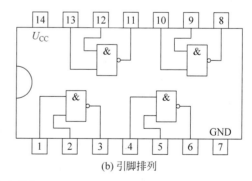

(a) 74LS00实物图   (b) 引脚排列

图 2-35　4-2 输入与非门 74LS00

2. 参数

为了更好地理解 TTL 门电路的一些参数,首先介绍它的电压传输特性。图 2-36 是

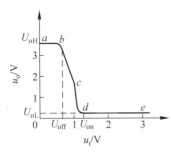

图 2-36　TTL 与非门电压传输特性

TTL 与非门的电压传输特性，它是将与非门的某一输入端接电压 u_i，而其他输入端都接高电平，当 u_i 自零逐渐增加时测得的输出电压 u_o 与输入电压 u_i 之间的关系曲线。下面结合电压传输特性介绍 TTL 电路的几个参数。

1）输出高电平 U_{oH}

当输入信号有一个或多个低电平时，与非门的输出电压值，即传输特性上 ab 段的电压值。典型值为 3.6V，产品规定最小值为 2.4V。

2）输出低电平 U_{oL}

当输入信号全为高电平时，与非门的输出电压值，即传输特性上 de 段的电压值。典型值为 0.3V，产品规定最大值为 0.4V。

3）输入低电平 U_{iL}

使输出为高电平的输入电压值，即输入逻辑 0 对应的输入电平。典型值为 0.3V，产品规定的最大值为 0.8V。最大值又称关门电平，记为 U_{off}，实际电路 $U_{off} \geqslant 0.8V$。当输入低电平受正向干扰而增加时，其值只要不超过关门电平 U_{off}，输出仍能保持高电平。所以关门电平越大，表明电路抗正向干扰能力越强。

4）输入高电平 U_{iH}

使输出为低电平的输入电压值，即输入逻辑 1 所对应的输入电平。典型值为 3.6V，产品规定的最小值为 2.0V。最小值又称开门电平，记为 U_{on}，实际电路 $U_{on} \leqslant 1.8V$。当输入高电平受负向干扰而降低时，其值只要不小于开门电平 U_{on}，输出仍然保持低电平。所以开门电平越小，表明电路抗负向干扰能力越强。

5）扇出系数 N

扇出系数表示输出端能带动的同类型与非门的个数。典型值 $N \geqslant 8$，它反映了 TTL 电路的带负载能力。

6）平均延迟时间 t_{pd}

各种门电路的输出波形相对于输入波形都要延迟一定的时间。图 2-37 表示了这种情况。从输入脉冲上升沿达 50% 到输出脉冲下降沿达 50% 所经过的时间称为上升延迟时间 t_{pd1}；从输入脉冲下降沿达 50% 到输出脉冲上升沿达 50% 所经过的时间称为下降延迟时间 t_{pd2}，门电路的平均延迟时间为

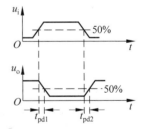

图 2-37　非门电路输出波形
的延迟情况

$$t_{pd} = (t_{pd1} + t_{pd2})/2$$

t_{pd1}、t_{pd2} 的典型值为 11ns 和 19ns，最大值分别为 15ns 和 22ns。

7）输入低电平电流 I_{iL}

I_{iL} 是输入低电平时流出输入端的电流，它流入（或灌入）前级门电路的输出端。产品规定的最大值为 16mA。

8）输入高电平电流 I_{iH}

I_{iH} 是输入高电平时流入输入端的电流，一般是前级门输出端流出（或拉出）的电流。产品规定的最大值为 40μA。

9）输出低电平电流 I_{OL}

I_{OL} 是输出低电平时能够流入输出端的电流,称为门电路带灌电流负载的能力,亦称作吸电流能力。产品规定最大值为 16mA。

10）输出高电平电流 I_{OH}

I_{OH} 是输出高电平时流出输出端的电流,称为门电路带拉电流的能力或放电流能力。产品规定最大值为 0.4mA。

TTL 电路带灌电流负载的能力比带拉电流负载的能力强。扇出系数是根据 I_{iL}、I_{iH}、I_{OL}、I_{OH} 这些参数确定的。

2.4.3 集电极开路的与非门

图 2-38 是集电极开路的与非门。集电极开路的门电路又称 OC 门,它克服了一般 TTL 门电路输出端不能直接相连的缺点。如果将 TTL 门电路的输出端连在一起,当有的门输出低电平,有的门输出高电平时,不仅破坏了逻辑功能,而且还会烧坏逻辑器件。而 OC 门则可以这样做,并实现了线与功能,如图 2-39 所示,其逻辑表达式为

$$F = \overline{AB} \cdot \overline{CD}$$

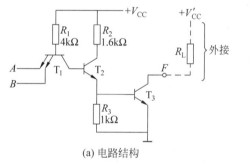

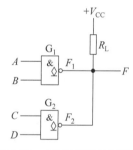

(a) 电路结构 　　　(b) 国标逻辑符号

(c) 传统逻辑符号

图 2-38　集电极开路与非门　　　　　图 2-39　OC 门实现线与逻辑

OC 门可以用来直接驱动负载。图 2-38(a)中,当 V_{CC} 与 V_{CC}' 不同值时,可实现逻辑电平转换,以作接口电路之用。值得指出的是,OC 门只有在外接 R_L 和 V_{CC}' 后才能正常工作并实现逻辑关系。一般情况下,V_{CC} 与 V_{CC}' 采用同一电源。

2.4.4 TTL 门电路的使用注意事项

（1）TTL 门电路的电源电压 V_{CC} 应满足 5V±5％V 的要求,电源不能接反。为防止由电源引入的各种干扰,必须对电源进行滤波,在印制电路板上每隔 5 块左右的集成电路加接一个 $0.01\sim0.1\mu\text{F}$ 的高频滤波电容。

（2）多余的输入端应根据逻辑要求,接电源、地或与其他有用的输入引脚并联,悬空时容易受外界干扰。

（3）输出端不能并联使用（OC 门、三态门等除外）,也不允许对地短路或直接接电源。如果是容性负载,应接入限流电阻,阻值一般为 150Ω。为了扩大带负载能力,可选带驱动的门,或者变拉电流负载为灌电流负载的方法。

（4）焊接时使用中性焊剂（如松香）、45W以下的电烙铁。焊接时间不宜太长，以免损坏。

2.5 CMOS 集成门电路

2.5.1 CMOS 非门

图 2-40 是 CMOS 非门电路，其中 V_1 为 P 沟道增强型 MOS 管，衬底与源极连接 V_{DD}。当栅源电压小于它的开启电压 $U_{GS1(TH)}$（$U_{GS1(TH)} < 0V$）时，管子导通。而 V_2 为 N 沟道增强型 MOS 管，衬底与源极相连接地。当栅源电压大于它的开启电压 $U_{GS2(TH)}$（$U_{GS2(TH)} > 0V$）时，管子导通。

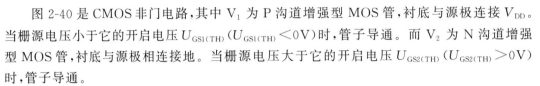

(a) 电路　　　　(b) 输入为高电平的情况　　　(c) 输入为低电平的情况

图 2-40　CMOS 非门电路

当输入端 A 为高电平时（$V_A \approx V_{DD}$），V_1 截止、V_2 导通，输出端 F 为低电平；当输入端 A 为低电平时（$V_A \approx 0V$），V_1 导通、V_2 截止，输出端 F 为高电平。所以电路输出与输入之间的逻辑关系为 $F = \overline{A}$。

2.5.2 CMOS 与非门

图 2-41 是 CMOS 与非门电路，从单个输入的结构看，类似于非门电路，只是 V_1、V_2 并联，V_3、V_4 串联。当输入 A 为低电平时，V_1 导通，V_4 截止，输出 F 为高电平。同理，当输入 B 为低电平时，V_2 导通，V_3 截止，输出 F 为高电平。只有当输入 A、B 都为高电平时，这时 V_1、V_2 截止，V_3、V_4 导通，输出 F 才为低电平。所以电路的输出与输入之间的逻辑关系为 $F = \overline{AB}$。

2.5.3 CMOS 或非门

图 2-42 是 CMOS 或非门电路，与 CMOS 与非门电路不同的是，上面的 V_1、V_2 串联，下面的 V_3、V_4 并联。当输入 A 为高电平时，V_1 截止，V_4 导通，输出 F 为低电平。同理，当输入 B 为高电平时，V_2 截止，V_3 导通，输出 F 为低电平。只有当输入 A、B 都为低电平时，这时 V_1、V_2 导通，V_3、V_4 截止，输出 F 才为高电平。所以电路的输出与输入之间的逻辑关系为 $F = \overline{A + B}$。

2.5.4 CMOS 三态门

图 2-43 是低电平有效的 CMOS 三态非门电路。当 $\overline{EN} = 1$ 时，V_1、V_4 截止，这时不论 A

为何种状态,输出端 F 为高阻状态。当 $\overline{EN}=0$ 时,V_1、V_4 导通,这时电路为非门电路,$F=\overline{A}$。

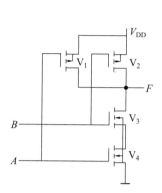

图 2-41　CMOS 与非门电路

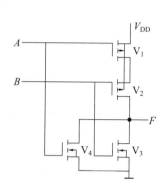

图 2-42　CMOS 或非门电路

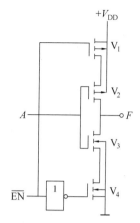

图 2-43　CMOS 三态门电路

2.5.5　CMOS 门电路的特点与使用注意事项

1. CMOS 门电路的特点

图 2-44 是 CMOS 反相器的电压和电流传输特性。由电压传输特性可知,输出高电平 $U_{OH} \approx V_{DD}$,输出低电平 $U_{OL} \approx 0V$。开门电平 U_{on} 和关门电平 U_{off} 都接近 $V_{DD}/2$,而且 CMOS 电路工作电压范围宽,4000 系列为 $3\sim15V$,74HC 系列为 $2\sim6V$,电源电压越大,CMOS 电路的抗干扰能力越强。由电流传输特性可知,静态时无论门处于高电平还是低电平状态,电路中只有很小的电流,因此,CMOS 电路的功耗小,特别适合于由电池供电的场合,如手表、计算机、航天设备等。CMOS 电路的输入电阻大,输入电流极小,因此扇出系数 N 较大,$N \geqslant 50$,一般取 $N=20$。但 CMOS 电路的带负载能力差,工作速度低于 TTL 电路,但随着工艺的进步,在逐渐向 TTL 电路靠拢。

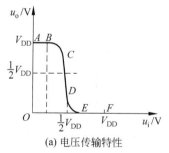

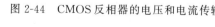

（a）电压传输特性　　　　（b）电流传输特性

图 2-44　CMOS 反相器的电压和电流传输特性

2. CMOS 门电路的使用注意事项

由于 CMOS 门电路的 MOS 管栅极的氧化层很薄,容易被击穿,因而使用中除一些与 TTL 电路相同的要求以外,还应注意以下几点:

（1）为保护集成电路输入端内部的钳位二极管不因电流过大而烧坏,一般 $V_{SS} \leqslant U_{iL} \leqslant 0.3V_{DD}$,$0.7V_{DD} \leqslant U_{iH} \leqslant V_{DD}$,输入电压 u_i 的极限值为 $(V_{SS}-0.5V)$；$(V_{DD}+0.5V)$。

（2）未使用端绝不允许悬空,否则会因栅极静电感应而导致氧化层击穿,同时由于输入电阻高,悬空时更容易受干扰影响。

（3）考虑到栅极易接收静电电荷,因此在进行实验、测量和调试时,应先接入直流电源,后接信号源;工作结束时,先去掉信号源,后关闭直流电源。

（4）贮藏、运输时应将 CMOS 元件放置于金属容器中或用铝箔包装,或插于导电橡胶或导电塑料中。

（5）焊接时电烙铁要有良好的接地。测试时,测试仪器也应具有良好的接地。

2.6 TTL 电路与 CMOS 电路之间的接口电路

在数字系统中,常有不同类型的集成电路混合使用。由于输入逻辑电平、输出逻辑电平、带负载能力等参数不同,不同类型的集成电路相互连接时,就需要使用接口电路。所谓接口电路就是连接在驱动门与负载门之间的转换电路。

2.6.1 三极管组成的接口电路

TTL 电路与 CMOS 电路电源电压不相同时,TTL 电路的逻辑电平显然不能与 CMOS 电路的逻辑电平兼容,这就需要转换电路。图 2-45 是由三极管组成的接口电路,只要 R_B、R_C 选择适当,就能满足 TTL、CMOS 电路逻辑电平的要求。即使 TTL 与 CMOS 电路使用的电源都是 +5V,如图 2-45 所示的电路也同样是适用的。

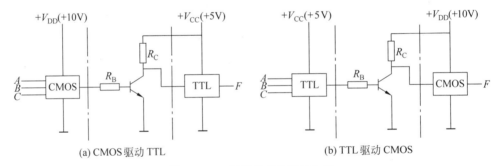

(a) CMOS驱动 TTL   (b) TTL驱动 CMOS

图 2-45　三极管组成的接口电路

2.6.2 其他接口电路

若 CMOS 电路采用 +5V 电源时,阈值电压为 2.5V,高电平接近 5V,低电平接近 0V。而 TTL 电路输出高电平的最小值为 2.4V,低电平的最大值为 0.8V,显然,两者的逻辑电平是不兼容的,TTL 电路输出的高电平相当于 CMOS 电路的低电平。如图 2-46 所示的电路很好地解决了这一问题,电阻 R_{UP}（几千欧）的作用是将 TTL 电路输出的高电平上拉到 5V,满足 CMOS 电路对高电平电压值的要求。

CMOS 电路输出逻辑电平与 TTL 电路的输入逻辑电平可以兼容,但 CMOS 电路带负载能力差。图 2-47 是提高 CMOS 驱动能力的一种方法,将几个非门并联使用。

值得注意的是,接口电路的引入可能会改变逻辑关系,设计时应考虑这一点。此外,实际使用中可选用集成接口电路、带有缓冲或驱动的门电路、OC门等。

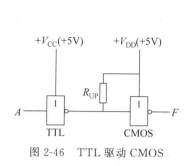

图 2-46 TTL 驱动 CMOS

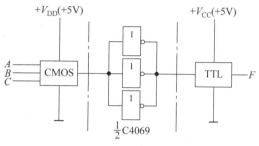

图 2-47 CMOS 驱动 TTL

2.7 小 结

（1）数字电路中的信号通常为脉冲信号。用高电平表示逻辑 1，用低电平表示逻辑 0，这种约定为正逻辑；反之称为负逻辑。逻辑电平代表一定的电压范围，不同的逻辑电路，该电压范围是不相同的。

（2）二极管、三极管、MOS 管都具有开关特性，用它们作为开关元件可组成开关电路。影响二极管、三极管开关速度的主要因素是 PN 结的电荷存储效应；影响 MOS 管开关速度的主要因素是输入、输出回路中的电容充电、放电。

（3）逻辑门电路是数字电路中最基本的逻辑单元，要掌握它们的逻辑功能。最基本的逻辑门是与门、或门和非门，由它们可组合成复合门及其他复杂的逻辑电路。数字逻辑电路设计就是将这些逻辑门连接组成具有特定逻辑功能的电路，或根据已有的逻辑电路来分析电路具有的逻辑功能，这样当给电路加不同的输入信号时，就能预知其输出状态。因此，一定要牢记各种逻辑门的符号、逻辑表达式和真值表。

（4）TTL 门电路是由三极管组成的，CMOS 门电路是由 MOS 管组成的，虽然内部结构不同，但只要逻辑功能相同时，逻辑电路使用的符号也相同。由于 TTL 门电路和 CMOS 门电路输入、输出逻辑电平不同，带负载能力不同，将不同类型的集成门电路相互连接时，需要考虑是否使用接口电路。

2.8 习题与思考题

1. 已知 A、B 的波形如图 2-48 所示，当 A、B 作为二输入与门和二输入或门的输入信号时，分别画出它们的输出波形。

2. 已知 A、B、C 的波形如图 2-49 所示，当 A、B、C 作为三输入端与非门和或非门的输入信号时，试分别画出它们输出端的波形。

3. 如图 2-50 所示电路，试问在输入信号 A、B、C 的不同组合时，电路中 P 点和输出端 F 的状态。

图 2-48 题 1 的图

第 2 章

门电路

图 2-49 题 2 的图

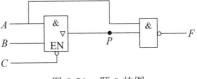

图 2-50 题 3 的图

4. 分别列出三输入异或 $F=A \oplus B \oplus C$ 和三输入同或 $F=A \odot B \odot C$ 的真值表。

5. 查阅手册找出 TTL74 系列中各种与非门的型号,并画出其中一种型号的引脚排列。

6. 查阅手册找出 CMOS 4000 系列中各种或非门的型号,并画出其中一种型号的引脚排列。

7. 有两个 TTL 与非门,测得它们的关门电平分别为 $U_{offA}=1.1V$、$U_{offB}=0.9V$;开门电平为 $U_{onA}=1.3V$、$U_{onB}=1.7V$。它们输出的高低电平都相同,试问哪个门的抗干扰能力强?

8. 写出图 2-51 中各电路输出与输入之间的逻辑表达式,所有门电路都是 CMOS 电路。

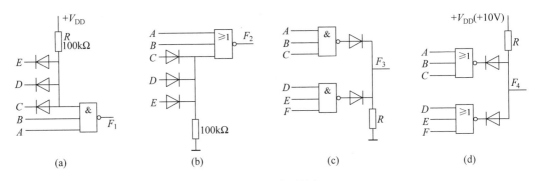

图 2-51 题 8 的图

9. 写出如图 2-52 所示的电路输出端的逻辑表达式。

10. 在如图 2-53 所示的电路中,如果要将输入端 A 的信号同时传到输出端 O 和 P,各三态门的控制端 $\overline{E}_A$、$\overline{E}_B$、$\overline{E}_C$、$\overline{E}_O$、$\overline{E}_P$、$\overline{E}_G$ 应如何接高、低电平?

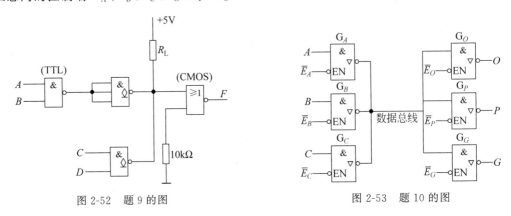

图 2-52 题 9 的图

图 2-53 题 10 的图

11. 4-2 输入与非门 74LS00 的接线图如图 2-54 所示,试画出电路原理图。

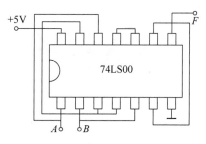

图 2-54　题 11 的图

第 3 章 组合逻辑的分析与设计

3.1 逻辑代数基础

逻辑代数是布尔代数向电子工程领域延伸的结果,是布尔代数的一种特例。1847 年,英国数学家乔治·布尔(G. Boole)提出了用数学分析方法表示命题陈述的逻辑结构,并成功地将形式逻辑归结为一种代数演算,从而诞生了有名的"布尔代数"。此后于 1938 年,克劳德·香农(C. E. Shannon)将布尔代数应用于电话继电器的开关电路,提出了"开关代数"。随着电子技术的发展,集成电路逻辑门已经取代了机械触点开关,故"开关代数"这个术语已很少再使用了。为了与"数字逻辑电路设计"这一术语相适应,人们更习惯于把开关代数叫作逻辑代数。

目前,逻辑代数已成为研究数字系统逻辑设计的基础理论。无论何种形式的数字系统,都是由一些基本的逻辑电路组成的。为了解决数字系统分析和设计中的各种具体问题,必须掌握逻辑代数这一重要的数学工具。

本节主要从实用的角度出发,介绍逻辑代数的基本概念、基本公式、基本定理和规则。

3.1.1 逻辑变量及基本逻辑运算

视频讲解

逻辑代数和普通代数一样,也是用字母表示变量的。但逻辑代数是一种二值代数系统,任何逻辑变量的取值只有两种可能性:0 或 1。在数字系统中,开关的接通与断开、电压的高低、信号的有无、晶体管的导通和截止等两种稳定的物理状态,均可用 0 和 1 这两个不同的逻辑值来表示。为了反映一个数字系统中各开关元件之间的关系,可用几种运算关系来描述。逻辑代数中定义了"与""或""非"三种基本运算。

1. "与"运算

逻辑问题中,如果决定某一事件发生的多个条件必须同时具备,事件才能发生,则这种因果关系称为"与"逻辑。逻辑代数中,"与"逻辑关系用"与"运算描述。"与"运算又称为逻辑乘(Logic Multiplication),其运算符号为·,有时也用 ∧ 表示。两变量"与"运算关系可表示为

$$F = A \cdot B \quad \text{或者} \quad F = A \wedge B$$

读作"F 等于 A 与 B"。意思是:若 A,B 均为 1,则 F 为 1;否则,F 为 0。

这个逻辑关系可用如图 3-1 所示的电路来描述,两个开关串联控制同一个灯,仅当两个开关同时闭合时,灯才能亮,否则灯熄灭。假定开关闭合状态用 1 表示,开关断开状态用 0 表示,灯亮用 1 表示,灯灭用 0 表示,则电路中灯 F 和开关 A、B 之间的关系可用表 3-1

表示。

从表 3-1 可得"与"运算法则为

$$0 \cdot 0 = 0 \qquad 1 \cdot 0 = 0$$
$$0 \cdot 1 = 0 \qquad 1 \cdot 1 = 1$$

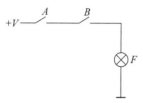

图 3-1 串联开关电路

表 3-1 "与"运算表

A	B	F
0	0	0
0	1	0
1	0	0
1	1	1

2."或"运算

逻辑问题中,如果决定某一事件发生的多个条件中,只要有一个或一个以上条件成立,事件便可发生,则这种因果关系称为"或"逻辑。"或"逻辑关系用"或"运算描述。"或"运算又称逻辑加(Logic Addition),其运算符号为+,有时也用 $\vee$ 表示。两变量"或"运算的关系可表示为

$$F = A + B \qquad 或者 \qquad F = A \vee B$$

读作"F 等于 A 或 B"。意思是:A,B 中只要有一个为 1,则 F 为 1;仅当 A,B 均为 0 时,F 才为 0。这个逻辑关系同样可用图 3-2 所示的电路来描述。其灯 F 与开关 A、B 之间的关系可用表 3-2 表示。由表 3-2 可得"或"运算法则为

$$0 + 0 = 0 \qquad 1 + 0 = 1$$
$$0 + 1 = 1 \qquad 1 + 1 = 1$$

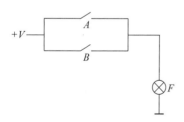

图 3-2 并联开关电路

表 3-2 "或"运算表

A	B	F
0	0	0
0	1	1
1	0	1
1	1	1

3."非"运算

逻辑问题中,如果某一事件的发生取决于条件的否定,即事件与事件发生的条件之间构成矛盾,则这种因果关系称为"非"逻辑。逻辑代数中,"非"逻辑用"非"运算描述。"非"运算也叫求反运算或者逻辑否定(Logic Negation)。其运算符号为—。"非"运算的逻辑关系可表示为

$$F = \overline{A}$$

读作"F 等于 A 非"。意思是：若 A 为 0,则 F 为 1;反之,若 A 为 1,则 F 为 0。

这个逻辑关系也可用图 3-3 电路来描述,其灯 F 与开关 A 的关系可用表 3-3 表示。

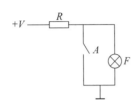

图 3-3 开关与灯并联电路

表 3-3 "非"运算表

A	F
0	1
1	0

由表 3-3 可得"非"运算法则为

$$\overline{0} = 1 \qquad \overline{1} = 0$$

视频讲解

3.1.2 逻辑代数的基本公式、定理与规则

1. 基本公式

1) 交换律

$$A + B = B + A$$
$$A \cdot B = B \cdot A$$

2) 结合律

$$(A + B) + C = A + (B + C)$$
$$(A \cdot B) \cdot C = A \cdot (B \cdot C)$$

3) 分配律

$$A \cdot (B + C) = A \cdot B + A \cdot C$$
$$A + B \cdot C = (A + B)(A + C)$$

4) 0-1 律

$$\begin{cases} A + 0 = A \\ A + 1 = 1 \end{cases}$$
$$\begin{cases} A \cdot 1 = A \\ A \cdot 0 = 0 \end{cases}$$

5) 互补律

$$A + \overline{A} = 1$$
$$A \cdot \overline{A} = 0$$

6) 吸收律

$$\begin{cases} A + AB = A \\ A + \overline{A}B = A + B \end{cases}$$
$$\begin{cases} A(A + B) = A \\ A(\overline{A} + B) = AB \end{cases}$$

7) 重叠律

$$A + A = A$$

$$A \cdot A = A$$

8) 对合律

$$\overline{\overline{A}} = A$$

9) 反演律

$$\overline{(A+B)} = \overline{A}\,\overline{B}$$

$$\overline{AB} = \overline{A} + \overline{B}$$

10) 包含律

$$AB + \overline{A}C + BC = AB + \overline{A}C$$

$$(A+B)(\overline{A}+C)(B+C) = (A+B)(\overline{A}+C)$$

以上几对公式是逻辑代数的基本公式,其中 1)~5)可以作为逻辑代数的公理,以此为基础可以推导出逻辑代数的其他公式。

2. 逻辑代数的主要定理

定理 1 德·摩根(De Morgan)定理。

(1) $\overline{x_1 + x_2 + \cdots + x_n} = \overline{x}_1 \cdot \overline{x}_2 \cdot \cdots \cdot \overline{x}_n$

(2) $\overline{x_1 \cdot x_2 \cdot \cdots \cdot x_n} = \overline{x}_1 + \overline{x}_2 + \cdots + \overline{x}_n$

这就是说,n 个变量的"或"的"非"等于各变量的"非"的"与";n 个变量的"与"的"非"等于各变量的"非"的"或"。这实际就是反演律的一般形式。

定理 2 香农(Shannon)定理。

$$\overline{f(x_1, x_2, \cdots, x_n, 0, 1, +, \cdot)} = f(\overline{x}_1, \overline{x}_2, \cdots, \overline{x}_n, 1, 0, \cdot, +)$$

这就是说,任何函数的反函数(或称补函数),可以通过对该函数的所有变量取反,并将常量 1 换为 0,0 换为 1,运算符+换为·,·换为+而得到。

香农定理实际上是德·摩根定理的推广,它可用在任何复杂函数中。

例 3-1 已知函数 $F = \overline{A}B + A\overline{B}(C + \overline{D})$,求其反函数 $\overline{F}$。

解: $\overline{F} = \overline{\overline{A}B + A\overline{B}(C + \overline{D})} = \overline{\overline{A}B} \cdot \overline{A\overline{B}(C + \overline{D})}$

$\qquad = (A + \overline{B}) \cdot (\overline{A\overline{B}} + \overline{C + \overline{D}}) = (A + \overline{B})((\overline{A} + B) + \overline{C}D) = (A + \overline{B}) \cdot (\overline{A} + B + \overline{C}D)$

利用香农定理,可以直接写出

$$\overline{F} = (A + \overline{B}) \cdot (\overline{A} + B + \overline{C}D)$$

定理 3 展开定理。

(1) $f(x_1, x_2, \cdots, x_i, \cdots, x_n) = x_i f(x_1, x_2, \cdots, 1, \cdots, x_n) + \overline{x}_i f(x_1, x_2, \cdots, 0, \cdots, x_n)$

(2) $f(x_1, x_2, \cdots, x_i, \cdots, x_n) = [x_i + f(x_1, x_2, \cdots, 0, \cdots, x_n)] \cdot [\overline{x}_i + f(x_1, x_2, \cdots, 1, \cdots, x_n)]$

这就是说,任何布尔函数都可以对它的某一变量 x_i 展开,或展开成如(1)所示的"与-或"形式,或展开成如(2)所示的"或-与"形式。

组合逻辑的分析与设计

由展开定理可得下列两个推理：

推理 1

(1) $x_i f(x_1, x_2, \cdots, x_i, \cdots, x_n) = x_i f(x_1, x_2, \cdots, 1, \cdots, x_n)$

(2) $x_i + f(x_1, x_2, \cdots, x_i, \cdots, x_n) = x_i + f(x_1, x_2, \cdots, 0, \cdots, x_n)$

推理 2

(1) $\overline{x}_i f(x_1, x_2, \cdots, x_i, \cdots, x_n) = \overline{x}_i f(x_1, x_2, \cdots, 0, \cdots, x_n)$

(2) $\overline{x}_i + f(x_1, x_2, \cdots, x_i, \cdots, x_n) = \overline{x}_i + f(x_1, x_2, \cdots, 1, \cdots, x_n)$

下面举例说明展开定理的应用。

例 3-2 证明公式 $AB + \overline{A}C + BC = AB + \overline{A}C$（包含律）。

解： 用展开定理，等号左边可展开成

$$左边 = A(1 \cdot B + 0 \cdot C + BC) + \overline{A}(0 \cdot B + 1 \cdot C + BC)$$

$$= A(B + BC) + \overline{A}(C + BC) = AB + \overline{A}C = 右边$$

证毕。

例 3-3 将函数 $F = \overline{A}\,\overline{B} + AC$ 表示成"或-与"形式。

解： 由展开定理，可得

$$F = [A + (1 \cdot \overline{B} + 0 \cdot C)] \cdot [\overline{A} + (0 \cdot \overline{B} + 1 \cdot C)] = (A + \overline{B})(\overline{A} + C)$$

3. 逻辑代数的重要规则

逻辑代数有三个重要规则，现分别叙述如下。

视频讲解

1）代入规则

任何一个含有变量 x 的等式，如果将所有出现 x 的位置，都代之以一个逻辑函数 F，则等式仍然成立。这个规则称为代入规则。

由于任何一个逻辑函数也和任何一个变量一样，只有 0 或 1 两种取值，显然，以上规则是成立的。

例如：已知等式 $\overline{A + B} = \overline{A} \cdot \overline{B}$，函数 $F = B + C$，若用 F 代入此等式中的 B，则有

$$\overline{A + (B + C)} = \overline{A} \cdot \overline{B + C}$$

$$\overline{A + B + C} = \overline{A} \cdot \overline{B} \cdot \overline{C}$$

据此类推可以证明 n 变量的德·摩根定理的成立。

2）对偶规则

任何一个逻辑函数表达式 F，如果将表达式中所有的 $+$ 改成 $\cdot$，$\cdot$ 改成 $+$，1 改成 0，0 改成 1，而变量保持不变，则可得到一个新的函数表达式 F_d，称 F_d 为 F 的对偶函数。若两个逻辑函数相等，则其对偶式也相等，这一规则称为对偶规则。例如，下列为几个原函数及其对偶函数：

$$F = \overline{A}B + A\overline{B}\,\overline{C} \qquad F_d = (\overline{A} + B)(A + \overline{B} + \overline{C})$$

$$F = A(\overline{B} + CD) + E \qquad F_d = [A + \overline{B}(C + D)]E$$

$$F = (A + 0)(B + C \cdot 1) \qquad F_d = A \cdot 1 + B(C + 0)$$

$$F = \overline{A + \overline{B} + \overline{C} + D + \overline{\overline{E}}} \qquad F_d = \overline{A \cdot \overline{B} \cdot \overline{C} \cdot D \cdot \overline{\overline{E}}}$$

需要注意的是，在运用对偶规则求对偶函数时，必须按照先"与"后"或"的顺序，否则容易写错，例如 $F = \overline{A}B + A\overline{B}\overline{C}$，若求出对偶函数 $F_d = \overline{A} + B \cdot A + \overline{B} + \overline{C}$，这是错误的。因此，

要特别注意原来函数中的"与"项,当这些"与"项变为"或"项时,应加括号。

从上面这些例子可以看出,如果 F 的对偶函数为 F_d,则 F_d 的对偶函数就是 F。也就是说,F 和 F_d 互为对偶函数,即 $(F_d)_d = F$。

上面叙述的 10 个基本公式都是成对出现的,实际上是互为对偶的等式。由此证明一个规则:如果两个函数的表达式相等,则它们的对偶函数也相等,即如果函数 $F = G$,则其对偶函数 $F_d = G_d$。

3)反演规则

任何一个逻辑函数表达式 F,如果将表达式中的所有＋改成・,・改成＋,1 改成 0,0 改成 1,原变量改成反变量,反变量改成原变量,则可得函数 F 的反函数(或称补函数)$\overline{F}$。这个规则称为反演规则。

实际上,反演规则就是香农定理。运用反演规则可以很方便地求一个函数的补函数。例如,下面为几个原函数及其补函数:

$$F = \overline{A}B + A\overline{B}\,\overline{C} \qquad \overline{F} = (A + \overline{B})(\overline{A} + B + C)$$

$$F = A(\overline{B} + CD) + E \qquad \overline{F} = [\overline{A} + B(\overline{C} + \overline{D})]\overline{E}$$

$$F = (A + 0)(B + C \cdot 1) \qquad \overline{F} = \overline{A} \cdot 1 + \overline{B}(\overline{C} + 0)$$

$$F = \overline{A + B + \overline{C} + D + \overline{E}} \qquad \overline{F} = \overline{A} \cdot \overline{B} \cdot C \cdot \overline{D} \cdot E$$

与求对偶函数一样,求补函数需要注意的是,在运用反演规则时,必须按照先"与"后"或"的顺序进行变换。因此,特别要注意原来函数中的"与"项,当这些"与"项变换为"或"项时,应加括号。

把上述补函数的例子与前面对偶函数的例子对照一下,可以看出,补函数和对偶函数之间在形式上只差变量的"非"。因此,若已求得一函数的对偶函数,只要将所有变量取反便得该函数的补函数;反之亦然。

4. 几个常用公式

$$A \oplus B = A\overline{B} + \overline{A}B \quad (异或)$$

$$A \odot B = AB + \overline{A}\,\overline{B} \quad (同或)$$

$$A \oplus B = \overline{A \odot B}$$

$$A \oplus 1 = \overline{A} \qquad\qquad A \oplus 0 = A$$

$$A \odot 1 = A \qquad\qquad A \odot 0 = \overline{A}$$

$$AB + A\overline{B} = A \qquad (A + B)(A + \overline{B}) = A$$

3.1.3 逻辑函数及其表达式

1. 逻辑函数的表示法

常用的逻辑函数表示方法有三种:逻辑表达式、真值表、卡诺图。

1)逻辑表达式

逻辑表达式是由逻辑变量和"与""或""非"三种运算符所构成的式子。例如:

$$F = f(A, B) = \overline{A} \cdot B + A \cdot \overline{B}$$

为一个由两个变量(A 和 B)进行逻辑运算构成的逻辑表达式,它描述了一个两变量的逻辑函数 F。函数 F 和变量 A, B 的关系是:当变量 A 和 B 取值不同时,函数 F 的值为 1;否

视频讲解

第 3 章

组合逻辑的分析与设计

则,函数 F 的值为 0。关于逻辑表达式的书写,为了简便起见,可按下述规则省略某些括号或运算符号:

① 进行"非"运算可不加括号,如 $\overline{A}$,$\overline{A+B}$ 等。

② "与"运算符一般可省略,如 $A \cdot B$ 可写成 AB。

③ 在一个表达式中,如果既有"与"运算又有"或"运算,则按先"与"后"或"的规则省去括号。如 $(A \cdot B)+(C \cdot D)$ 可写为 $AB+CD$,但 $(A+B) \cdot (C+D)$ 不能省略括号而写成 $A+B \cdot C+D$。

④ "与"运算和"或"运算均满足结合律,因此,$(A+B)+C$ 或者 $A+(B+C)$ 可用 $A+B+C$ 代替;$(AB)C$ 或者 $A(BC)$ 可用 ABC 代替。

2) 真值表

用真值表描述逻辑函数的方法是一种表格表示法。由于一个逻辑变量只有 0 和 1 两种可能的取值,故 n 个逻辑变量共有 2^n 种可能的取值组合。任何逻辑函数总是和若干逻辑变量相关,有限的变量个数使得变量取值组合的总数必然是有限的,从而,能够用穷举的方法来描述逻辑函数的功能。为了清晰,常用的方法是对一个函数求出所有输入变量取值下的函数值并用表格形式记录下来,这种表格称为真值表。换而言之,真值表是一种由逻辑变量的所有可能取值组合及其对应的逻辑函数值所构成的表格。

真值表由两部分组成,左边一栏列出变量的所有取值组合,为了不发生遗漏,通常各变量取值组合按二进制数码顺序给出;右边一栏为逻辑函数值。例如,函数 $F=A \cdot \overline{B}+\overline{A} \cdot C$ 的真值表如表 3-4 所示。事实上,前面介绍三种基本运算时所列出的表 3-1、表 3-2、表 3-3 分别是"与""或""非"三种逻辑运算的真值表。

表 3-4　函数 $F=A \cdot \overline{B}+\overline{A} \cdot C$ 的真值表

A	B	C	F
0	0	0	0
0	0	1	1
0	1	0	0
0	1	1	1
1	0	0	1
1	0	1	1
1	1	0	0
1	1	1	0

真值表是一种十分有用的逻辑工具。在逻辑问题的分析和设计中,会经常用到这一工具。

3) 卡诺图

卡诺图是由表示逻辑变量的所有可能组合的小方格所构成的平面图,它是一种用图描述逻辑函数的方法,这种方法在逻辑函数化简中十分有用,将在后面结合函数化简问题进行详细介绍。

上述表示逻辑函数的三种方法各有特点,它们各适用于不同的场合。但针对某个具体问题而言,它们仅仅是同一问题的不同描述形式。在它们之间存在内在的联系,可以很方便地相互变换。

2. 逻辑函数的基本形式

根据展开定理,任何一个 n 变量函数总可以展开成"与-或"形式,或者"或-与"形式。其中"与-或"形式又叫"积之和"形式,而"或-与"形式又叫"和之积"形式。

如 $F(A,B,C)=\overline{A}+B\overline{C}+A\overline{B}C$ 就称为"积之和"形式。

而 $F(A,B,C,D)=(A+B)(C+\overline{D})(\overline{A}+B+C)$ 称为"和之积"形式。

但 $F(A,B,C,D)=(AC+B)CD+(AC+B)\overline{D}$ 既不是"积之和"也不是"和之积"形式,但它可以转换成两种基本形式。

一个函数可以有多种表示形式,但有两种统一的标准形式。

1) 标准积之和

所谓标准积,是指函数的积项包含了函数的全部变量,其中每个变量都以原变量或反变量的形式出现,且仅出现一次。标准积项通常称为最小项。

视频讲解

一个函数可以用最小项之和的形式来表示,称为函数的"标准积之和"形式。例如,一个三变量函数为

$$F(A,B,C)=\overline{A}B\overline{C}+\overline{A}BC+A\overline{B}\overline{C}+ABC$$

它由 4 个最小项组成,这是函数"标准积之和"的形式。

由最小项的定义可知,三个变量最多可组成 8 个最小项:$\overline{A}\overline{B}\overline{C}$,$\overline{A}\overline{B}C$,$\overline{A}B\overline{C}$,$\overline{A}BC$,$A\overline{B}\overline{C}$,$A\overline{B}C$,$AB\overline{C}$ 和 ABC。为了叙述和书写方便,通常用 m_i 表示最小项,其下标 i 是这样确定的:把最小项中的原变量记为 1,反变量记为 0,当变量顺序确定后,可以按顺序排列成一个二进制数。那么,与这个二进制数相对应的十进制数就是最小项的下标 i。表 3-5 列出了三个变量的全部最小项。

表 3-5 三变量的所有最小项和最大项

A	B	C	最小项 m_i	最大项 M_i
0	0	0	$m_0=\overline{A}\overline{B}\overline{C}$	$M_0=A+B+C$
0	0	1	$m_1=\overline{A}\overline{B}C$	$M_1=A+B+\overline{C}$
0	1	0	$m_2=\overline{A}B\overline{C}$	$M_2=A+\overline{B}+C$
0	1	1	$m_3=\overline{A}BC$	$M_3=A+\overline{B}+\overline{C}$
1	0	0	$m_4=A\overline{B}\overline{C}$	$M_4=\overline{A}+B+C$
1	0	1	$m_5=A\overline{B}C$	$M_5=\overline{A}+B+\overline{C}$
1	1	0	$m_6=AB\overline{C}$	$M_6=\overline{A}+\overline{B}+C$
1	1	1	$m_7=ABC$	$M_7=\overline{A}+\overline{B}+\overline{C}$

因此,上述函数 $F(A,B,C)$ 可以写成

$$F(A,B,C)=\overline{A}B\overline{C}+\overline{A}BC+A\overline{B}\overline{C}+ABC$$
$$=m_2+m_3+m_4+m_7=\sum m(2,3,4,7)$$

其中,符号 $\sum$ 表示各最小项求"或",括号内的十进制数字表示各最小项的下标。

最小项有下列三个主要性质:

① 对于任意一个最小项,只有一组变量取值使其值为 1。

② 任意两个不同的最小项之积必为 0,即

$$m_i \cdot m_j = 0 \quad (i \neq j)$$

③ n 变量的所有 2^n 个最小项之和必为 1,即

组合逻辑的分析与设计

$$\sum_{i=0}^{2^n-1} m_i = 1$$

用展开定理可以证明,任一个 n 变量的函数都有一个且仅有一个最小项表达式,即"标准积之和"形式。下面介绍求函数的"标准积之和"的两种常用的方法。

一种是代数演算法,即通过反复使用公式 $x + \bar{x} = 1$ 和 $x(y+z) = xy + xz$ 而求得"标准积之和"的方法。例如,设 $F(A,B,C) = \bar{A}B + A\bar{B}\bar{C} + BC$,则得

$$F(A,B,C) = \bar{A}B(C+\bar{C}) + A\bar{B}\bar{C} + BC(A+\bar{A})$$

$$= \bar{A}BC + \bar{A}B\bar{C} + A\bar{B}\bar{C} + ABC + \bar{A}BC$$

$$= \bar{A}B\bar{C} + \bar{A}BC + A\bar{B}\bar{C} + ABC = m_2 + m_3 + m_4 + m_7$$

$$= \sum m(2,3,4,7)$$

另一种是列表法,即列出函数的真值表,使函数取值为 1 的那些最小项相加,就构成了函数的"标准积之和"的形式。例如,函数 $F(A,B,C) = \bar{A}B + A\bar{B}\bar{C} + BC$ 的真值表列于表 3-6,根据真值表可以很方便地写出函数的表达式为

$$F(A,B,C) = m_2 + m_3 + m_4 + m_7 = \sum m(2,3,4,7)$$

式中,m_2,m_3,m_4 和 m_7 对应于真值表中使函数取值为 1 的那些最小项。

表 3-6　函数的真值表与最小项

A	B	C	$F(A,B,C)$	最　小　项
0	0	0	0	—
0	0	1	0	—
0	1	0	1	$m_2 = \bar{A}B\bar{C}$
0	1	1	1	$m_3 = \bar{A}BC$
1	0	0	1	$m_4 = A\bar{B}\bar{C}$
1	0	1	0	—
1	1	0	0	—
1	1	1	1	$m_7 = ABC$

视频讲解

2) 标准和之积

所谓标准和是指函数的和项包含了全部变量,其中每个变量都以原变量或反变量的形式出现,且仅出现一次。标准和项通常又称最大项。

一个函数可以用最大项之积的形式表示,把这种形式称为函数的"标准和之积"式。例如,一个三变量函数为

$$F(A,B,C) = (A+B+C)(A+B+\bar{C})(\bar{A}+B+\bar{C})(\bar{A}+\bar{B}+C)$$

它由 4 个最大项组成,这就是函数的"标准和之积"形式。

同样,三个变量最多可组成 8 个最大项,如表 3-5 所示。通常,最大项用 M_i 来表示,其下标 i 是这样确定的:当最大项的各变量按一定次序排好后,把其中的原变量记为 0,反变量记为 1,便得到一个二进制数,与该二进制数相应的十进制数就是最大项的下标 i。

这样,上述函数 $F(A,B,C)$ 可以写成

$$F(A,B,C) = (A+B+C)(A+B+\bar{C})(\bar{A}+B+\bar{C})(\bar{A}+\bar{B}+C)$$

$$= M_0 M_1 M_5 M_6 = \prod M(0,1,5,6)$$

其中,符号 $\prod$ 表示各最大项相与,括号内的十进制数表示各最大项的下标。

最大项具有下列三个主要性质:

① 对于任意一个最大项,只有一组变量取值可使其值为 0。

② 任意两个不同的最大项之和必为 1,即

$$M_i + M_j = 1 \quad (i \neq j)$$

③ n 变量的所有 2^n 个最大项之积必为 0,即

$$\prod_{i=0}^{2^n-1} M_i = 0$$

同样地用展开定理可以证明,任何 n 变量的函数都有一个且仅有一个最大项表达式,即"标准和之积"形式。求函数的"标准和之积"的方法也有两种方法。

一是代数演算法,即通过反复地使用公式 $x \cdot \bar{x} = 0$ 和 $x + yz = (x+y)(x+z)$ 而求得"标准和之积"的方法。例如:

$$F = \bar{A}B + A\bar{B}\bar{C} + BC = (\bar{A}B + A)(\bar{A}B + \bar{B})(\bar{A}B + \bar{C}) + BC$$

$$= (\bar{A} + A)(B + A)(\bar{A} + \bar{B})(B + \bar{B})(\bar{A} + \bar{C})(B + \bar{C}) + BC$$

$$= (A + B)(\bar{A} + \bar{B})(\bar{A} + \bar{C})(B + \bar{C}) + BC$$

$$= ((A + B)(\bar{A} + \bar{B})(\bar{A} + \bar{C})(B + \bar{C}) + B)((A + B)(\bar{A} + \bar{B})(\bar{A} + \bar{C})(B + \bar{C}) + C)$$

$$= ((A + B + B)(\bar{A} + \bar{B} + B)(\bar{A} + \bar{C} + B)(B + \bar{C} + B)) \cdot$$

$$((A + B + C)(\bar{A} + \bar{B} + C)(\bar{A} + \bar{C} + C)(B + \bar{C} + C))$$

$$= (A + B)(\bar{A} + B + \bar{C})(B + \bar{C})(A + B + C)(\bar{A} + \bar{B} + C)$$

由于表达式中第一项缺少变量 C,所以要加上 $C \cdot \bar{C}$;第三项缺少变量 A,所以要加 $A \cdot \bar{A}$,即

$$F = (A + B + C \cdot \bar{C})(\bar{A} + B + \bar{C})(A \cdot \bar{A} + B + \bar{C})(A + B + C)(\bar{A} + \bar{B} + C)$$

$$= (A + B + C)(A + B + \bar{C})(\bar{A} + B + \bar{C})(\bar{A} + \bar{B} + C)$$

$$= M_0 M_1 M_5 M_6 = \prod M(0, 1, 5, 6)$$

可见,用这种方法是比较麻烦的。

二是采用列表法,即列出函数的真值表,那些使函数取值为 0 的最大项,就构成了函数的"标准和之积"形式。例如,上述函数的真值表见表 3-7,根据真值表可以很方便地写出表达式为

$$F(A, B, C) = M_0 M_1 M_5 M_6 = \prod M(0, 1, 5, 6)$$

表 3-7 函数的真值表与最大项

A	B	C	$F(A, B, C)$	最　大　项
0	0	0	0	$M_0 = A + B + C$
0	0	1	0	$M_1 = A + B + \bar{C}$
0	1	0	1	—
0	1	1	1	—
1	0	0	1	—
1	0	1	0	$M_5 = \bar{A} + B + \bar{C}$
1	1	0	0	$M_6 = \bar{A} + \bar{B} + C$
1	1	1	1	—

第 3 章

组合逻辑的分析与设计

比较表 3-6 和表 3-7,可以得出两点结论:

① 同一个函数既可以表示成"标准积之和"的形式,又可表示成"标准和之积"的形式。对于本例,有

$$F(A,B,C) = \overline{A}B + A\overline{B}\overline{C} + BC$$
$$= \sum m(2,3,4,7)$$
$$= \prod M(0,1,5,6)$$

② 同一函数的最大项与最小项是互斥的,即如果真值表中的某一行作为函数的最小项,那么它就不可能是同一函数的最大项;反之亦然。一般有 $m_i = \overline{M_i}$。换句话说,一个布尔函数的最小项的集合与它的最大项的集合互为补集。因此,若已知一布尔函数的"标准积之和"形式,就可以很容易写出该函数的"标准和之积"形式。例如,已知函数的"标准积之和"的形式为

$$F(A,B,C) = \sum m(1,3,4,6,7)$$

则该函数的"标准和之积"的形式为

$$F(A,B,C) = \prod M(0,2,5)$$

3.2　逻辑函数的化简

同一个逻辑函数可以有多种表示形式。一种形式的函数表达式对应一种逻辑电路,尽管它们的形式不同,但其逻辑功能是相同的。函数表达式越简单,则逻辑电路越简单,因此如何使函数的表达式最简单,即函数的化简,成为逻辑设计的一个重要问题。

在各种不同形式的表达式中,"与-或"表达式是最基本的,其他形式都可由它变换而得。例如

$$\begin{aligned}
F(A,B,C) &= \overline{A}\overline{B} + AC & &\text{"与-或"形式}\\
&= (\overline{A} + C)(A + \overline{B}) & &\text{"或-与"形式}\\
&= \overline{\overline{\overline{A}\overline{B}} \cdot \overline{AC}} & &\text{"与-非"形式}\\
&= \overline{\overline{\overline{A} + C} + \overline{A + \overline{B}}} & &\text{"或-非"形式}\\
&= \overline{A\overline{C} + \overline{A}B} & &\text{"与或非"形式}
\end{aligned}$$

因此,下面将从"与或"表达式出发来讨论函数的化简方法。

什么是函数的最简"与或"式呢? 一个最简"与-或"式应同时满足如下两个条件:

(1) 该式中的与项最少;

(2) 该式中每个与项的变量最少。

这样,用逻辑门来实现布尔函数时,所需的与门数目最少,而且每个与门的输入端数目也最少。

3.2.1　代数化简法

视频讲解

代数化简法,就是运用逻辑代数的基本公式、定理和规则来化简逻辑函数。这种方法没

有固定的步骤,主要是凭对逻辑代数的公式、定理和规则的熟练运用程度。但还是有一些适用于大多数情况的方法,下面介绍几种常用方法。

1. 并项法

利用公式 $AB+A\bar{B}=A$,将两个"与"项合并成一个"与"项,合并后消去一个变量。例如:

$$A\bar{B}C+A\bar{B}\bar{C}=A\bar{B}$$

$$AB\bar{C}+A\overline{B\bar{C}}=A$$

2. 吸收法

利用公式 $A+AB=A$,消去多余的项。例如:

$$\bar{B}+A\bar{B}D=\bar{B}$$

$$\bar{A}B+\bar{A}BCD(E+F)=\bar{A}B$$

3. 消去法

利用公式 $A+\bar{A}B=A+B$,消去多余变量。例如:

$$AB+\bar{A}C+\bar{B}C=AB+(\bar{A}+\bar{B})C=AB+\overline{AB}C=AB+C$$

$$\bar{A}+AC+\bar{C}D=\bar{A}+C+\bar{C}D=\bar{A}+C+D$$

4. 配项法

利用公式 $A \cdot 1=A$ 及 $A+\bar{A}=1$ 或 $A \cdot \bar{A}=0$ 或利用包含律加上一个冗余项,然后再利用并项、吸收、消去等方法进行化简。例如:

$$A\bar{B}+B\bar{C}+\bar{B}C+\bar{A}B=A\bar{B}+B\bar{C}+(A+\bar{A})\bar{B}C+\bar{A}B(C+\bar{C})$$
$$=A\bar{B}+B\bar{C}+A\bar{B}C+\bar{A}\bar{B}C+\bar{A}BC+\bar{A}B\bar{C}$$
$$=A\bar{B}+B\bar{C}+\bar{A}C$$

上面介绍的是几种常用的方法,举出的例子都比较简单。而实际中遇到的逻辑函数往往比较复杂,化简时应灵活使用所学的公理、定理及规则,综合运用各种方法。下面再举几个化简实例。

例 3-4 化简 $F=A\bar{C}+ABC+AC\bar{D}+CD$。

视频讲解

解:

$$\begin{aligned}
F &=A\bar{C}+ABC+AC\bar{D}+CD \\
&=A(\bar{C}+BC)+C(A\bar{D}+D) & \text{(分配律)} \\
&=A(\bar{C}+B)+C(A+D) & \text{(消去法)} \\
&=A\bar{C}+AB+AC+CD & \text{(分配律)} \\
&=A(\bar{C}+C)+AB+CD & \text{(分配律)} \\
&=A+AB+CD & \text{(互补律)} \\
&=A+CD & \text{(吸收法)}
\end{aligned}$$

例 3-5 化简 $F=AD+A\bar{D}+AB+\bar{A}C+BD+ACEF+\bar{B}EF+DEFG$。

解:

$$\begin{aligned}
F &=AD+A\bar{D}+AB+\bar{A}C+BD+ACEF+\bar{B}EF+DEFG \\
&=A+AB+\bar{A}C+BD+ACEF+\bar{B}EF+DEFG & \text{(并项法)} \\
&=A+\bar{A}C+BD+\bar{B}EF+DEFG & \text{(吸收法)} \\
&=A+C+BD+\bar{B}EF+DEFG & \text{(消去法)} \\
&=A+C+BD+\bar{B}EF & \text{(包含律)}
\end{aligned}$$

组合逻辑的分析与设计

例 3-6 化简或与表达式 $F=(A+B)(A+\bar{B})(B+C)(B+C+D)$。

解：可以利用对偶规则，先求出 F 的对偶式：

$$F_d=AB+A\bar{B}+BC+BCD$$

然后利用与或式的化简方法化简得

$$F_d=A+BC$$

最后再对 F_d 求对偶式，则得

$$F=(F_d)_d=A(B+C)=AB+AC$$

从前面的介绍可以看出，代数化简法的优点是不受变量数目的约束，当对公理、定理和规则十分熟练时化简比较方便；其缺点是没有一定的规律和步骤，技巧性很强，而且在很多情况下难以判断化简结果是否最简。因此，这种方法有较大的局限性。

视频讲解

3.2.2 卡诺图化简法

卡诺图化简法是将逻辑函数用卡诺图来表示，在卡诺图上进行函数化简的方法。这是一种简单、直观的方法，并有一定的步骤可依，能确定所简化的函数是否为最简形式。在以后的章节里经常会用到它。

1. 卡诺图的构成

卡诺图是真值表的图形化。把真值表中的最小项重新排列成矩阵形式，并且使矩阵的横向和纵向的逻辑变量的取值按 Gray 码的顺序排列，这样构成的图形就是卡诺图。在卡诺图上任意两个相邻的最小项在图上是相邻的。图 3-4 表示了二变量、三变量和四变量的卡诺图的构成。

(a) 二变量

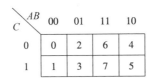

(b) 三变量

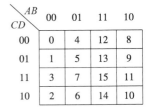

(c) 四变量

图 3-4　卡诺图的构成

从图 3-4 中可看出，不仅图上任意两个相邻的最小项是相邻的(只有一位变量值不一样)，而且图中同一行两端的最小项是相邻的，同一列两端的最小项也是相邻的。二变量的最小项有两个最小项与其相邻；三变量的最小项有三个最小项与其相邻；四变量的最小项有四个最小项与其相邻。

五变量的卡诺图可由两幅四变量卡诺图组成，如图 3-5 所示。两幅四变量卡诺图的同一位置的两个最小项也是相邻的。如最小项 3 与最小项 1、2、7、11 及 19 都是相邻的。

ABC\DE	000	001	011	010		100	101	111	110
00	0	4	12	8		16	20	28	24
01	1	5	13	9		17	21	29	25
11	3	7	15	11		19	23	31	27
10	2	6	14	10		18	22	30	26

图 3-5　五变量卡诺图

六变量卡诺图可由 4 幅四变量卡诺图组成,如图 3-6 所示。在考虑相邻关系时,除要注意左右两幅四变量卡诺图的重合关系,还要注意上下两幅四变量卡诺图的重合关系。如最小项 3 除与最小项 1、2、7、11、19 相邻外,还与最小项 35 相邻。多于 6 个变量时,卡诺图显得很复杂,已失去了它的优越性,一般不采用。

AEF \ BCD	000	001	011	010		100	101	111	110
000	0	4	12	8		16	20	28	24
001	1	5	13	9		17	21	29	25
011	3	7	15	11		19	23	31	27
010	2	6	14	10		18	22	30	26
100	32	36	44	40		48	52	60	56
101	33	37	45	41		49	53	61	57
111	35	39	47	43		51	55	63	59
110	34	38	46	42		50	54	62	58

图 3-6　六变量卡诺图

2. 逻辑函数在卡诺图上的表示

从卡诺图的构成可看出,卡诺图只是把真值表图形化了,它们之间有一定的对应关系。如果逻辑函数是以真值表的形式或者以"标准积之和"的形式给出的,只要在卡诺图上找出那些与给定逻辑函数的最小项相对应的方格,并标以 1,就能得到该函数的卡诺图。例如,三变量函数

$$F(A,B,C)=\sum m(2,3,5,7)$$

其卡诺图如图 3-7 所示。

如果逻辑函数是"与或"表达式,则要将各"与项"分别标在卡诺图上。例如,给定函数的表达式为

$$F(A,B,C)=AB+A\bar{C}$$

只要在 AB 为 11 的列标以 1,并在 A 为 1、C 为 0 的对应方格中标上 1,便可得到如图 3-8 所示的卡诺图。

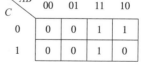

AB \ C	00	01	11	10
0	0	1	0	0
1	0	1	1	1

图 3-7　$F(A,B,C)=\sum m(2,3,5,7)$ 的卡诺图

AB \ C	00	01	11	10
0	0	0	1	1
1	0	0	1	0

图 3-8　$F(A,B,C)=AB+A\bar{C}$ 的卡诺图

视频讲解

3. 卡诺图的性质

卡诺图化简的原理是基于相邻最小项合并的性质的,也就是卡诺图的以下性质。

性质 1:卡诺图上任何两个(2^1 个)标 1 的相邻最小项,可合并为一项,并消去一个变量。

性质 2:卡诺图上任何四个(2^2 个)标 1 的相邻最小项,可合并为一项,并消去两个变量。

第 3 章

组合逻辑的分析与设计

在四变量卡诺图中,4个标1的小方格相邻的典型情况如图3-9所示。

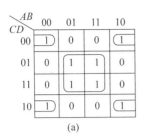 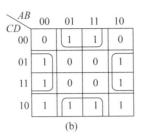 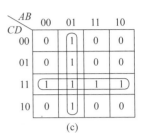

图 3-9 4个相邻最小项合并的情况

在图 3-9(a)中,可得函数表达式为

$$F(A,B,C,D)=\overline{B}\,\overline{D}+BD$$

在图 3-9(b)中,可得函数表达式为

$$F(A,B,C,D)=B\overline{D}+\overline{B}D$$

在图 3-9(c)中,可得函数表达式为

$$F(A,B,C,D)=\overline{A}B+CD$$

性质3：任何8个(2^3个)标1的相邻最小项,可合并为一项,并消去三个变量。

由上述性质可知,相邻最小项的数目必须为2^i个才能合并成一项,并消去i个变量。包含的最小项数目越多,消去的变量也越多,从而所得到的逻辑表达式就越简单。

4. 卡诺图化简的步骤

在化简中涉及的几个概念:

(1) 蕴涵项。在函数的任何与或表达式中,每个与项称为该函数的蕴涵项(Implicant)。显然,在函数的卡诺图中,任一标1的最小项以及由2^i个相邻最小项所形成的圈都是函数的蕴涵项。

(2) 质蕴涵项。如果函数的某一蕴涵项不是该函数中其他蕴涵项的一个子集,则此蕴涵项称为质蕴涵项(Prime Implicant)。从卡诺图上看,所谓质蕴涵项就是大得不能再大的圈。例如,在图 3-10 中,BD、$A\overline{C}\,\overline{D}$ 和 $AB\overline{C}$ 都是质蕴涵项,而 BCD、$\overline{A}BC\overline{D}$ 等都不是质蕴涵项。

(3) 必要质蕴涵项。如果函数的一个质蕴涵项,至少包含了一个其他任何质蕴涵项都不包含的标1最小项,则此质蕴涵项称为必要质蕴涵项(Essential Prime Implicant)。例如,在图 3-10 中,BD、$A\overline{C}\,\overline{D}$ 是必要质蕴涵项,而 $AB\overline{C}$ 就不是必要质蕴涵项。

根据以上定义,可以给出用卡诺图化简布尔函数的基本步骤如下:

(1) 将逻辑函数正确地标到卡诺图上,并在图上找出所有质蕴涵项;

(2) 求出所有必要质蕴涵项;

(3) 求函数的最小覆盖(即函数的最简表达式)。

下面通过具体例子来说明上述步骤。

例 3-7 用卡诺图法化简函数。

$$F(A,B,C,D)=\sum m(0,3,4,5,7,11,13,15)$$

解:

(1) 作 F 的卡诺图,并求得所有质蕴涵项为 BD、CD、$\overline{A}\,\overline{C}D$、$\overline{A}B\overline{C}$,如图 3-11 所示。

视频讲解

（2）求出所有必要质蕴涵项为 CD、BD、$\overline{A}\,\overline{C}\overline{D}$。

（3）由于必要质蕴涵项的集合已覆盖了函数的所有最小项，因此函数的最简与或式为

$$F(A，B，C，D)=BD+CD+\overline{A}\,\overline{C}\overline{D}$$

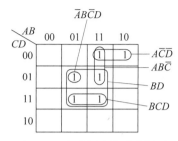

图 3-10 卡诺图中的质蕴涵项

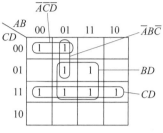

图 3-11 例 3-7 图

例 3-8 用卡诺图化简函数。

$$F(A，B，C，D)=\sum m(0，1，3，4，7，12，13，15)$$

解：作 F 的卡诺图如图 3-12(a)所示。该函数有 8 个质蕴涵项，它们相互交连，找不出哪个是必要质蕴涵项，这种情况通常称为循环结构。对于这类循环结构，通常可选取一个最大的质蕴涵圈作为必要质蕴涵，以打破循环结构。本例中，由于各个质蕴涵圈的大小相等，故可任选一个质蕴涵作为必要质蕴涵项。图 3-12(b)为其中的一种解，可得 F 的最简表达式为

$$F(A，B，C，D)=\overline{A}\,\overline{B}\overline{C}+\overline{A}CD+ABD+B\overline{C}D$$

同理，可得 F 的另一个最简表达式为

$$F(A，B，C，D)=\overline{A}\,\overline{B}D+BCD+AB\overline{C}+\overline{A}\,\overline{C}\overline{D}$$

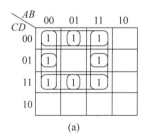   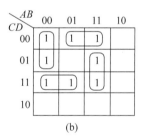

图 3-12 例 3-8 图

例 3-9 化简五变量函数。

$$F(A，B，C，D，E)=\sum m(2，4，5，6，7，12，13，18，20，21，22，23，24，25，28，29)$$

解：五变量布尔函数可用两个四变量卡诺图来表示，相重叠的最小项是相邻的，可以合并。画出函数 F 的卡诺图如图 3-13 所示。重叠部分的质蕴涵为 $\overline{B}D\overline{E}$、$\overline{B}C$ 和 $C\overline{D}$；不重叠的质蕴涵为 $AB\overline{D}$。这几个都为必要质蕴涵，且覆盖了函数的全部标 1 最小项。因此，函数的最简表达式为

$$F(A,B,C,D,E)=(\overline{B}D\overline{E}+\overline{B}C+C\overline{D}+AB\overline{D})$$

由上述例子可见，用卡诺图化简布尔函数，简单明了，形象直观，容易掌握。

组合逻辑的分析与设计

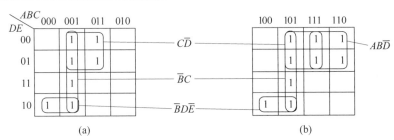

图 3-13　例 3-9 图

视频讲解

3.2.3　列表化简法

上面介绍的卡诺图化简法虽然简单、直观,但毕竟是手算的一种方法,不便于机器实现,并且当变量数大于 6 时,这种方法就失去它的优越性了。

现介绍一种更有规律、系统的方法,即列表化简法。该方法是由奎恩(W. V. Quine)和麦克拉斯基(E. J. McCluskey)于 1956 年研究发表的,故也称奎恩-麦克拉斯基法,简称 Q-M 法。这种方法的基本步骤与卡诺图类似,只是化简过程通过约定的表格进行。列表法可分成 4 个步骤:

(1) 将函数写成最小项形式,并用二进制数表示最小项,将所有的最小项列成表,按二进制数中 1 的个数分成组。

(2) 逐个最小项比较(组与组之间),找出所有质蕴涵项。

(3) 列质蕴涵表,求必要质蕴涵项。

(4) 列简化的质蕴涵表,进一步求最小覆盖。

例 3-10　用列表法化简逻辑函数。

$$F(A, B, C, D) = \sum m(2, 4, 6, 8, 9, 10, 12, 13, 15)$$

解:

(1) 将函数的最小项用二进制表示并分组列表,如表 3-8 所示。

表 3-8　例 3-10 表

m_i	A	B	C	D		m_i	A	B	C	D		m_i	A	B	C	D	
2	0	0	1	0	√	2,6	0	—	1	0	P_2	8,9 12,13	1	—	0	—	P_1
4	0	1	0	0	√	2,10	—	0	1	0	P_3						
8	1	0	0	0	√	4,6	0	1	—	0	P_4						
6	0	1	1	0	√	4,12	—	1	0	0	P_5						
9	1	0	0	1	√	8,9	1	0	0	—	√						
10	1	0	1	0	√	8,10	1	0	—	0	P_6						
12	1	1	0	0	√	8,12	1	—	0	0	√						
13	1	1	0	1	√	9,13	1	—	0	1	√						
15	1	1	1	1	√	12,13	1	1	0	—	√						
						13,15	1	1	—	1	P_7						

(2) 在组与组之间逐个最小项进行比较,如相邻,则合并成一项,消去一个变量,用"—"表示,将已合并的蕴涵项标"√",将得到的新蕴涵项列于表格的另一列。在新的蕴涵项表中

再进行同样的工作,得到第三列表,直至没有可合并的蕴涵项为止。

将没有标"√"的蕴涵项找出来标以 $P_1,P_2,\cdots$ 这就是该函数所有的质蕴涵项。这个例子中所有的质蕴涵项为

$$P_1=A\overline{C},\ P_2=\overline{A}CD,\ P_3=\overline{B}CD,\ P_4=\overline{A}B\overline{D},\ P_5=B\overline{C}D,\ P_6=A\overline{B}\overline{D},\ P_7=ABD$$

(3) 列质蕴涵表,找必要质蕴涵。将上面求出的所有质蕴涵列成表,如表 3-9 所示。

表 3-9   质蕴涵表

P_j	m_i								
	m_2	m_4	m_6	m_8	m_9	m_{10}	m_{12}	m_{13}	m_{15}
√ P_1				×	⊗		×	×	
P_2	×		×						
P_3	×					×			
P_4		×	×						
P_5		×					×		
P_6				×		×			
√ P_7								×	⊗
覆盖情况				×	×		×	×	×

表 3-9 中横向表头中为函数包括的最小项,纵向表头中是求出的所有质蕴涵。对于每个质蕴涵,它包含的最小项处标×。从表的纵向看,如果一列中只有一个×,则将该×标成⊗。那么包含⊗的质蕴涵即为必要质蕴涵,该例中找到 P_1 和 P_7 两个必要质蕴涵,将 P_1 和 P_7 所包含的最小项列在覆盖情况栏内,从该栏可看到,所要化简的函数还有 m_2、m_4、m_6、m_{10} 没有被覆盖。

(4) 列简化质蕴涵表,求最小覆盖。

把已经决定的必要质蕴涵项及它所覆盖的最小项从质蕴涵表中去掉,得简化的质蕴涵表,如表 3-10 所示。

表 3-10   简化质蕴涵表

P_j	m_i			
	m_2	m_4	m_6	m_{10}
P_2	×		×	
P_3	×			×
P_4		×	×	
P_5		×		
P_6				×

在表 3-10 中,要取最少的质蕴涵(必要质蕴涵)而覆盖剩下的所有最小项。应该如何选择呢?下面介绍常用的两种方法。

① 行列消去法。

优势行规则:设质蕴涵 P_i 和 P_j 是简化质蕴涵表中的两行,其中 P_j 行中的×完全包含在 P_i 行中,则称 P_i 为优势行,P_j 为劣势行,记作 $P_i\supset P_j$,这时,在简化质蕴涵表中可以消去劣势行 P_j(这是因为选取了优势行 P_i 后,不仅可覆盖劣势行 P_j 所覆盖的最小项,而且还可覆盖其他最小项)。

例如表 3-11 为一简化质蕴涵表,表中 P_2 相对于 P_1 来说是劣势行,即 $P_1\supset P_2$,可消去

P_2；同理，P_3 相对于 P_1 来说也是劣势行，即 $P_1 \supset P_3$，可消去 P_3，最后只剩下 P_1。

优势列规则：设最小项 m_i 和 m_j 是简化质蕴涵表中的两列，其中 m_j 列中的×完全包含在 m_i 列之中，则称 m_i 列为优势列，m_j 为劣势列，记作 $m_i \supset m_j$，这时，在简化质蕴涵表中可以消去优势列 m_i（这是因为选取了覆盖劣势列的质蕴涵后，一定能覆盖优势列，反之则不一定）。

例如，设表 3-12 为简化质蕴涵表，表中的 m_2 和 m_3 相对于 m_1 来说是劣势列，即 $m_2 \subset m_1$，$m_3 \subset m_1$，故可消去优势列 m_1。

表 3-11　简化质蕴涵表

P_i	m_i	
	m_1	m_3
P_1	×	×
P_2	×	
P_3		×

表 3-12　优势列举例

P_j	m_i		
	m_1	m_2	m_3
P_1	×	×	
P_2	×		×
P_3	×		

这种优势行规则和优势列规则可以反复交替使用，使简化的质蕴涵表进一步简化，以便求得所需的质蕴涵项。

对于表 3-10 的简化质蕴涵表，用行列消去法进行求最小覆盖，从表中可看出

$$P_4 \supset P_5, \quad P_3 \supset P_6 \quad (\text{优势行规则})$$

故可消去 P_5，P_6。

又由于

$$m_4 \subset m_6, \quad m_{10} \subset m_2 \quad (\text{优势列规则})$$

故可消去 m_2，m_6。最后，求得所需的质蕴涵为 P_3 和 P_4，它覆盖了简化质蕴涵表的所有最小项 m_2，m_4，m_6 和 m_{10}。

② 逻辑代数法。

所谓逻辑代表数法，就是从简化质蕴涵表列出逻辑表达式，从中选出最简的所需质蕴涵项，对于该例题，表 3-10 要覆盖所有最小项，其逻辑表达式为

$$(P_2 + P_3)(P_4 + P_5)(P_2 + P_4)(P_3 + P_6)$$
$$= (P_3 + P_2 P_6)(P_4 + P_2 P_5)$$
$$= P_3 P_4 + P_2 P_3 P_5 + P_2 P_4 P_5 + P_2 P_5 P_6$$

该式表明，要覆盖 m_2，m_4，m_6，m_{10}，有 4 个方案，即 $P_3 P_4$，$P_2 P_3 P_5$，$P_2 P_4 P_5$，$P_2 P_5 P_6$，当然 $P_3 P_4$ 为最小覆盖，所以取 $P_3 P_4$，这与行列消去法的结果是一样的。

所以例 3-10 的最后结果为

$$F(A，B，C，D) = P_1 + P_7 + P_3 + P_4 = A\bar{C} + ABD + \bar{B}C\bar{D} + \bar{A}B\bar{D}$$

3.2.4　逻辑函数化简中的两个实际问题

1. 包含无关最小项的逻辑函数化简

视频讲解

前面讨论的逻辑函数对于输入变量的任何一种取值组合都有确定的函数值与之对应。假定一个含 n 个变量的函数能用 k 个最小项之和表示，那么这 k 个最小项就给出了使函数值为 1 的 k 种输入变量取值组合，而剩下的 $2^n - k$ 个最小项给出了使函数值为 0 的 $2^n - k$ 种输入变量取值组合。这就表明了一个含 n 个变量的逻辑函数与 2^n 个最小项均有关。

但在实际问题中,往往存在这样两种情况:

(1) 由于某种特殊限制,使得输入变量的某些取值组合根本不会出现。

(2) 虽然每种输入组合都可能出现,但对其中的某些输入取值组合究竟使函数值为 1 还是为 0,对输出没有影响。

称这部分输入组合为无关最小项,简称无关项,用 d 表示。包含无关项的逻辑函数称不完全确定的逻辑函数。

因为无关最小项对应的输入变量取值组合根本不会出现,或者尽管可能出现,但相应的函数值是什么无关紧要。所以,在变量的这些取值下,函数可以任意取值 0 或 1。换而言之,无关最小项可以随意加到函数表达式中或不加到函数表达式中,而并不影响函数的实际逻辑功能。根据这一特点,在化简这类函数时,往往可以通过对无关最小项进行适当地取舍,从而使逻辑函数得到更好的化简。下面举例说明。

例 3-11 用卡诺图化简逻辑函数 $F(A, B, C, D) = \sum m(3, 4, 5, 10, 11, 12) + \sum d(0, 1, 2, 13, 14, 15)$。

解: 做出该函数表达式的卡诺图,如图 3-14 所示。图中填 d 的小方格既可当成 1,也可当作 0,具体处理可根据哪样更有利于函数化简的原则来确定。

画在圈内的 d 即作为 1 看待,圈外的作为 0 看待。结果得
$$F(A, B, C, D) = B\overline{C} + \overline{B}C$$

例 3-12 用列表法化简不完全确定的逻辑函数 $F(A, B, C, D) = \sum m(1, 3, 4, 5, 10, 11, 12) + \sum d(2, 13)$。

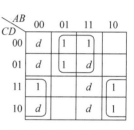

图 3-14 例 3-11 的图

解: 用列表法化简这种包含无关项的逻辑函数时,应注意两点:一是在列表求所有质蕴涵时,应该令 $d = 1$,以尽量利用随意项进行合并;二是在列质蕴涵表时,应令 $d = 0$,即随意项的覆盖问题可不必考虑,以有利于得到最简式。

(1) 求所有质蕴涵项。令所有无关项为 1,如表 3-13 所示。求得所有质蕴涵项为 $P_1 = \overline{B}C$,$P_2 = B\overline{C}$,$P_3 = \overline{A}\overline{B}D$,$P_4 = \overline{A}\overline{C}D$。

表 3-13 例 3-12 的表

m_i	A	B	C	D		m_i	A	B	C	D		m_i	A	B	C	D	
m_1	0	0	0	1	✓	m_1,m_3	0	0	—	1	P_3	m_2,m_3 m_{10},m_{11}	—	0	1	—	P_1
m_2	0	0	1	0	✓	m_1,m_5	0	—	0	1	P_4	m_4,m_5 m_{12},m_{13}	—	1	0	—	P_2
m_4	0	1	0	0	✓	m_2,m_3	0	0	1	—	✓						
m_3	0	0	1	1	✓	m_2,m_{10}	—	0	1	0	✓						
m_5	0	1	0	1	✓	m_4,m_5	0	1	0	—	✓						
m_{10}	1	0	1	0	✓	m_4,m_{12}	—	1	0	0	✓						
m_{12}	1	1	0	0	✓	m_3,m_{11}	—	0	1	1	✓						
m_{11}	1	0	1	1	✓	m_5,m_{13}	—	1	0	1	✓						
m_{13}	1	1	0	1	✓	m_{10},m_{11}	1	0	1	—	✓						
						m_{12},m_{13}	1	1	0	—	✓						

组合逻辑的分析与设计

（2）求必要质蕴涵项。令所有无关项为 0，即在质蕴涵表中不必列无关项。如表 3-14 所示，找到必要质蕴涵项 P_1，P_2。

表 3-14　质蕴涵表

P_j	m_i						
	m_1	m_3	m_4	m_5	m_{10}	m_{11}	m_{12}
√ P_1		×			⊗	⊗	
√ P_2			⊗	×			⊗
P_3	×	×					
P_4	×	×		×			
覆盖情况		×	×	×	×	×	×

（3）求函数的最小覆盖。

去掉质蕴涵表中必要质蕴涵及已被它覆盖的最小项后，只剩下最小项 m_1 未被覆盖，直接选取 P_3 或 P_4 可覆盖 m_1。因此函数的最简表达式为

$$F(A，B，C，D)=P_1+P_2+P_3=B\overline{C}+\overline{B}C+\overline{A}\,\overline{B}D$$

2. 多输出逻辑函数的化简

关于单个逻辑函数的化简问题，已经进行了系统讨论。但在实际问题中，大量存在着根据一组相同输入变量产生多个输出函数的情况。对于一个具有相同输入变量的多输出逻辑电路，如果只是孤立地将单个输出函数一一化简，然后直接拼在一起，通常并不能保证整个电路最简，因为各输出函数之间往往存在可共享部分。这就要求在化简时把多个输出函数当作一个整体考虑，以整体最简为目标。下面，以"与-或"表达式为例来介绍多输出函数的化简。

衡量多输出函数最简的标准是：

（1）所有逻辑表达式中包含的不同"与"项总数最少。

（2）在满足上述条件的前提下，各不同"与"项中所含的变量总数最少。

多输出函数化简的关键是充分利用各函数之间可供共享的部分。例如，某逻辑电路有两个输出函数：

$$F_1(A，B，C)=A\overline{B}+A\overline{C}$$
$$F_2(A，B，C)=AB+BC$$

其对应的卡诺图如图 3-15(a) 和图 3-15(b) 所示。从卡诺图可以看出，就单个函数而言，F_1，F_2 均已达到最简。此时，两个函数表达式共含 4 个不同"与"项，4 个不同"与"项所包含的变量总数为 8 个。

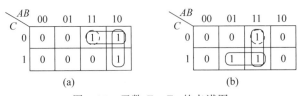

图 3-15　函数 F_1，F_2 的卡诺图

假如用卡诺图化简上述函数，如图 3-15 中虚线所示，将最小项 m_6 单独圈出，则可得到函数表达式

$$F_1(A, B, C) = A\bar{B} + AB\bar{C}$$

$$F_2(A, B, C) = BC + AB\bar{C}$$

这样处理后,尽管从单个函数来看,上述两个表达式均未达到最简。但从整体来说,由于恰当地利用了两个函数的共享部分,使两个函数表达式中的不同"与"项总数由原来的 4 个减少为 3 个,各不同"与"项包含的变量总数由 8 个减少为 7 个,从而使整体得到了进一步简化。

这里,简单介绍一下多输出函数的卡诺图化简法。

用卡诺图化简多输出函数一般分为两步进行。首先按单个函数的化简方法用卡诺图对各函数逐个进行化简。其次在卡诺图上比较两个以上函数的相同 1 方格部分,看是否能够通过改变卡诺图的画法找出公共项。在进行后一步时要注意:第一,卡诺圈的变动必须在两个或多个卡诺图的相同 1 方格部分进行,只有这样,对应的项才能供两个或多个函数共享;第二,卡诺圈的变动必须以使整体得到进一步简化为原则。下面举例说明。

例 3-13 用卡诺图化简多输出函数。

$$F_1(A, B, C, D) = \sum m(2, 3, 5, 7, 8, 9, 10, 11, 13, 15)$$

$$F_2(A, B, C, D) = \sum m(2, 3, 5, 6, 7, 10, 14, 15)$$

$$F_3(A, B, C, D) = \sum m(6, 7, 8, 9, 13, 14, 15)$$

解:先画出三个函数的卡诺图(见图 3-16),按单个函数的卡诺图化简,图中实线部分,得最简函数表达式

$$F_1(A, B, C, D) = BD + \bar{B}C + A\bar{B}$$

$$F_2(A, B, C, D) = C + \bar{A}BD$$

$$F_3(A, B, C, D) = BC + A\bar{B}\bar{C} + ABD$$

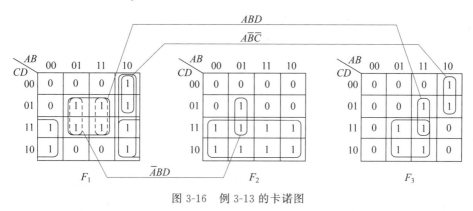

图 3-16 例 3-13 的卡诺图

以上三个函数表达式中共含 8 个不同"与"项,各"与"项包含的总变量数为 18 个。进一步观察三个卡诺图上相同的 1 方格,不难发现:F_2 中的"与"项 $\bar{A}BD$,F_3 中的"与"项 ABD 和 $A\bar{B}\bar{C}$ 对应的 1 方格均出现在 F_1 卡诺图上。如果用 $\bar{A}BD + ABD$ 代替 F_1 的"与"项 BD,则可在总的"与"项中减少一个独立的"与"项 BD。同样,F_1 中的"与"项 $A\bar{B}$ 可以由 F_3 中的"与"项 $A\bar{B}\bar{C}$ 代替。图 3-16 中的虚线部分,就是找出的函数之间的公共部分,这样就使函数从整体上得到进一步简化。经修改后的最简结果为

组合逻辑的分析与设计

$$F_1(A,B,C,D)=\overline{A}BD+ABD+A\overline{B}\,\overline{C}+\overline{B}C$$

$$F_2(A,B,C,D)=C+\overline{A}BD$$

$$F_3(A,B,C,D)=BC+A\overline{B}\,\overline{C}+ABD$$

从单个函数看不一定是最简,但总体看该组表达式中只含 6 个不同"与"项,各不同"与"项所含的变量总数为 14 个,比按单个函数最简形式组成的总体更简单。

视频讲解

3.3 组合逻辑电路的分析

数字逻辑电路按其功能和结构的不同,可以分成两大类:一类叫作组合逻辑电路,简称组合电路;另一类叫作时序逻辑电路,简称时序电路。

图 3-17 组合逻辑电路框图

所谓组合电路是指电路在任何时刻产生的稳定输出值仅与该时刻的输入值有关,而与电路过去的输入值无关。组合逻辑电路可用如图 3-17 所示的框图来描述。图中,$x_1,x_2,\cdots,x_n$ 是电路的 n 个输入变量,$F_1,F_2,\cdots,F_m$ 是电路的 m 个输出信号。组合电路的输出与输入之间的逻辑关系可表示为

$$F_i=f_i(x_1,x_2,\cdots,x_n),\quad i=1,2,\cdots,m$$

从结构上看,组合电路具有以下两个特点。

(1)电路仅由逻辑门电路构成,没有记忆能力。

这是因为组合电路的输出仅与当时的输入有关,而与过去的状态无关,所以不需要任何记忆元件。

(2)电路中不存在任何输出到输入的反馈回路。

对数字逻辑电路的研究包括两个方面,即电路的分析与设计。组合电路也不例外。对于一个给定的逻辑电路,找出其逻辑功能的过程称为分析;而对于已知的逻辑功能要求,确定用什么样的逻辑电路来实现的过程叫作设计,或称为逻辑综合。显然,分析和设计是两个相反的过程。本节和 3.4 节将分别讨论组合电路的分析和设计方法。

3.3.1 组合逻辑电路分析的一般方法

当对某一给定的逻辑电路进行研究时,经常需要推敲其设计思想,或要更换其中的某些部件,或要评价其经济技术指标。为此,实际应用中经常需要对给定的逻辑电路进行分析。对组合逻辑电路的分析就是根据给定的组合逻辑电路,写出输出函数表达式,并在必要时对其进行化简,以此确定输出和输入的逻辑关系,进而分析出电路实现的功能,并可对电路设计是否合理做出评定。

一般情况下,组合逻辑电路的分析可按下述步骤进行。

(1)根据给定的逻辑电路图,写出输出函数表达式。首先,将全部逻辑门的输入和输出端都标以字母;然后从最靠近输入的一端开始,依次写出各个门的逻辑表达式,并将前级门的输出函数代入后一级门的输出函数表达式中,直至得到仅以输入变量表示的最终输出函数表达式。

(2)对(1)中得到的输出函数表达式进行化简。开始得到的输出函数表达式往往不是

最简的,为了更清楚地分析逻辑电路的功能,应对其进行化简。化简方法可视具体情况,灵活运用前面所学的方法。化简结果可作为评价电路功能和经济技术指标的依据。

（3）根据化简后的逻辑函数表达式列出真值表。真值表详尽地反映了输入输出的取值关系,可以直观地描述电路的逻辑功能。

（4）逻辑功能描述。根据输出函数表达式和真值表,用文字概括地描述电路的功能,并对原电路的设计方案进行评定,必要时可提出改进意见和方案。

3.3.2　组合逻辑电路分析举例

例 3-14　分析如图 3-18(a)所示的组合逻辑电路。

解：（1）根据给定的逻辑电路图,写出输出函数表达式。

由图 3-18(a)可知

$$P_1 = \overline{ABC}, \quad P_2 = A \cdot P_1 = A \cdot \overline{ABC}, \quad P_3 = B \cdot P_1 = B \cdot \overline{ABC}$$

$$P_4 = C \cdot P_1 = C \cdot \overline{ABC}, \quad F = \overline{P_2 + P_3 + P_4} = \overline{A \cdot \overline{ABC} + B \cdot \overline{ABC} + C \cdot \overline{ABC}}$$

（2）对输出函数表达式进行化简。

对该输出函数表达式可用代数法化简如下：

$$F = \overline{A \cdot \overline{ABC} + B \cdot \overline{ABC} + C \cdot \overline{ABC}} = \overline{\overline{ABC}(A + B + C)}$$

$$= \overline{\overline{\overline{ABC}}} + \overline{A + B + C} = ABC + \overline{A}\,\overline{B}\,\overline{C}$$

（3）根据化简后的输出函数表达式列出真值表,如表 3-15 所示。

表 3-15　例 3-14 的真值表

A	B	C	F	A	B	C	F
0	0	0	1	1	0	0	0
0	0	1	0	1	0	1	0
0	1	0	0	1	1	0	0
0	1	1	0	1	1	1	1

（4）进行逻辑功能描述。

由真值表可知,仅当输入 A、B、C 全为 0 或全为 1 时,输出 F 才为 1；否则 F 为 0。即当三个输入变量的值完全一致时,输出为 1,否则输出为 0。因此,通常称该电路为"一致性"检查电路。在某些可靠性要求较高的系统中,如控制系统,常常让几套相同的设备同时工作,该电路可对各设备的运行结果进行"一致性"检查,一旦运行结果不一致,便可报警,以确保系统的高可靠性。

由分析可知,电路的原设计方案并不是最佳的,根据化简后的表达式,可将其改为如图 3-18(b)所示的更简单、清晰的电路。

以上介绍分析步骤是就一般情况而言的,实际问题中可根据电路的复杂程度和具体要求进行适当取舍、灵活运用。

例 3-15　分析如图 3-19(a)所示的组合逻辑电路。

解：由图 3-19(a)可知

$$P_1 = \overline{A} + \overline{B}, P_2 = \overline{A} + C, P_3 = B \oplus C, P_4 = B + C, P_5 = \overline{P_1 P_2} = \overline{(\overline{A} + \overline{B})(\overline{A} + C)}$$

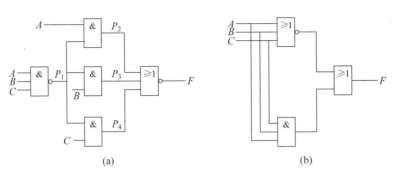

图 3-18　例 3-14 的逻辑电路图

$$P_6 = P_3 P_4 = (B \oplus C)(B + C), F = \overline{P_5 P_6} = \overline{\overline{(\overline{A} + \overline{B})} \cdot \overline{(\overline{A} + C)}(B \oplus C)(B + C)}$$

用代数法对 F 化简如下：

$$F = \overline{\overline{(\overline{A} + \overline{B})} \cdot \overline{(\overline{A} + C)}(B \oplus C)(B + C)} = (AB + \overline{A} + C)(B \oplus C)(B + C)$$

$$= (B + \overline{A} + C)(B + C)(B \oplus C) = (B + C)(B \oplus C)$$

$$= (B + C)(\overline{B}C + B\overline{C}) = (\overline{B}C + B\overline{C}) = B \oplus C$$

可见,该电路实现的是"异或"功能,显然,原电路的设计是不合理的,只需一个异或门便可实现其功能,如图 3-19(b)所示。

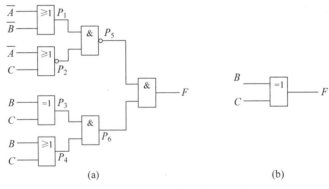

图 3-19　例 3-15 的逻辑电路图

例 3-16　分析如图 3-20 所示的组合电路。假定图中 M 为控制变量,输入变量 A, B, C, D 和输出变量 W, X, Y, Z 均表示一位二进制数,试说明在 $M=0$ 和 $M=1$ 时,电路分别实现什么功能。

解：根据图 3-20 可直接写出电路的输出函数表达式。

$$W = A, \quad X = A \oplus B$$

$$Y = \overline{\overline{M(X \oplus C)} \cdot \overline{\overline{M}(B \oplus C)}} = M(X \oplus C) + \overline{M}(B \oplus C)$$

$$= M(A \oplus B \oplus C) + \overline{M}(B \oplus C)$$

$$Z = \overline{\overline{M(X \oplus C \oplus D)} \cdot \overline{\overline{M}(C \oplus D)}} = M(X \oplus C \oplus D) + \overline{M}(C \oplus D)$$

$$= M(A \oplus B \oplus C \oplus D) + \overline{M}(C \oplus D)$$

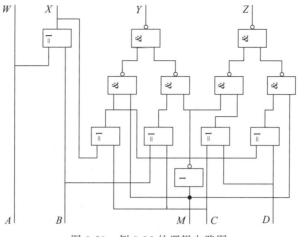

图 3-20 例 3-16 的逻辑电路图

由此可知,当 $M=0$ 时,输出函数表达式为

$$W=A \qquad X=A \oplus B$$
$$Y=B \oplus C \quad Z=C \oplus D$$

当 $M=1$ 时,输出函数表达式为

$$W=A \qquad X=A \oplus B$$
$$Y=A \oplus B \oplus C \quad Z=A \oplus B \oplus C \oplus D$$

至此,由 1.2.3 节可知,该电路实现的逻辑功能是 4 位二进制码和 Gray 码之间的相互转换。当 $M=0$ 时,将 4 位二进制码转换成 Gray 码;当 $M=1$ 时,将 4 位 Gray 码转换成相应的二进制码。

3.4 组合逻辑电路的设计

视频讲解

3.4.1 组合逻辑电路设计的一般方法

组合逻辑电路的设计是根据给定的逻辑功能要求,选用适当的门电路设计出实现该功能的逻辑电路的过程。可见,组合逻辑电路的设计是其分析的逆过程。

一般,组合逻辑电路的设计过程可分为以下 4 步。

(1) 根据给定的逻辑功能要求,进行逻辑约定并列出真值表。

给定的逻辑功能要求通常是用文字描述的,由此直接写出逻辑函数表达式是比较困难的,但可先据此列出真值表。对任何逻辑问题,只要能列出其真值表,就能设计出逻辑电路图。因此,列真值表是解决问题最关键的一步,如果真值表有错误,则以后的设计就前功尽弃。要列真值表,关键是正确而全面地理解问题的文字描述,找出问题中输入和输出之间的逻辑关系,并用适当的逻辑变量表示输入和输出,再对它们的取值含义做出约定,对每种可能的输入取值组合,求出对应的输出值即可。

(2) 根据真值表写出逻辑函数的"最小项之和"表达式。

由真值表可以很容易地写出逻辑函数的"最小项之和"表达式。但对于某些简单的逻辑问题,也可以不列真值表,直接写出其逻辑函数表达式。

（3）将逻辑函数的"最小项之和"表达式,化成最简"与-或"式,并进行适当变换。

由真值表得到的逻辑函数的"最小项之和"表达式并不一定是最简形式,只有将其化成最简形式,才能使设计出的逻辑电路最简单,器件最节省。对于一个具体的逻辑问题,在设计时,有时还要考虑使用的门电路的类型、数量、扇入系数、扇出系数、级数等因素。因此,有时还需将逻辑函数的最简"与-或"式变换成相应的形式,以满足具体实现的要求。

（4）根据化简或变换后的逻辑函数表达式,画出逻辑电路图。

以上设计步骤是就一般情况而言的,在实际问题中,根据问题的难易程度和设计者的水平,有时可以跳过其中的某些步骤,设计中可视具体情况灵活应用。

例 3-17 用"与非"门设计一个四变量的"多数表决电路"。

解:（1）根据逻辑功能要求建立真值表。

不难理解,"多数表决电路"就是按照少数服从多数的原则进行表决,以确定某项决议是否通过的一种电路。假设用 A、B、C、D 代表参与表决的 4 个逻辑变量,F 表示表决结果。并且约定,输入用 1 表示同意,0 表示反对;输出用 1 表示通过,0 表示被否决。按照这些约定,当输入变量 A、B、C、D 中有三个或三个以上取值为 1 时,函数 F 的值为 1,否则函数 F 的值为 0。据此可得真值表,如表 3-16 所示。

表 3-16　例 3-17 的真值表

A	B	C	D	F	A	B	C	D	F
0	0	0	0	0	1	0	0	0	0
0	0	0	1	0	1	0	0	1	0
0	0	1	0	0	1	0	1	0	0
0	0	1	1	0	1	0	1	1	1
0	1	0	0	0	1	1	0	0	0
0	1	0	1	0	1	1	0	1	1
0	1	1	0	0	1	1	1	0	1
0	1	1	1	1	1	1	1	1	1

（2）根据真值表写出函数的"最小项之和"表达式。

由如表 3-16 所示的真值表,可直接写出函数 F 的"最小项之和"表达式,即

$$F(A,B,C,D) = \sum m(7,11,13,14,15)$$

（3）化简函数表达式,并进行适当变换。

函数 F 的卡诺图如图 3-21(a)所示,F 的最简"与-或"式为

$$F(A,B,C,D) = ABC + ABD + ACD + BCD$$

为达到用"与非"门实现的目的,需将"与-或"式转换成"与非-与非"式,即

$$F(A,B,C,D) = \overline{\overline{ABC + ABD + ACD + BCD}} = \overline{\overline{ABC} \cdot \overline{ABD} \cdot \overline{ACD} \cdot \overline{BCD}}$$

（4）画出逻辑电路图。

由函数的"与非-与非"式,可画出对应的逻辑电路图,如图 3-21(b)所示。

例 3-18 用"与非"门设计一个燃油锅炉自动报警器。要求燃油喷嘴在开启状态下,若锅炉水温或压力过高则发出报警信号。

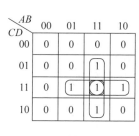

(a) 卡诺图

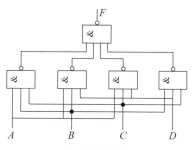

(b) 逻辑电路图

图 3-21　例 3-17 的卡诺图及逻辑电路图

解：(1) 根据功能要求进行逻辑约定并建立真值表。

将喷嘴开关、锅炉水温、压力分别用变量 A、B、C 表示：$A=1$ 表示喷嘴开关打开，$A=0$ 表示喷嘴开关关闭；B、C 为 1 表示温度、压力过高，为 0 表示温度、压力正常。报警信号作为输出变量用 F 表示，$F=0$ 正常，$F=1$ 报警。据此可列出真值表，如表 3-17 所示。

表 3-17　例 3-18 的真值表

A	B	C	F	A	B	C	F
0	0	0	0	1	0	0	0
0	0	1	0	1	0	1	1
0	1	0	0	1	1	0	1
0	1	1	0	1	1	1	1

(2) 根据真值表写出函数的"最小项之和"表达式。

由如表 3-17 所示的真值表，可直接写出函数 F 的"最小项之和"表达式，即

$$F(A,B,C)=\sum m(5,6,7)$$

(3) 化简函数表达式，并进行适当的变换。

函数 F 的卡诺图如图 3-22(a)所示，F 的最简"与-或"式为

$$F(A,B,C)=AB+AC$$

为达到用"与非"门实现的目的，需将"与-或"式转换成"与非-与非"式，即

$$F(A,B,C)=\overline{\overline{AB+AC}}=\overline{\overline{AB}\cdot\overline{AC}}$$

(4) 画出逻辑电路图。

由函数的"与非-与非"式，可画出对应的逻辑电路，如图 3-22(b)所示。

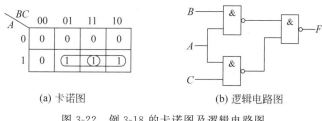

(a) 卡诺图　　　　　　　　(b) 逻辑电路图

图 3-22　例 3-18 的卡诺图及逻辑电路图

第 3 章

组合逻辑的分析与设计

72

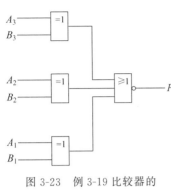

图 3-23 例 3-19 比较器的
逻辑电路图

例 3-19 设计一个比较两个三位二进制数是否相等的数值比较器。

解： 设待比较的两个三位二进制数分别为 $A = A_3A_2A_1$, $B = B_3B_2B_1$, 电路的输出为 F。当 $A = B$ 时, F 为 1；否则 F 为 0。可以根据该约定列出真值表, 进而完成全部设计, 但该问题的逻辑关系比较清晰, 只要通过简单的思考便可直接写出其输出表达式, 省去不必要的设计步骤。

根据常识可知, 要使 $A = B$, 必须使 $A_3 = B_3$、$A_2 = B_2$、$A_1 = B_1$, 即要使 F 为 1, 必须使 A 的每一位和 B 的每一位都对应相等, 即同时为 0 或同时为 1。所以, F 和 A、B 的逻辑关系可用以下函数描述：

$$F = (\overline{A_3 B_3} + A_3 B_3)(\overline{A_2 B_2} + A_2 B_2)(\overline{A_1 B_1} + A_1 B_1) = \overline{A_3 \oplus B_3} \cdot \overline{A_2 \oplus B_2} \cdot \overline{A_1 \oplus B_1}$$

$$= \overline{(A_3 \oplus B_3) + (A_2 \oplus B_2) + (A_1 \oplus B_1)}$$

相应的电路图如图 3-23 所示。

例 3-20 设计一个判断献血者与受血者的血型是否相容的电路。血型相容规则如表 3-18 所示, 表中 √ 表示血型相容。

表 3-18 例 3-20 的血型相容规则

献血	受	血		
	A	B	AB	O
A	√		√	
B		√	√	
AB			√	
O	√	√	√	√

表 3-19 例 3-20 的血型编码

血型	献 WX	受 YZ
A	00	00
B	01	01
AB	10	10
O	11	11

解： 根据题意, 献血者和受血者的血型为电路的输入变量。4 种血型可用两个变量的 4 种编码表示。设变量 W、X 表示献血者的血型, Y、Z 表示受血者的血型, 采用如表 3-19 所示的编码。电路的输出用 F 表示, 当血型相容时 F 为 1；否则 F 为 0。根据血型相容规则, 可直接得出函数的卡诺图, 如图 3-24(a) 所示。由卡诺图可得函数的最简"与或"式为

$$F = \overline{W}X\overline{Z} + Y\overline{Z} + WX + X\overline{Y}Z$$

用"与非"门实现上述函数的逻辑电路如图 3-24(b) 所示。

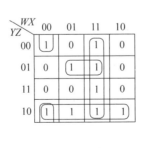

(a)

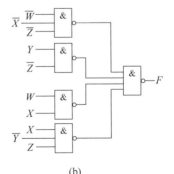

(b)

图 3-24 例 3-20 的卡诺图和逻辑电路图

以上介绍了组合逻辑电路设计的一般方法。在实际设计中，往往还有许多要进一步考虑的问题，例如，何用特定的门电路实现；电路是单输出的，还是多输出的；有无无关项等。下面分别进行说明。

3.4.2 组合逻辑电路设计中应考虑的问题

1. 逻辑函数形式的变换

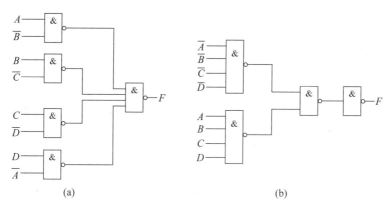
视频讲解

在实际设计中，有时按要求只能使用特定类型的门电路，为此就要将已获得的逻辑函数的最简"与-或"式变换成相应的形式，如"与非-与非"式"或非-或非"式"与或非"式等。这种函数形式的变换，可采用德·摩根定律和对偶规则来实现。下面举例说明。

1) 逻辑函数的"与非"门实现

将最简"与-或"式变换为"与非-与非"式有两种方法：一种是对 F 两次求反，一次展开；另一种是对 $\overline{F}$ 三次求反，一次展开。

例 3-21 用"与非"门实现逻辑函数 $F = A\overline{B} + B\overline{C} + C\overline{D} + D\overline{A}$。

解：方法一：对 F 两次求反，一次展开可得

$$F = A\overline{B} + B\overline{C} + C\overline{D} + D\overline{A} = \overline{\overline{A\overline{B}} \cdot \overline{B\overline{C}} \cdot \overline{C\overline{D}} \cdot \overline{D\overline{A}}}$$

该式对应的逻辑电路如图 3-25(a)所示。

方法二：先求出 $\overline{F}$（用卡诺图法较简单），再对 $\overline{F}$ 三次求反，一次展开可得

$$\overline{F} = \overline{A\overline{B} + B\overline{C} + C\overline{D} + D\overline{A}} = \overline{A}\,\overline{B}\overline{C}\overline{D} + ABCD, \quad F = \overline{\overline{\overline{A}\,\overline{B}\overline{C}\overline{D} + ABCD}} = \overline{\overline{\overline{A}\,\overline{B}\overline{C}\overline{D}} \cdot \overline{ABCD}}$$

该式对应的逻辑电路如图 3-25(b)所示。

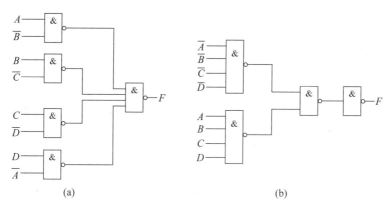

图 3-25 例 3-21"与非"门实现的逻辑电路图

可见，方法一得到的是两级电路，方法二得到的是三级电路，因此方法一所得的电路的传输速度较方法二快。当原函数比较简单时，方法一可节省门电路；当反函数比较简单时，方法二可节省门电路。另外，方法二要求"与非"门的输入端数量较多。

2) 逻辑函数的"或非"门实现

将最简"与-或"式变换为"或非-或非"式，可以采用对 F 两次求对偶的方法。即先求 F 的对偶式 F_{d}，并将其化为最简"与非-与非"式，然后再求 F_{d} 的对偶式 $(F_{\mathrm{d}})_{\mathrm{d}}$，则 $(F_{\mathrm{d}})_{\mathrm{d}}$ 即是 F 的最简"或非-或非"式。

例 3-22 用"或非"门实现函数 $F=A\overline{B}+B\overline{C}+C\overline{A}$。

解：先求 F 的对偶式 F_d，并将其化成最简"与-或"式，即

$$F_d=(A+\overline{B})(B+\overline{C})(C+\overline{A})=\overline{A}\,\overline{B}\,\overline{C}+ABC$$

再将 F_d 的最简"与-或"式两次求反，一次展开变为"与非-与非"式，即

$$F_d=\overline{\overline{\overline{A}\,\overline{B}\,\overline{C}}\cdot\overline{ABC}}$$

对 F_d 再求对偶，则得

$$F=(F_d)_d=\overline{\overline{\overline{A+\overline{B}+\overline{C}}}\,\overline{A+B+C}}$$

由该式可画出如图 3-26 所示的逻辑电路图。

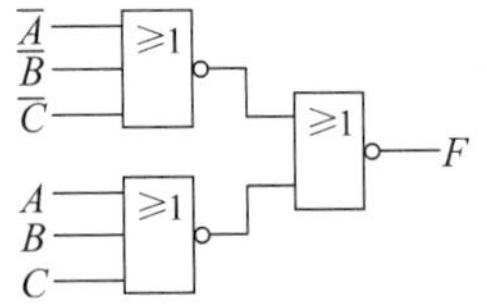

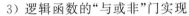

另外，也可先求出 F 的最简"或-与"式，并将其两次取反，一次展开，即可得到最简"或非-或非"式。该方法请读者自己练习。

3）逻辑函数的"与或非"门实现

一般来说，使用"与或非"门的同时，也允许使用"非"门，所以在"与或非"式中同时也允许单独的"非"号存在。

图 3-26 例 3-22"或非"门实现的逻辑图

将最简"与-或"式变换为"与或非"式也有两种方法：一种是对 F 两次求反，另一种是对 $\overline{F}$ 一次求反。

例 3-23 用"与或非"门实现函数 $F=A\overline{B}+B\overline{C}+C\overline{A}$。

解：方法一　对 F 两次求反，可得

$$F=\overline{\overline{A\overline{B}+B\overline{C}+C\overline{A}}}$$

该式对应的逻辑电路如图 3-27(a)所示。

方法二　先求 $\overline{F}$，再对 $\overline{F}$ 一次求反，可得

$$\overline{F}=\overline{A\overline{B}+B\overline{C}+C\overline{A}}=\overline{A}\,\overline{B}\,\overline{C}+ABC,\quad F=\overline{\overline{F}}=\overline{\overline{A}\,\overline{B}\,\overline{C}+ABC}$$

该式对应的逻辑电路如图 3-27(b)所示。

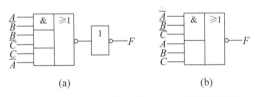

(a)　　　　　　　　(b)

图 3-27 例 3-23"与或非"门实现的逻辑图

可见，方法二比方法一省一个非门，但方法二要求门电路的输入端较多。

2. 多输出组合逻辑电路的设计

就其一般步骤而言，多输出组合逻辑电路的设计与单输出组合逻辑电路的设计基本相同。关键在于设计时要把多个输出看成一个整体，进行逻辑化简时，不能孤立地以使每个函数化成最简为目标，应协调各个函数之间的关系，找出多个函数间可共享的部分，即公共项，力求使整体电路达到最简。

例 3-24 用"与非"门实现下列多输出函数：$F_1=\sum m(1,3,4,5,7)$，$F_2=\sum m(3,4,7)$。

解：如果把 F_1 和 F_2 看成两个孤立的函数，用卡诺图分别把 F_1 和 F_2 化简，则得

$$F_1=C+A\overline{B},\quad F_2=BC+A\overline{B}\,\overline{C}$$

按此结果,可画出如图 3-28(a)所示的逻辑电路图。

如果从"全局"出发,统一考虑 F_1 和 F_2 的各个与项,尽量使它们具有公共项,可将上式改为

$$F_1 = C + A\overline{B}\overline{C}, \quad F_2 = BC + A\overline{B}\overline{C}$$

按此式可画出如图 3-28(b)所示的逻辑电路图。比较两图可发现,图 3-28(b)比图 3-28(a)节省一个"与非"门,且少两条连接线。这就说明,尽管此时 F_1 已不是最简表达式,但由于它与 F_2 之间存在公共项,反而使整个电路变得更简单了。因此,多输出组合逻辑电路设计的关键是寻找公共项。

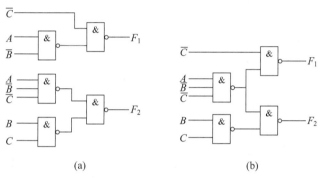

(a)   (b)

图 3-28   例 3-24 的逻辑电路图

3. 包含无关项的组合逻辑电路的设计

前面已经介绍过包含无关项的逻辑函数的化简问题,这里再举一个例子说明组合逻辑电路的设计中如何利用无关项,使设计出的电路更简单。

例 3-25   用"与非"门设计一个组合逻辑电路,用于判断 1 位余 3 码表示的十进制数是否为合数。

解:由题意可知,该电路的输入为 1 位余 3 码表示的十进制数,输出为对其值进行判断的结果。设输入十进制数的余 3 码用 A、B、C、D 表示,输出函数为 F,当输入变量的取值为合数(4,6,8,9)时输出 F 为 1;否则 F 为 0。因为按照余 3 码的编码规则,$ABCD$ 的取值组合不允许为 0000、0001、0010、1101、1110、1111,与其对应的最小项可作为无关项,对应这6 组输入值,函数 F 的值可记为 d,表示函数 F 既可以当作 1 处理,也可以当作 0 处理。据此可得出该问题的真值表如表 3-20 所示。

表 3-20   例 3-25 的真值表

A	B	C	D	F	A	B	C	D	F
0	0	0	0	d	1	0	0	0	0
0	0	0	1	d	1	0	0	1	1
0	0	1	0	d	1	0	1	0	0
0	0	1	1	0	1	0	1	1	1
0	1	0	0	0	1	1	0	0	1
0	1	0	1	0	1	1	0	1	d
0	1	1	0	0	1	1	1	0	d
0	1	1	1	1	1	1	1	1	d

组合逻辑的分析与设计

由真值表可直接写出函数的"最小项之和"表达式,即

$$F(A,B,C,D)=\sum m(7,9,11,12)+\sum d(0,1,2,13,14,15)$$

用卡诺图化简函数 F 时,若不考虑无关项(如图 3-29(a)所示),则化简后的逻辑表达式为

$$F(A,B,C,D)=A\bar{B}D+AB\bar{C}\bar{D}+\bar{A}BCD$$

如果化简时将无关项加以利用(如图 3-29(b)所示),则化简后的逻辑表达式为

$$F(A,B,C,D)=AB+AD+BCD$$

显然,后一个表达式比前一个更简单。考虑到要用"与非"门实现,故可将 F 的最简"与-或"式变换成"与非-与非"式。

$$F=\overline{\overline{AB+AD+BCD}}=\overline{\overline{AB}\cdot\overline{AD}\cdot\overline{BCD}}$$

该式对应的逻辑电路如图 3-30 所示。

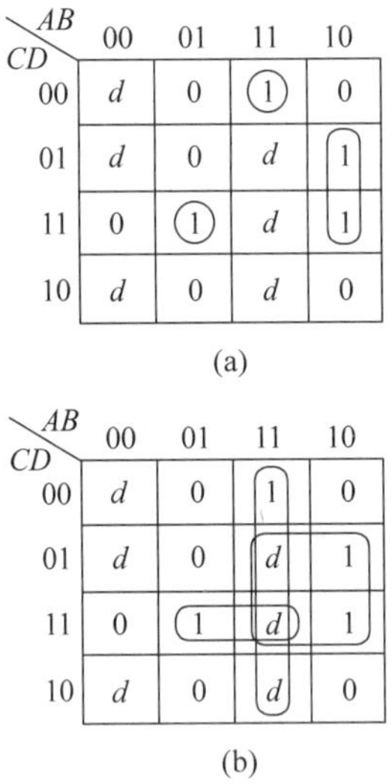

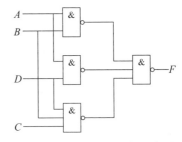

图 3-29 例 3-25 的卡诺图

图 3-30 例 3-25 的逻辑电路图

4. 考虑级数的组合逻辑电路设计

前面所讨论的组合逻辑电路的设计都是以追求使电路最简为目标的,而从不考虑所设计的逻辑电路在速度上是否能满足应用要求,也没有考虑门电路的扇入或扇出系数是否超出了现有集成电路产品的技术指标。而实际应用中经常遇到这方面的问题,下面就讨论一下这两个问题。

当逻辑电路的级数增加时,输出相对于输入的传输延迟时间就增大,以致电路的工作速度变慢,甚至不能满足要求。此时,就要设法压缩电路的级数,使所设计的电路在满足速度要求的前提下最简单。

当电路所要求的门电路的扇入或扇出系数超出了现有器件的技术指标时,需要采用增加电路级数的办法来降低对门电路的扇入或扇出系数的要求,使所设计的电路在满足现有器件的扇入或扇出系数的前提下最简单。

然而,压缩级数和增加级数的设计思想是互斥的。一般来说,压缩逻辑电路的级数可以提高逻辑电路的速度,但却要求门电路的扇入或扇出系数增加;反之,增加电路的级数可以

降低对门电路的扇入或扇出系数的要求,但却会使电路的速度变慢。因此,在设计组合逻辑电路时,应全面考虑电路的级数问题。对单一要求的电路,可大胆地压缩级数或增加级数;对同时要满足两方面要求的电路,应采取折中的方案。

电路的级数反映在输出函数表达式中,就是与、或、非运算的层数。因此,压缩级数可以通过对输出函数求反或展开来获得。增加级数的设计一般用于多级译码电路的设计中。

例 3-26 用"与非"门、"与或非"门分别实现函数:$F = AB + \overline{A}C$。

解:对 F 两次求反可得其"与或非"形式,再进行一次展开,可得到其"与非-与非"形式。

$$F = \overline{\overline{AB + \overline{A}C}}, \quad F = \overline{\overline{AB} \cdot \overline{\overline{A}C}}$$

上式对应的逻辑电路分别如图 3-31(a)、(b)所示。

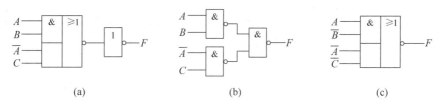

(a)   (b)   (c)

图 3-31   例 3-26 的逻辑电路图

如果先求出 $\overline{F}$ 的最简"与-或"式,再对 $\overline{F}$ 求反,可使 F 的级数减少。

$$\overline{F} = \overline{AB + \overline{A}C} = A\overline{B} + \overline{A}\,\overline{C}, \quad F = \overline{A\overline{B} + \overline{A}\,\overline{C}}$$

上式对应的逻辑电路如图 3-31(c)所示。

假设"与非"门和"非"门的平均传输延迟时间为 t_{pd},"与或非"门为 $1.5t_{pd}$,那么图 3-31(a)由一个"与或非"门和一个"非"门组成,传输延迟时间为 $2.5t_{pd}$;图 3-31(b)由两级"与非"门组成,传输延迟时间为 $2t_{pd}$;图 3-31(c)由一个"与或非"门组成,传输延迟时间为 $1.5t_{pd}$。

比较后发现,如图 3-31(c)所示的电路级数最少。这种先对 F 求反,并求出 $\overline{F}$ 的最简"与-或"式,再对 $\overline{F}$ 求反来压缩电路级数的方法,称为求反压缩法。但这种方法仅适用于反函数比较简单的情况。

3.5   VHDL 描述基础

前面学习的组合逻辑电路设计方法是基于门电路的经典手工设计方法,效率低下。随着可编程逻辑器件的广泛应用,数字系统的设计方法出现了极大的变革,用户已经能够像设计软件一样通过编写程序的方法设计硬件电路了,从而实现硬件电路设计的高度自动化,缩短硬件设计周期,减少硬件设计成本,这就是通常所说的电子设计自动化(Electronic Design Automation,EDA)。在这种设计方法中,设计者的工作仅限于用硬件描述语言对所设计电路的功能进行描述,在 EDA 软件的帮助下得到最终设计结果,尽管设计目标是硬件,但整个设计和修改过程如同完成软件设计一样方便和高效。本节学习这种设计方法中的硬件描述语言。

视频讲解

3.5.1   VHDL 概述

硬件描述语言(Hardware Description Language,HDL)是一种对硬件电路进行性能描述和模拟的语言。相对于传统的原理图设计方法,硬件描述语言最大的优势在于可以借鉴高级语言程序设计的功能特性对硬件电路的行为和功能结构进行高度抽象化的描述。同时,硬件描述语言还可以对硬件电路的设计进行不同层次、不同领域的模拟验证和综合优化处理,从而实现硬件电路设计的高度自动化。常用的硬件描述语言有 ABEL、AHDL、Verilog HDL 和 VHDL 等,其中以 Verilog HDL 和 VHDL 最为流行,本书选择 IEEE 标准硬件描述语言(VHDL)对所学电路进行描述。由于本书不是专门介绍 VHDL 的书籍,限于篇幅,只介绍 VHDL 的基本知识,以该课程及相关后续课程够用为原则,关于 VHDL 更详尽的内容请参考相关书籍。根据笔者多年的教学经验,考虑了教学过程中学生的接受能力,在章节安排上,没有把对 VHDL 的介绍集中在一起进行,而是融入不同章节及相关的设计实例中进行介绍,这样既避免了集中学习语言的单调,又因与具体实例相结合而容易接受,同时也可以使读者在学习了相关电路基础之后较早地接触 VHDL 描述。另外,为便于设计时查阅,本书最后以附录的形式给出了 VHDL 的基本语句和相关设计实例。本节介绍 VHDL 的基础知识以及用 VHDL 描述组合逻辑电路的方法,时序逻辑电路的 VHDL 描述将在后面相关章节进行介绍。

1. VHDL 的产生与发展

自从 20 世纪 70 年代硬件描述语言产生以来,众多 EDA 公司和科研单位纷纷研制开发了适应自身 EDA 开发工具的硬件描述语言。这些硬件描述语言具有很大的差异,并且只能在自己公司的 EDA 工具上使用,这大大限制了硬件描述语言的使用。因此硬件电路设计人员需要一种强大的面向设计的多层次、多领域并得到广大 EDA 厂商认同的标准硬件描述语言。

20 世纪 70 年代末美国国防部提出了"超高速集成电路"(Very High Speed Integrated Circuits,VHSIC)计划,研究一种新的硬件描述语言是该项目的一个需要。1981 年新的语言研究完成,取这个计划名称的第一个字母 V,命名该硬件描述语言为 VHDL。

VHDL 原本只是美国国防部的一种标准,经过反复修改和扩充后于 1987 年被 IEEE 协会接受,成为硬件描述语言的标准,即 IEEE Std1076-1987,也就是通常所说的 VHDL-87。1993 年 IEEE 进一步对其进行修改,发布 IEEE Std1076-1993,也就是大家所说的 VHDL-93。VHDL 成为标准以后,很快在世界各地得到了广泛的应用,为电子设计自动化的普及和推广奠定了坚实的基础。目前标准的版本还在不断完善和更新中。

2. VHDL 的特点

VHDL 能够成为标准化的硬件描述语言并获得广泛应用,其自身必然具备很多其他硬件描述语言所不具备的优点。归纳起来,VHDL 主要有以下基本特点。

(1) 可以在各个不同的设计阶段对系统进行描述。使用 VHDL 可以在不同的设计阶段对系统进行比较抽象的性能描述,也可以进行比较具体的数据流描述和更加具体的逻辑结构描述。

(2) 支持层次化的设计方法。系统硬件的设计经常采用自顶向下的层次化设计方法,从系统的性能要求出发,将设计任务逐层分解、细化和实现。VHDL 的模块化结构,完全支持这种设计方法。

(3) 设计描述与器件无关。由于 VHDL 可以根据需要建立不同的单元库,因此 VHDL 硬件描述与具体的工艺技术和硬件结构无关,其硬件实现所选用的目标器件有广泛的选择范围,其中包括各种系列的 CPLD、FPGA,以及各种门阵列器件等。设计者可以不懂硬件的结构,也不必首先考虑器件的选择,而是集中精力进行电路设计的优化,当硬件电路的设计描述完成以后,VHDL 允许采用多种不同的器件结构来实现。

(4) 程序易于共享和复用。大型硬件电路的设计不可能从门级电路开始一步步地进行设计,而应该由一些已有模块和一些新设计的模块组成。VHDL 采用基于库(library)的设计方法,在设计过程中,设计人员可以建立各种可以再次利用的模块,将这些模块存放在库中,以便在以后的设计中进行复用。

(5) 具有很强的移植能力。因为 VHDL 是一种标准语言,所以用 VHDL 描述的硬件电路可以被不同的工具所支持,可以从一个模拟工具移植到另一个模拟工具、从一个综合工具移植到另一个综合工具或者从一个工作平台移植到另一个工作平台上去执行。

3.5.2 VHDL 描述的基本结构

一个完整的 VHDL 描述通常包括库(library)、程序包(package)、实体(entity)、结构体(architecture)和配置(configuration)5 个部分。其中实体和结构体是必需的,而库、程序包和配置不是必需的,一般可以根据设计的需要来添加。下面以一个简单的二输入与非门的 VHDL 描述为例来说明实体和结构体的作用。

例 3-27 二输入与非门的 VHDL 描述。

```
ENTITY nand_2 IS              -- 实体描述
    PORT(a,b:IN BIT;          -- 输入信号
         f:OUT BIT);          -- 输出信号
END nand_2;
ARCHITECTURE rtl OF nand_2 IS  -- 结构体描述
BEGIN
    f <= a NAND b;            -- 电路功能描述
END rtl;
```

如上程序由实体和结构体两部分组成。实体部分用于描述电路的外部接口信号,如本例中的电路包含两个输入信号 a 和 b,一个输出信号 f。结构体对电路的内部结构和性能进行具体描述,如本例中通过语句 f $<=$ a NAND b 将电路的功能具体描述为与非功能,即 $f=\overline{ab}$。

从本例还可以看出,每个 VHDL 语句都是以分号(;)结束的,注释以两个减号(--)开始。

1. 实体

实体类似于原理图中的一个部件符号,它并不描述设计的具体功能,只是定义该设计所需的全部输入/输出信号。实体的一般格式如下,[]中的内容是可选内容,为增加可读性建议不要省略。

```
ENTITY 实体名 IS
    PORT (信号名:信号类别 信号类型;
                ⋮
          信号名:信号类别 信号类型);
END [实体名];
```

视频讲解

实体描述主要由 PORT 部分组成。PORT 的中文是"端口"的意思,也就是说该部分用于说明电路或系统的对外连接。实体名和信号名都是用户自定义的标识符,相同类别和类型的信号可以用逗号分开,放在一个语句行中说明,如例 3-27 中的输入信号 a 和 b。

信号类别主要有以下 4 种。

(1) IN:进入实体的输入信号,注意不能给输入信号赋值。

(2) OUT:离开实体的输出信号,注意输出信号不能在内部反馈使用,即不能读取输出信号的数据。

(3) INOUT:双向信号,既可以进入实体,也可以离开实体。

(4) BUFFER:缓冲信号,也是实体的输出信号,但同时可以在实体内部反馈。BUFFER 是 INOUT 的子集,但不能由外部驱动。BUFFER 主要用于构成带反馈的逻辑电路,一般的组合逻辑电路是没有反馈的,但是后面几章要学习的时序电路是有反馈的。

信号类别可以用图 3-32 说明,图中的方框代表一个设计或模块。

图 3-32　端口类别说明

信号类型可以是预定义的,也可以是用户自定义的。预定义类型是 VHDL 中最常用、最基本的数据类型,是一种在已有程序包中预先定义好的数据类型,包括 VHDL 标准包 STANDARD 中预定义的数据类型、IEEE 库相关程序包中预定义的数据类型和其他程序包中预定义的数据类型。用户可以通过 IEEE 和 STD 库调用标准程序包,使用这些数据类型。

VHDL 在 STD 库的标准包 STANDARD 中预定义的常用数据类型有如下几种。

(1) BIT:二进制位类型,信号的值只能是 0 或 1。

(2) BIT_VECTOR:二进制位矢量类型,是由多位 BIT 类型构成的二进制位向量。

(3) BOOLEAN:布尔类型,取值只能是 true 或 false。

(4) INTEGER:整型,32 位二进制数表示的整型,取值范围是 $2^{31}-1 \sim -2^{31}$。

(5) CHARACTER:字符型,8 位二进制编码的 ASCII 字符。

以上这些数据类型的定义包含在 STD 库的标准包 STANDARD 中,用户可以直接使用,不需要另外声明。

在 IEEE 库的程序包 STD_LOGIC_1164 中,还定义了两个非常重要的数据类型,它们分别是标准逻辑位类型 STD_LOGIC 和标准逻辑位矢量类型 STD_LOGIC_VECTOR。在 VHDL 的设计中经常用到这两个数据类型。使用时可以通过下列语句打开 IEEE 库,调用 STD_LOGIC_1164 程序包。

```
LIBRARY IEEE;
USE IEEE.STD_LOGIC_1164.ALL;
```

(1) STD_LOGIC 类型。STD_LOGIC 是用 IEEE 1164 标准定义的一种常用的 9 值逻辑位数据类型,是 BIT 数据类型的扩展。

STD_LOGIC 类型有 9 种逻辑值：U（未初始化的）、X（强未知的）、0（强 0）、1（强 1）、Z（高阻态）、W（弱未知的）、L（弱 0）、H（弱 1）、_（忽略）。

注意：STD_LOGIC 中的数据是用大写字母定义的，不能使用小写字母。

（2）STD_LOGIC_VECTOR 类型。STD_LOGIC_VECTOR 是基于 STD_LOGIC 数据类型的一维标准逻辑数组，常用于描述数字系统中的总线。数组中每个元素的数据类型都应是 STD_LOGIC 中定义的逻辑值。

VHDL 是强类型语言，不允许将一种信号类型赋值给另一种不同的信号类型。若要对不同类型的信号进行赋值，则需要进行强制类型转换，基本类型转换函数如表 3-21 所示。

表 3-21　常见数据类型转换函数表

所在程序包	函　数　名	功　　能
STD_LOGIC_1164	to_stdlogicvector(a)	由 BIT_VECTOR 转换为 STD_LOGIC_VECTOR
	to_bitvector(a)	由 STD_LOGIC_VECTOR 转换为 BIT_VECTOR
	to_stdlogic(a)	由 BIT 转换为 STD_LOGIC
	to_bit(a)	由 STD_LOGIC 转换为 BIT
STD_LOGIC_ARITH	conv_std_logic_vector(a,len)	由 INTEGER 转换为 STD_LOGIC_VECTOR。a 为整数，len 为位长
	conv_integer(a)	由 UNSIGNED、SIGNED 转换为 INTEGER
STD_LOGIC_UNSIGNED	conv_integer(a)	由 STD_LOGIC_VECTOR 转换为 INTEGER

下面给出一个使用预定义类型转换函数的示例，该示例将 BIT_VECTOR 类型的输入信号相与后经 TO_STDLOGICVECTOR 进行类型转换，赋值给 STD_LOGIC_VECTOR 类型的输出信号 q。

例 3-28　类型转换函数的示例。

```
LIBRARY IEEE;
USE IEEE.STD_LOGIC_1164.ALL;
ENTITY typeconvert IS
    PORT(a,b:IN BIT_VECTOR(3 DOWNTO 0);
         q:OUT STD_LOGIC_VECTOR(3 DOWNTO 0));
END typeconvert;
ARCHITECTURE rtl OF typeconvert IS
BEGIN
    q <= TO_STDLOGICVECTOR(a AND b);
END rtl;
```

2. 结构体

实体描述电路的对外接口，而结构体则用来描述电路的内部操作，即描述实体实现的功能。结构体由声明部分和功能描述部分组成，其一般格式如下：

```
ARCHITECTURE 结构体名 OF 实体名 IS
    [结构体声明部分]
BEGIN
    [功能描述部分]
END [结构体名];
```

组合逻辑的分析与设计

注意：结构体名和实体名是相互联系的，"结构体名 OF 实体名"的含义是"实体的一个结构体为……"。对于一个设计实体，可以有几种不同的结构体实现，一个结构体名只表示实体的一种实现描述，还可以用另一个结构体名表示实体的另一种实现描述。

结构体声明部分位于 ARCHITECTURE 和 BEGIN 之间，用于定义结构体中用到的数据对象和子程序，并对所引用的元件加以说明，即对结构体的功能描述部分所用到的信号（SIGNAL）、类型（TYPE）、常数（CONSTANT）、元件（COMPONENT）、函数（FUNCTION）和过程（PROCEDURE）等加以说明和定义，但不能定义变量。

功能描述部分用于描述实体的逻辑行为。VHDL 允许采用三种描述方式，即数据流描述（Dataflow Description）、行为描述（Behavioral Description）和结构描述（Structural Description）。这三种描述方式从不同的角度对设计实体的行为和功能进行了描述，各有特点。VHDL 还允许采用混合描述方式。

1）数据流描述

数据流描述也称为寄存器传输（Register Transfer Level，RTL）描述，是以类似于寄存器传输级的方式描述数据的传输和变换的，是对信号传输的数据流路径形式进行的描述，简单地说，数据流描述就是利用 VHDL 中的赋值符和逻辑运算符对电路进行的描述，如例 3-27 中对二输入与非门的描述，就用了信号赋值语句"f<＝a NAND b;"，其中 NAND 为"与非"运算符。数据流描述以并行赋值语句为基础，当语句中的任一输入信号值发生变化时，赋值语句将被激活，使信息从所描述的结构中"流出"。

2）行为描述

行为描述依据设计实体的功能或算法对结构体进行描述，不需要给出实现这些行为的硬件结构，只强调电路的行为和功能。行为描述主要用函数、过程和进程语句，以功能或算法的形式描述数据的转换和传送。下面给出二输入与非门的行为描述。

例 3-29　二输入与非门的 VHDL 行为描述法。

```
ENTITY nand_2 IS
    PORT(a,b:IN BIT;
        f:OUT BIT);
END nand_2;
ARCHITECTURE behavior OF nand_2 IS
BEGIN
    PROCESS(a,b)                        -- 进程语句
        VARIABLE tmp: BIT_VECTOR(1 DOWNTO 0);  -- 变量定义
    BEGIN
        tmp: = a&b;          -- a 和 b 连接成位向量,再赋给 tmp,也可以用 tmp: = (a,b);
        CASE tmp IS          -- 用 CASE 语句描述电路的功能,类似真值表
            WHEN "00" = > f < = '1';
            WHEN "01" = > f < = '1';
            WHEN "10" = > f < = '1';
            WHEN "11" = > f < = '0';
        END CASE;
    END PROCESS;
END behavior;
```

从程序中的 CASE 语句可以看出，行为描述非常类似于前面学习的真值表描述，这里

只有当两个输入 a 和 b 都为 1 时，输出 f 才为 0，其他情况下输出 f 均为 1。

视频讲解

行为描述中一定要包含 PROCESS（进程）语句。PROCESS 语句是在结构体中描述特定电路功能的程序模块，它提供了一种用顺序语句描述电路逻辑功能的方法。所谓顺序语句是指执行顺序和书写顺序一致的语句，顺序语句一定要放在 PROCESS 语句中。一个结构体中可以有多个进程语句，这些进程语句并行执行，即执行顺序与书写的先后无关，只要触发条件满足就可以执行。PROCESS 语句的格式为

```
[进程标号:] PROCESS [(敏感信号列表)] [IS]
    [进程声明部分]
BEGIN
    顺序描述语句
END PROCESS [进程标号];
```

每个进程语句都可以有一个可选的进程标号，作为进程的名称。进程语句从 PROCESS 开始到 END PROCESS 结束。

敏感信号是触发进程执行的信号，当敏感信号列表中的某个信号发生变化时，立即启动 PROCESS 语句，按顺序执行进程中的语句，直到敏感信号稳定不变为止。如例 3-29 中的敏感信号为与非门的输入信号 a 和 b，只要 a 或 b 的电平发生变化，就触发 PROCESS 语句的执行并产生正确的输出信号 f，这与硬件电路的特征是相符的。

程序中的 tmp 是 PROCESS 语句中用到的变量（VARIABLE）。运算符 & 是连接运算符，可以将多个数据元素合并成一个新的一维数组（向量）。这里是将两个 BIT 类型的信号 a 和 b 连接成位宽为 2 的一维数组，再赋值给变量 tmp。也可以先将信号 a 和 b 放到一对括号里，组成向量再赋值给变量 tmp，即用语句"tmp:=(a,b);"实现同样的功能。注意单个取值的常量用单引号，而数组常量要用双引号。

在 VHDL 中变量为局部量，用来存储中间数据，以便实现程序的算法。变量只能在进程、函数和过程内部使用。变量的赋值立即生效，不存在任何延时。变量的定义格式如下：

VARIABLE 变量名：数据类型 [:= 初始值];

如

VARIABLE a:INTEGER:= 0;

变量赋值语句的格式为

变量名:= 表达式;

如

a:= b + c;

与变量容易混淆的是信号（SIGNAL）。信号是全局量，在实体说明、结构体描述和程序包说明中使用。SIGNAL 用于声明内部信号，而非外部信号（外部信号对应为 IN、OUT、INOUT、BUFFER，在 PORT 语句中声明），在元件之间起互连作用，内部信号的值可以赋值给外部信号。例如下面的例 3-30 中的 out1 就是用 SIGNAL 定义的中间信号。信号的定义格式为

SIGNAL 信号名：数据类型 [:= 初始值];

组合逻辑的分析与设计

如 SIGNAL count：STD_LOGIC_VECTOR(3 DOWNTO 0)：="1000"；表示信号 count 是 4 位标准逻辑矢量，从高位(第 3 位)到低位(第 0 位)的初始值为 1000。也可以用关键字 TO 从低位到高位定义矢量信号，如"SIGNAL count：STD_LOGIC_VECTOR(0 TO 3)：="0001"；"。

信号赋值语句的格式为

信号名<=表达式；

如

q<=count；

信号与变量的比较如下。

(1) 声明的形式与位置不同：信号声明用 SIGNAL，变量声明用 VARIABLE。信号声明在子程序、进程等的外部，而变量声明在子程序、进程等的内部。

(2) 赋值符号和赋值起作用的时刻不同：信号用<=赋值，而变量用：=赋值。在进程中，信号的赋值在进程结束时才起作用，而对变量的赋值是立刻起作用的。

下面举例说明信号和变量的区别。

例 3-30 信号和变量的区别。

程序一：使用信号的情况。

```
LIBRARY IEEE;
USE IEEE.STD_LOGIC_1164.ALL;
ENTITY xor_sig IS
    PORT (a,b,c:IN STD_LOGIC;
          x,y:OUT STD_LOGIC);
END xor_sig;
ARCHITECTURE sig_arch OF xor_sig IS
    SIGNAL d: STD_LOGIC;
BEGIN
    sig:PROCESS(a,b,c)
    BEGIN
        d<=a;                --编译时将被忽略
        x<=c XOR d;
        d<=b;                --最后一次的赋值起作用
        y<=c XOR d;
    END PROCESS;
END sig_arch;
```

程序二：使用变量的情况。

```
LIBRARY IEEE;
USE IEEE.STD_LOGIC_1164.ALL;
USE IEEE.STD_LOGIC_UNSIGNED.ALL;
ENTITY xor_var IS
    PORT (a,b,c:IN STD_LOGIC;
          x,y:OUT STD_LOGIC);
END xor_var;
ARCHITECTURE var_arch OF xor_var IS
BEGIN
```

```
var:PROCESS(a,b,c)
    VARIABLE d: STD_LOGIC;
BEGIN
    d := a;                -- 变量赋值,立刻起作用
    x <= c XOR d;
    d := b;
    y <= c XOR d;
END PROCESS;
END var_arch;
```

程序一中两次对信号 d 进行了赋值,但由于对信号的赋值只在进程结束时才起作用,因此,第一次的赋值将被忽略,第二次的赋值才真正起作用。程序实现的功能是:$x=c\oplus b$,$y=c\oplus b$。

程序二中因为对变量的赋值是立刻生效的,所以第一次赋值后 $d=a$,第二次赋值后 $d=b$。程序实现的功能是:$x=c\oplus a$,$y=c\oplus b$。

例 3-29 中的 CASE 语句是 VHDL 中的流程控制语句,属于顺序描述语句。CASE 语句用于两路或多路分支的判断结构,其判断条件为多值表达式,根据表达式的取值不同实现多路分支。CASE 语句的格式为

```
CASE 表达式 IS
    WHEN 值 1 => 顺序语句 1;
    WHEN 值 2 => 顺序语句 2;
        ⋮
    WHEN 值 k => 顺序语句 k;
    [WHEN OTHERS => 顺序语句 k + 1; ]
END CASE
```

执行该语句时,先计算表达式的值,然后选择与表达式值相同的分支,去执行它所对应的顺序语句。当表达式的值与所有的值都不相同时,则执行 OTHERS 后面的顺序语句。

例 3-29 中,因为 a 和 b 是只有 0 和 1 两种取值的 BIT 类型,所以变量 tmp 只有 4 种取值组合,程序中给出了全部取值组合情况,因此就不需要 OTHERS 分支了。如果程序中将 a 和 b 定义为有 9 值逻辑的 STD_LOGIC 类型,则可将最后一个分支"WHEN "11"=>f<='0'"改为"WHEN OTHERS =>f<='0'",或 4 个分支不变,最后再增加一个分支"WHEN OTHERS =>f<='X'"。

与 CASE 语句同属流程控制语句(通过条件控制来决定是否执行某一条或多条语句)的还有 IF 语句。IF 语句是一种条件语句,在 IF 语句中至少应有一个条件句,该条件句必须由 BOOLEAN 型表达式构成。IF 语句依据条件产生的判断结果 TRUE 或 FALSE,有选择地去执行指定的语句。利用 IF 语句可以实现两个或两个以上的条件分支判断,其格式有三种。

格式一:单选择控制。

```
IF 条件句 THEN
    顺序语句;
END IF;
```

当条件句的逻辑值为 TRUE 时,则执行 THEN 后面的顺序语句,否则结束该语句的执行。

格式二:二选择控制。

组合逻辑的分析与设计

```
IF 条件句 THEN
    顺序语句;
ELSE
    顺序语句;
END IF;
```

当条件句的逻辑值为 TRUE 时,则执行 THEN 后面的顺序语句,否则执行 ELSE 后面的顺序语句。

格式三:多选择控制。

```
IF 条件句 THEN
    顺序语句;
ELSIF 条件句 THEN
    顺序语句;
        ⋮
ELSE
    顺序语句;
END IF;
```

当满足多个条件之一时,执行该条件 THEN 后面的顺序语句;如果所有条件都不满足,则执行 ELSE 后面的顺序语句。注意关键字 ELSIF 不要写成 ELSEIF。

注意:虽然 CASE 语句和 IF 语句同属流程控制语句,都能实现多分支的选择,但 CASE 语句的分支是无序的,所有表达式的值都是并行处理的,分支书写顺序可以随意。而 IF 语句的条件判断是有序的,先处理最起始优先的条件,后处理次优先条件,条件的优先顺序由书写顺序确定。

下面给出用 IF 语句实现的二输入与非门的 VHDL 描述。

```
ENTITY nand_2 IS
    PORT(a, b:IN BIT;
            f:OUT BIT);
END nand_2;
ARCHITECTURE behavior OF nand_2 IS
BEGIN
    PROCESS(a, b)
        VARIABLE tmp: BIT_VECTOR(1 DOWNTO 0);
    BEGIN
        tmp: = a&b;
        IF (tmp = "00") THEN f < = '1';
        ELSIF (tmp = "01") THEN f < = '1';
        ELSIF (tmp = "10") THEN f < = '1';
        ELSE f < = '0';
        END IF;
    END PROCESS;
END behavior;
```

3) 结构描述

结构描述是以元件(COMPONENT)为基础,通过描述元件和元件之间的连接关系,来反映整个系统的构成和性能的。例如,二输入与非门可以看成由一个二输入与门和一个非门构成的两级系统,下面给出二输入与非门的 VHDL 结构描述方法。

视频讲解

例 3-31 二输入与非门的 VHDL 结构描述法。

```
ENTITY nand_2 IS
    PORT(a,b:IN BIT;
         f:OUT BIT);
END nand_2;
ARCHITECTURE struct OF nand_2 IS
    COMPONENT inv                          -- 非门元件声明
      PORT(ain:IN BIT;
           fout:OUT BIT);
    END COMPONENT;
    COMPONENT and_2                        -- 二输入与门元件声明
      PORT(ain,bin:IN BIT;
           fout:OUT BIT);
    END COMPONENT;
    SIGNAL out1:BIT;                       -- 中间信号
BEGIN
    u1:and_2 PORT MAP(a,b,out1);           -- 二输入与门元件例化
    u2:inv PORT MAP(ain = > out1,fout = > f);   -- 非门元件例化
END struct;
```

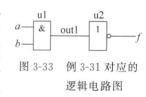

图 3-33 例 3-31 对应的
逻辑电路图

在上面的描述过程中,需要用到已生成的模块,即 and_2(二输入与门)和 inv(非门),在编译本例前需要先完成这两个模块的设计,请读者自己完成。COMPONENT 语句指定了已生成的模块,供结构体调用。用 PORT MAP 语句将生成的模块与所设计的各模块(u1、u2)联系起来,并定义相应的信号,以表示所设计各模块之间的连接关系。为便于理解,图 3-33 给出了该设计对应的逻辑电路图,其中中间信号 out1 为与门的输出。

COMPONENT 语句(元件声明语句)的格式如下:

```
COMPONENT 元件名
    PORT (信号名: 信号类别 信号类型;
             ⋮
          信号名: 信号类别 信号类型);
END COMPONENT;
```

可见,元件声明与实体定义基本类似,只要将实体定义中的 PORT 部分复制过来就可以了。

COMPONENT 语句只是对要调用的元件进行的声明,元件的具体调用是由元件例化语句实现的。元件例化语句说明该元件与当前设计实体是如何连接的。元件例化语句的格式如下:

    标号: 元件名 PORT MAP(信号名 1,信号名 2,…,信号名 n);

或

    标号: 元件名 PORT MAP(接口信号 1 =>信号名 1,…,接口信号 n =>信号名 n);

标号是必不可少的,可以将标号理解为这个元件在电路中的名称。因为,同一个元件可

组合逻辑的分析与设计

以在电路中多次使用,它们都有相同的元件名,但要有不同的标号,或者说在电路中具有不同的名称。

PORT MAP 部分说明本设计实体的信号与元件声明中信号的对应关系。第一种格式是通过书写顺序来表示它们之间的对应关系,如上例中的 u1。第二种格式是直接给出各信号的对应关系,"接口信号"表示元件中的信号,"信号名"则是加到当前实体的实际信号的名称,如上例中的 u2。

从上例可以看出,利用结构描述方式可以进行多层次的结构化设计,首先将一个大的设计划分成若干小的模块,逐一完成设计、编译、调试,然后再利用结构化描述将这些模块组装起来,形成更为复杂的设计,这样的描述,其结构非常清晰,并能做到与原理图中所画的器件一一对应。

3. 库和程序包

根据 VHDL 语法规则,在 VHDL 程序中使用的文字、数据对象、数据类型都需要预先定义。为了方便 VHDL 编程和提高编程效率,可以将预先定义好的数据类型、元件调用声明及一些常用子程序汇集在一起,形成程序包,供 VHDL 设计实体共享和调用,若干程序包则形成库。

1) VHDL 库

常用 VHDL 库有 IEEE 标准库、STD 库、WORK 库和用户自定义库。

IEEE 标准库包括 STD_LOGIC_1164 程序包和 STD_LOGIC_ARITH 程序包。其中 STD_LOGIC_ARITH 程序包是 Synopsys 公司加入 IEEE 标准库的程序包,其中包括 STD_LOGIC_SIGNED(有符号数)和 STD_LOGIC_UNSIGNED(无符号数)等程序包。STD_LOGIC_116 是最重要和最常用的程序包,大部分数字系统设计都以此程序包设定的标准为基础的。

STD 库包含 STANDARD 和 TEXTIO 程序包,这两个程序包是文件输入/输出程序包,在 VHDL 的编译和综合过程中,系统都需要调用这两个程序包中的内容。用户在进行数字系统设计时,STANDARD 程序包可以直接调用,TEXTIO 程序包需要用 LIBRARY 语句和 USE 语句声明。

WORK 库是用户设计的现行工作库,用户在项目设计中将设计成功、正在验证、未仿真的中间件都堆放在 WORK 中。在 PC 或工作站上利用 VHDL 进行项目设计时,不允许在根目录下进行,必须在根目录下为设计建立一个工程目录(即文件夹),VHDL 综合器将此目录默认为 WORK 库。VHDL 标准规定 WORK 库总是可见的,不需要明确指定。

用户自定义库是用户根据需要将自主开发的程序包和实体汇集在一起形成的库,用户自定义库在使用时需要用 LIBRARY 语句和 USE 语句声明。

LIBRARY 语句和 USE 语句的格式如下:

```
LIBRARY 库名;
USE 库名.程序包名.项目名; 或  USE 库名.程序包名.ALL;
```

第一种 USE 语句用于打开指定库中特定程序包内所选定的项目,第二种 USE 语句用于打开指定库中特定程序包内的所有内容。

2) VHDL 程序包

在设计实体中声明的数据类型、子程序和数据对象对于其他设计实体是不可见的。为了使已声明的数据类型、子程序、元件等能被其他设计实体调用或共享,可以把它们汇集在程序包中。

程序包由包首和包体两部分组成,格式如下:

```
PACKAGE 程序包名 IS                        -- 包首
    包首说明部分;
END [PACKAGE] [程序包名];
PACKAGE BODY 程序包名 IS                    -- 包体
    包首说明和实现部分;
END [PACKAGE BODY] [程序包名];
```

包首为程序包定义接口,声明程序包中的数据类型、常量、元件、函数、过程等。包体给出包中函数、过程等的具体实现。如果只是定义数据类型等内容,则可以没有包体,只在包首定义即可。

下面给出一个在当前 WORK 库中定义和使用程序包的例子。

```
LIBRARY IEEE;
USE IEEE.STD_LOGIC_1164.ALL;
PACKAGE my_pkg IS
    COMPONENT nd2 IS
        PORT (a,b:IN STD_LOGIC;
                c:OUT STD_LOGIC);
    END COMPONENT;
    COMPONENT latch1 IS
        PORT (d,ena:IN STD_LOGIC;
                q:OUT STD_LOGIC);
    END COMPONENT;
    FUNCTION max(a,b:IN STD_LOGIC_VECTOR)
        RETURN STD_LOGIC_VECTOR;
END my_pkg;
PACKAGE BODY my_pkg IS
    FUNCTION max(a,b:IN STD_LOGIC_VECTOR)
        RETURN STD_LOGIC_VECTOR IS
    BEGIN
        IF (a>b)THEN RETURN a;
        ELSE RETURN b;
        END IF;
    END max;
END my_pkg;
```

程序包 my_pkg 的包头中包含一个二输入与非门 nd2 元件声明、一个一位锁存器 latch1 元件声明和一个求最大值函数 max 的声明。在 my_pkg 的包体部分给出了 max 函数的函数体声明。由于程序包也是用 VHDL 编写的,所以其源程序也需要以 .vhd 类型保存。下面是引用程序包 my_pkg 的例子,该例中对 max 函数进行了调用,为了使用 my_pkg 程序包中声明的内容,在设计实体的开头需要用 USE 语句将其打开。

```
LIBRARY IEEE;
USE IEEE.STD_LOGIC_1164.ALL;
USE WORK.my_pkg.ALL;
ENTITY ex_ my_pkg IS
  PORT (a,b:IN STD_LOGIC_VECTOR(3 DOWNTO 0);
        f:OUT STD_LOGIC_VECTOR(3 DOWNTO 0));
```

```
END ex_my_pkg;
ARCHITECTURE rtl OF ex_my_pkg IS
BEGIN
    f <= max(a,b);
END rtl;
```

4. 配置

一个实体可以用多个结构体描述,在具体综合时选择哪一个结构体,则由配置来确定。设计者可以用配置语句为实体选择不同的结构体。配置语句的格式为

```
CONFIGURATION 配置名 OF 实体名 IS
    [说明语句; ]
    FOR 选配的结构体名                    -- 注意此处无分号(;)
    END FOR;
END [CONFIGURATION];
```

下面给出一个 2 位相等比较器的设计实例,该例用了 4 种不同的描述方式实现,即有 4 个不同的结构体。

```
LIBRARY IEEE;
USE IEEE.STD_LOGIC_1164.ALL;
ENTITY equ2 IS
    PORT (a,b:IN STD_LOGIC_VECTOR(1 DOWNTO 0);
          equ:OUT STD_LOGIC);
END equ2;
-- 结构体一: 用结构描述方式(元件例化)实现
ARCHITECTURE netlist OF equ2 IS
    COMPONENT nor_2
        PORT(a,b:IN STD_LOGIC;
             c:OUT STD_LOGIC);
    END COMPONENT;
    COMPONENT xor_2
        PORT(a,b:IN STD_LOGIC;
             C:OUT STD_LOGIC);
    END COMPONENT;
SIGNAL x:STD_LOGIC_VECTOR(1 DOWNTO 0);
BEGIN
    u1:xor_2 PORT MAP(a(0),b(0),x(0));
    u2:xor_2 PORT MAP(a(1),b(1),x(1));
    u3:nor_2 PORT MAP(x(0),x(1),equ);
END netlist;
-- 结构体二: 用行为描述方式实现,采用并行语句
ARCHITECTURE con_behavior OF equ2 IS
BEGIN
    equ <= '1' WHEN a = b ELSE
           '0';
END con_behavior;
-- 结构体三: 用行为描述方式实现,采用顺序语句
ARCHITECTURE seq_behavior OF equ2 IS
```

```
BEGIN
    PROCESS(a,b)
    BEGIN
        IF a = b THEN equ <= '1';
        ELSE equ <= '0';
        END IF;
    END PROCESS;
END seq_behavior;
-- 结构体四：用数据流描述方式(布尔方程)实现
ARCHITECTURE equation OF equ2 IS
BEGIN
    equ <= (a(0) XOR b(0)) AND (a(1) XOR b(1));
END equation;
```

本例中,实体 equ2 有 4 个结构体：netlist、con_behavior、seq_behavior、equation,要生成该相等比较器 aequb,实体究竟应该对应于哪一个结构体,可以通过配置语句灵活地选择,如选用结构体 netlist,则配置如下：

```
CONFIGURATION aequb OF equ2 IS
    FOR netlist
    END FOR;
END CONFIGURATION;
```

如选用结构体 equation,只需将配置修改为

```
CONFIGURATION aequb OF equ2 IS
    FOR equation
    END FOR;
END CONFIGURATION;
```

3.5.3　VHDL 的标识符和保留字

1. 标识符

标识符(identifier)是设计人员为书写程序所定义的一些词,用来表示常数、变量、信号、端口、子程序、实体和结构体等的名字。

VHDL 的标识符由英文字母 a~z、A~Z、数字 0~9 以及下画线(_)组成。使用时应注意以下几点：

(1) VHDL 不区分大小写;

(2) 标识符一定要以字母开头;

(3) 下画线不能连用,也不能放在结尾;

(4) VHDL 的保留字不能用作标识符。

如 a_h_1、show_new_state、COUNTER_A 等都是有效的标识符,而 a%h_1、show-new-state、COUNTER_、T__1、2nand 等都是非法标识符。另外,为便于阅读和理解,标识符应具有一定的含义,如 half_adder 表示半加器,nand_2 表示二输入与非门,max4_1 表示四选一的多路选择器等。虽然 VHDL 不区分大小写,但为了区别,本书中的保留字一般用大写,自定义标识符用小写。

2. 保留字

保留字又称关键字,是具有特殊含义的标识符,只能作为固定的用途,不能用作标识符。VHDL 的保留字如下:ABS、ACCESS、AFTER、ALIAS、ALL、AND、ARCHITECTURE、ARRAY、ASSERT、ATTRIBUTE、BEGIN、BLOCK、BODY、BUFFER、BUS、CASE、COMPONENT、CONFIGURATION、CONSTANT、DISCONNECT、DOWNTO、ELSE、ELSIF、END、ENTITY、EXIT、FILE、FOR、FUNCTION、GENERATE、GENERIC、GROUP、GUARDED、IF、IMPURE、IN、INERTIAL、INOUT、IS、LABLE、LIBRARY、LINKAGE、LITERAL、LOOP、MAP、MOD、NAND、NEW、NEXT、NOR、NOT、NULL、OF、ON、OPEN、OR、OTHERS、OUT、PACKAGE、PORT、POSTPONED、PROCEDURE、PROCESS、PURE、RANGE、RECORD、REGISTER、REJECT、REM、REPORT、RETURN、ROL、ROR、SELECT、SEVERITY、SIGNAL、SHARED、SLA、SLL、SRA、SRL、SUBTYPE、THEN、TO、TRANSPORT、TYPE、UNAFFECTED、UNITS、UNTIL、USE、VARIABLE、WAIT、WHEN、WHILE、WITH、XNOR、XOR。

关于 VHDL 的基本知识本节就介绍到这里,其他相关知识后面会结合具体实例或相关类型电路的描述进行介绍。这里再强调一下 VHDL 是硬件描述语言,描述的是硬件电路,因此与普通的计算机软件设计语言有很大的区别。普通计算机语言是 CPU 按照时钟节拍,一条指令执行完后才能执行下一条指令(当然也有流水执行方式和并发执行方式),因此指令执行是有先后顺序的,即顺序执行,且每条指令的执行占用特定的时间。而与 VHDL 描述结果对应的是硬件电路,要遵循硬件电路的特点,语句的执行没有先后顺序,是并行执行的。当然,为了实现特定的算法和功能,VHDL 中也有顺序语句,但顺序语句必须放在 PROCESS 语句中,且 PROCESS 语句本身也是并行语句。另外 VHDL 语句的执行不像普通软件那样每条语句占用一定的时间,而是遵循硬件电路自身的特点。再有,尽管 VHDL 的语句很多,但一般情况下,30% 的基本语句就可以完成 95% 以上的硬件电路的设计。所以,读者在学习 VHDL 时,应该多用心钻研常用语句,深入理解这些语句的硬件含义。

3.6 组合逻辑电路设计举例

前面学习了组合逻辑电路设计的一般方法和步骤,本节再给出几种数字系统中常用的组合逻辑电路的设计方法,并给出其 VHDL 描述。

3.6.1 半加器和全加器的设计

加法运算是计算机中最基本的一种算术运算,算术运算中的许多其他运算,如减法、乘法和除法等都可以由加法运算来实现。实现二进制加法运算的逻辑电路,称为加法器。加法器根据其功能和运算对象的不同,又可分为半加器和全加器两种,下面分别讨论其设计方法和 VHDL 描述。

1. 半加器的设计

能完成两个一位二进制数的相加运算并求得"和"及"进位"的逻辑电路,称为半加器

(Half Adder, HA),其逻辑符号如图 3-34 所示。其中,A 和 B 分别为两个一位二进制数的输入端;S 和 C 分别为相加后形成的"和"及"进位"输出端。半加器用来实现多位二进制加法中最低位相加运算的实现。

半加器的设计步骤如下:

(1) 根据功能要求列出真值表,如表 3-22 所示。

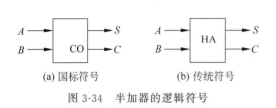

图 3-34 半加器的逻辑符号

(a) 国标符号　　　(b) 传统符号

表 3-22 半加器真值表

A	B	S	C
0	0	0	0
0	1	1	0
1	0	1	0
1	1	0	1

(2) 由真值表写出输出函数的"最小项之和"表达式。

$$S = \overline{A}B + A\overline{B}, \quad C = AB$$

(3) 将输出函数化简为最简"与-或"式。S 和 C 已经是最简"与-或"式。

(4) 画出逻辑电路图。至此,半加器的设计基本完成。

另外,对 S 和 C 进行适当变换后,可有几种不同方案实现半加器。

方案一:假设输入端既可提供原变量又可提供反变量,可将 S 和 C 作以下变换。

$$S = \overline{A}B + A\overline{B} = \overline{\overline{\overline{A}B} \cdot \overline{A\overline{B}}}, \quad C = \overline{\overline{AB}}$$

其对应的逻辑电路如图 3-35(a)所示。

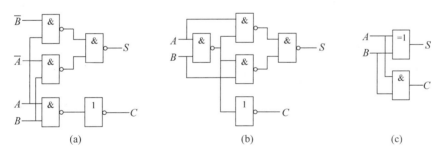

(a)　　　　　　(b)　　　　　　(c)

图 3-35 半加器的逻辑电路图

方案二:如果输入端只能提供原变量,而不能提供反变量,则可将 S 和 C 作以下变换。

$$S = \overline{A}B + A\overline{B} = \overline{AB} \cdot B + A \cdot \overline{AB} = \overline{\overline{\overline{AB} \cdot B} \cdot \overline{A \cdot \overline{AB}}}, \quad C = \overline{\overline{AB}}$$

其对应的逻辑电路如图 3-35(b)所示。

方案三:由 S 的表达式可知,半加和运算实际上是进行的异或运算,所以可以用"异或"门来实现,逻辑电路如图 3-35(c)所示。

下面给出半加器的一种 VHDL 数据流描述(依据表达式 $S = \overline{AB}(A+B), C = \overline{\overline{AB}}$)。

```
ENTITY half_adder IS
    PORT (a,b:IN BIT;                        -- 输入信号
```

组合逻辑的分析与设计

```
            s,c:OUT BIT);                    -- 输出信号
    END half_adder;
    ARCHITECTURE dataflow_h_adder OF half_adder IS
        SIGNAL c0,d:BIT;                     -- 中间信号
    BEGIN
        c0 <= a OR b;
        d <= a NAND b;
        c <= NOT d;
        s <= c0 AND d;
    END dataflow_h_adder;
```

程序中主要用了并行赋值语句和逻辑运算符。所谓并行语句是指这些语句是同时执行的，与书写顺序无关，程序中的 4 条信号赋值语句可以以任意顺序书写，而不影响程序执行的结果。这与硬件电路中的信号可以经过不同的路径同时前进是一致的。

VHDL 预定义了 5 种运算符，即算术运算符、逻辑运算符、关系运算符、符号运算符和移位运算符。表 3-23 列出了 VHDL 各种运算符的类型、符号、功能和操作数的数据类型。

表 3-23　VHDL 运算符

运算符的类型	符号	功　能	操作数的数据类型
算术运算符	+	加法运算	整数
	—	减法运算	整数
	*	乘法运算	整数和实数
	/	除法运算	整数和实数
	MOD	取模运算	整数
	REM	求余运算	整数
	* *	乘方运算	整数
	ABS	取绝对值	整数
	&	并置(连接)运算	一维数组
关系运算符	=	等于	任何数据类型
	/=	不等于	任何数据类型
	<	小于	枚举与整数，以及对应的一维数组
	>	大于	枚举与整数，以及对应的一维数组
	<=	小于或等于(也作信号赋值运算符)	枚举与整数，以及对应的一维数组
	>=	大于或等于	枚举与整数，以及对应的一维数组
逻辑运算符	AND	逻辑与运算	BIT、BOOLEAN、STD_LOGIC
	OR	逻辑或运算	BIT、BOOLEAN、STD_LOGIC
	NAND	逻辑与非运算	BIT、BOOLEAN、STD_LOGIC
	NOR	逻辑或非运算	BIT、BOOLEAN、STD_LOGIC
	XOR	逻辑异或运算	BIT、BOOLEAN、STD_LOGIC
	XNOR	逻辑异或非(同或)运算	BIT、BOOLEAN、STD_LOGIC
	NOT	逻辑非运算	BIT、BOOLEAN、STD_LOGIC
符号运算符	+	正号	整数
	—	负号	整数

运算符的类型	符号	功　能	操作数的数据类型
移位运算符	SLL	逻辑左移	BIT 或 BOOLEAN 型一维数组
	SRL	逻辑右移	BIT 或 BOOLEAN 型一维数组
	SLA	算术左移	BIT 或 BOOLEAN 型一维数组
	SRA	算术右移	BIT 或 BOOLEAN 型一维数组
	ROL	逻辑循环左移	BIT 或 BOOLEAN 型一维数组
	ROR	逻辑循环右移	BIT 或 BOOLEAN 型一维数组

由真值表推导出电路的输出表达式后,再用并行赋值语句建模编写 VHDL 源程序,这是半加器设计的一种方案,但不是最好的方式。用 VHDL 的行为描述方式,可以使源程序更加简洁明了。下面给出一种半加器的 VHDL 行为描述方式,该描述主要用一个"＋"运算符描述相加运算。

```
LIBRARY IEEE;
USE IEEE.STD_LOGIC_1164.ALL;
USE IEEE.STD_LOGIC_UNSIGNED.ALL;
ENTITY half_adder_1 IS
  PORT (a,b:IN STD_LOGIC;                          -- 输入信号
        s,c:OUT STD_LOGIC);                        -- 输出信号
END half_adder_1;
ARCHITECTURE behavior_h_adder OF half_adder_1 IS
  SIGNAL temp:STD_LOGIC_VECTOR(1 DOWNTO 0);        -- 中间信号
BEGIN
    temp < = ('0'&a) + ('0'&b);
    c < = temp(1);
    s < = temp(0);
END behavior_h_adder;
```

在源程序中,用 2 位信号 temp 暂存加法运算的结果,用并接符号 & 将加数 a,b 扩展为 2 位操作数,确保赋值符号＜＝两边的数据类型和数据位数的一致性。

另外,因为＋运算在程序包 IEEE. STD_LOGIC_UNSIGNED. ALL 中定义,所以程序开头要用 USE IEEE. STD_LOGIC_UNSIGNED. ALL 打开该程序包。

2. 全加器的设计

当多位二进制数相加时,高位的相加运算除了要将本位的加数和被加数相加以外,还要考虑低位是否有向该位的进位。因此,用半加器不能实现多位二进制加法运算。这时就需要一种能完成将两个 1 位二进制数相加,并考虑低位送来的进位,即相当于将 3 个 1 位二进制数相加的电路,该电路称为全加器(Full Adder,FA),其逻辑符号如图 3-36 所示,其中 A_i 和 B_i 分别为两个 1 位二进制数的输入端,C_{i-1} 为低位来的进位输入端,S_i 和 C_i 分别为相加后的"和"及向高位的"进位"输出端。

视频讲解

全加器的设计过程如下:

(1) 根据功能要求列出真值表,如表 3-24 所示。

(2) 写出输出函数的"最小项之和"表达式。

$$S_i = \sum m(1,\ 2,\ 4,\ 7), \quad C_i = \sum m(3,\ 5,\ 6,\ 7)$$

95

第 3 章

组合逻辑的分析与设计

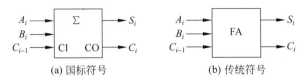

(a) 国标符号　　　　　(b) 传统符号

图 3-36　全加器的逻辑符号

表 3-24　全加器真值表

A_i	B_i	C_{i-1}	S_i	C_i
0	0	0	0	0
0	0	1	1	0
0	1	0	1	0
0	1	1	0	1
1	0	0	1	0
1	0	1	0	1
1	1	0	0	1
1	1	1	1	1

（3）将输出函数化简成最简"与-或"式。

S_i 和 C_i 的卡诺图如图 3-37 所示。由卡诺图可知

$$S_i = \overline{A}_i\overline{B}_iC_{i-1} + \overline{A}_iB_i\overline{C}_{i-1} + A_i\overline{B}_i\overline{C}_{i-1} + A_iB_iC_{i-1}, \quad C_i = A_iB_i + A_iC_{i-1} + B_iC_{i-1}$$

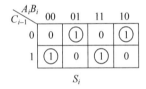
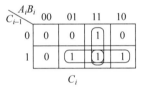

图 3-37　全加器的卡诺图

（4）画出逻辑电路图。

根据选用门电路类型的不同，将 S_i 和 C_i 进行适当的变换，可用以下几种方案来实现全加器。

方案一：用"与非"门实现全加器，S_i 和 C_i 可变换成

$$S_i = \overline{\overline{\overline{A}_i\overline{B}_iC_{i-1}} \cdot \overline{\overline{A}_iB_i\overline{C}_{i-1}} \cdot \overline{A_i\overline{B}_i\overline{C}_{i-1}} \cdot \overline{A_iB_iC_{i-1}}}, \quad C_i = \overline{\overline{A_iB_i} \cdot \overline{A_iC_{i-1}} \cdot \overline{B_iC_{i-1}}}$$

其对应的逻辑电路如图 3-38(a)所示。

方案二：用半加器实现全加器，S_i 和 C_i 可变换成

$$S_i = \overline{A}_i\overline{B}_iC_{i-1} + \overline{A}_iB_i\overline{C}_{i-1} + A_i\overline{B}_i\overline{C}_{i-1} + A_iB_iC_{i-1}$$

$$= (\overline{A}_i\overline{B}_i + A_iB_i)C_{i-1} + (A_i\overline{B}_i + \overline{A}_iB)\overline{C}_{i-1}$$

$$= \overline{(A_i \oplus B_i)}C_{i-1} + (A_i \oplus B_i)\overline{C}_{i-1} = A_i \oplus B_i \oplus C_{i-1}$$

$$C_i = \overline{A}_iB_iC_{i-1} + A_i\overline{B}_iC_{i-1} + A_iB_i\overline{C}_{i-1} + A_iB_iC_{i-1}$$

$$= A_iB_i(\overline{C}_{i-1} + C_{i-1}) + (\overline{A}_iB_i + A_i\overline{B}_i)C_{i-1} = A_iB_i + (A_i \oplus B_i)C_{i-1}$$

若用"异或"门构成的半加器实现全加器,则其逻辑电路如图 3-38(b)所示。

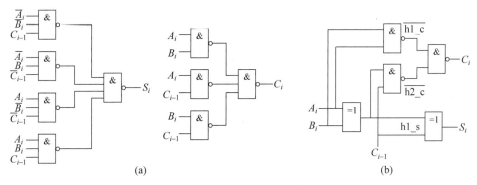

图 3-38　全加器的逻辑电路图

另外,还可用"或非"门、"与或非"门实现全加器。请读者作为练习自己完成。

下面给出依据上述表达式用两个半加器实现全加器的一种 VHDL 混合描述法。

```
ENTITY full_adder IS
    PORT (a,b,cin:IN BIT;                       -- 输入信号
          s,cout:OUT BIT);                      -- 输出信号
END full_adder;
ARCHITECTURE mix_f_adder OF full_adder IS
    COMPONENT half_adder                        -- 半加器部件声明
        PORT(a,b:IN BIT;
             s,c:OUT BIT);
    END COMPONENT;
SIGNAL h1_s,h1_c,h2_c:BIT;                       -- 内部信号
BEGIN
    h1:half_adder PORT MAP(a,b,h1_s,h1_c);       -- 半加器元件例化
    h2:half_adder PORT MAP(h1_s,cin,s,h2_c);
    cout <= h1_c OR h2_c;
END mix_f_adder;
```

混合描述就是在结构体中同时使用两种或两种以上的描述方式,它可以使描述简单灵活。在本程序的同一结构体中求和运算采用了结构描述方法,由两个半加器元件例化实现。而进位输出 cout 则采用了数据流描述方法。为方便理解,图 3-38(b)中标出了程序中的中间信号与半加器接口信号之间的对应关系。

全加器的 VHDL 描述同样也可以用类似半加器行为描述的方法用＋运算符进行行为描述,请读者自己完成。

3.6.2　BCD 码编码器和七段显示译码器的设计

日常生活中人们普遍使用十进制数据,而计算机只能识别二进制的 0 和 1。因此,如何将十进制数的二进制编码送入计算机中,经过处理后,又如何将二进制编码表示的十进制数以十进制的形式显示出来,这是相当重要的。这主要由 BCD 码编码器和 BCD 码七段显示译码器来实现,如图 3-39 所示。下面分别介绍它们的设计方法及其 VHDL 描述。

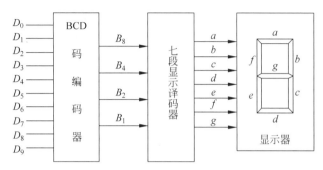

图 3-39　BCD 码编码器和七段显示译码器框图

视频讲解

1. BCD 码编码器的设计

BCD 码编码器的作用是将输入的十进制数以 BCD 码的形式输出,如图 3-39 所示。其中 $D_0, D_1, \cdots, D_9$ 为十进制数据输入端,分别代表 $0, 1, \cdots, 9$。除 D_0 以外,当某个输入端为 1 时,表示以其对应的十进制数作为输入。显然,除 D_0 以外的 9 个输入端应是互斥的,任何时候只能有一个有效。当 10 个输入端都为 0 时,表示输入的是十进制数 0(当然也可以约定 D_0 为 1,其余为 0 时表示输入的是 0,之所以这样做是因为最终设计出的电路可以将 D_0 去掉,省去一个输入端)。B_8, B_4, B_2, B_1 为输入数字对应的 BCD 码输出端。

BCD 码编码器的设计过程如下。

(1) 列出真值表。根据以上对 BCD 码编码器功能的分析,可列出如表 3-25 所示的部分真值表(由于问题的特殊性不需要列出完整的真值表)。

表 3-25　BCD 码编码器真值表

数字	D_9	D_8	D_7	D_6	D_5	D_4	D_3	D_2	D_1	D_0	B_8	B_4	B_2	B_1
0	0	0	0	0	0	0	0	0	0	0	0	0	0	0
1	0	0	0	0	0	0	0	0	1	0	0	0	0	1
2	0	0	0	0	0	0	0	1	0	0	0	0	1	0
3	0	0	0	0	0	0	1	0	0	0	0	0	1	1
4	0	0	0	0	0	1	0	0	0	0	0	1	0	0
5	0	0	0	0	1	0	0	0	0	0	0	1	0	1
6	0	0	0	1	0	0	0	0	0	0	0	1	1	0
7	0	0	1	0	0	0	0	0	0	0	0	1	1	1
8	0	1	0	0	0	0	0	0	0	0	1	0	0	0
9	1	0	0	0	0	0	0	0	0	0	1	0	0	1

(2) 写出函数表达式。根据真值表可直接写出输出函数表达式。

$$B_1 = D_1 + D_3 + D_5 + D_7 + D_9, \quad B_2 = D_2 + D_3 + D_6 + D_7$$
$$B_4 = D_4 + D_5 + D_6 + D_7, \qquad\quad B_8 = D_8 + D_9$$

(3) 表达式已为最简,考虑到多输出函数尽量使用公共项,可作以下变换:

$$B_1 = \overline{\overline{\overline{D_1 + D_9} \cdot \overline{D_3 + D_7}} \cdot \overline{D_5 + D_7}}, \quad B_2 = \overline{\overline{\overline{D_3 + D_7} \cdot \overline{D_2 + D_6}}}$$
$$B_4 = \overline{\overline{\overline{D_5 + D_7} \cdot \overline{D_4 + D_6}}}, \qquad\qquad B_8 = \overline{\overline{D_8 + D_9}}$$

（4）画出逻辑电路图，如图 3-40 所示。

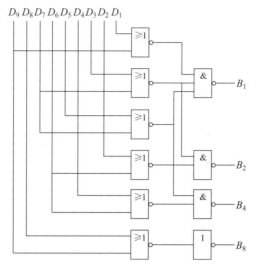

图 3-40　BCD 编码器逻辑电路图

下面给出 BCD 码编码器的一种 VHDL 行为描述。

```
LIBRARY IEEE;                                    -- 包含库
USE IEEE.STD_LOGIC_1164.ALL;
ENTITY coder_bcd IS
   PORT(coder_in:IN STD_LOGIC_VECTOR(8 DOWNTO 0);     -- 编码输入向量
        coder_out:OUT STD_LOGIC_VECTOR(3 DOWNTO 0));  -- BCD 码输出向量
END coder_bcd;
ARCHITECTURE behavior_coder_bcd OF coder_bcd IS
BEGIN
   WITH coder_in SELECT
       coder_out <= "0000" WHEN "000000000",
                    "0001" WHEN "000000001",
                    "0010" WHEN "000000010",
                    "0011" WHEN "000000100",
                    "0100" WHEN "000001000",
                    "0101" WHEN "000010000",
                    "0110" WHEN "000100000",
                    "0111" WHEN "001000000",
                    "1000" WHEN "010000000",
                    "1001" WHEN "100000000",
                    "XXXX" WHEN OTHERS;              -- 输出不确定
END behavior_coder_bcd;
```

程序中使用的 WITH 语句称为选择信号赋值语句，该语句与 CASE 语句类似，以选择表达式的不同取值为选择条件，将多个表达式的值赋给赋值目标。注意：CASE 语句属于顺序描述语句，应放在 PROCESS 语句中，而 WITH 语句属于并行描述语句。WITH 语句

组合逻辑的分析与设计

的格式为

```
WITH 选择表达式 SELECT
    赋值目标<=表达式 1 WHEN 选择值 1,
             表达式 2 WHEN 选择值 2,
                ⋮
             表达式 n WHEN 选择值 n/OTHERS;
```

WITH 语句对子句中的"选择值"进行选择,当子句中的"选择值"与"选择表达式"的值相同时,则将子句中的"表达式"的值赋给赋值目标。

使用 WITH 语句应注意:①不允许有选择值重叠现象;②不允许有选择值涵盖不全的情况,如果选择值不需要列全,则"选择值 n"用 OTHERS 代替;③每个子句以",",结束,最后一个子句以";"结束。

与 WITH 语句同属并行信号赋值语句的还有条件信号赋值语句,它根据不同的赋值条件,选择表达式中的值赋给赋值目标。条件赋值语句的格式为

```
赋值目标<=表达式 1 WHEN 赋值条件 1 ELSE
        表达式 2 WHEN 赋值条件 2 ELSE
            ⋮
        表达式 n WHEN 赋值条件 n ELSE
        表达式 n+1;
```

条件赋值语句的功能与放在 PROCESS 中的 IF 语句(为顺序描述语句)相同,每个赋值条件是按书写先后顺序逐项测定的,一旦发现赋值条件为 TRUE,立即将对应表达式的值赋给目标信号。而 WITH 语句中对各选择值的判断是同时进行的,与书写顺序无关。下面给出用条件赋值语句实现的二输入与非门的 VHDL 描述。

```
ENTITY nand_2 IS
    PORT(a,b:IN BIT;
         f:OUT BIT);
END nand_2;
ARCHITECTURE behavior OF nand_2 IS
    SIGNAL s:BIT_VECTOR(1 DOWNTO 0);
BEGIN
    s<=a&b;
    f<='1' WHEN s<="00" ELSE
        '1' WHEN s<="01" ELSE
        '1' WHEN s<="10" ELSE
        '0';
END behavior;
```

2. BCD 码七段显示译码器的设计

BCD 码七段显示译码器的作用是将 BCD 码表示的十进制数转换成七段 LED 显示器的 7 个驱动输入端,如图 3-39 所示。其中 B_8、B_4、B_2、B_1 为 BCD 码输入端,输出 $a \sim g$ 为七段 LED 显示器的 7 个驱动输入端。

视频讲解

七段 LED 显示器由 7 个条形发光二极管(LED)组成,不同段 LED 的亮、灭组合,即可显示不同的数字。LED 显示器有共阳极和共阴极连接两种形式,如图 3-41 所示。共阳极形式是将 7 个 LED 的阳极连在一起并接高电平,当需要某段 LED 点亮时,就让其阴极接低电平即可;否则接高电平。共阴极形式和共阳极形式相反,将 7 个 LED 的阴极连在一起并接低电平,当需要某段 LED 点亮时,就让其阳极接高电平即可;否则接低电平。

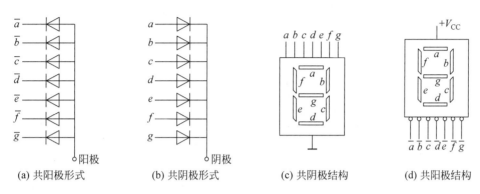

|(a) 共阳极形式|(b) 共阴极形式|(c) 共阴极结构|(d) 共阳极结构|

图 3-41　七段 LED 显示器

BCD 码七段显示译码器的设计过程如下:

(1) 列出真值表。假设采用共阴极连接形式,根据以上功能分析,可列出如表 3-26 所示的真值表。

表 3-26　BCD 码七段显示译码器真值表

数字	B_8	B_4	B_2	B_1	a	b	c	d	e	f	g
0	0	0	0	0	1	1	1	1	1	1	0
1	0	0	0	1	0	1	1	0	0	0	0
2	0	0	1	0	1	1	0	1	1	0	1
3	0	0	1	1	1	1	1	1	0	0	1
4	0	1	0	0	0	1	1	0	0	1	1
5	0	1	0	1	1	0	1	1	0	1	1
6	0	1	1	0	0	0	1	1	1	1	1
7	0	1	1	1	1	1	1	0	0	0	0
8	1	0	0	0	1	1	1	1	1	1	1
9	1	0	0	1	1	1	1	0	0	1	1
10	1	0	1	0	d	d	d	d	d	d	d
11	1	0	1	1	d	d	d	d	d	d	d
12	1	1	0	0	d	d	d	d	d	d	d
13	1	1	0	1	d	d	d	d	d	d	d
14	1	1	1	0	d	d	d	d	d	d	d
15	1	1	1	1	d	d	d	d	d	d	d

第 3 章

组合逻辑的分析与设计

（2）列出函数表达式并化简。因为输出函数共有 7 个，如果按多输出函数进行化简将十分复杂，因此，这里按 7 个单输出函数进行单独化简。这里，可由真值表直接做出卡诺图并进行化简。此处卡诺图从略，直接写出输出函数表达式，请读者自己画出卡诺图进行验证。

$$a = B_8 + \overline{B}_4\overline{B}_1 + B_2B_1 + B_4B_1, \quad b = \overline{B}_4 + B_2B_1 + \overline{B}_2\overline{B}_1, \quad c = B_4 + \overline{B}_2 + B_1$$

$$d = \overline{B}_4\overline{B}_1 + \overline{B}_4B_2 + B_2\overline{B}_1 + B_4\overline{B}_2B_1, \quad e = \overline{B}_4\overline{B}_1 + B_2\overline{B}_1$$

$$f = B_8 + \overline{B}_2\overline{B}_1 + B_4\overline{B}_2 + B_4\overline{B}_1, \quad g = B_8 + B_2\overline{B}_1 + \overline{B}_4B_2 + B_4\overline{B}_2$$

（3）画出逻辑电路图。如用"与非"门实现上述函数，并考虑公共项，其逻辑电路如图 3-42 所示。

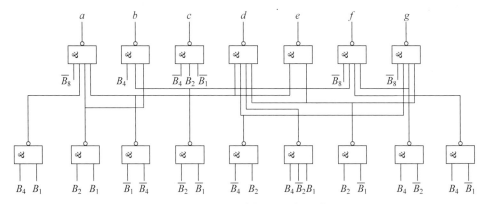

图 3-42　BCD 七段译码器逻辑电路图

下面给出一种 BCD 码七段显示译码器的 VHDL 行为描述。

```
LIBRARY IEEE;
USE IEEE.STD_LOGIC_1164.ALL;
ENTITY decoder_bcd_display IS
    PORT(decoder_in:IN STD_LOGIC_VECTOR(3 DOWNTO 0);       -- BCD 码输入向量
        decoder_out:OUT STD_LOGIC_VECTOR(6 DOWNTO 0));     -- 七段码输出向量
END decoder_bcd_display;
ARCHITECTURE behavior_decoder_bcd_display OF decoder_bcd_display IS
BEGIN
    WITH decoder_in SELECT
        decoder_out <= "1111110" WHEN "0000",
                       "0110000" WHEN "0001",
                       "1101101" WHEN "0010",
                       "1111001" WHEN "0011",
                       "0110011" WHEN "0100",
                       "1011011" WHEN "0101",
                       "0011111" WHEN "0110",
                       "1110000" WHEN "0111",
                       "1111111" WHEN "1000",
                       "1110011" WHEN "1001",
```

```
                    "XXXXXXX" WHEN OTHERS;
END behavior_decoder_bcd_display;
```

3.6.3 代码转换器的设计

根据需要,在计算机及其他各种数字设备中,普遍采用多种不同类型的代码,这些代码在必要时需要相互转换。下面举例说明实现这些代码转换功能的代码转换器的设计方法,并给出其 VHDL 描述。

1. 8421BCD 码到余 3 码的代码转换器的设计

设输入的 8421BCD 码用 B_8、B_4、B_2、B_1 表示,输出的余 3 码用 E_4、E_3、E_2、E_1 表示。设计过程如下。

（1）列出如表 3-27 所示的真值表,列表时不要忘记无关项 d。

表 3-27   8421BCD 码到余 3 码的代码转换器的真值表

数字	BCD 码				余 3 码			
	B_8	B_4	B_2	B_1	E_4	E_3	E_2	E_1
0	0	0	0	0	0	0	1	1
1	0	0	0	1	0	1	0	0
2	0	0	1	0	0	1	0	1
3	0	0	1	1	0	1	1	0
4	0	1	0	0	0	1	1	1
5	0	1	0	1	1	0	0	0
6	0	1	1	0	1	0	0	1
7	0	1	1	1	1	0	1	0
8	1	0	0	0	1	0	1	1
9	1	0	0	1	1	1	0	0
10	1	0	1	0	d	d	d	d
11	1	0	1	1	d	d	d	d
12	1	1	0	0	d	d	d	d
13	1	1	0	1	d	d	d	d
14	1	1	1	0	d	d	d	d
15	1	1	1	1	d	d	d	d

（2）写出函数表达式并化简。

由真值表画出卡诺图,如图 3-43 所示。由卡诺图化简可得

$$E_4 = B_8 + B_4 B_2 + B_4 B_1, \quad E_3 = \overline{B}_4 B_2 + \overline{B}_4 B_1 + B_4 \overline{B}_2 \overline{B}_1$$

$$E_2 = B_2 B_1 + \overline{B}_2 \overline{B}_1, \qquad E_1 = \overline{B}_1$$

（3）画出逻辑电路图。

采用"与非"门实现的逻辑电路图,如图 3-44 所示。

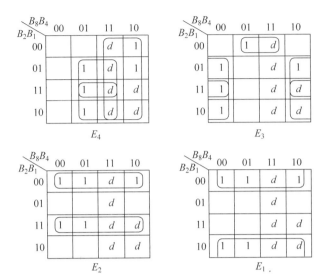

图 3-43   8421BCD 码到余 3 码的代码转换器的卡诺图

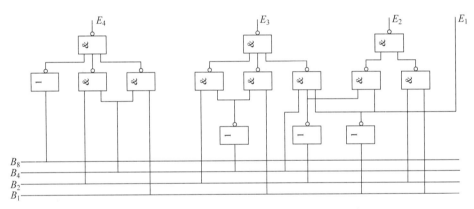

图 3-44   8421BCD 码到余 3 码的代码转换器的电路图

下面给出一种 8421BCD 码到余 3 码的代码转换器的 VHDL 行为描述。

```
LIBRARY IEEE;
USE IEEE.STD_LOGIC_1164.ALL;
ENTITY converter_bcd_remainder3 IS
    PORT(converter_in:IN STD_LOGIC_VECTOR(3 DOWNTO 0);      -- BCD 码输入向量
        converter_out:OUT STD_LOGIC_VECTOR(3 DOWNTO 0));    -- 余 3 码输出向量
END converter_bcd_remainder3;
ARCHITECTURE behavior_ converter_bcd_remainder3 OF converter_bcd_remainder3 IS
BEGIN
    WITH converter_in SELECT
        converter_out < = "0011" WHEN "0000",
                        "0100" WHEN "0001",
                        "0101" WHEN "0010",
                        "0110" WHEN "0011",
                        "0111" WHEN "0100",
                        "1000" WHEN "0101",
```

```
          "1001" WHEN "0110",
          "1010" WHEN "0111",
          "1011" WHEN "1000",
          "1100" WHEN "1001",
          "XXXX" WHEN OTHERS;
END behavior_converter_bcd_remainder3;
```

反之,若输入为余 3 码,也可以转换成 BCD 码,请读者自行练习。应当注意 0000～0010 和 1101～1111 这 6 种码为余 3 码的非法码,应作为无关项处理。

2. 4 位二进制码到 Gray 码的代码转换器的设计

设输入的 4 位二进制码用 B_4、B_3、B_2、B_1 表示;输出的 Gray 码用 G_4、G_3、G_2、G_1 表示。由第 1 章中对 Gray 码的介绍可知,Gray 码与二进制码之间的关系为

$$G_4 = B_4, \quad G_3 = B_4 \oplus B_3$$
$$G_2 = B_3 \oplus B_2, \quad G_1 = B_2 \oplus B_1$$

据此,可选用"异或"门设计该电路,逻辑电路图如图 3-45 所示。

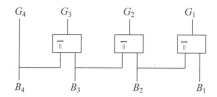

图 3-45　4 位二进制码到 Gray 码的代码转换器的逻辑电路图

下面给出一种 4 位二进制码到 Gray 码的代码转换器的 VHDL 数据流描述。

```
ENTITY binary_gray IS
    PORT(b1,b2,b3,b4:IN BIT;
         g1,g2,g3,g4:OUT BIT);
END binary_gray;
ARCHITECTURE rtl_ binary_gray OF binary_bray IS
BEGIN
   g4 < = b4;
   g3 < = b4 XOR b3;
   g2 < = b3 XOR b2;
   g1 < = b2 XOR b1;
END rtl_binary_gray;
```

3.7　组合逻辑电路中的竞争与险象

对于组合逻辑电路,前面只讨论了输入和输出在稳定状态时的关系,而从未考虑信号在传输中的时延问题。实际上,信号经过任何门电路和导线都存在一定的时间延迟,这就使得电路的输入达到稳定状态时,输出并不一定能立即达到稳定状态。例如,假定一个二输入"与非"门的延迟时间为 t_{pd},当输入 B 为 1 时,若让 A 从 0 变到 1 再变回到 0,则输出将由 1 变到 0 再变到 1,如图 3-46 所示。可见,输入信号经过延迟时间 t_{pd} 后才传输到输出端,即输出对输入的响应滞后了 t_{pd} 的时间。

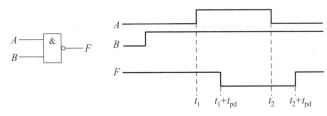

图 3-46 "与非"门延迟时间的影响

视频讲解

一般来说,延迟时间对数字系统是一个不利因素。如可使系统操作速度变慢、导致电路中信号的波形参数变坏,更为严重的是可能产生竞争冒险现象。本节将专门讨论后一个问题。

3.7.1　竞争与险象的产生

逻辑电路中的信号经过同一电路的不同路径所需的时间一般是不同的,这与信号经过的门的级数、具体逻辑门的时延大小、导线的长短有关。因此,输入信号经过不同的路径到达输出端的时间也就有先有后,这种现象称为竞争现象,简称竞争(race)。在逻辑电路中,可以把竞争现象广义地理解为多个信号到达某一点时由时差所引起的现象。

竞争现象在逻辑电路中是普遍存在的。如果电路中存在竞争现象,当输入信号变化时就有可能引起输出信号出现非预期的错误输出,这种现象称为险象(hazard)。但并不是所有的竞争都会产生错误输出,常把不会产生错误输出的竞争称为非临界竞争(noncritical race),而会导致错误输出的竞争称为临界竞争(critical race)。

组合逻辑电路中的险象是一种瞬态现象,它表现为在输出端产生不应有的尖峰脉冲,短暂地破坏正常逻辑关系,一旦时延结束,即可恢复正常的逻辑关系。下面举例说明这一现象。

图 3-47(a)是一个由"与非"门构成的组合逻辑电路,该电路有三个输入,一个输出,输出函数表达式为

$$F = AB + \overline{A}C$$

假设输入变量 B 和 C 均为 1,则上式可变为

$$F = A + \overline{A} = 1$$

即,无论此时 A 怎样变化,F 的值都应恒为 1。然而,这只是在理想状态下得出的结论。下面讨论当 $B = C = 1$ 并且考虑延迟时间时,A 的变化会使电路产生怎样的输出响应。假设每个门的延迟时间均为 t_{pd},则图 3-47(b)可以说明输出对输入的响应关系。

从图 3-47(b)可以看出,当 A 由低变高后,经过一个 t_{pd} 时间,"非"门 G_1 的输出 d 由高变低,同时"与非"门 G_2 的输出 e 也由高变低,但要再过一个 t_{pd} 时间,"与非"门 G_3 的输出 g 才能由低变高。最后到达"与非"门 G_4 输入端的是由同一个信号 A 经不同路径传输而得到的两个信号 e 和 g,而 e 和 g 的变化方向相反,并有一个 t_{pd} 的时差。显然,这里(图中标 1处)存在一次竞争现象,但因门 G_4 是一个"与非"门,e 和 g 的竞争结果使门 G_4 的输出保持高电平,没有出现尖峰脉冲,即无险象产生,所以这是一次非临界竞争。但当 A 由高变低时,情况就不同了。e 和 g 同样在门 G_4 上发生竞争,且 e 和 g 在一个 t_{pd} 的时间内同为高电平,所以输出 F 也必须会出现一个负跳变的尖峰脉冲(图中标 2 处),即这次竞争产生了险

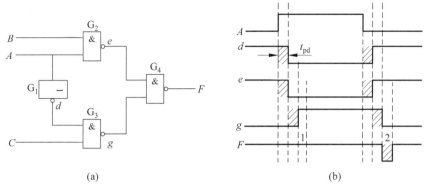

图 3-47　具有险象的逻辑电路及时间图

象,是一次临界竞争。

3.7.2　险象的分类

根据输入变化前后,输出是否应该相同可将组合电路中的险象分为静态险象(static hazard)和动态险象(dynamic hazard)两类。

如果在输入变化而输出不应发生变化的情况下,输出端却产生了短暂的错误输出,即产生了险象,则这种险象称为静态险象。如果在输入变化而输出应该变化的情况下,输出在变化过程中产生了短暂的错误输出,则这种险象称为动态险象。显然,如图 3-47 所示的险象属于静态险象。

险象还可按照错误输出的尖峰脉冲的极性分为 0 型险象和 1 型险象。若错误输出的尖峰脉冲为负脉冲,则称为 0 型险象;反之,若错误输出的尖峰脉冲为正脉冲,则称为 1 型险象。显然,图 3-47 中的险象属于 0 型险象。请读者自己分析,若将图 3-47 中的门 G_2、G_3、G_4 改为"或非"门,则会在何处产生哪种险象。显然,无论静态险象还是动态险象,都可分为 0 型险象和 1 型险象。图 3-48 示出了组合电路中 4 种险象类型的波形,图中以虚线为界表示输入变化前后的输出波形。

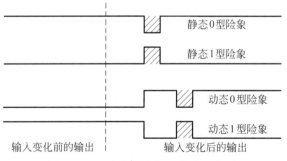

图 3-48　组合电路中的 4 种险象类型

值得指出的是,组合电路中的动态险象一般都是由静态险象引起的。因此,如果消除了电路中的静态险象则也就消除了动态险象。

3.7.3 险象的判断

判断组合逻辑电路中是否有可能产生险象的方法有两种,即代数法和卡诺图法。

由前面对竞争和险象的分析可知,当某变量 X 同时以原变量和反变量两种形式出现在函数中,并且在一定的条件下,可将函数表达式化简成 $X+\overline{X}$ 的形式时,则该函数表达式对应的电路在 X 发生变化时,就可能由于竞争的存在而产生险象(例如图 3-47 中的例子)。同样,若在一定的条件下,函数表达式可以化简成 $X \cdot \overline{X}$ 的形式,则相应的电路在 X 发生变化时也有可能因为竞争的存在而产生险象。

视频讲解

因此,组合逻辑电路中存在险象可能性的必要条件是:某变量 X 同时以原变量 X 和反变量 $\overline{X}$ 两种形式出现在函数中,并且在一定的条件下可以将函数表达式化简成 $X+\overline{X}$ 或 $X \cdot \overline{X}$ 的形式。因为 $X+\overline{X}=1,X \cdot \overline{X}=0$,所以若函数表达式可以化简成 $X+\overline{X}$ 的形式,则可能存在的险象为 0 型险象;若函数表达式可以化简成 $X \cdot \overline{X}$ 的形式,则可能存在的险象为 1 型险象。

1. 代数法

代数法是根据函数表达式的结构来判断是否有产生险象所必需的条件。具体方法是:首先,检查函数表达式中是否存在具备竞争条件的变量,即是否有某个变量 X 同时以原变量 X 和反变量 $\overline{X}$ 的形式在函数表达式中出现。若有,则消去函数表达式中的其他变量,方法是将这些变量的各种取值组合依次代入函数表达式中,从而使表达式中仅含被研究的变量 X。最后,再看函数表达式是否能化成 $X+\overline{X}$ 或 $X \cdot \overline{X}$ 的形式,若能,则对应的逻辑电路存在产生险象的可能性。下面举例说明。

例 3-32 判断函数表达式 $F=\overline{A}C+\overline{A}B+AC$ 对应的逻辑电路是否可能产生险象。

解: 由函数表达式可知,变量 A 和 C 具备竞争的条件,所以应对这两个变量进行分析。先考察变量 A,为此将 B 和 C 的各种取值组合分别代入函数表达式中,可得

$$BC=00 \text{ 时},F=\overline{A}; BC=01 \text{ 时},F=A$$
$$BC=10 \text{ 时},F=\overline{A}; BC=11 \text{ 时},F=A+\overline{A}$$

可见,$BC=11$ 时,变量 A 的变化可能使电路产生 0 型险象。

用同样的方法考查变量 C,可知变量 C 的变化不会使电路产生险象。

例 3-33 判断函数表达式 $F=(A+B)(\overline{A}+C)(\overline{B}+C)$ 对应的逻辑电路中是否存在产生险象的可能性。

解: 由函数表达式可知,变量 A 和 B 具备竞争的条件。首先考察变量 A,为此将变量 B 和 C 的各种取值组合分别代入函数表达式中,可得

$$BC=00 \text{ 时},F=A \cdot \overline{A}; BC=01 \text{ 时},F=A$$
$$BC=10 \text{ 时},F=0; BC=11 \text{ 时},F=1$$

可见,当 $BC=00$ 时,变量 A 的变化可能使电路产生 1 型险象。

用同样的方法考察 B,可知,当 $AC=00$ 时,变量 B 的变化也可能使电路产生 1 型险象。

2. 卡诺图法

判断险象的另一种方法是卡诺图法。当电路对应的逻辑函数已是"与-或"式时,卡诺图法比代数法更直观方便。具体方法是:首先画出函数的卡诺图,并画出和函数表达式中各"与"项对应的卡诺圈。然后观察卡诺圈,若发现某两个卡诺圈存在"相切"关系,即两个卡诺

圈之间存在不被同一个卡诺圈包含的相邻最小项,则该电路可能产生险象。下面举例说明。

例 3-34 判断函数 $F = \overline{A}D + \overline{A}C + AB\overline{C}$ 对应的逻辑电路是否可能产生险象。

解：首先,做出函数 F 的卡诺图,并画出各"与"项对应的卡诺圈,如图 3-49 所示。

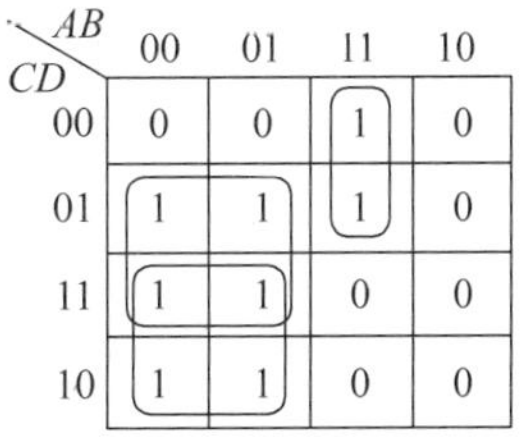

观察卡诺圈可以发现,包含最小项 m_1、m_3、m_5、m_7 的卡诺圈和包含最小项 m_{12}、m_{13} 的卡诺圈之间存在相邻最小项 m_5 和 m_{13},且 m_5 和 m_{13} 不被同一个卡诺圈所包含,所以这两个卡诺圈"相切"。这就说明相应的电路可能产生险象。

进一步用代数法验证,可以发现当 $BCD = 101$ 时,函数表达式可化成 $F = A + \overline{A}$ 的形式,可见变量 A 的变化可能使电路产生 0 型险象。

图 3-49　例 3-34 的卡诺图

3.7.4　险象的消除

为使所设计的电路能可靠地工作,设计者应设法消除或避免电路中可能出现的险象。下面介绍几种常用的方法。

1. 增加冗余项法

增加冗余项的方法,是通过在函数表达式中"加"多余的"与"项或"乘"多余的"或"项,使原函数不再可能在某种条件下化成 $X + \overline{X}$ 或 $X \cdot \overline{X}$ 的形式,从而将可能产生的险象消除。冗余项的具体选择方法可采用代数法或卡诺图法,下面举例说明。

例 3-35 用增加冗余项的方法消除如图 3-47(a)所示的电路中可能产生的险象。

解：如图 3-47(a)所示的电路对应的函数表达式为

$$F = AB + \overline{A}C$$

由前面的分析可知,当 $BC = 11$ 时,输入变量 A 的变化使电路的输出产生 0 型险象,即在输出应该为 1 的情况下产生了一个瞬间的 0 信号。解决办法是在保证 $BC = 11$ 时,使输出保持为 1。显然,若在表达式中包含"与"项 BC,即可达到目的。又由逻辑代数的基本公式(包含律)可知

$$AB + \overline{A}C + BC = AB + \overline{A}C$$

所以,BC 是上述函数的一个冗余项,将 BC 加入函数表达式中并不影响原函数的功能。增加了冗余项 BC 后的逻辑电路如图 3-50 所示,该电路不再有产生险象的可能性。

冗余项的选择也可以通过在函数的卡诺图上增加多余的卡诺圈来实现。具体方法是：若卡诺图上某两个卡诺圈"相切",则用一个多余的卡诺圈将它们之间的相邻最小项圈起来,与该卡诺圈对应的"与"项就是要加入函数表达式中的冗余项。

例 3-36 某组合电路对应的函数表达式为 $F = \overline{A}C + B\overline{C}D + AB\overline{C}$,试用增加冗余项的方法消除该电路中可能产生的险象。

解：首先,做出函数的卡诺图,如图 3-51 所示。该卡诺图中,卡诺圈①和②"相切",其相邻的最小项为 m_7 和 m_5；卡诺圈②和③"相切",其相邻的最小项为 m_9 和 m_{13}。可见,该电路可能由于竞争的存在而产生险象。为了消除险象,可在卡诺图上增加两个多余的卡诺圈,分别把最小项 m_5、m_7 和 m_9、m_{13} 圈起来,如图中虚线所示。由此得到函数表达式为

$$F = \overline{A}C + B\overline{C}D + AB\overline{C} + \overline{A}BD + A\overline{C}D$$

第 3 章

组合逻辑的分析与设计

式中,$\overline{A}BD$ 和 $AC\overline{D}$ 为冗余项。读者可用代数法验证,该函数表达式对应的逻辑电路不再存在险象。

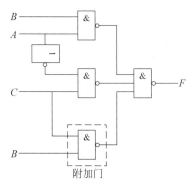

图 3-50　图 3-47(a)增加冗余项后的逻辑电路图

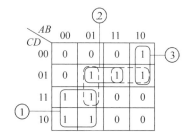

图 3-51　例 3-36 的卡诺图

应该指出,用增加冗余项消除险象的方法是以增加器件为代价的。增加冗余项后,函数表达式不再是最简式,相应的逻辑电路也就不再是最简电路。前面讨论逻辑电路的设计时,总是尽可能将函数化成最简,现在为了消除险象,又让函数表达式回到了非最简形式,然而两者都是必要的。前者是为了寻求最经济的方案,后者是为了使设计出来的电路能可靠地工作。经济和可靠都是衡量设计方案好坏的重要标志。因此,在设计逻辑电路时,通常在先不考虑险象的情况下求出最简电路,然后再判断是否存在险象并设法消除。

2. 增加惯性延时环节法

在实际电路中用来消除险象的另一种方法是在组合电路的输出端串接一个惯性延时环节。通常采用 RC 电路作为惯性延时环节,如图 3-52(a)所示。由电路知识可知,图中的 RC 电路实际上是一个低通滤波器。由于组合电路的输出信号的频率较低,而由于竞争引起的险象是一些频率较高的尖峰脉冲,因此,险象在通过 RC 电路后能基本被滤掉,保留下来的仅是一些幅度较小的毛刺,它们不再对电路的可靠性产生影响。图 3-52(b)示出了这种方法的效果。可以看出,输出的规律和力学系统中物体惯性运动的规律相似,所以称为"惯性"环节。

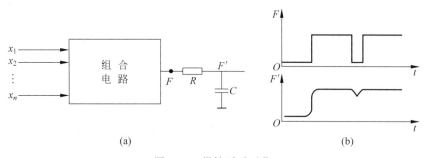

(a) (b)

图 3-52　惯性延时环节

但要注意,采用这种方法必须选择适当的惯性环节的时间常数 $\tau(\tau = RC)$,一般要求 τ 大于尖峰脉冲的宽度,以便能将尖峰脉冲"削平",但也不能太大,否则会使电路的正确输出信号产生不允许的畸变。

3. 选通法

增加冗余项和增加惯性延时环节均可以消除组合逻辑电路中的险象,但这两种方法的缺点是要增加额外的器件。对于组合逻辑电路中的险象除了可用以上两种方法消除以外,还可以采取另一种完全不同的方法,即避开险象而不是消除险象的方法。选通法就是基于这样一种思想的方法,它不需要增加任何器件,仅仅是利用选通脉冲的作用,从时间上加以控制,使险象脉冲无法输出。

由于组合电路中的险象总是发生在输入信号发生变化的过程中,而且险象总是以尖峰脉冲的形式输出的,因此,只要对输出波形从时间上加以选择和控制,利用选通脉冲选择输出波形的稳定部分,而有意避开可能出现的尖峰脉冲,便可获得正确的输出。

例如,如图 3-53 所示的电路的输出函数表示式为

$$F = \overline{\overline{A \cdot 1} \cdot \overline{\overline{A} \cdot 1}} = A + \overline{A}$$

可见,当 A 发生变化时,可能产生 0 型险象。

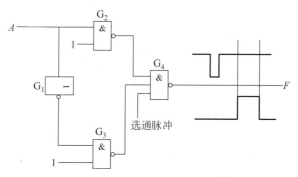

图 3-53　用选通法避开险象的原理图

为了避开险象,可采用选通脉冲对该电路的输出门加以控制。在选通脉冲到来之前,该输入线上为低电平,门 G_4 关闭,电路输出被封锁,使险象脉冲无法输出。当选通脉冲到来后,相应的输入线上变为高电平,门 G_4 开启,使电路送出稳定输出信号。

这种在时间上让信号有选择地通过的方法称为选通法。

3.8　小　　结

逻辑代数已成为研究数字系统逻辑设计的基础理论。无论何种形式的数字系统,都是由一些基本的逻辑电路所组成的。为了解决数字系统分析和设计中的各种具体问题,必须掌握逻辑代数这一重要数学工具。

同一个逻辑函数可以有多种表示形式。函数表达式越简单,则逻辑电路越简单。逻辑函数的化简有代数化简法、卡诺图化简法和列表化简法(Q-M 法)。

组合逻辑电路是由各种门电路组合而成的。它的特点是输出只与当时的输入状态有关,而与电路过去的输入状态无关。

对组合逻辑电路的研究包括分析和设计两个方面。分析是根据已知电路,找出其实现的功能;设计是根据已知的逻辑功能,求解出实现该功能的逻辑电路。分析和设计是一个

互为相反的过程。

组合逻辑电路的设计除按一般步骤进行外,还有几个要考虑的特殊问题:设计时采用的门电路的类型、多输出函数的电路设计、包含无关项的电路设计和考虑级数的电路设计。

逻辑设计可以用硬件描述语言来描述。VHDL是IEEE标准的硬件描述语言。一个完整的VHDL程序通常包含实体和结构体两部分,实体部分用于描述电路的对外接口信号,结构体描述电路的具体功能和结构。VHDL的结构体有4种描述方式,即数据流描述、行为描述、结构描述和混合描述方式。

竞争与险象是组合逻辑电路设计在最后阶段要考虑的一个重要问题。由于竞争的存在,可能会产生险象,险象会使电路工作的可靠性下降。必须对电路是否存在险象进行分析并设法消除险象,以使所设计的电路能可靠地工作。判断是否有险象存在可用代数法和卡诺图法。险象的消除可采用增加冗余项、增加惯性延时环节或采用选通信号等方法。

3.9　习题与思考题

1. 回答下列问题。

(1) 如果已知 $X+Y=X+Z$,那么 $Y=Z$ 正确吗?为什么?

(2) 如果已知 $XY=XZ$,那么 $Y=Z$ 正确吗?为什么?

(3) 如果已知 $X+Y=X+Z$,那么 $XY=XZ$,且 $Y=Z$ 正确吗?为什么?

(4) 如果已知 $X+Y=X \cdot Y$,那么 $X=Y$ 正确吗?为什么?

2. 用逻辑代数的公式、定理和规则将下列逻辑函数化简为最简"与或"表达式。

(1) $F=AB+\bar{A}\bar{B}C+BC$

(2) $F=A\bar{B}+B+BCD$

(3) $F=(A+B+C)(\bar{A}+B)(A+B+\bar{C})$

(4) $F=BC+D+\bar{D}(\bar{B}+\bar{C})(AC+B)$

3. 将下列函数转换为由"标准积之和"及"标准和之积"形式表示的函数。

(1) $F(A,B,C)=A\bar{B}C+\bar{A}B+AC+AB\bar{C}$

(2) $F(A,B,C)=\bar{A}+A\bar{C}+BC+A\bar{B}C$

(3) $F(A,B,C)=B(A+\bar{B}+\bar{C})(\bar{A}+\bar{C})C$

(4) $F(A,B,C)=ABC+\overline{\bar{A}B\bar{C}}$

(5) $F(A,B,C)=(\bar{A}B+C)[(\bar{A}B+B)C+A]$

4. 用卡诺图化简法求出下列逻辑函数的最简"与或"表达式和最简"或与"表达式。

(1) $F(A,B,C,D)=\bar{A}\bar{B}+\bar{A}CD+AC+B\bar{C}$

(2) $F(A,B,C,D)=BC+D+\bar{D}(\bar{B}+\bar{C})(AD+B)$

(3) $F(A,B,C,D)=\prod M(2,4,6,10,11,12,13,14,15)$

(4) $F(A,B,C,D)=\sum m(0,2,7,13,15)+\sum d(1,3,4,5,6,8,10)$

5. 用卡诺图化简法求下列逻辑函数的最简"与-或"表达式。

(1) $F(A,B,C)=\sum m(0,1,2,4,5,7)$

(2) $F(A,B,C,D)=\sum m(0,1,2,3,4,6,7,8,9,11,15)$

(3) $F(A, B, C, D) = \sum m(3, 4, 5, 7, 9, 13, 14, 15)$

(4) $F(A, B, C, D) = \sum m(0, 1, 2, 5, 6, 7, 8, 9, 13, 14)$

(5) $F(A, B, C, D) = \sum m(0, 2, 3, 5, 7, 8, 10, 11) + \sum d(14, 15)$

(6) $F(A, B, C, D, E) = \sum m(0, 3, 4, 6, 7, 8, 15, 16, 17, 20, 22, 25, 27, 29, 30, 31)$

6. 用列表法化简下列逻辑函数。

(1) $F(A, B, C, D) = \sum m(0, 2, 3, 5, 7, 8, 10, 11, 13, 15)$

(2) $F(A, B, C, D) = \sum m(3, 5, 8, 9, 10, 12) + \sum d(0, 1, 2, 13)$

7. 用卡诺图化简下列多输出逻辑函数。

$F_1(A, B, C, D) = \sum m(0, 2, 4, 5, 7, 8, 10, 13, 15)$

$F_2(A, B, C, D) = \sum m(0, 2, 5, 7, 8, 10)$

$F_3(A, B, C, D) = \sum m(2, 4, 6, 13, 15)$

8. 分析如图 3-54 所示的组合逻辑电路,并画出其简化的逻辑电路图。

9. 分析如图 3-55 所示的组合逻辑电路,指出在哪些输入取值下,输出 F 的值为 1,并用 "异或"门实现该电路的逻辑功能。

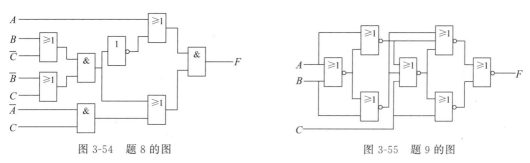

图 3-54 题 8 的图　　　　　　　　　图 3-55 题 9 的图

10. 分析如图 3-56 所示的求补电路。要求写出输出函数表达式,列出真值表。

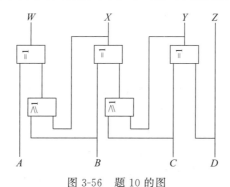

图 3-56 题 10 的图

11. 图 3-57 为两种十进制代码的转换器,输入为余 3 码,分析输出是什么代码。

12. 分析如图 3-58 所示的组合逻辑电路,假定输入是一位十进制数的 8421 码,试说明该电路的功能。

组合逻辑的分析与设计

第 3 章

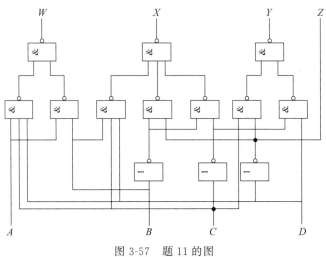

图 3-57 题 11 的图

13. 图 3-59 是一个受 M 控制的 4 位二进制自然码和 Gray 码相互转换的电路。$M=1$ 时,完成二进制自然码至 Gray 码的转换;当 $M=0$ 时,完成相反的转换。请说明之。

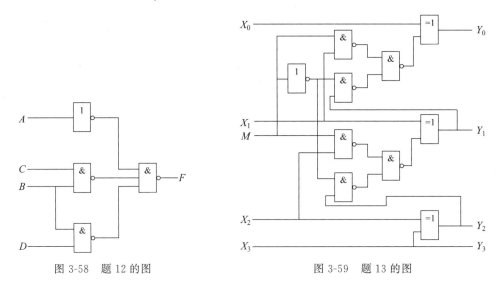

图 3-58 题 12 的图　　　　　　图 3-59 题 13 的图

14. 分析如图 3-60 所示的组合逻辑电路,回答以下问题:

(1) 假定电路的输入变量 A、B、C 和输出函数 F、G 均代表 1 位二进制数,请问该电路实现什么功能?

(2) 若将图中虚线框内的反向器去掉,即令 X 点和 Y 点直接相连,请问该电路实现什么功能?

(3) 若将图中虚线框内的反向器改为异或门,异或门的另一个输入端与输入控制变量 M 相连,请问该电路实现什么功能?

15. 如图 3-61 所示的组合电路中,A、B 为输入变量,S_3、S_2、S_1、S_0 为选择控制变量,F 为输出函数。试写出该电路在选择控制变量的控制下的输出函数表达式,并说明电路的功能。

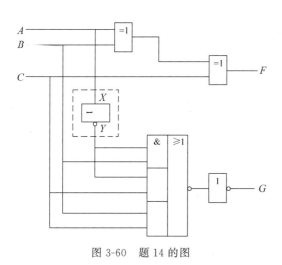

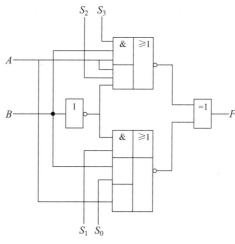

图 3-60 题 14 的图   图 3-61 题 15 的图

16. 设 A、B、C 为某密码锁的三个按键,当单独按下 A 键时,锁既不打开也不报警;只有当同时按下 A、B、C 或者 A、B 或者 A、C 时,锁才能被打开;当按下不符合上述条件的按键时,将发出报警信号,试用"与非"门设计此密码锁的逻辑电路。

17. 一热水器如图 3-62 所示,图中虚线表示水位,A、B、C 电极被水浸没时会有信号输出。水面在 A,B 间时为正常状态,绿灯 G 亮;水面在 B,C 间或 A 以上时为异常状态,黄灯 Y 亮;水面在 C 以下时为危险状态,红灯 R 亮。试用"与非"门设计实现该功能的逻辑电路。

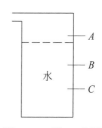

图 3-62 题 17 的图

18. 设输入既有原变量又有反变量,用"与非"门实现下列多输出函数电路。

$$F_1(A, B, C, D) = \sum m(2, 4, 5, 6, 7, 10, 13, 14, 15)$$

$$F_2(A, B, C, D) = \sum m(2, 5, 8, 9, 10, 11, 12, 13, 14, 15)$$

19. 设输入既有原变量又有反变量,试用"或非"门实现下列函数。

(1) $F(A, B, C, D) = \sum m(0, 1, 2, 4, 6, 10, 14, 15)$

(2) $F = \overline{\overline{A+B} + \overline{\overline{B+C} \cdot \overline{A}\,\overline{B}}}$

20. 设计一个 2 位二进制数乘法器。该电路的输入接收两个 2 位二进制数 $A = A_2 A_1$,$B = B_2 B_1$,输出为 $A \times B$。

21. 设计一个 1 位二进制加/减法器,该电路在 M 的控制下进行加、减运算。当 $M=0$ 时,实现全加器功能;当 $M=1$ 时,实现全减器功能。

22. 用"与非"门设计下列代码转换电路。

(1) 余 3 码转换成 8421 码。

(2) 余 3 码转换成七段显示代码(用共阴极形式的 LED)。

23. 设计对 10 的补码产生器。对 10 的补码是指以 10 为模的补码。一个数的补数 $C = M - N$,此处模为 $M = 10$,N 为 0～9 这 10 个数符。对应关系如下:0 的补码为 0,1 的补码为 9,2 的补码为 8,……,9 的补码为 1。设计 $N \rightarrow C$ 的转换电路(不考虑符号),N 和 C 均为 8421 码形式。

24. 奇偶校验电路是一种检查数据在传输中是否出现错误的电路。发送端不仅发出数据,还发出监督码(也称奇偶校验位),它们一起组成传输码。监督码的作用是使传输码中 1 的个数为奇数或者为偶数。在接收端有一奇偶校验电路,它的输入为发送端发出的传输码。接收端的奇偶校验电路输出为 1,表明数据在传输中没有出现错误;若奇校验电路输出为 0,则说明数据在传输中出现了错误。如图 3-63 所示,设发送端发送的数据是一位 8421 码,请用逻辑门电路设计图 3-63 中的奇偶发生器和奇偶校验器(假设采用奇校验)。

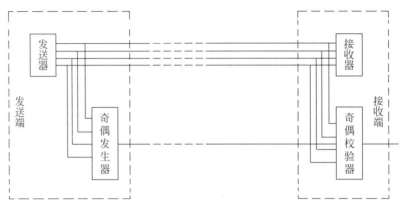

图 3-63 题 24 的图

25. 用 VHDL 描述一个组合逻辑电路,该电路接收两个 1 位二进制数 A 和 B,并比较其大小,当 $A > B$ 时,输出 1;否则输出 0。

26. 用 VHDL 描述一个组合逻辑电路,该电路的输入为 1 位十进制数的 8421 码,当输入的十进制数字为素数时,输出为 1;否则为 0。

27. 用 VHDL 描述一个 1 位十进制数的数值范围指示器。电路的输入为一位十进制数的 8421 码,当输入的十进制数大于或等于 5 时,输出为 1;否则为 0。

28. 判断下列函数是否可能发生竞争? 竞争结果是否会产生险象? 在什么情况下产生险象? 若可能产生险象,试用增加冗余项的方法消除。

(1) $F_1 = AB + A\overline{C} + \overline{C}D$;(2) $F_2 = AB + \overline{A}CD + BC$;(3) $F_3 = (A + \overline{B})(\overline{A} + \overline{C})$。

29. 判断如图 3-64 所示的电路有无险象? 若有,请说明出现险象的输入条件,经修改设计后画出无险象的电路图。

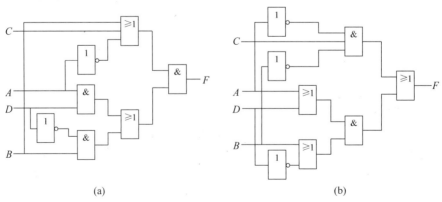

(a)   (b)

图 3-64 题 29 的图

30. 阅读下面的 VHDL 程序，分析其实现的功能。

(1) LIBRARY IEEE;
```
USE IEEE.STD_LOGIC_1164.ALL;
ENTITY vote3 IS
    PORT(a,b,c:IN STD_LOGIC;
         f:OUT STD_LOGIC);
END vote3;
ARCHITECTURE behavor OF vote3 IS
    SIGNAL temp1,temp2,temp3:STD_LOGIC;
BEGIN
    temp1 < = NOT(a AND b);
    temp2 < = NOT(b AND c);
    temp3 < = NOT(a AND c);
    f < = NOT(temp1 AND temp2 AND temp3);
END behavor;
```

(2) LIBRARY IEEE;
```
USE IEEE.STD_LOGIC_1164.ALL;
ENTITY tri_state_gate IS
    PORT(din:IN STD_LOGIC;
         en:IN STD_LOGIC;
         dout:OUT STD_LOGIC);
END tri_state_gate;
ARCHITECTURE behavor OF tri_state_gate IS
BEGIN
    PROCESS(din,en)
    BEGIN
        IF (en = '1') THEN
            dout < = din;
        ELSE
            dout < = 'Z';
        END IF;
    END PROCESS;
END behavor;
```

(3) LIBRARY IEEE;
```
USE IEEE.STD_LOGIC_1164.ALL;
ENTITY single_dir_bus8 IS
    PORT(a:IN STD_LOGIC_VECTOR(7 DOWNTO 0);
         en :IN STD_LOGIC;
         b:OUT STD_LOGIC_VECTOR(7 DOWNTO 0));
END single_dir_bus8;
ARCHITECTURE behavor OF single_dir_bus8 IS
BEGIN
    PROCESS(a,en)
    BEGIN
        IF (en = '1') THEN
            b < = a;
        ELSE
            b < = (OTHERS = >'Z');  -- 等价于 b < = "ZZZZZZZZ";
        END IF;
```

组合逻辑的分析与设计

```
        END PROCESS;
    END behavor;

(4) LIBRARY IEEE;
USE IEEE.STD_LOGIC_1164.ALL;
ENTITY bi_dir_bus8 IS
    PORT(ain:IN STD_LOGIC_VECTOR(7 DOWNTO 0);
          bin:IN STD_LOGIC_VECTOR(7 DOWNTO 0);
          en :IN STD_LOGIC;
          dir:IN STD_LOGIC;
          aout:OUT STD_LOGIC_VECTOR(7 DOWNTO 0);
          bout:OUT STD_LOGIC_VECTOR(7 DOWNTO 0));
END bi_dir_bus8;
ARCHITECTURE behavor OF bi_dir_bus8 IS
BEGIN
    bout < = ain WHEN en = '1' AND dir = '1'
              ELSE (OTHERS = >'Z');
    aout < = bin WHEN en = '1' AND dir = '0'
              ELSE (OTHERS = >'Z');
END behavor;

(5) LIBRARY IEEE;
USE IEEE.STD_LOGIC_1164.ALL;
USE IEEE.STD_LOGIC_UNSIGNED.ALL;
ENTITY comp_code IS
    PORT(din:IN STD_LOGIC_VECTOR(7 DOWNTO 0);
          dout:OUT STD_LOGIC_VECTOR(7 DOWNTO 0));
END comp_code;
ARCHITECTURE rtl OF comp_code IS
BEGIN
    dout < = NOT(din) + '1';
END rtl;
```

第4章 触 发 器

数字电路分为组合逻辑电路和时序逻辑电路。组合逻辑电路由门电路组成,它某一时刻的输出状态只与该时刻的输入状态有关,而与电路原来的状态无关,没有记忆功能。本章所讨论的触发器,它的输出状态不仅决定于当时的输入状态,而且还与电路原来的状态有关,具有记忆功能,是一种存储元件,它是组成时序电路的基本元件。

触发器按稳定工作状态可分为双稳态触发器、单稳态触发器和无稳态触发器,无稳态触发器又称多谐振荡器。按电路的结构形式可分为基本触发器、同步触发器、主从触发器和边沿触发器等。触发器状态的改变受外部触发信号的控制。不同的结构形式有不同的触发方式,这些触发方式分为直接电平触发方式、电平触发方式、脉冲触发方式和边沿触发方式等。在学习触发器时,应注意掌握触发器的逻辑符号、逻辑功能和触发方式,这样才能知道触发器的状态何时发生变化,以及变成何种状态。

本章首先介绍各种双稳态触发器,然后介绍单稳态触发器、RC 环形多谐振荡器和石英晶体多谐振荡器,最后介绍施密特触发器。

视频讲解

4.1 双稳态触发器

双稳态触发器有两个稳定的输出状态:0 态和 1 态。双稳态触发器可以用来存储一位二进制代码。按逻辑功能分类,双稳态触发器可以分成 RS 触发器、JK 触发器、D 触发器和 T 触发器等。

4.1.1 RS 触发器

1. 基本 RS 触发器

图 4-1(a)是基本 RS 触发器的逻辑电路,图 4-1(b)和图 4-1(c)分别是它的国际逻辑符号和传统逻辑符号。电路由两个与非门交叉连接而成,$\bar{R}$ 和 $\bar{S}$ 是两个输入端,分别称为复位端和置位端,或称为置 0 端和置 1 端。Q 和 $\bar{Q}$ 是两个输出端。在正常情况下,Q 和 $\bar{Q}$ 的状态相反,是一种互补逻辑关系。一般规定 Q 的状态代表触发器的状态,若 $Q=0(\bar{Q}=1)$,称触发器为 0 状态,也称复位状态;若 $Q=1(\bar{Q}=0)$,称触发器为 1 状态,也称置位状态。

根据 $\bar{R}$ 和 $\bar{S}$ 两个输入端的不同状态,可以得到基本 RS 触发器的逻辑功能如下:

(1) $\bar{R}=0,\bar{S}=1$ 时,无论触发器原来的状态如何,这时与非门 G_2 的输出为 1,即 $\bar{Q}=1$,而与非门 G_1 的两个输入全为 1,所以 $Q=0$,触发器为置 0 状态。

(2) $\bar{R}=1,\bar{S}=0$ 时,由于电路的对称性,这时 $Q=1,\bar{Q}=0$,触发器为置 1 状态。

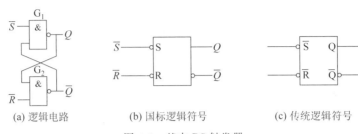

(a) 逻辑电路　　　　　　　(b) 国标逻辑符号　　　　　　　(c) 传统逻辑符号

图 4-1　基本 RS 触发器

（3）$\bar{R}=1,\bar{S}=1$ 时，触发器保持原来的状态不变。如果触发器原来的状态为 0 状态，则 $Q=0$ 反馈到 G_2，使 G_2 的输出 $\bar{Q}=1$；而 $\bar{Q}=1$ 反馈到 G_1，使 G_1 的两个输入全为 1，G_1 的输出 Q 维持 0 态不变。如果触发器原来的状态为 1 状态，则 $Q=1$ 反馈到 G_2，使 G_2 的两个输入全为 1，G_2 的输出 $\bar{Q}=0$；$\bar{Q}=0$ 反馈到 G_1，使 G_1 的输出 Q 维持 1 状态。

（4）$\bar{R}=0,\bar{S}=0$ 时，这时与非门 G_1、G_2 均有 0 输入，输出 $Q=\bar{Q}=1$，这种情况破坏了触发器所规定的 Q 与 $\bar{Q}$ 的互补逻辑关系，这是一种非正常状态，触发器既不属于 0 状态，也不属于 1 状态。而且当 $\bar{R}$ 和 $\bar{S}$ 同时由 0 变成 1 时，与非门 G_1 和 G_2 的两个输入端都变成了 1 态。如果与非门 G_1 先翻成 0 态，这个 0 反馈到与非门 G_2 的输入，迫使 G_2 输出为 1，则 $Q=0$，$\bar{Q}=1$；如果与非门 G_2 先翻成 0，则 $Q=1$，$\bar{Q}=0$。这种由随机因素决定而事先不能确定的状态称为状态不定，使用中应当避免出现 $\bar{R}=\bar{S}=0$，以免触发器输出端的互补逻辑关系遭到破坏。如果 $\bar{R}$ 和 $\bar{S}$ 不是同时从 0 态变成 1 态的，触发器的状态还是能够确定的。

从上述分析可以看出，基本 RS 触发器的输出状态随时随输入状态的变化而变化，是由输入端直接以电平的方式触发改变触发器的状态的，是直接低电平触发方式，逻辑符号中输入端靠近矩形框处的非号（○）说明它是用低电平触发的。

用 Q^n 表示触发器原来所处的状态，称为现态；Q^{n+1} 表示在输入信号 $\bar{R}$、$\bar{S}$ 的作用下触发器的新状态，称为次态。基本 RS 触发器的次态真值表如表 4-1 所示。次态真值表简称真值表，也称为功能表或状态表，表示在触发信号的作用下，触发器输出（次态 Q^{n+1}）与输入信号之间的对应关系。表 4-2 是次态真值表的简化形式。需特别指出的是，$\bar{R}=\bar{S}=0$ 时，触发器输出 $Q=\bar{Q}=1$，这在实际使用中也是不允许的，所以表中 Q^{n+1} 用 d 表示。

表 4-1　基本 RS 触发器次态真值表

现态 Q^n	触发信号		次态 Q^{n+1}	说　明
	$\bar{R}$	$\bar{S}$		
0	1	1	0	状态保持
1	1	1	1	
0	1	0	1	置1
1	1	0	1	
0	0	1	0	置0
1	0	1	0	
0	0	0	d	状态不定
1	0	0	d	

表 4-2　基本 RS 触发器简化次态真值表

$\bar{R}$	$\bar{S}$	Q^{n+1}
1	1	Q^n
1	0	1
0	1	0
0	0	d

根据基本 RS 触发器的次态真值表可得状态表如图 4-2 所示。状态表又称次态卡诺图。

根据状态表，可写出基本 RS 触发器的次态方程如下：

$Q^{n+1}=S+\bar{R}Q^n$，约束条件：$RS=0$。

次态方程又称特性方程，是以逻辑表达式的形式表示触发信号作用下次态 Q^{n+1} 与现态 Q^n 及输入信号之间的函数关系的。

触发器的状态转换还可用图形的形式表示，称为状态转换图，简称状态图。作图方法是：用圆圈表示触发器的各个状态，用带箭头的直线或弧线表示状态转换方向，它起始于现态，终止于次态，在直线或弧线旁边标注字符表示转换条件。图 4-3 是基本 RS 触发器的状态图。

图 4-2　基本 RS 触发器的状态表

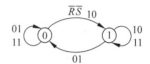

图 4-3　基本 RS 触发器的状态图

在时序逻辑电路的设计中，往往在已知触发器的现态和次态的情况下，需要求出输入状态，这可由如表 4-3 所示的激励表得到，激励表又称驱动表。表中的 d 表示任意态。

表 4-3　基本 RS 触发器的激励表

Q^n	Q^{n+1}	$\bar{R}$	$\bar{S}$
0	0	d	1
0	1	1	0
1	0	0	1
1	1	1	d

例 4-1　如图 4-1(a)所示的基本 RS 触发器的输入 $\bar{R}$、$\bar{S}$ 的波形如图 4-4 所示，已知触发器的初始状态为 0，试画出触发器的输出 Q 和 $\bar{Q}$ 的波形。

解：根据基本 RS 触发器的次态真值表，可画出 Q 和 $\bar{Q}$ 的波形图。从波形图上可以看到，当输入 $\bar{R}=\bar{S}=0$ 时，输出 $Q=\bar{Q}=1$，Q 与 $\bar{Q}$ 的互补逻辑关系被破坏；而当 $\bar{R}$、$\bar{S}$ 同时由 0 变成 1 时，Q 和 $\bar{Q}$ 的状态是不定状态，图中用虚线表示。

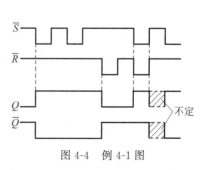

图 4-4　例 4-1 图

2. 同步 RS 触发器

基本 RS 触发器的输出直接受输入信号的控制,而有时要求触发器状态的改变受某一时钟脉冲信号的控制,只有在时钟脉冲出现时,触发器才能改变状态,至于触发器的状态如何变化,仍由输入状态决定。也就是说,触发器输出状态的变化与时钟脉冲同步,这样的触发器称为同步触发器或钟控触发器。

图 4-5 是同步 RS 触发器的电路与符号。与非门 G_1 和 G_2 组成基本 RS 触发器,G_3 和 G_4 是两个输入控制门,R、S 是信号输入端,CP 是同步时钟脉冲输入端。CP＝0 时,与非门 G_3、G_4 被封锁,不论 R、S 为何种状态,G_3、G_4 的输出始终为 1,触发器的状态保持原来的状态不变。在 CP＝1 期间,与非门 G_3、G_4 打开,R、S 通过控制门反相后作用到基本 RS 触发器的输入端,使触发器的状态跟随输入信号 R、S 的变化而变化。也就是说,同步 RS 触发器是电平触发方式,在 CP 的高电平期间,触发器的输出随输入的变化而变化;在 CP 的低电平期间,输入信号被封锁,触发器保持不变。由于控制门的倒相作用,同步 RS 触发器是用高电平去复位和置位的。

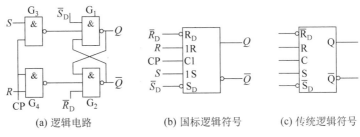

(a) 逻辑电路　　　　(b) 国标逻辑符号　　　　(c) 传统逻辑符号

图 4-5　同步 RS 触发器

同步 RS 触发器的次态真值表如表 4-4 所示。在 CP 高电平期间,当 $R＝S＝1$ 时,与非门 G_3、G_4 的输出均为 0,触发器输出 $Q＝\bar{Q}＝1$,Q 与 $\bar{Q}$ 的互补逻辑关系遭破坏。而且在 CP＝1 期间,R、S 同时从 1 变成 0,触发器的输出状态将不能确定;如在 CP＝1 期间,R、S 虽然保持 1 状态不变,而当 CP 从 1 变成 0 时,这时 G_3、G_4 输出全为 1,其作用相当于 R、S 同时从 1 变成 0,这时触发器的输出状态也是不定的。

表 4-4　同步 RS 触发器的次态真值表

R	S	Q^{n+1}
0	0	Q^n
0	1	1
1	0	0
1	1	d

图 4-5 中,$\bar{R}_D$ 是直接复位端,$\bar{S}_D$ 是直接置位端,它们不受 CP 的控制,是用低电平直接复位和置位的,通常情况下,它们处于高电平状态。

图 4-6 是同步 RS 触发器的状态表和状态图,表 4-5 是它的激励表。根据状态表可得同步 RS 触发器的次态方程为

$$Q^{n+1}=S+\bar{R}Q^n,\text{约束条件:} RS=0。$$

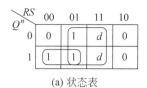

(a) 状态表 (b) 状态图

图 4-6 同步 RS 触发器的状态表和状态图

表 4-5 同步 RS 触发器的激励表

Q^n	Q^{n+1}	R	S
0	0	d	0
0	1	0	1
1	0	1	0
1	1	0	d

除同步 RS 触发器以外,还有同步 JK 触发器、同步 D 触发器和同步 T 触发器等。同步触发器是电平触发方式,在时钟脉冲 CP 作用期间,触发器的输出随时随输入信号的变化而变化,这就要求在此期间,输入信号保持不变,如果输入信号受到干扰而发生变化,将导致触发器状态不确定和系统工作错乱,这限制了触发器的应用。

4.1.2 JK 触发器

1. JK 触发器的逻辑功能

JK 触发器是一种功能十分完善的触发器,不会出现输出状态不定的问题。图 4-7 是 JK 触发器的逻辑符号,图 4-7(a)为负边沿触发的 JK 触发器的逻辑符号,这种触发器仅仅在触发时钟脉冲 CP 的负边沿(下降沿)到来时才能接收输入数据,并改变触发器的输出状态,其他时候,触发器都保持输出状态不变。图 4-7(b)为正边沿触发的 JK 触发器的逻辑符号,它只在 CP 的正边沿(上升沿)到来时接收输入数据,改变触发器的输出状态,其他情况下,触发器的输出状态不会改变。JK 触发器的次态真值表如表 4-6 所示。

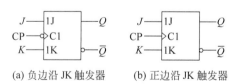

(a) 负边沿 JK 触发器 (b) 正边沿 JK 触发器

图 4-7 JK 触发器的逻辑符号

根据 JK 触发器的次态真值表,可得 JK 触发器的状态表和状态图如图 4-8 所示,其次

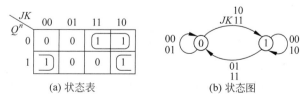

(a) 状态表 (b) 状态图

图 4-8 JK 触发器的状态表和状态图

态方程为

$$Q^{n+1} = J\overline{Q}^n + \overline{K}Q^n$$

表 4-7 为 JK 触发器的激励表。

表 4-6　JK 触发器次态真值表

J	K	Q^{n+1}
0	0	Q^n
0	1	0
1	0	1
1	1	$\overline{Q}^n$

表 4-7　JK 触发器的激励表

Q^n	Q^{n+1}	J	K
0	0	0	d
0	1	1	d
1	0	d	1
1	1	d	0

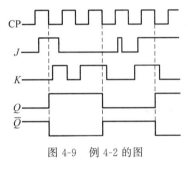

图 4-9　例 4-2 的图

例 4-2　已知一负边沿 JK 触发器的 J、K 和 CP 的波形如图 4-9 所示,试画出输出端 Q 和 $\overline{Q}$ 的波形,设初始状态为 0。

解:负边沿触发器只在触发时钟脉冲的下降沿到来时接收输入数据,因此,根据 CP 下降沿时刻之前的 J、K 的状态和触发器的现态 Q^n,对照 JK 触发器的次态真值表,确定 CP 下降沿后的触发器的次态 Q^{n+1}。Q 和 $\overline{Q}$ 的波形如图 4-9 所示。

2. 主从 JK 触发器

图 4-7 给出的是一种边沿型 JK 触发器,还有一种主从型结构的 JK 触发器如图 4-10(a)所示,它的主要组成部分是两个同步 RS 触发器,其中接收外界输入信号的一个称为主触发器,输出信号的一个称为从触发器。触发信号 CP 经反相后加到从触发器的时钟端。

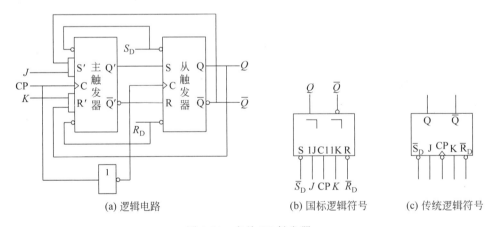

图 4-10　主从 JK 触发器

当 CP=1 时,主触发器打开,它的输出端 Q' 和 $\overline{Q'}$ 的状态由输入端 S' 和 R' 的状态决定,$R'=Q^nK$,$S'=\overline{Q}^nJ$,亦即由触发器原来的状态(从触发器的输出状态)和输入 J、K 的状态决定。这里可以看出,即使 J、K 状态相同,S'、R' 的状态也不会相同,从而克服了不定状态的出现。在 CP=1 期间,从触发器被封锁,主触发器的状态发生变化,也不会影响从触发器的状态。在 CP=0 时,主触发器立即被封锁,它的输出状态保持不变,而从触发器立即打开,接收主触发器的输出状态并使它的输出状态与主触发器的输出状态保持一致。由于在 CP=0 期间,主触发器的输出状态不会发生变化,因而从触发器的输出状态也不会发生变化。主从 JK 触发器在触发脉冲开始前建立数据,直到触发脉冲下降沿到来时刻才产生数据输出,为了反映这种信号延迟的作用,触发器的逻辑符号中标有延迟输出标记 ⌐。

根据同步 RS 触发器的次态方程,$(Q')^{n+1}=(S')+(\bar{R'})(Q')^n$,由于 $R'=Q^nK,S'=\bar{Q}^nJ$,$Q^{n+1}=(Q')^{n+1}$,可以证明,该触发器的次态方程为 $Q^{n+1}=J\bar{Q}^n+\bar{K}Q^n$,即为 JK 触发器。

主从 JK 触发器是脉冲触发方式,它要求在 CP=1 期间 J 和 K 信号稳定,不能发生变化,不能受到干扰,这对输入信号的要求比前面介绍的边沿触发器高。而边沿触发器只在边沿到来瞬间接收信号,大大减少了干扰,提高了电路工作的可靠性。为了提高主从触发器的可靠性,设计了带数据锁定的主从 JK 触发器,逻辑符号如图 4-11 所示,它不是在 CP=1 期间接收数据输入信号的,且是在 CP 的上升沿时刻接收数据输入信号的,且在下降沿到来时输出。除主从 JK 触发器外,还有主从 RS 触发器、主从 D 触发器和主从 T 触发器等。

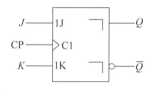

图 4-11 带数据锁定的主从 JK
触发器国标逻辑符号

4.1.3 D 触发器

图 4-12(a)是维持阻塞型 D 触发器,是一种边沿触发器。下面分析其逻辑功能。

1. $D=1$

当 CP=0 时,G_3 和 G_4 的输出均为 1,触发器状态不变。由于 $D=1$,G_5 的输出为 0,G_6 的输出为 1。在 CP 脉冲的上升沿到来时,G_3 的输出为 1,G_4 的输出为 0,触发器的输出 $Q=1,\bar{Q}=0$。

在 CP=1 期间,若 D 由 1 变成 0,则 G_5 的输出为 1,分别送到 G_3 和 G_6 的输入。但 G_3 由于被从 G_4 的输出反馈过来的 0 信号封锁,输出仍为 1,触发器不会被置 0,故这条反馈线称为置 0 阻塞线。而 G_6 同样被从 G_4 输出端反馈过来的 0 信号封锁,使 G_6 维持 1 态,这样 G_4 维持 0 态,从而维持了触发器置 1 状态,故这条反馈线称为置 1 维持线。

2. $D=0$

CP=0 时,G_3 和 G_4 的输出同样都是 1。由于 $D=0$,G_5 的输出为 1,G_6 的输出为 0。当 CP 脉冲的上升沿到来时,G_3 的输出为 0,G_4 的输出为 1,使触发器的输出 $Q=0,\bar{Q}=1$。

在 CP=1 期间,若 D 由 0 变为 1,由于 G_3 输出反馈到 G_5 输入端,使得 G_5 被封锁,输入信号 D 不能进入,触发器维持置 0 状态,故这条反馈线称为置 0 维持线。而 G_5 输出 1 的信号送到 G_6 的输入,使 G_6 的输出仍为 0,G_4 的输出仍为 1,触发器不会被置 1,因此将 G_3 的输出反馈到 G_6 输入的线称为置 1 阻塞线。

从上面的分析可知,D 触发器在 CP 的上升沿到来时刻接收输入数据并将它送到输出端。次态真值表如表 4-8 所示。该触发器的逻辑符号如图 4-12(b)、图 4-12(c)所示。

视频讲解

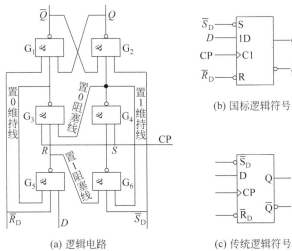

(b) 国标逻辑符号

(c) 传统逻辑符号

(a) 逻辑电路

图 4-12　维持阻塞 D 触发器

表 4-8　D 触发器的次态真值表

D	Q^{n+1}
0	0
1	1

图 4-13 是 D 触发器的状态表和状态图,表 4-9 是 D 触发器的激励表,次态方程为 $Q^{n+1}=D$。

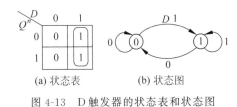

(a) 状态表　　　　(b) 状态图

图 4-13　D 触发器的状态表和状态图

表 4-9　D 触发器的激励表

Q^n	Q^{n+1}	D
0	0	0
0	1	1
1	0	0
1	1	1

视频讲解

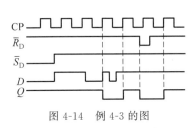

图 4-14　例 4-3 的图

例 4-3　如图 4-12 所示的 D 触发器,输入波形如图 4-14 所示,试画出 Q 端的波形。

解:根据每个 CP 脉冲上升沿到来时刻之前的 D 的状态决定上升沿到来后的 D 的状态。但 $\overline{R}_D$ 是直接复位信号,$\overline{S}_D$ 是直接置位信号,低电平有效,它们具有优先权。Q 端的波形如图 4-14 所示。

视频讲解

4.1.4　T 触发器

T 触发器的逻辑符号如图 4-15 所示,次态真值表如表 4-10 所示。由表可知,当 $T=0$,触发信号到来时,触发器保持状态不变;当 $T=1$,触发信号到来时,触发器输出状态翻转。T 触发器的次态方程为 $Q^{n+1}=T\overline{Q}^n+\overline{T}Q^n$。

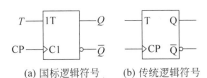

(a) 国标逻辑符号　(b) 传统逻辑符号

图 4-15　T 触发器的逻辑符号

表 4-10　T 触发器的次态真值表

T	Q^{n+1}
0	Q^n
1	$\overline{Q}^n$

T 触发器的状态表、状态图和激励表,读者可自行分析。

T 触发器主要用于各种计数器和逻辑控制电路。除如图 4-15 所示的边沿 T 触发器外,还有同步 T 触发器、主从 T 触发器等,也可由 JK 触发器将 J 和 K 连接在一起作为 T,这样就得到由 JK 触发器转换成的 T 触发器。触发器之间可相互转换,读者可试着做一做。

视频讲解

4.1.5 触发器的时间参数

由触发器的逻辑电路可知,触发器输出状态发生变化时需要经过一系列的门的状态变化来完成。由于门的输出与输入之间的延时作用使得触发器的输入与输出之间也发生延时作用,而且对输入信号及触发脉冲信号都有时间要求。例如在图 4-12 的维持阻塞 D 触发器中,在 CP 脉冲的上升沿到来之前,输入信号 D 必须先到达,这一先到达的时间应当大于门 G_5、G_6 的传输延时时间之和,而且在门 G_5、G_6 没有被置 0 维持线或置 1 维持线封锁之前,D 信号不能撤除。信号之间的这种时间约束关系用触发器的时间参数来表示。在用 VHDL 设计电路时,也需要考虑到这种时序关系。

1. 触发器的建立时间和保持时间

建立时间 t_{set}:输入信号在时钟脉冲信号有效边沿到来之前必须提前到来的时间。

保持时间 t_{h}:输入信号在时钟脉冲信号有效边沿到来之后继续保持不变的时间。

2. 触发器的最高时钟频率

时钟高电平宽度 $t_{1\text{min}}$:时钟脉冲信号保持为高电平的最小持续时间。

时钟低电平宽度 $t_{0\text{min}}$:时钟脉冲信号保持为低电平的最小持续时间。

$t_{1\text{min}}$、$t_{0\text{min}}$ 与 t_{set}、t_{h} 有关。$t_{1\text{min}}$ 与 $t_{0\text{min}}$ 之和是保证触发器能正常工作的最小时钟周期,进而可确定触发器的最高工作频率。

$$f_{\max} \leqslant \frac{1}{t_{1\text{min}} + t_{0\text{min}}}$$

3. 触发器的传输延时时间

输出高变低的时间延时 t_{PHL}:从 CP 触发边沿到输出完成由高变低的时间延时。

输出低变高的时间延时 t_{PLH}:从 CP 触发边沿到输出完成由低变高的时间延时。

除上述这些时间参数以外,还有直接复位信号 $\overline{R}_{\text{D}}$ 和直接置位信号 $\overline{S}_{\text{D}}$ 的输入到 Q 或 $\overline{Q}$ 输出完成变化所需的传输延迟时间,这些参数都可以从手册上查到。例如,上升沿触发的 D 触发器 7474,$t_{\text{set}} = 20\text{ns}$,$t_{\text{h}} = 5\text{ns}$,$t_{1\text{min}} = 30\text{ns}$,$t_{0\text{min}} = 37\text{ns}$,$f_{\max} = 15\text{MHz}$。

为了保证触发器在动态工作时可靠地翻转,尤其是在电路工作频率较高的情况下,要注意查阅这些参数,使输入信号、时钟信号在时间上的配合符合要求。

4.2 单稳态触发器

视频讲解

单稳态触发器在没有外界触发信号作用时,触发器处于某种稳定状态(0 态或 1 态),在触发信号的作用下,触发器翻转到另一种状态(1 态或 0 态),但经过一定时间后,它将自动返回到原来的稳定状态。因此,单稳态触发器只有一个稳定状态,另一种状态称为暂稳态。

暂稳态时间的长短由外接电阻、电容的大小决定。单稳态触发器通常被用来定时、波形整形和噪声消除等。楼道里的路灯,当触摸开关时,灯亮一段时间后自行熄灭,这其实就是由单稳态触发器控制的。

单稳态触发器分不可重复触发的单稳态触发器和可重复触发的单稳态触发器。不可重复的单稳态触发器在暂稳态期间,外界的触发信号不再起作用,只有在暂稳态结束后,才能接收触发信号。可重复触发的单稳态,在电路的暂稳态期间加入新的触发脉冲,会使暂稳态延续,直到触发脉冲相距时间间隔超过暂稳态持续时间 t_p 时,电路才返回稳态。图 4-16 和图 4-17 给出了单稳态触发器的输入输出波形图与逻辑符号。图中给出的是正边沿触发,也有负边沿触发的。常见的不可重复集成单稳态触发器有 74121、74221 及 74HC221 等,可重复触发的集成单稳态触发器有 74122、74123 等。使用时,读者可查阅相关手册。

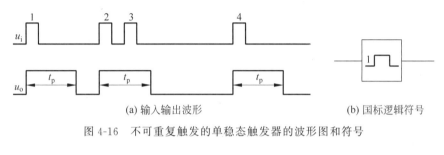

(a) 输入输出波形　　　　　　　　(b) 国标逻辑符号

图 4-16　不可重复触发的单稳态触发器的波形图和符号

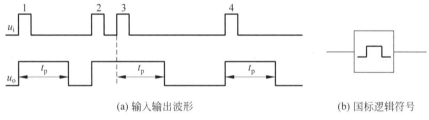

(a) 输入输出波形　　　　　　　　(b) 国标逻辑符号

图 4-17　可重复触发的单稳态触发器的波形图和符号

4.3　多谐振荡器

多谐振荡器又称无稳态触发器,它没有稳定状态,不需要外加触发信号就能产生周期性矩形脉冲。由于矩形脉冲波含有多次谐波,因此称为多谐振荡器。组成多谐振荡器的电路多种多样,单稳态触发器、施密特触发器、运算放大器等都能组成多谐振荡器,下面只介绍 RC 环形多谐振荡器和石英晶体多谐振荡器。

4.3.1　RC 环形多谐振荡器

图 4-18(a)是由三级非门组成的多谐振荡器,R、C 用于延时,R_S 是限流电阻,约为 100Ω,图 4-18(b)是它的波形图,工作原理如下。

第一暂稳态。

在 t_1 时刻,设非门 G_3 的输出 $u_o(u_{i1})$ 由 0 态变成 1 态,则 G_1 的输出 $u_{o1}(u_{i2})$ 由 1 态变

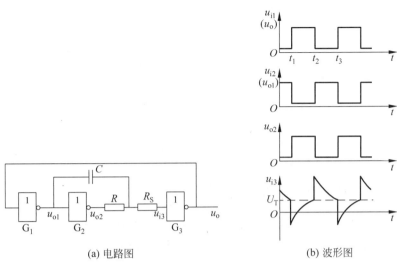

(a) 电路图   (b) 波形图

图 4-18　RC 环形多谐振荡器

成 0 态，G_2 的输出 u_{o2} 由 0 态变成 1 态，但这时 G_3 的输入却不是高电平，这是因为 G_1 的输出 u_{o1}（u_{i2}）由 1 态变成 0 态，电容两端的电压不能跃变，u_{i3} 必定跟随 u_{o1} 发生负跳变。该低电平使 G_3 的输出维持为 1 态。

电容充电回路如图 4-19 所示，随着电容的充电，u_{i3} 逐渐上升。在 t_2 时刻，u_{i3} 上升到门电路门槛电压 U_T（TTL 约为 1.4V），使 G_3 的输出 u_o 由 1 态变成 0 态。

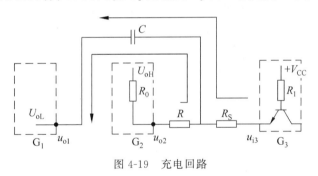

图 4-19　充电回路

第二暂稳态。

在 t_2 时刻，u_o 由 1 态变成 0 态时，u_{o1} 则从 0 态变成 1 态，而 u_{o2} 从 1 态变成 0 态，电容放电（反向充电）。同样，由于电容两端的电压不能跃变，u_{i3} 必定跟随 u_{o1} 发生正跳变。该高电平使 G_3 的输出维持为 0 态。

电容放电回路如图 4-20 所示，随着电容的放电，u_{i3} 逐渐下降。在 t_3 时刻，u_{i3} 下降到 U_T，使 G_3 的输出 u_o 由 0 态变成 1 态，第二暂稳态结束，再次进入第一暂稳态。

由于电容充放电的时间常数不同，两个暂稳态的时间间隔也不相同，对于 TTL 门电路，振荡周期 T 可由下式估算：

$$T \approx 2.2RC$$

129

第 4 章

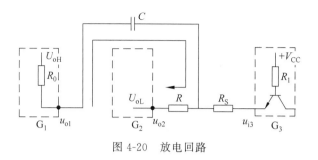

图 4-20　放电回路

4.3.2　石英晶体构成的多谐振荡器

前面所介绍的多谐振荡器的频率受电压波动、温度和 RC 参数变化的影响,在计算机、数字钟等要求频率稳定的设备中,往往采用石英晶体振荡器。

1. 石英晶体的电特性

石英晶体具有压电特性,图 4-21 是石英晶体的符号、等效电路和电抗频率特性。

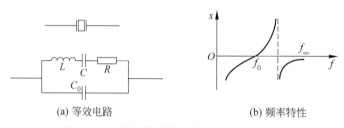

(a) 等效电路　　　　　　　　(b) 频率特性

图 4-21　石英晶体等效电路及电抗频率特性

f_0 为石英晶体的串联谐振频率,f_∞ 为石英晶体的并联谐振频率。当信号频率为 f_0 时,电抗最小;当信号频率为 f_∞ 时,电抗最大。根据石英晶体的等效电路可知

$$f_0 = \frac{1}{2\pi\sqrt{LC}}, \quad f_\infty = \frac{1}{2\pi\sqrt{L\dfrac{CC_0}{C+C_0}}} = f_0\sqrt{1+\frac{C}{C_0}}$$

由于 $C_0 \gg C$,所以 f_0 和 f_∞ 非常接近。石英晶体的固有谐振频率只与石英晶体的切割方向、外形和尺寸大小有关,不受外围电路的影响,因而频率的稳定度很高,可达 $10^{-10} \sim 10^{-11}$,且由于 $R \ll \omega_0 L = 1/(\omega_0 C)$,所以,石英晶体的品质因数很高,具有很好的选频特性,从而得到广泛的应用。

2. 串联型石英晶体多谐振荡器

图 4-22 是串联型石英晶体多谐振荡器的电路。图中并联在两个反相器输入和输出之间的电阻 R,使反相器工作在电压传输特性曲线的线性放大区。R 的阻值,对 TTL 门电路通常为 $0.7 \sim 2k\Omega$;而对于 CMOS 门电路,通常为 $10 \sim 100M\Omega$。电容 C_1 是两个反相器之间的耦合电容,C_1 的选择应使在串联谐振频率 f_0 时的容抗可忽略不计。C_2 是起抑制高频谐波作用的,以保证稳定的输出频率,C_2 的选择应使 $2\pi RC_2 f_0 \approx 1$。门 G_3 用于进行整形和缓冲输出,从而得到矩形脉冲波。

3. 并联型石英晶体多谐振荡器

图 4-23 是并联型石英晶体多谐振荡器电路。图中反相器 G_1 用于产生振荡,与它并联的电阻是使它工作在电压传输特性的线性放大区。门 G_2 用于缓冲和整形。石英晶体和电容 C_1、C_2 谐振于石英晶体的并联谐振频率 $f_∞$ 附近。改变 C_1 可以微调振荡频率。

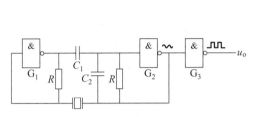

图 4-22　串联型石英晶体多谐振荡器

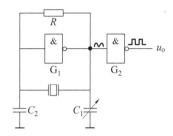

图 4-23　并联型石英晶体多谐振荡器

4.4　施密特触发器

施密特触发器是一种特殊的双稳态时序电路,是数字系统中常用的一种脉冲波形转换电路,它具有如下两个重要特性:

(1) 施密特触发器是一种电平触发器,能将变化缓慢的模拟信号(如正弦波、三角波以及各种周期性的不规则波形)转换成矩形波。

(2) 对正向和负向增长的输入信号,电路的触发转换电平(称阈值电平)是不同的,即电路具有回差特性(或迟滞电压传输特性),稳态的维持依赖于外加触发输入信号。

图 4-24 为施密特触发器的逻辑符号。图 4-25 是施密特触发器的电压传输特性,由图可知,施密特触发器的两个阈值电平为上限触发电平 $V_T(+)$ 和下限触发电平 $V_T(-)$。对于如图 4-24(b)所示的施密特反相器,当输入信号增大到 $V_T(+)$ 时,输出为低电平;当输入信号减小时,只有减小到 $V_T(-)$ 时,输出才变成高电平。

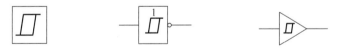

(a) 定性图形符号　　(b) 施密特反相器的逻辑符号　(c) 施密特缓冲器的逻辑符号

图 4-24　施密特触发器的逻辑符号

集成施密特触发器有施密特反相器 74141、双 4 输入施密特与非门 7413、4-2 输入施密特与非门 74132、双施密特反相器 7418 等。CMOS 的施密特触发器有 4-2 输入施密特与非门 C4093 等。

施密特触发器常用作波形整形、幅度鉴别、噪声消除和多谐振荡器等。图 4-26 是施密特反相器用于波形整形的示意图,当输入信号增大到 $V_T(+)$ 时,输出为低电平;当输入信号减小时,只有减小到 $V_T(-)$ 时,输出才变成高电平。施密特触发器也常用于系统控制,如当室内温度上升到 $25℃$ 时,空调关闭,当温度下降到 $18℃$ 时,空调打开。读者可自行画出控制电路图。

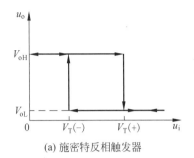

(a) 施密特反相触发器

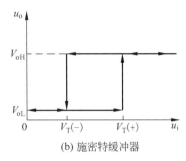

(b) 施密特缓冲器

图 4-25 电压传输特性

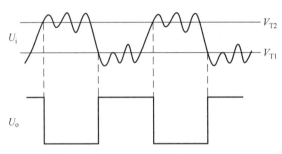

图 4-26 施密特触发器用于波形整形

4.5 小   结

双稳态触发器是一种记忆元件。它具有两种稳定的输出状态,可以用来存储一位二进制代码,按逻辑功能可分为 RS 触发器、JK 触发器、D 触发器和 T 触发器等。触发器是在触发信号的控制下发生状态变化的,其触发方式有直接电平触发式、电平触发方式、脉冲触发方式和边沿触发方式等。同一种功能的触发器,触发方式不同,逻辑符号也不一样,在相同的输入波形下,其输出也可能不一样。

单稳态触发器只有一个稳定状态,在触发信号的作用下进入暂稳态,经延时后重新回到稳态。单稳态触发器的这一特性具有定时、测量、报警、控制等用途。单稳态触发器分为不可重复触发和可重复触发的单稳态触发器,它们也有不同的触发方式。

无稳态触发器没有稳定的输出状态。实际上它是时钟信号发生器,实现的电路很多,由石英晶体构成的多谐振荡器电路简单,频率比较稳定,得到了广泛应用。

施密特触发器本质上是双稳态触发器,是电平触发方式。触发电平有两个界限,即上限触发电平 $V_T(+)$ 和下限触发电平 $V_T(-)$。施密特触发器广泛用于整形、鉴幅、波形转换等方面。

触发器的时间参数反映了触发器对信号的要求,实际使用中需要注意查阅手册,了解这些参数。

4.6 习题与思考题

1. 将如图 4-27 所示的波形加在如图 4-1 所示的基本 RS 触发器上，试画出触发器输出端 Q 和 $\bar{Q}$ 的波形，设触发器的初始状态为 0。

2. 如图 4-28 所示为或非门组成的基本 RS 触发器的逻辑电路和逻辑符号，试写出次态真值表和次态方程。

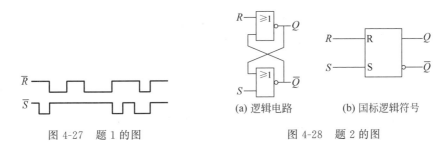

图 4-27 题 1 的图　　　　　图 4-28 题 2 的图

3. 已知同步 RS 触发器的输入信号如图 4-29 所示，试分别画出 Q 和 $\bar{Q}$ 端的波形，设触发器初始状态为 0。

4. 已知同步 D 触发器（D 锁存器）的逻辑电路和逻辑符号如图 4-30 所示，试根据如图 4-30(c) 所示的波形，画出 Q 的波形。设初态为 0。

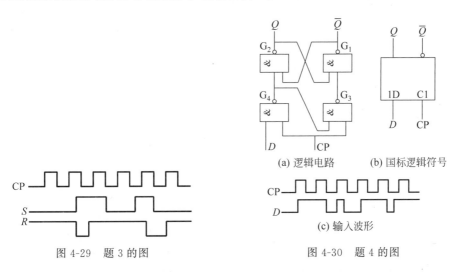

图 4-29 题 3 的图　　　　　图 4-30 题 4 的图

5. 同步 JK 触发器和同步 T 触发器的逻辑电路分别如图 4-31(a)、图 4-31(b) 所示，试分析它们的工作原理。

6. 主从 RS 触发器如图 4-32 所示，试根据输入波形，画出输出端 Q 和 $\bar{Q}$ 的波形，设初始状态为 0。

7. 根据如图 4-33 所示的波形，分别画出上升沿和下降沿 D 触发器输出端 Q 的波形，设初始状态均为 0。

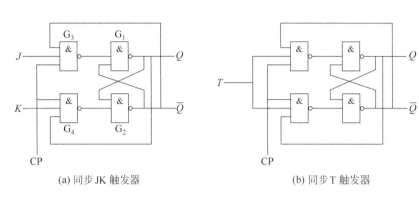

(a) 同步 JK 触发器　　　　　　　(b) 同步 T 触发器

图 4-31　题 5 的图

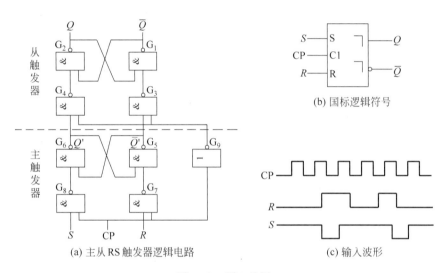

(a) 主从 RS 触发器逻辑电路　　　　(c) 输入波形

图 4-32　题 6 的图

8. 由如图 4-34 所示的波形,画出下列三种时钟触发器输出端 Q 的波形,设初态 $Q=0$。

(1) 上升沿触发的 JK 触发器;

(2) 下降沿触发的 JK 触发器;

(3) 主从 JK 触发器。

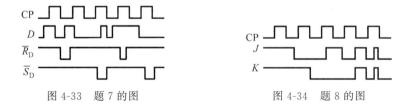

图 4-33　题 7 的图　　　　　　　图 4-34　题 8 的图

9. 设图 4-35 中各触发器的初始状态均为 0,根据 CP 的波形,画出各触发器输出端 Q 的波形。

10. 试利用触发器的次态方程写出图 4-36 各触发器次态 Q^{n+1} 与现态 Q^n、输入 A 和 B 之间的逻辑函数式。

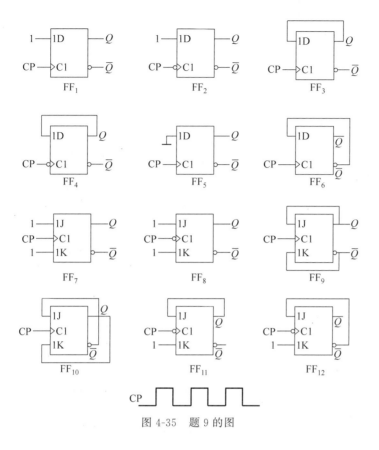

图 4-35　题 9 的图

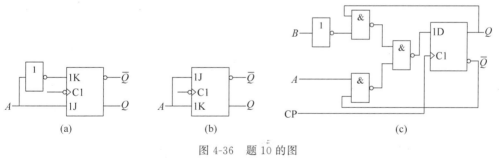

图 4-36　题 10 的图

11．根据如图 4-37 所示的 A、B 的波形，画出图中各触发器输出端 Q 的波形，设各初态均为 0。

12．根据如图 4-38 所示的波形，画出触发器 FF_1 和 FF_2 的输出端 Q_1、Q_2 的波形，设 Q_1、Q_2 的初态均为 0。

13．如图 4-39 所示为 JK 触发器的逻辑电路，简述工作原理并画出它的逻辑符号。

14．反相输出的施密特触发器输入信号波形如图 4-40 所示，试画出输出波形。

15．如图 4-41 所示为施密特触发器构成的多谐振荡器，简述工作原理并估算振荡频率。

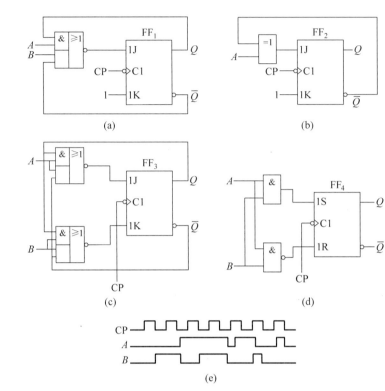

图 4-37　题 11 的图

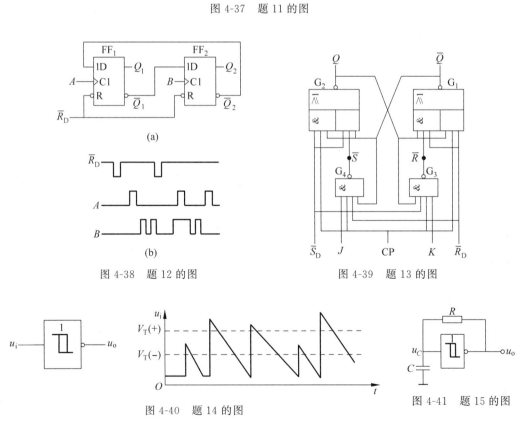

图 4-38　题 12 的图

图 4-39　题 13 的图

图 4-40　题 14 的图

图 4-41　题 15 的图

第5章　时序逻辑的分析与设计

逻辑电路有两大类：一类是组合逻辑电路，另一类是时序逻辑电路。

组合逻辑电路：电路的输出只与当时的输入有关，而与电路以前的状态无关。

时序逻辑电路：电路的输出不仅与当前输入有关，还与以前的输入有关。

时序逻辑电路按其工作方式不同，又分为同步时序逻辑电路和异步时序逻辑电路。本章从时序逻辑电路的基本概念入手，重点讨论同步时序逻辑电路的分析和设计方法，同时对异步时序的概念及分析和设计方法也作简单的介绍。

5.1　时序逻辑电路的结构与类型

视频讲解

组合逻辑电路是由门电路构成的，其结构如图 5-1 所示。图中 $x_1, x_2, \cdots, x_n$ 为某一时刻的输入；$Z_1, Z_2, \cdots, Z_m$ 为该时刻的输出。组合逻辑电路的输出可用下列输出函数集来描述：

$$Z_i = f_i(x_1, x_2, \cdots, x_n), \quad i = 1, 2, \cdots, m$$

输出 Z_i 仅是输入 x_i 的函数，即只与当前的输入有关。

时序逻辑电路的结构如图 5-2 所示，它由组合逻辑和存储器件两部分构成。图中 x_1, $x_2, \cdots, x_n$ 为时序逻辑电路的外部输入；$Z_1, Z_2, \cdots, Z_m$ 为时序逻辑电路的外部输出；y_1, $y_2, \cdots, y_r$ 为时序逻辑电路的内部输入（或称状态）；$Y_1, Y_2, \cdots, Y_p$ 为时序逻辑电路的内部输出（或称激励）。

图 5-1　组合逻辑电路的结构　　　　图 5-2　时序逻辑电路的结构

时序逻辑电路的组合逻辑部分用来产生电路的输出和激励，存储器件部分是用其不同的状态 $(y_1, y_2, \cdots, y_r)$ 来"记忆"电路过去的输入情况的。

如图 5-2 所示的时序逻辑电路逻辑功能函数的一般表达式为

$$Z_i = g_i(x_1, x_2, \cdots, x_n; y_1, y_2, \cdots, y_r), \quad i = 1, 2, \cdots, m \tag{5-1}$$

$$Y_j = f_j(x_1, x_2, \cdots, x_n; y_1, y_2, \cdots, y_r), \quad j = 1, 2, \cdots, p \tag{5-2}$$

式(5-1)称为输出函数，式(5-2)称为激励函数。这两个函数都与变量 x, y 有关，也即电路的输出不仅与电路的输入有关,而且与电路的状态有关。

时序逻辑电路按其工作方式可分为同步时序逻辑电路和异步时序逻辑电路。同步时序逻辑电路的存储器件由时钟控制触发器组成,并且有统一的时钟信号,只有当时钟信号到来时,电路状态$(y_1,y_2,\cdots,y_r)$才发生变化。其余时间,即使输入发生变化,电路的状态也不会改变。时钟信号来之前的状态称为现态,记为 y_i^n(右上标也可省略);时钟信号到来之后的电路状态称为次态,记为 y_i^{n+1}。异步时序逻辑电路的存储器件可为触发器或延迟元件,电路中没有统一的时钟信号。

由于时序逻辑电路与组合逻辑电路在结构和性能上不同,因此在研究方法上两者也有所不同。组合逻辑电路的分析和设计所用到的主要工具是真值表,而时序逻辑电路的分析和设计所用到的工具主要是状态表和状态图。

同步时序逻辑电路在形式上又分成 Mealy 型和 Moore 型,它们在用状态表、状态图描述时其格式略有不同。

5.1.1 Mealy 型电路

如果同步时序逻辑电路的输出是输入和现态的函数,即 $Z_i=f_i(x_1,x_2,\cdots,x_n;y_1,y_2,\cdots,y_p),i=1,2,\cdots,m$,则称该电路为 Mealy 型电路。也就是说输出与输入有直接的关系,输入的变化会影响输出的变化。

Mealy 型同步时序逻辑电路状态表的格式如表 5-1 所示。表格的上方从左到右列出输入 $x_1,x_2,\cdots,x_n$ 的全部组合,表格左边从上到下列出电路的全部状态 y,表格的中间列出对应不同输入组合的现态下的次态 y^{n+1} 和输出 Z。这个表的读法是,处于状态 y 的时序电路,当输入 x 时,输出为 Z,在时钟脉冲的作用下,电路进入次态 y^{n+1}。

例如,某同步时序逻辑电路有一个输入 x,一个输出 Z,4 个状态 A、B、C、D,该时序逻辑电路的状态表如表 5-2 所示。

表 5-1 Mealy 型电路状态表格式

现　态	输　入		
	$\cdots$	x	$\cdots$
$\vdots$			
y		y^{n+1}/Z	
$\vdots$			

表 5-2 某 Mealy 型电路状态表

y	x	
	0	1
A	D/0	C/1
B	B/1	A/0
C	B/1	D/0
D	A/0	B/1

从该状态表可看出,若电路的初态为 A,当输入 $x=1$ 时,输出 $Z=1$,在时钟脉冲的作用下,电路进入次态 C。假定电路的输入序列为

$$x:10100110$$

那么,与每个输入信号对应的输出响应和状态转移情况为

```
时钟：1  2  3  4  5  6  7  8
x：   1  0  1  0  0  1  1  0
y：   A  C  B  A  D  A  C  D
y^{n+1}：C  B  A  D  A  C  D  A
Z：    1  1  0  0  0  1  0  0
```

需要指出的是:

(1) 如果同步时序逻辑电路的初始状态不同,那么尽管输入序列相同,但输出响应序列和状态转移序列也将不同。

(2) 电路的现态和次态是相对某一时刻而言的,该时刻的次态就是下一个时刻的现态。

Mealy 型电路的状态图格式如图 5-3 所示,在状态图中,每个状态用一个圆圈表示,圈内用字母或数字表示状态的名称,用带箭头的直线或弧线表示状态的转移关系,并把引起这一转移的输入条件和相应的输出标注在有向线段旁边。例如上面某电路的状态表可描述为如图 5-4 所示的状态图。

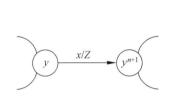

图 5-3 Mealy 型电路状态图

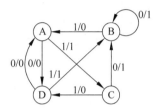

图 5-4 某电路的状态图

5.1.2 Moore 型电路

如果同步时序逻辑电路的输出仅是现态的函数,即 $Z=f_i(y_1, y_2, \cdots, y_p), i=1,2,\cdots, m$,则称该电路为 Moore 型电路。也就是说该时序逻辑电路可能没有输入,或输入与输出没有直接关系。Moore 型电路的状态表格式如表 5-3 所示。因为 Moore 型电路的输出 Z 仅与电路的状态 y 有关,所以将输出单独作为一列,其值完全由现态确定。次态与 Mealy 型一样,由现态和输入共同确定。该表的读法是,当电路处于状态 y 时,输出为 Z。若输入 x,在时钟脉冲的作用下,电路进入次态 y^{n+1}。例如某 Moore 型时序逻辑电路的状态表如表 5-4 所示,当电路处于 A 状态时,其输出为 0。若 $x=1$,在时钟脉冲作用下,电路进入状态 B,新的输出为 1。假定电路的初始状态为 B,输入序列为

$$x:1\ 1\ 0\ 0\ 1\ 0\ 0\ 1$$

那么电路的状态转换序列和输出响应序列为

时钟:1 2 3 4 5 6 7 8
$x:$ 1 1 0 0 1 0 0 1
$y:$ B C A C B C B B
$y^{n+1}:$ C A C B C B B C
$Z:$ 1 0 0 0 1 0 1 1

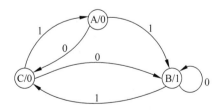

图 5-5 某 Moore 型电路的状态图

Moore 型电路的状态图与 Mealy 型电路状态图的区别仅在于 Moore 型电路的输出与状态一起标注在圆圈内,如上例的 Moore 型电路的状态图如图 5-5 所示。

时序逻辑的分析与设计

表 5-3 Moore 型电路状态表格式

现 态	输 入			输出
	...	x	...	
⋮				
y		y^{n+1}		Z
⋮				

表 5-4 某 Moore 型电路状态表

y	x		Z
	0	1	
A	C	B	0
B	B	C	1
C	B	A	0

5.2 同步时序逻辑电路的分析

时序逻辑电路的分析就是对一个给定的时序逻辑电路,研究在一系列输入信号作用下,电路将会产生怎样的输出,进而说明该电路的逻辑功能。

在输入序列的作用下,时序电路的状态和输出变化规律通常表现在状态表、状态图或时间图中。因此,分析一个给定的同步时序电路,实际上是要求出该电路的状态表、状态图或时间图,以此确定该电路的逻辑功能。

本节将介绍分析同步时序电路的两种方法,并通过示例分析,了解和熟悉几种常用的数字逻辑电路。

视频讲解

5.2.1 同步时序逻辑电路的分析方法

同步时序电路的分析方法有两种:表格法和代数法。两种方法的分析过程示意图如图 5-6 所示。

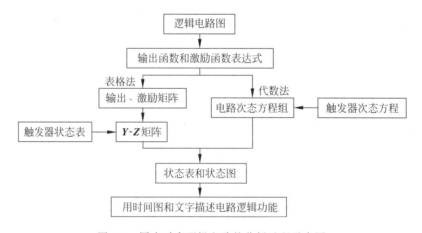

图 5-6 同步时序逻辑电路的分析过程示意图

下面介绍两种分析方法的一般步骤。

1. 表格法的一般步骤

(1) 根据给定的同步时序逻辑电路,写出输出函数表达式和激励函数表达式。

(2) 列出激励矩阵,即将激励函数以卡诺图的形式表示出来,若干激励合成激励矩阵。

(3) 根据所用触发器的状态表及激励矩阵、输出矩阵(输出函数的卡诺图形式)形成 **Y-Z** 矩阵。**Y-Z** 矩阵实际就是二进制形式的状态表。

（4）由 **Y-Z** 矩阵可得时序电路的状态表、状态图。

（5）假定某一输入序列画出时间图，并用文字描述电路的逻辑功能。

2．代数法的一般步骤

（1）同表格法的（1）。

（2）把激励函数表达式代入该电路触发器的次态方程，导出电路的次态方程组。

（3）根据电路的次态方程组和输出函数表达式做出同步时序电路的状态表，画出状态图。

（4）同表格法的（5）。

两种方法的本质是相同的，视具体情况灵活选用。下面举例说明。

例 5-1 分析如图 5-7 所示的同步时序电路的逻辑功能。假定在初态为 00 时，输入 x 的序列为 0000011111，画出时间图。

解：由电路图可写出激励函数、输出函数。

$$K_0 = J_0 = 1$$
$$K_1 = J_1 = x \oplus y_0 = x\bar{y}_0 + \bar{x}y_0$$
$$Z = \overline{x \cdot \bar{y}_1} = \bar{x} + y_1$$

方法一：表格法。

将激励函数、输出函数表示在卡诺图上，如图 5-8 所示。

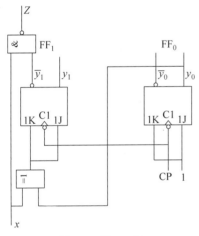

图 5-7　例 5-1 图

$y_1 y_0$ \ x	0	1
00	00	11
01	11	00
11	11	00
10	00	11

$J_1 K_1$

$y_1 y_0$ \ x	0	1
00	11	11
01	11	11
11	11	11
10	11	11

$J_0 K_0$

$y_1 y_0$ \ x	0	1
00	1	0
01	1	0
11	1	1
10	1	1

Z

图 5-8　J、K 和 Z 的卡诺图

将 J、K 的卡诺图合并画到一个卡诺图上便可得电路的激励矩阵，如表 5-5 所示。再根据 JK 触发器的状态表和输出矩阵，可将激励矩阵转换成 **Y-Z** 矩阵，如表 5-6 所示。

表 5-5　激励矩阵 $J_1 K_1$ 和 $J_0 K_0$

$y_1 y_0$	x	
	0	1
0　0	00,11	11,11
0　1	11,11	00,11
1　1	11,11	00,11
1　0	00,11	11,11

表 5-6　Y-Z 矩阵

$y_1 y_0$	x	
	0	1
0　0	01/1	11/0
0　1	10/1	00/0
1　1	00/1	10/1
1　0	11/1	01/1

时序逻辑的分析与设计

Y-Z 矩阵实际上就是二进制状态表,将编码 00、01、10、11 分别用状态 q_1、q_2、q_3、q_4 表示,代入 Y-Z 矩阵可得状态表,由状态表可画出状态图,如图 5-9 所示。

Q	x	
	0	1
q_1	$q_2/1$	$q_4/0$
q_2	$q_3/1$	$q_1/0$
q_3	$q_4/1$	$q_2/1$
q_4	$q_1/1$	$q_3/1$

(a) 状态表

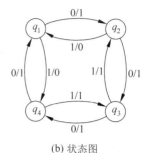

(b) 状态图

图 5-9　状态表和状态图

该电路是一个 Mealy 型时序电路。由状态表和状态图可以看出,当输入 $x=0$ 时,在时钟脉冲 CP 的作用下,电路的状态按加 1 顺序变化,即

$$00 \rightarrow 01 \rightarrow 10 \rightarrow 11 \rightarrow 00 \rightarrow \cdots$$

当 $x=1$ 时,在时钟脉冲 CP 的作用下,电路的状态按减 1 顺序变化,即

$$11 \rightarrow 10 \rightarrow 01 \rightarrow 00 \rightarrow 11 \rightarrow \cdots$$

因此,该电路既具有加 1 计数功能,又具有减 1 计数功能,且 4 个状态为一个循环,是一个模 4 的二进制可逆计数器。

假定计数器的初态 $y_1 y_0$ 为 00(即 q_1),输入 x 的序列为 0000011111,计数器在时钟脉冲 CP 控制下工作。下面先利用状态图做出时序电路的状态响应序列,而后再作时间图。状态响应序列如下:

CP	1	2	3	4	5	6	7	8	9	10
x	0	0	0	0	0	1	1	1	1	1
$y(Y)$	q_1	q_2	q_3	q_4	q_1	q_2	q_1	q_4	q_3	q_2
Z	1	1	1	1	1	0	0	1	1	0

在 CP_1 到来前,时序电路处于现态 q_1。当 $x=0$ 时,由状态图可知,输出 $Z=1$,次态为 q_2(CP_1 到来后的状态)。在 CP_2 到来前,电路处于现态 q_2,当 $x=0$ 时,产生输出 1,次态为 q_3,以此类推,可得到整个状态响应序列。然后,再根据状态响应序列做出时间图。由于状态 y 由 $y_1 y_0$ 来表示,所以只要将状态 q_i 按二进制代码表示后,就可画出按电平高低表示的 Y_1、Y_0 时间图。例如,q_2 的代码为 01,则在 Y_1、Y_0 的时间图中,Y_1 为低电平,Y_0 为高电平。图 5-10 表示该电路的时间图。

方法二:代数法。

以上过程用代数法也能很简单地求出结果。因为 JK 触发器的次态方程为

$$Q^{n+1} = J\bar{Q} + \bar{K}Q$$

对于本例的逻辑图,两个触发器的次态方程为

$$y_1^{n+1} = J_1 \bar{y}_1 + \bar{K}_1 y_1$$

$$y_0^{n+1} = J_0 \bar{y}_0 + \bar{K}_0 y_0$$

将已求得的电路的激励函数代入该次态方程组就可得该电路的次态方程组。

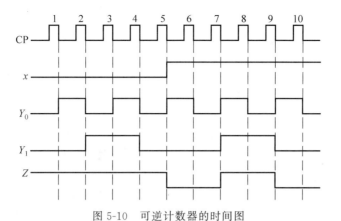

图 5-10　可逆计数器的时间图

$$y_1^{n+1} = J_1 \bar{y}_1 + \overline{K}_1 y_1 = (x \oplus y_0)\bar{y}_1 + (\overline{x \oplus y_0})y_1$$
$$= \bar{x}\bar{y}_1 y_0 + \bar{x} y_1 \bar{y}_0 + x \bar{y}_1 \bar{y}_0 + x y_1 y_0$$

$$y_0^{n+1} = J_0 \bar{y}_0 + \overline{K}_0 y_0 = \bar{y}_0$$

将电路的次态方程组和输出函数表示到卡诺图上，如图 5-11 所示；将两个次态卡诺图与输出函数的卡诺图合并就形成了二进制形式的状态表，如表 5-7 所示。可以看出该二进制形式的状态表与上面表格法求得的 **Y-Z** 矩阵是一样的。

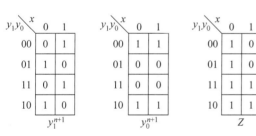

图 5-11　y_1^{n+1}、y_0^{n+1} 和 Z 的卡诺图

表 5-7　二进制形式的状态表

$y_1 y_0$	x	
	0	1
0　0	01/1	11/0
0　1	10/1	00/0
1　1	00/1	10/1
1　0	11/1	01/1

例 5-2　分析如图 5-12 所示的同步时序电路。

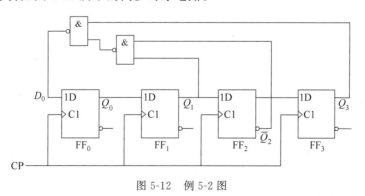

视频讲解

图 5-12　例 5-2 图

143

第 5 章

时序逻辑的分析与设计

解：注意，本例比较特殊，没有外部输入，也没有外部输出。

首先写出它的激励函数。

$$D_0 = \overline{\overline{Q_3 \overline{Q_2} Q_1}} = \overline{Q_3} + \overline{Q_2} Q_1$$
$$D_1 = Q_0$$
$$D_2 = Q_1$$
$$D_3 = Q_2$$

将以上 4 个激励函数一起画到一幅卡诺图上就得到激励矩阵，如表 5-8 所示。因为 D 触发器的次态方程为 $Q^{n+1} = D$，即次态与激励相等，所以求出的激励矩阵也就是 Y 矩阵或二进制形式的状态表。很容易可得该电路的状态图如图 5-13 所示。

表 5-8　激励矩阵

$Q_1 Q_0$	$Q_3 Q_2$			
	00	01	11	10
0　0	0 0 0 1	1 0 0 1	1 0 0 0	0 0 0 0
0　1	0 0 1 1	1 0 1 1	1 0 1 0	0 0 1 0
1　1	0 1 1 1	1 1 1 1	1 1 1 0	0 1 1 1
1　0	0 1 0 1	1 1 0 1	1 1 0 0	0 1 0 1

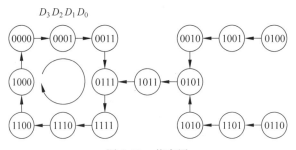

图 5-13　状态图

由状态图可以看出，这是一个循环移位计数器。在计数时循环移位规则如下：

$$Q_0 \rightarrow Q_1 \quad Q_1 \rightarrow Q_2 \quad Q_2 \rightarrow Q_3 \quad \overline{Q_3} \rightarrow Q_0$$

这种计数器的循环长度 $L = 2n$，其中 n 为位数，这里，$n = 4$，$L = 8$。

由状态图还可看出，图左半部 8 个状态形成闭环，称为"有效序列"，右半部 8 个状态称为"无效序列"。如果该时序电路在某种偶然因素的作用下，使电路处于"无效序列"中的某一状态，则它可以在时钟脉冲 CP 的作用下，经过若干节拍后，自动进入有效序列。因此，该计数器称为具有自恢复功能的扭环移位计数器。

该电路的时间图如图 5-14 所示。根据 $Q_0 \sim Q_3$ 这 4 个基本波形，经过简单组合，可以形成各种不同的时序控制波形。在计算机中，常常用它作为节拍信号发生器。

例 5-3　分析图 5-15 的串行加法器电路，该电路有两个输入端 x_1 和 x_2，用来输入加数和被加数。有一个输出端 Z，用来输出相加的"和"。JK 触发器用来存储"进位"，其状态 y^n 为低位向本位的进位，y^{n+1} 为本位向高位的进位。

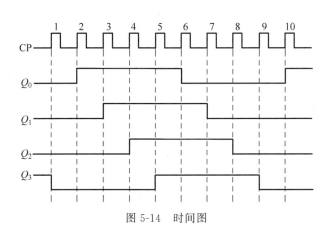

图 5-14 时间图

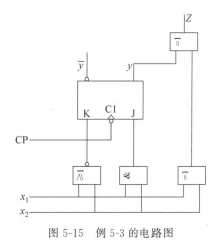

图 5-15 例 5-3 的电路图

解：首先写出电路的激励函数和输出函数表达式。

$$Z = x_1 \oplus x_2 \oplus y$$

$$J = x_1 x_2$$

$$K = \overline{x_1 + x_2}$$

JK 触发器的次态方程为

$$y^{n+1} = J\bar{y} + \bar{K}y$$

将激励函数表达式代入，得电路的次态方程为

$$y^{n+1} = x_1 x_2 \bar{y} + \overline{(\overline{x_1 + x_2})}y = x_1 x_2 \bar{y} + x_1 y + x_2 y$$

$$= x_1 x_2 + x_1 y + x_2 y$$

根据电路的次态方程可做出它的状态表和状态图，如图 5-16 所示。

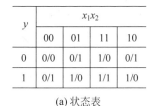

y	$x_1 x_2$			
	00	01	11	10
0	0/0	0/1	1/0	0/1
1	0/1	1/0	1/1	1/0

(a) 状态表

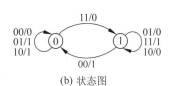

(b) 状态图

图 5-16 例 5-3 的状态表和状态图

设电路初始状态为 0。加数 $x_1 = 1\ 0\ 1\ 1$，被加数 $x_2 = 0\ 0\ 1\ 1$，加数、被加数均按照先低位后高位的顺序串行地加到相应的输入端。输出 Z 也是从低位到高位串行地输出的。

根据状态图做出的响应序列为

$$
\begin{array}{lcccc}
\text{CP：} & 1 & 2 & 3 & 4 \\
x_1 x_2: & 11 & 11 & 00 & 10 \\
y^n: & 0 & 1 & 1 & 0 \\
y^{n+1}: & 1 & 1 & 0 & 0 \\
Z: & 0 & 1 & 1 & 1 \\
\end{array}
$$

第 5 章

时序逻辑的分析与设计

从以上状态响应序列可以看出,每位相加产生的进位由触发器保存了下来,以便参加下一位的相加。从输出响应序列可以看出,x_1 和 x_2 相加的"和"由 Z 端输出。

可以看出,两数相加的和为 $Z = 1110$。

由于该电路的输入和输出均是在时钟脉冲作用下,按位串行输入加数和被加数、串行输出"和"数的,故称此加法器为串行加法器。

如果需要保存相加的"和"数,可在输出端连接一个"串行输入/并行输出"的移位寄存器。加数和被加数也可事先放入"并行输入/串行输出"的移位寄存器中。

从这个例子可以看到,用组合逻辑电路实现的功能有的也可用时序电路来实现,不同的是,组合电路采用的是并行工作方式,而时序电路采用的是串行工作方式。因此,在完成同样的逻辑功能的情况下,组合电路比时序电路工作速度快,但时序电路的结构较组合电路简单。

视频讲解

例 5-4 分析如图 5-17 所示的节拍信号发生器电路。

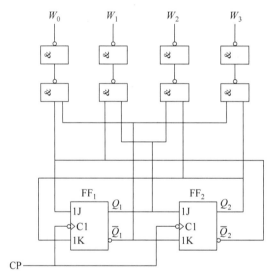

图 5-17 例 5-4 的图

解:首先写出激励函数和输出函数。

$$J_1 = \overline{Q}_2, \quad K_1 = Q_2, \quad J_2 = Q_1, \quad K_2 = \overline{Q}_1$$

$$W_0 = \overline{Q}_1 \overline{Q}_2, \quad W_1 = Q_1 \overline{Q}_2, \quad W_2 = Q_1 Q_2, \quad W_3 = \overline{Q}_1 Q_2$$

JK 触发器的次态方程为

$$Q_1^{n+1} = J_1 \overline{Q}_1 + \overline{K}_1 Q_1$$

$$Q_2^{n+1} = J_2 \overline{Q}_2 + \overline{K}_2 Q_2$$

将激励函数表达式代入,得电路的次态方程组为

$$Q_1^{n+1} = \overline{Q}_1 \overline{Q}_2 + Q_1 \overline{Q}_2$$

$$Q_2^{n+1} = Q_1 \overline{Q}_2 + Q_1 Q_2$$

根据电路的次态方程组就可得电路的状态表如表 5-9 所示。

表 5-9　例 5-4 的状态表

现　　态		次　　态		输　　出			
Q_2	Q_1	Q_2^{n+1}	Q_1^{n+1}	W_0	W_1	W_2	W_3
0	0	0	1	1	0	0	0
0	1	1	1	0	1	0	0
1	1	1	0	0	0	1	0
1	0	0	0	0	0	0	1

这是一个 Moore 型电路,输出仅与现态有关。根据状态表可做出时间图如图 5-18 所示。由时间图可以看出,触发器 FF_2,FF_1 构成模 4 计数器,8 个与非门用来组合产生 4 个节拍电平信号,电路在时钟脉冲的作用下,按一定的顺序轮流地输出节拍信号。

节拍信号发生器通常用在计算机的控制器中。计算机在执行一条指令时,总是把一条指令分成若干基本动作,由控制器发出一系列节拍电平和节拍脉冲信号,以控制计算机完成一条指令的执行。

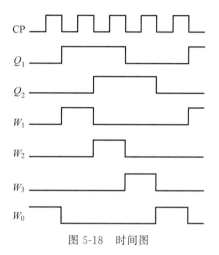

图 5-18　时间图

视频讲解

5.2.2　常用同步时序逻辑电路

1. 寄存器

寄存器用于寄存一组二值代码,它被广泛地用于各类数字系统和数字计算机中。

因为 1 个触发器能存储 1 位二进制代码,所以用 N 个触发器组成的寄存器能存储 N 位二进制代码。

对寄存器中的触发器只要求它们具有置 1、置 0 的功能即可,因而无论是用同步 RS 结构触发器,还是用主从结构或边沿触发结构的触发器,都可以组成寄存器。

图 5-19 是一个用同步 RS 触发器组成的 4 位寄存器的实例——74LS75 的逻辑图。由同步 RS 触发器的动作特点可知,在 CP 的高电平期间,Q 端的状态跟随 D 端的状态而变,在 CP 变成低电平以后,Q 端将保持 CP 变为低电平时 D 端的状态。

74LS175 则是用维持阻塞触发器组成的 4 位寄存器,它的逻辑图如图 5-20 所示。根据维持阻塞结构触发器的动作特点可知,触发器输出端的状态仅仅取决于 CP 上升沿到达时刻 D 端的状态。可见,虽然 74LS75 和 74LS175 都是 4 位寄存器,但由于采用了不同结构类型的触发器,其动作特点是不同的。为了增加使用的灵活性,有些寄存器电路还加了一些附加控制电路,如异步置 0(将寄存器的数据直接清除,而不受时钟信号的控制)、输出三态控制和"保持"等功能。所谓"保持"就是将触发器的输出反馈到输入,当 CP 信号到达时下一个状态仍保持原来的状态。例如 CMOS 电路 CC4076 就属于这样一种寄存器,它的逻辑图如图 5-21 所示。

这是一个具有三态输出的 4 位寄存器。

当 $LD_A+LD_B=1$ 时,电路处于装入数据的工作状态,输入数据 D_0、D_1、D_2、D_3 经与或门 G_5、G_6、G_7、G_8 分别加到 4 个触发器的输入端。在 CP 信号的下降沿到达后,将输入数据存入对应的触发器中。

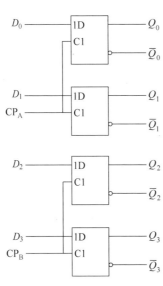

图 5-19　74LS75 的逻辑图

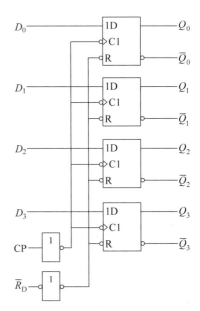

图 5-20　74LS175 的逻辑图

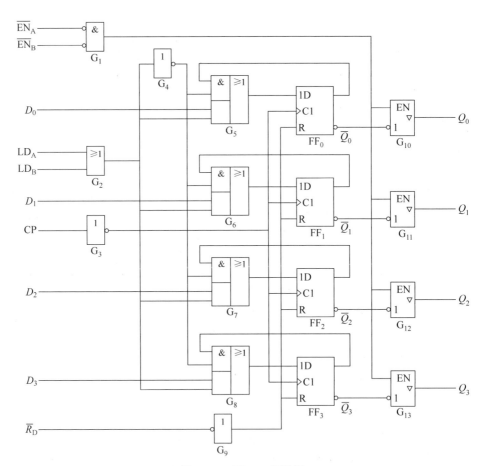

图 5-21　CC4076 逻辑图

当 $LD_A+LD_B=0$ 时，电路处于保持状态。触发器的 Q 端经与或门接回自己的输入端，故 CP 到达时还是原来的状态值。

当 $\overline{EN_A}=\overline{EN_B}=0$ 时，门 G_1 输出高电平，使三态门 $G_{10}\sim G_{13}$ 处于工作状态，电路正常输出。当 $\overline{EN_A}$、$\overline{EN_B}$ 中任一个为高电平时，则 G_1 输出为低电平，使 $G_{10}\sim G_{13}$ 处于高阻态，将触发器与输出端的联系切断。

当 $\overline{R_D}=0$ 时，将寄存器中的数据清除。

上面介绍的三个寄存器电路中，接收数据时所有位的代码是同时输入的，而且触发器中的数据是并行地出现在输出端的，因此将这种输入、输出方式叫并行输入、并行输出方式。

视频讲解

2. 移位寄存器

移位寄存器除了具有存储代码的功能以外，还具有移位功能。所谓移位功能，是指寄存器里存储的代码能在移位脉冲的作用下依次左移或右移。因此，移位寄存器不但可以用来寄存代码，还可以用来实现数据的串行-并行转换、数值的运算以及数据处理等。

例如，由边沿触发结构的 D 触发器组成的 4 位移位寄存器（见图 5-22），其中第一个触发器（左边）的输入端接收输入信号，其余的每个触发器输入端均与前面一个触发器的 Q 端相连。当 CP 的上升沿同时作用于所有触发器时，加到寄存器输入端 D_i 的代码存入 FF_0，其余触发器的状态为原左边一位触发器的状态，即总的效果是将寄存器里原有的代码右移了一位。

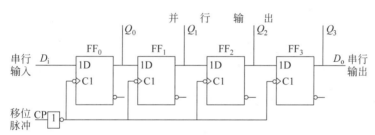

图 5-22 用 D 触发器构成的移位寄存器

例如，在 4 个时钟周期内输入代码依次为 $Q_0Q_1Q_2Q_3=0000$，那么在移位脉冲（也就是触发器的时钟脉冲）的作用下，移位寄存器里代码的移动情况将如表 5-10 所示。可以看到，经过 4 个 CP 信号以后，串行输入的 4 位代码全部移入了移位寄存器中，同时在 4 个触发器的输出端得到了并行输出的代码。因此，利用移位寄存器可以实现代码的串行-并行转换。为便于扩展逻辑功能和增加使用的灵活性，在定型生产的移位寄存器集成电路上有的又附加了左、右移控制，数据并行输入、保持、异步置零等功能。如 74LS194A 就是一个 4 位双向移位寄存器，它的逻辑图如图 5-23 所示。

表 5-10　移位寄存器中代码的移动情况

CP 的顺序	输入 D_i	Q_0	Q_1	Q_2	Q_3
0	0	0	0	0	0
1	1	1	0	0	0
2	0	0	1	0	0
3	1	1	0	1	0
4	1	1	1	0	1

时序逻辑的分析与设计

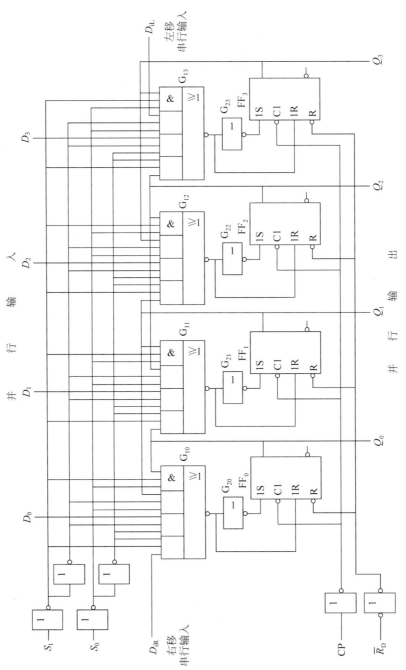

图 5-23 4 位双向移位寄存器 74S194A 的逻辑图

图 5-23 中的 D_{iR} 为数据右移串行输入端；D_{iL} 为数据左移串行输入端；$D_0 \sim D_3$ 为数据并行输入端；$Q_0 \sim Q_3$ 为数据并行输出端。移位寄存器的工作状态由控制端 S_1 和 S_0 的状态指定，其功能如表 5-11 所示。

表 5-11　74LS194A 的功能表

$\overline{R}_D$	S_1	S_0	工 作 状 态
0	d	d	置零
1	0	0	保持
1	0	1	右移
1	1	0	左移
1	1	1	并行输入

现以第二位触发器 FF_1 为例，分析一下 S_1、S_0 为不同取值时移位寄存器的工作状态。由图 5-23 可见，FF_1 的输入控制电路是由门 G_{11} 和门 G_{21} 组成的一个具有互补输出的 4 选 1 数据器的互补输出作为 FF_1 的输入信号。

当 $S_1 = S_0 = 0$ 时，G_{11} 最右边的输入信号 Q_1^n 被选中，使触发器 FF_1 的输入为 $S = Q_1^n$，$R = \overline{Q}_1^n$，故 CP 上升沿到达时 FF_1 被置成 $Q_1^{n+1} = Q_1^n$。因此，移位寄存器工作在保持状态。

当 $S_1 = S_0 = 1$ 时，G_{11} 左边第二个输入信号 D_1 被选中，使触发器 FF_1 的输入为 $S = D_1$、$R = \overline{D}_1$，故 CP 上升沿到达时 FF_1 被置成 $Q_1^{n+1} = D_1$，移位寄存器处于数据并行输入状态。

当 $S_1 = 0$，$S_0 = 1$ 时，G_{11} 最左边的输入信号 Q_0^n 被选中，使触发器 FF_1 的输入为 $S = Q_0^n$，$R = \overline{Q_0^n}$，故 CP 上升沿到达时 FF_1 被置成 $Q_1^{n+1} = Q_0^n$，移位寄存器工作在右移状态。

当 $S_1 = 1$，$S_0 = 0$ 时，G_{11} 右边第二个输入信号 Q_2^n 被选中，使触发器 FF_1 的输入为 $S = Q_2^n$，$R = \overline{Q}_2^n$，故 CP 上升沿到达时触发器被置成 $Q_1^{n+1} = Q_2^n$，这时移位寄存器工作在左移状态。

此外，$\overline{R}_D = 0$ 时 $FF_0 \sim FF_3$ 将同时被置成 $Q = 0$，所以正常工作时应使 $\overline{R}_D$ 处于高电平。

3. 计数器

在数字系统中计数器是使用最多的一种电路。它不仅能用于对时钟脉冲计数，还可以用于分频、定时、产生节拍脉冲和脉冲序列以及进行数字运算等。

计数器的种类繁多，本节主要讨论同步计数器。目前生产的同步计数器芯片基本上分为二进制和十进制两种，下面分别举例说明。

1）同步二进制计数器

图 5-24 是由 T 触发器构成的同步二进制加法计数器。由图可得到它的激励函数和输出函数的表达式为

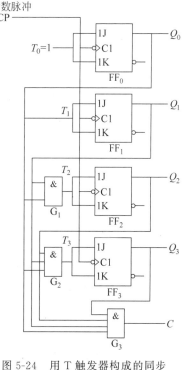

图 5-24　用 T 触发器构成的同步
二进制加法计数器

时序逻辑的分析与设计

$$T_0 = 1, \quad T_1 = Q_0, \quad T_2 = Q_0 Q_1, \quad T_3 = Q_0 Q_1 Q_2$$

$$C = Q_0 Q_1 Q_2 Q_3$$

T 触发器的次态方程为

$$Q^{n+1} = T\overline{Q} + \overline{T}Q$$

将激励函数代入,得电路的次态方程组为

$$\begin{cases} Q_0^{n+1} = \overline{Q}_0 \\ Q_1^{n+1} = Q_0 \overline{Q}_1 + \overline{Q}_0 Q_1 \\ Q_2^{n+1} = Q_0 Q_1 \overline{Q}_2 + \overline{Q_0 Q_1} Q_2 \\ Q_3^{n+1} = Q_0 Q_1 Q_2 \overline{Q}_3 + \overline{Q_0 Q_1 Q_2} Q_3 \end{cases}$$

整理得

$$Q_0^{n+1} = \overline{Q}_0$$

$$Q_1^{n+1} = Q_0 \overline{Q}_1 + \overline{Q}_0 Q_1$$

$$Q_2^{n+1} = Q_0 Q_1 \overline{Q}_2 + \overline{Q}_0 Q_2 + \overline{Q}_1 Q_2$$

$$Q_3^{n+1} = Q_0 Q_1 Q_2 \overline{Q}_3 + \overline{Q}_0 Q_3 + \overline{Q}_1 Q_3 + \overline{Q}_2 Q_3$$

将该方程组反映到卡诺图上得 Y 矩阵,如表 5-12 所示。

表 5-12 Y 矩阵

$Q_1 Q_0$	$Q_3 Q_2$			
	00	01	11	10
0 0	0 0 0 1	0 1 0 1	1 1 0 1	1 0 0 1
0 1	0 0 1 0	0 1 1 0	1 1 1 0	1 0 1 0
1 1	0 1 0 0	1 0 0 0	0 0 0 0	1 1 0 0
1 0	0 0 1 1	0 1 1 1	1 1 1 1	1 0 1 1

根据 Y 矩阵和输出函数,很容易得到该电路的状态图(见图 5-25)和时间图(见图 5-26)。

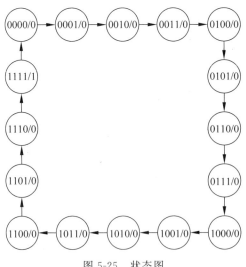

图 5-25 状态图

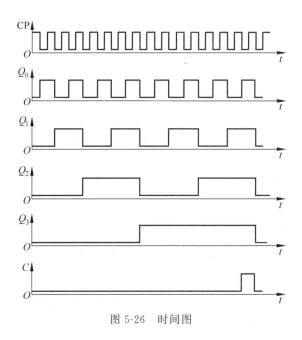

图 5-26　时间图

从时间图上可以看出,若计数输入脉冲的频率为 f_0,则 Q_0、Q_1、Q_2 和 Q_3 端输出脉冲的频率将依次为 $f_0/2$、$f_0/4$、$f_0/8$、$f_0/16$。针对计数器的这种分频功能,也把它叫作分频器。此外,每输入 16 个计数脉冲,计数器工作一个循环,并在输出端 C 产生一个进位输出信号,所以又把这个电路叫十六进制计数器。n 位二进制计数器也称为 2^n 进制计数器,它所能计到的最大数为 2^n-1。

在实际生产的计数器芯片中,往往还附加一些控制电路,以增加电路的功能和使用的灵活性。如中规模集成芯片 74161,逻辑图如图 5-27 所示。这个电路除了二进制加法计数功能外,还具有预置数、保持和异步置零等功能。图 5-27 中 $\overline{\text{LD}}$ 为预置数控制端,$D_0 \sim D_3$ 为数据输入端,C 为进位输出端,$\overline{R}_D$ 为异步置零(复位)端,EP 和 ET 为工作状态控制端。74161 的功能表如表 5-13 所示。

表 5-13　4 位同步二进制计数器 74161 的功能表

CP	$\overline{R}_D$	$\overline{\text{LD}}$	EP	ET	工 作 状 态
d	0	d	d	d	置零
⤒	1	0	d	d	预置数
d	1	1	0	1	保持
d	1	1	d	0	保持(但 $C=0$)
⤒	1	1	1	1	计数

由图 5-27 可见,当 $\overline{R}_D=0$ 时所有触发器将同时被置零,而且置零操作不受其他输入端状态的影响。

当 $\overline{R}_D=1$,$\overline{\text{LD}}=0$ 时,电路工作在预置数状态,这时门 $G_{16} \sim G_{19}$ 的输出始终是 1,所以

时序逻辑的分析与设计

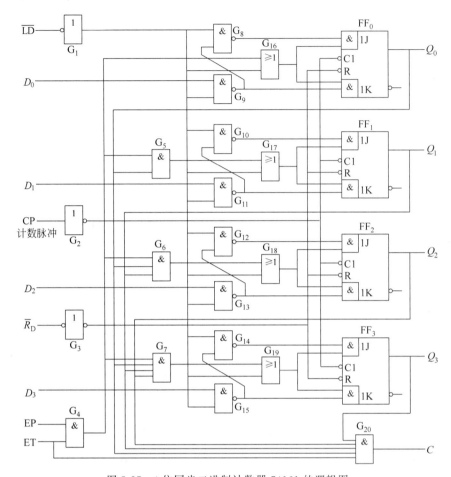

图 5-27 4 位同步二进制计数器 74161 的逻辑图

$FF_0 \sim FF_3$ 输入端 J、K 的状态由 $D_0 \sim D_3$ 的状态决定。例如,若 $D_0=1$,则 $J_0=1$,$K_0=0$,CP 上升沿到达后 FF_0 被置 1。

当 $\overline{R}_D = \overline{LD} = 1$ 而 EP = 0,ET = 1 时,由于这时门 $G_{16} \sim G_{19}$ 的输出均为 0,亦即 $FF_0 \sim FF_3$ 均处在 $J = K = 0$ 的状态,所以 CP 信号到达时它们保持原来的状态不变,同时 C 的状态也得到保持。如果 ET = 0,则 EP 不论为何状态,计数器的状态也将保持不变,但这时进位输出 C 等于 0。

当 $\overline{R}_D = \overline{LD} = EP = ET = 1$ 时,电路工作在计数状态,与图 5-24 电路的工作状态相同。从电路的 0000 状态开始连续输入 16 个计数脉冲时,电路将从 1111 状态返回 0000 状态,C 端从高电平跳变至低电平,可以利用 C 端输出的高电平或下降沿作为进位输出信号。

74LS161 在内部电路结构形式上与 74161 有些区别,但外部引线的配置、引脚排列以及功能表都和 74161 相同。

2) 同步十进制计数器

图 5-28 是用 T 触发器构成的同步十进制加法计数器电路。由图 5-28 可写出电路的激励函数、输出函数的表达式为

视频讲解

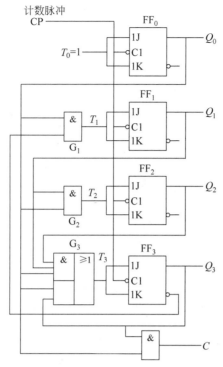

图 5-28 同步十进制加法计数器电路

$$\begin{cases} T_0 = 1 \\ T_1 = Q_0 \bar{Q}_3 \\ T_2 = Q_0 Q_1 \\ T_3 = Q_0 Q_1 Q_2 + Q_0 Q_3 \\ C = Q_0 Q_3 \end{cases}$$

T 触发器的次态方程为

$$Q^{n+1} = T\bar{Q} + \bar{T}Q$$

将激励函数代入,得电路的次态方程组为

$$\begin{cases} Q_0^{n+1} = \bar{Q}_0 \\ Q_1^{n+1} = Q_0 \bar{Q}_3 \bar{Q}_1 + \overline{Q_0 \bar{Q}_3} Q_1 \\ Q_2^{n+1} = Q_0 Q_1 \bar{Q}_2 + \overline{Q_0 Q_1} Q_2 \\ Q_3^{n+1} = (Q_0 Q_1 Q_2 + Q_0 Q_3)\bar{Q}_3 + \overline{(Q_0 Q_1 Q_2 + Q_0 Q_3)} Q_3 \end{cases}$$

整理得

$$Q_0^{n+1} = \bar{Q}_0$$

$$Q_1^{n+1} = Q_0 \bar{Q}_1 \bar{Q}_3 + \bar{Q}_0 Q_1 + Q_1 Q_3$$

$$Q_2^{n+1} = Q_0 Q_1 \bar{Q}_2 + \bar{Q}_0 Q_2 + \bar{Q}_1 Q_2$$

$$Q_3^{n+1} = Q_0 Q_1 Q_2 \bar{Q}_3 + \bar{Q}_0 Q_3$$

将电路的次态方程组反映到卡诺图上,得 **Y** 矩阵如表 5-14 所示。

时序逻辑的分析与设计

表 5-14　Y 矩阵

$Q_1 Q_0$	$Q_3 Q_2$			
	00	01	11	10
0　0	0001	0101	1101	1001
0　1	0010	0110	0100	0000
1　1	0100	1000	0010	0110
1　0	0011	0111	1111	1011

由 Y 矩阵很容易可得状态图如图 5-29 所示。从图上可看出有效序列有 10 个状态,进行十进制的加法计数,从 0000～1001 重复计数。另外 6 个状态为无效序列,但能自动进入有效序列,该电路具有自恢复功能。

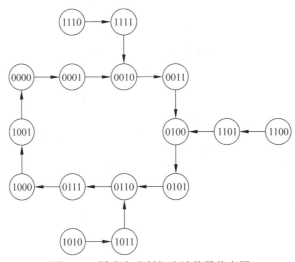

图 5-29　同步十进制加法计数器状态图

与二进制计数器类似,中规模集成芯片 74160 为同步十进制加法计数器,逻辑图如图 5-30 所示。它除了计数功能外,还有预置数、保持、异步置零等功能。图中的控制信号及功能表与上面讨论的 74161 完全一样,只是 74160 是十进制而 74161 是十六进制。

3) 任意进制计数器

从降低成本考虑,集成电路的定型产品必须有足够大的批量,因此目前常见的计数器芯片在记数进制上只做成应用较广的几种类型,如十进制、十六进制、7 位二进制、12 位二进制、14 位二进制等。如需要其他任意进制时,只能用现有产品的进制计数器加一些辅助电路来实现。

假定已有 N 进制计数器,而需要得到 M 进制计数器。下面分两种情况来讨论。

① M<N 的情况。

在 N 进制计数器的顺序计数过程中,设法使之越过 N−M 个状态,就可以得到 M 进制计数器了。实现跳跃的方法有置零法(或称复位法)和置数法(或称置位法)两种。

下面通过实例来说明这两种方法。

例 5-5　试利用同步十进制计数器 74160 接成同步六进制计数器。

解:74160 的逻辑图及功能在前面已讨论过了,它兼有异步置零和同步置数功能,所以

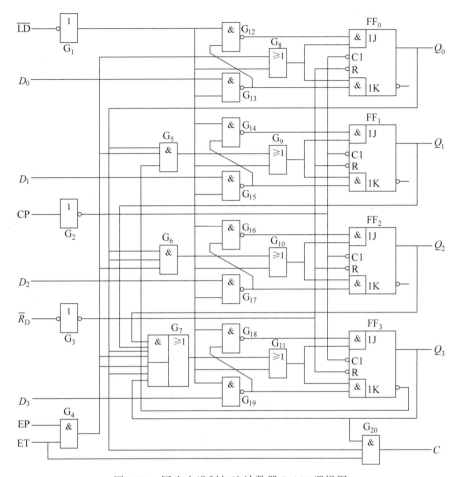

图 5-30 同步十进制加法计数器 74160 逻辑图

置零法和置数法均可采用。

如图 5-31 所示的电路是采用异步置零法接成的六进制计数器。当计数器从 $0000(S_0)$ 计成 $Q_3Q_2Q_1Q_0 = 0110$（即 S_M）状态时，担任译码器的门 G 输出低电平信号给 $\overline{R}_D$ 端,将计数器置零,回到 0000 状态。电路的状态图如图 5-32 所示。

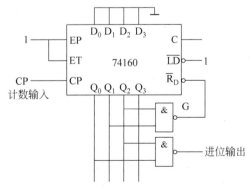

图 5-31 置零法将 74160 接成六进制计数器

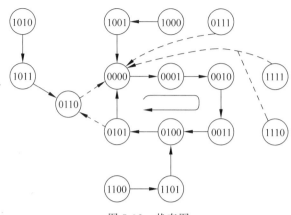

图 5-32　状态图

由于置零信号随着计数器被置零而立即消失,所以置零信号持续时间极短,如果触发器的复位速度有快有慢,则可能动作慢的触发器还未来得及复位,置零信号就已经消失,导致电路误动作。因此,这种接法的电路可靠性不高。

为了克服这个缺点,经常采用如图 5-33 所示的改进电路。图中的与非门 G_1 起译码器的作用,当电路进入 0110 状态时,它输出低电平信号。与非门 G_2 和 G_3 组成了基本 RS 触发器,以它 $\overline{Q}$ 端输出的低电平作为计数器的置零信号。

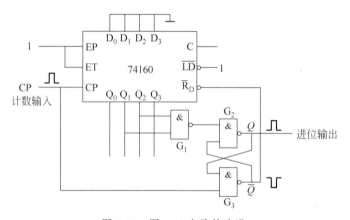

图 5-33　图 5-31 电路的改进

若计数器从 0000 状态开始计数,则第 6 个计数输入脉冲上升沿到达时计数器进入0110 状态,G_1 输出低电平,将基本 RS 触发器置 1,$\overline{Q}$ 端的低电平立刻将计数器置零。这时虽然 G_1 输出的低电平信号随之消失了,但基本 RS 触发器的状态仍保持不变,因而计数器的置零信号得以维持。直到计数脉冲回到低电平以后,基本 RS 触发器被置零,$\overline{Q}$ 端的低电平信号才消失。可见,加到计数器 $\overline{R}_D$ 端的置零信号宽度与输入计数脉冲高电平持续时间相等。

同时,进位输出脉冲也可以从基本 RS 触发器的 Q 端引出。该脉冲的宽度与计数脉冲高电平宽度相等。有些计数器产品中,将 G_1,G_2,G_3 组成的附加电路直接制作在计数器芯片上,这样在使用时就不用外接附加电路了。

74160 是异步置零,一旦置零信号出现,立即把计数器清零,而不必等脉冲的到来。所以上面的计数器电路一进入 0110(S_M)状态后,立即又被置成 0000(S_0)状态,所以 S_M 状态仅在极短的瞬间出现,在稳定的状态循环中不包括 S_M 状态。而采用置数法就不一样了,因为 74160 是同步置数,产生了置数信号后再等下一个脉冲来到才完成置数,故产生置数的状态包含在稳定的状态循环中。

采用置数法时可以从计数循环中的任何一个状态置入适当的数值而跳越 $N-M$ 个状态,得到 M 进制计数器。图 5-34 中给出了两个不同的方案,其中图 5-34(a)的接法是用 $Q_3Q_2Q_1Q_0=0101$ 状态译码产生 $\overline{LD}$ 信号,下一个 CP 信号到达时置入 0000 状态,从而跳过 0110~1001 这 4 个状态,得到六进制计数器,如图 5-35 中的实线所表示的那样。

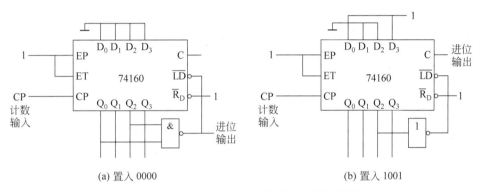

图 5-34　用置数法将 74160 接成六进制计数器

若采用图 5-34(b)电路的方案,则可以从 C 端得到进位输出信号。在这种接法下,用 0100 状态译码产生 $\overline{LD}=0$ 信号,下个 CP 信号到来时置入 1001(如图 5-35 中的虚线所示),因而循环状态中包含了 1001 这个状态,每个计数循环都会在 C 端给出一个进位脉冲。

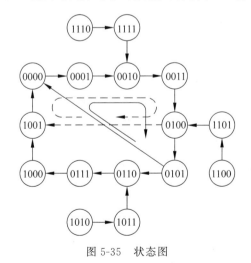

图 5-35　状态图

由于 74160 的预置数是同步式的,即 $\overline{LD}=0$ 以后,还要等下一个 CP 信号到来时才置入数据,而这时 $\overline{LD}=0$ 的信号已稳定地建立了,所以不存在异步置零法中因置零信号持续时间过短而可靠性不高的问题。

② $M > N$ 的情况。

这时必须用多片 N 进制计数器组合起来,才能构成 M 进制计数器。各片之间(或称为各级之间)的连接方式可分为串行进位方式、并行进位方式、整体置零方式和整体置数方式几种。下面仅以两级之间的连接为例说明这 4 种连接方式的原理。

若 M 可以分解为两个小于 N 的因数相乘,即 $M = N_1 \times N_2$,则可采用串行进位方式或并行进位方式将一个 N_1 进制计数器和一个 N_2 进制计数器连接起来,构成 M 进制计数器。

在串行进位方式中,以低位片的进位输出信号作为高位片的时钟输入号;在并行进位方式中,以低位片的进位输出信号作为高位片的工作状态控制信号(计数的使能信号)。两片的 CP 输入端同时接计数输入信号。

视频讲解

例 5-6 试用两片同步十进制计数器接成百进制计数器。

解:本例中 $M = 100$,$N_1 = N_2 = 10$,将两片 74160 直接按并行进位方式或串行进位方式连接即得百进制计数器。

如图 5-36 所示的电路是并行进位方式的接法。以第(1)片的进位输出 C 作为第(2)片的 EP 和 ET 输入,每当第(1)片计成 9(1001)时 C 变为 1,下个 CP 信号到达时第(2)片为计数工作状态,计入 1,而第(1)片计成 0(0000),它的 C 端回到低电平。第(1)片的 EP 和 ET 恒为 1,始终处于计数工作状态。

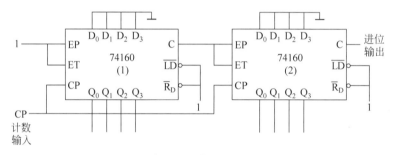

图 5-36　例 5-6 电路的并行进位方式

如图 5-37 所示的电路是串行进位方式的连接方法。两片 74160 的 EP 和 ET 恒为 1,都工作在计数状态。第(1)片每计到 9(1001)时 C 端输出变为高电平,经反相器后使第(2)片的 CP 端为低电平。下个计数输入脉冲到达后,第(1)片计成 0(0000)状态,C 端跳回低电平,经反相后使第(2)片的输入端产生一个正跳变,于是第(2)片计入 1。可见,在这种接法下两片 74160 不是同步工作的。

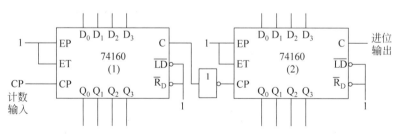

图 5-37　例 5-6 电路的串行进位方式

在 N_1、N_2 不等于 N 时,可以先将两个 N 进制计数器分别接成 N_1 进制计数器和 N_2 进制计数器,然后再以并行进位方式或串行进位方式将它们连接起来。

当 M 为大于 N 的素数时,不能分解成 N_1 和 N_2,上面讲的并行进位方式和串行进位方式就行不通了,这时必须采取整体置零方式或整体置数方式构成 M 进制计数器。

所谓整体置零方式,是首先将两片 N 进制计数器按最简单的方式接成一个大于 M 进制的计数器(例如 $N \times N$ 进制),然后在计数器计为 M 状态时译出异步置零信号 $\overline{R}_D = 0$,将两片 N 进制计数器同时置零。这种方式的基本原理和 $M < N$ 时的置零法是一样的。

整体置数方式也一样,在 $N \times N$ 进制的基础上进行,基本原理和 $M < N$ 时的置数法类似,但要求已有的 N 进制计数器本身必须具备预置数功能。当 M 不是素数时整体置零法和置数法也可以使用。

例 5-7 试用两片同步十进制计数器 74160 接成二十九进制计数器。

解:因为 $M = 29$ 是一个素数,所以必须用整体置零法或整体置数法构成二十九进制计数器。图 5-38 是整体置零方式的接法。首先将两片 74160 以并行进位方式连成一个百进制计数器。当计数器从全 0 状态开始计数,计入 29 个脉冲时,经门 G_1 译码产生的低电平信号立刻将两 74160 同时置零,于是便得到了二十九进制计数器。需要注意的是计数过程中第(2)片 74160 不出现 1001 状态,因而它的 C 端不能给出进位信号。而且,门 G_1 输出的脉冲持续时间极短,也不宜作进位输出信号。如果要求输出进位信号的持续时间为一个时钟信号周期,则应从电路的 28 状态译出当电路计入 28 个脉冲后门 G_2 输出变为低电平,第 29 个计数脉冲到达后门 G_2 的输出跳变为高电平。

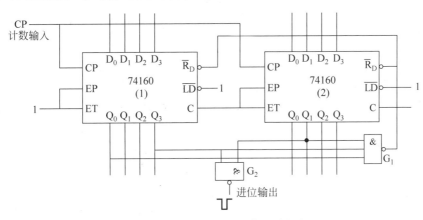

图 5-38 例 5-7 电路的整体置零方式

通过这个例子可以看到,整体置零法不仅可靠性较差,而且往往还要另加译码电路才能得到需要的进位输出信号。

采用整体置数方式可以避免置零法的缺点。如图 5-39 所示的电路是采用整体置数法接成的二十九进制计数器。首先仍需将两片 74160 接成百进制计数器,然后将电路的 28 状态译码产生 $\overline{LD} = 0$ 信号,同时加到两片 74160 上,在下个计数脉冲(第 29 个输入脉冲)到达时,将 0000 同时置入两片 74160 中,从而得到二十九进制计数器。进位信号可以直接由门 G 的输出端引出。

时序逻辑的分析与设计

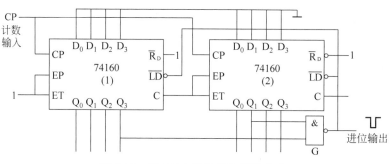

图 5-39　例 5-7 电路的整体置数方式

5.3　同步时序逻辑电路的设计

同步时序逻辑电路的设计也称同步时序逻辑电路的综合。实际上设计是分析的逆过程,就是根据给定的逻辑功能要求,设计出能实现其逻辑功能的时序电路。设计的流程如图 5-40 所示,一般步骤如下:

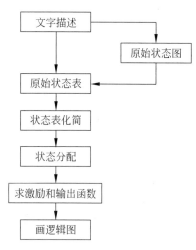

图 5-40　同步时序电路设计流程图

(1) 根据逻辑问题的文字描述建立原始状态表。进行这一步时,可借助于原始状态图,再构成原始状态表。这一步得到的状态图和状态表是原始的,其中可能包含多余的状态。

(2) 采用状态化简方法将原始状态表化为最简状态表。

(3) 进行状态分配(或状态赋值)。即将状态符号用代码表示,得到二进制形式的状态表。

(4) 根据二进制状态表和选用的触发器特性求电路的激励函数和输出函数。求激励函数可用表格法或代数法,具体方法在举例中讨论。

(5) 根据激励函数和输出函数的表达式,画出所求的逻辑图。

一般说来,同步时序电路设计按上面 5 个步骤进行。但是,对于某些特殊的同步时序电路,由于状态数量和状态编码方案都已给定,上述设计步骤中的状态化简和状态编码便可以省略,从第(1)步直接跳到第(4)步。

5.3.1　建立原始状态表

视频讲解

建立原始状态表的方法可以先借助于原始状态图,画出原始状态图以后再列出原始状态表。目前还没有一个建立原始状态图的系统的算法,主要是采用直观的经验方法。设计一个时序电路首先应该考虑其包括几个状态、状态间如何进行转换、怎样产生输出。

一般的过程是这样:首先假定一个初始状态 A,从这个初始状态 A 开始,每加入一个输入,就可确定其次态和输出。该次态可能是现态本身,也可能是已有的另一个状态,或是新增加的一个状态。继续这个过程,直到每种输入的可能性、每个现态向其次态的转换都已被考虑到,并且不再构成新的状态为止。

例 5-8 建立一个模 5 的加 1/加 2 计数器的状态图和状态表。

解:对于模 5 计数器,显然应有 5 个状态,设为 A~E,以分别记住所输入的脉冲个数。由于这个计数器既可累加 1,又可累加 2,故需设一个控制输入信号 x,当 $x=0$ 时加 1,$x=1$ 时加 2,Z 为输出,表示有进位。

经以上分析后,可画出该计数器的原始状态图和状态表,如图 5-41 所示。

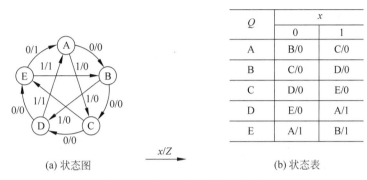

Q	x	
	0	1
A	B/0	C/0
B	C/0	D/0
C	D/0	E/0
D	E/0	A/1
E	A/1	B/1

(a) 状态图　　$\xrightarrow{x/Z}$　　(b) 状态表

图 5-41　例 5-8 的状态图和状态表

例 5-9 有一个串行数据检测器。对它的要求是:连续输入 3 个或 3 个以上的 1 时输出为 1,其他输入情况输出为 0。例如:

输入序列 x:1 0 1 1 0 0 1 1 1 0 1 1 1 1 0

输出序列 Z:0 0 0 0 0 0 0 0 1 0 0 0 0 1 1 0

解:设电路在没有输入 1 以前的状态(初态)为 A,输入一个 1 以后的状态为 B,连续输入两个 1 以后的状态为 C,连续输入 3 个或 3 个以上 1 以后的状态为 D,此时输出 Z 为 1。当输入一个 0 时,不管当时电路处于何种状态,电路都将回到初始状态 A,表示检测器需要重新记录连续输入 1 的个数。根据以上分析可得该检测器的原始状态图和状态表如图 5-42所示。

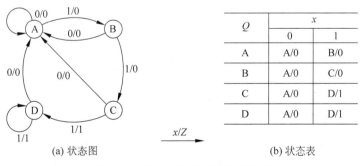

Q	x	
	0	1
A	A/0	B/0
B	A/0	C/0
C	A/0	D/1
D	A/0	D/1

(a) 状态图　　$\xrightarrow{x/Z}$　　(b) 状态表

图 5-42　例 5-9 的状态图和状态表

5.3.2　状态表的化简

在建立原始状态表的过程中,为了满足给定的功能要求,可能引入了多余的状态。电路

时序逻辑的分析与设计

中状态的数目越多,所需的存储元件就越多。因此,在得到原始状态表后,下一步工作就是进行状态表的化简。以尽量减少所需状态的数目,使实现它的电路最简单。

完全确定状态表和不完全确定状态表的化简方法有所不同。下面分别讨论。

视频讲解

1. 完全确定状态表的化简

完全确定状态表的化简是建立在状态等价这个概念的基础上的。为此先讨论等价的几个概念。

1) 等价的概念

① 等价状态:设 A 和 B 是时序电路状态表的两个状态,如果从 A 和 B 开始,任何加到时序电路上的输入序列均产生相同的输出序列,则称状态 A 和 B 为等价状态或等价状态对,并记为(A,B)或{A B}。等价状态可以合并。

② 等价状态的传递性:若状态 A 和 B 等价,状态 B 和 C 等价,则状态 A 和 C 也等价,记为(A,B),(B,C)→(A,C)。

③ 等价类:彼此等价的状态集合,称为等价类。若(A,B)和(B,C),则有等价类(A,B,C)。

④ 最大等价类:若一个等价类不是任何别的等价类的子集,则此等价类称为最大等价类。显然,状态表化简的根本任务在于从原始状态表中找出所有的最大等价类。下面介绍具体的化简方法。

2) 化简方法

这里介绍一种叫隐含表的方法。它的基本思想是:先对原始状态表中的各状态进行两两比较,找出等价状态对;然后利用等价的传递性,得到等价类;最后确定一组等价类,以建立最简状态表。

根据等价状态的定义,两个状态是否等价的条件可归纳为如下两点:

第一,在各种输入取值下,它们的输出完全相同。

第二,在第一个条件满足的前提下,它们的次态满足下列条件之一,即

① 次态相同;

② 次态交错;

③ 次态循环;

④ 次态对等价。

这里的次态交错是指在某种输入取值下,如 S_i 的次态为 S_j,S_j 的次态为 S_i。次态循环是次态之间的关系构成闭环,如 S_i、S_j 的次态是 S_l、S_k,而 S_l、S_k 的次态又是 S_i、S_j。

化简的具体步骤如下:

(1) 画隐含表。隐含表是一个三角形矩阵。设原始状态表有 n 个状态 $q_1 \sim q_n$,在隐含表的水平方向标以状态 $q_1, q_2, \cdots, q_{n-1}$,垂直方向标以 $q_2, q_3, \cdots, q_n$,即垂直方向"去头",水平方向"少尾"。隐含表中每个小方格表示一个状态对 (q_i, q_j)。隐含表的格式如图 5-43 所示。

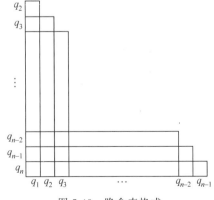

图 5-43　隐含表格式

（2）顺序比较。顺序比较隐含表中各状态之间的关系，比较结果有如下三种情况：

① q_i 和 q_j 输出完全相同，次态也相同，或者为现态本身或者交错，q_i 和 q_j 等价，在隐含表相应的方格内标以√。

② q_i 和 q_j 输出不同，表示 q_i 和 q_j 不等价，在对应的方格内标以×。

③ q_i 和 q_j 输出相同，但次态既不相同，也不交错。q_i 和 q_j 是否等价有待进一步考察，在对应的方格内标以 q_i 和 q_j 的次态对。

（3）关联比较。顺序比较中不能确定的关系的状态对标在方格中，由关联比较进一步考察。这一步在隐含表上直接进行，若后续状态对等价或出现循环，则这些状态对都是等价的；若后续状态对中出现不等价，则在它以前的状态对都是不等价的。

（4）找最大等价类，作最简状态表。关联比较后，由等价的传递性可确定最大等价类。

注意：不与其他任何状态等价的单个状态也是一个最大等价类。每个最大等价类可以合并为一个状态，并以一个新符号表示。这样，由一组新符号构成的状态表便是所求的最简状态表。

例 5-10　化简如图 5-44（a）所示的原始状态表。

Q	x	
	0	1
A	D/0	B/0
B	D/0	C/0
C	D/0	C/1
D	D/0	B/0

B	BC		
C	×	×	
D	√	BC	×
	A	B	C

Q	x	
	0	1
a	a/0	b/0
b	a/0	c/0
c	a/0	c/1

（a）原始状态表　　　　　　（b）隐含表　　　　　　（c）最简状态表

图 5-44　例 5-10 图

解：化简步骤如下。

① 画隐含表，如图 5-44（b）所示。

② 顺序比较，结果如图 5-44（b）所示。

③ 关联比较。AB→BC→×

　　　　　　　　BD→BC→×

说明 BC 不等价，那么 AB，BD 也不等价。

④ 列最大等价类。由关联比较结果可得最大等价类为

$$（A,D），（B），（C）$$

令 $a=(A,D)，b=(B)，c=(C)$

得最简状态表如图 5-44（c）所示。

例 5-11　化简如图 5-45（a）所示的原始状态表。

解：化简步骤如下。

① 画隐含表，如图 5-45（b）所示。

② 顺序比较，结果如图 5-45（b）所示。

③ 关联比较。

第 5 章

时序逻辑的分析与设计

Q	x	
	0	1
A	C/0	B/1
B	F/0	A/1
C	D/0	G/0
D	D/1	E/0
E	C/0	E/1
F	D/0	G/0
G	C/1	D/0

(a) 原始状态表

	A	B	C	D	E	F
B	CF					
C	×	×				
D	×	×	×			
E	BE	AE CF	×	×		
F	×	×	√	×	×	
G	×	×	×	CD DE	×	×

(b) 隐含表

Q	x	
	0	1
a	b/0	a/1
b	c/0	d/0
c	c/1	a/0
d	b/1	c/0

(c) 例5-11的最简状态表

图 5-45　例 5-11 的图

AB→CF→√,所以 AB 等价;

AE→BE→CF→√,AE,BE 构成循环。

所以 AE,BE 都等价。

DG→CD→×,则 DG 不等价。

　　↘DE→×

④ 列出最大等价类。

本例中得最大等价类为

$$(A,B,E),(C,F),(D),(G)$$

将最大等价类(A,B,E),(C,F),(D),(G)分别用新符号 a,b,c,d 表示,得最简状态表如图 5-45(c)所示。

2. 不完全确定的状态表的化简

对于不完全确定的状态表的化简是建立在状态相容概念的基础上的。为此先讨论相容的几个概念。

视频讲解

1) 相容概念

① 相容状态。设 A 和 B 是时序电路状态表的两个状态,如果从 A 和 B 开始,任何加到时序电路的有效输入序列均产生相同的输出序列(除不确定的那些位之外),那么 A 和 B 是相容的,记作(A,B)。相容状态可合并。

② 相容状态无传递性。(A,B),(B,C),但不一定有(A,C)。

③ 相容类。所有状态之间都两两相容的状态集合。

④ 最大相容类。若一个相容类不是任何其他相容类的子集时,则称此相容类为最大相容类。

2）化简方法

与完全确定的状态表的化简过程大致相同，主要有以下几步：

（1）作隐含表，找相容状态对。

（2）画合并图，找最大相容类。合并图就是在圆周上标上代表状态的点，点与点之间的连线表示两状态之间的相容关系，而所有点之间都有连线的多边形就构成一个最大相容类。

（3）做出最简状态表。这一步与完全给定的状态表化简不一样。首先需要从最大相容类（或相容类）中选出一组能覆盖原始状态表全部状态的相容类，这一组相容类必须满足以下三个条件。

① 覆盖性。所选相容类集合应包含原始状态表的全部状态。

② 最小性。所选相容类个数应最小。

③ 闭合性。所选相容类集合中的任一相容类，在原始状态表中任一输入条件下产生的次态应该属于该集合中的某一个相容类。

同时具有覆盖、最小、闭合三个条件的相容类集合，称为最小闭覆盖，这就组成了最简状态表。

例 5-12 简化如图 5-46(a)所示的状态表。

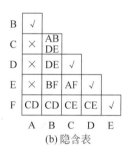

Q	x		Z
	0	1	
A	B	D	0
B	B	D	d
C	A	E	1
D	d	E	1
E	F	d	1
F	d	C	d

(a)原始状态表　　(b)隐含表

图 5-46　例 5-12 的图

解：化简步骤如下。

① 作隐含表，找相容状态对。隐含表如图 5-46(b)所示。顺序比较后进行关联比较。

② AF→CD→√

　BC→ AB→√

　　└─→DE→√

　BD→DE→√

　BE→BF→CD→√

　CE→AF→√

　CF→CE→√

　DF→CE→√

则得到全部相容状态对。

$$(A,B),(A,F),(B,C),(B,D),(B,E),(B,F),$$
$$(C,D),(C,E),(C,F),(D,F),(D,E),(E,F)$$

第 5 章

时序逻辑的分析与设计

168

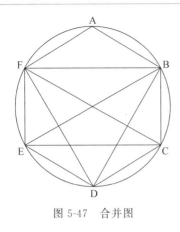

图 5-47 合并图

③ 作合并图,求最大相容类。

状态合并图如图 5-47 所示。图中 B,C,D,E,F 各点都有连线,构成一个全互连多边形,A,B,F 构成一个三角形。于是,找到两个最大相容类。

$$(A,B,F),(B,C,D,E,F)$$

④ 作最简状态表。

从最大相容类和相容类中选择一组能覆盖原始状态表中全部状态的相容类,假设就选两个最大相容类(A,B,F),(B,C,D,E,F),作闭合覆盖表,检查其是否满足覆盖性和闭合性。闭合覆盖表如表 5-15 所示。

表 5-15 例 5-12 的闭合覆盖表

相容类	覆 盖						闭 合	
	A	B	C	D	E	F	$X=0$	$X=1$
ABF	A	B				F	B	CD
BCDEF		B	C	D	E	F	ABF	CDE

从表 5-15 可看出:相容类集合(A,B,F),(B,C,D,E,F)覆盖了状态表图 5-46(a)的全部状态,而且每个相容类在任何一种输入情况下的次态集合都完全落在相容类集合中的某个相容类中,因此它们满足了闭合和覆盖这两个条件。此外,相容类的数目已不能再少,满足了最小条件。如果令 $A'=(A,B,F)$,$B'=(B,C,D,E,F)$,则可得最简状态表如表 5-16 所示。从表中可看出,当 $x=0$ 时,A' 的次态为 A' 或 B',因为(A,B,F)在 $x=0$ 时的次态为 B,而 B 既属于相容类(A,B,F),又属于相容类(B,C,D,E,F),因此在表中相应位置填入 A',B',表明状态 A' 在 $x=0$ 时的次态既可以是 A' 也可以是 B'。进一步考虑,该最简状态表中只有 A' 和 B' 两个状态,所以可用无关项 d 表示,如表 5-17 所示。这样处理有利于相应电路的简化,这在后面进行设计电路时可得到进一步理解。有时选取的最大相容类作为相容类集合在闭合检查并不能使次态都属于某个相容类,即会出现不闭合的情况,这时可调整相容类集合的选取,有时不选用最大的相容类而选其中的一个子集反而能满足闭合、覆盖、最小的条件,得到最简状态表。这里不再举例说明,读者可参阅有关参考文献。

<table>
<tr><td colspan="4" align="center">表 5-16 最简状态表</td></tr>
</table>

Q	x		Z
	0	1	
A'	$A'B'$	B'	0
B'	A'	B'	1

表 5-17 处理后的最简状态表

Q	x		Z
	0	1	
A'	d	B'	0
B'	A'	B'	1

视频讲解

5.3.3 状态分配

所谓状态分配,是指给最小化状态表中的每个字母或数字表示的状态,指定一个二进制代码,形成二进制状态表。

一般情况下,采用的状态编码方案不同,所得到的输出函数和激励函数的表达式也不同,从而设计出来的电路的复杂程度也不同。因此,状态编码的任务是:

(1) 确定状态编码的长度(即触发器的位数)。

(2) 寻找一种最佳的或接近最佳的状态分配方案,以便使所设计的时序电路最简要。

第一个任务较简单,设最简状态表的状态数为 N,状态编码的长度为 n,状态数 N 与状态编码长度 n 的关系为

$$2^{n-1} < N \leqslant 2^n$$

例如,某状态表的状态数 $N=4$,则状态分配时,二进制代码的位数应为 $n=2$,即需用两位触发器。

第二个任务就没有这么简单。因为状态编码长度确定后,究竟用哪种二进制代码代替哪个状态,这可以有许多种状态分配方案。

一般地,如状态数为 N,状态编码长度为 n,则可能的分配方案数 K_S 为

$$K_S = \frac{2^n!}{(2^n - N)!}$$

例如 $N=4$,$n=2$ 时,有 24 种状态分配方案,如表 5-18 所示。这 24 种分配方案中,实际上只有 3 种独立的分配方案,其他的方案实质上是等效的(对于电路的难易程度),彼此独立的分配方案 K_U 为

$$K_U = \frac{(2^n - 1)!}{(2^n - N)! \, n!}$$

当变量数目增加时,其分配方案的数就会急剧增大。表 5-19 表明了状态数与状态分配方案的关系。

表 5-18　$N=4$,$n=2$ 时的全部分配方案

状 态	方 案											
	1	2	3	4	5	6	7	8	9	10	11	12
A	00	10	01	11	00	01	10	11	00	10	01	11
B	01	11	00	10	10	11	00	01	11	01	10	00
C	11	01	10	00	11	10	01	00	01	11	00	10
D	10	00	11	01	01	00	11	10	10	00	11	01

状 态	方 案											
	13	14	15	16	17	18	19	20	21	22	23	24
A	00	01	10	11	00	10	01	11	00	10	01	11
B	11	10	01	00	10	00	11	01	00	01	10	10
C	10	11	00	01	01	11	00	10	10	11	00	01
D	01	00	11	10	11	01	10	00	11	10	01	00

表 5-19　状态数与状态分配方案总数的关系

状态数 N	二进制代码位数 n	独立分配方案数 K_U	状态数 N	二进制代码位数 n	独立分配方案数 K_U
1	0	—	6	3	420
2	1	1	7	3	840
3	2	3	8	3	840
4	2	3	9	4	10 810 800
5	3	140	10	4	75 675 600

在如此众多的状态分配方案中找出一种最佳的分配方案十分困难,且它还与采用什么类型的触发器有关系,因此没有必要将所有分配方案研究一遍。在实际工作中,常采用经验的方法,通过按一定的原则进行分配来获得接近最佳的分配方案。

状态分配的原则为:

(1) 在相同输入条件下,次态相同,现态应相邻编码。

(2) 在不同输入条件下,同一现态的次态应相邻编码。

(3) 输出完全相同,两个现态应相邻编码。

以上三个原则中,第一条最重要,应优先考虑。下面举例说明。

例 5-13 对表 5-20 的最简状态表进行状态分配。

表 5-20 例 5-13 状态表

Q	X	
	0	1
A	C/0	D/0
B	C/0	A/0
C	B/0	D/0
D	A/1	B/1

解: 有 4 个状态,选用两位触发器 $y_1 y_0$。

根据原则(1),AB、AC 应相邻编码;

根据原则(2),CD、AC、BD、AB 应相邻编码;

根据原则(3),AB、AC、BC 应相邻编码。

图 5-48 状态分配

综合上述要求,AB、AC 应给予相邻编码,这是三个原则都要求的。借用卡诺图,很容易得到满足上述相邻要求的状态分配方案,如图 5-48 所示。根据该图可得状态编码为

$$A = 00, \quad B = 01, \quad C = 10, \quad D = 11$$

将上述编码代入状态表得二进制状态表如表 5-21 所示。当然,上述分配方案不是唯一的。大多数情况下,根据以上三个原则进行状态分配是有效的。不同的状态分配方案并不影响同步时序电路的逻辑功能及稳定性,仅影响电路的复杂程度。

表 5-21 二进制状态表

$y_1 y_0$	X	
	0	1
0 0	10/0	11/0
0 1	10/0	00/0
1 0	01/0	11/0
1 1	00/1	01/1

5.3.4 求激励函数和输出函数

在求出了二进制状态表后,可用表格法或代数法求激励函数、输出函数,进而可画出逻辑图。

1. 表格法

(1) 将二进制状态表变换成 **Y-Z** 矩阵。

将二进制状态表排成卡诺图的形式,即得 **Y-Z** 矩阵。例如,将表 5-21 的二进制状态表变换成 **Y-Z** 矩阵,如表 5-22 所示。

(2) 由 **Y-Z** 矩阵变换成激励矩阵和输出矩阵。

Y-Z 矩阵可看成由 **Y** 矩阵和 **Z** 矩阵两部分构成。**Y** 矩阵给出每一现态 y_i 的次态值 y_i^{n+1},而由现态 y_i 向次态 y_i^{n+1} 的转换依靠触发器的输入激励,这个激励可根据所选触发器的激励表来确定。把 **Y** 矩阵中的次态值 y_i^{n+1} 代之以相应的触发器的激励值,就得到激励函数的卡诺图形式,这个卡诺图称为激励矩阵。由 **Y-Z** 矩阵的另一部分 **Z** 矩阵,直接可得输出矩阵。例如,假定选 JK 触发器来实现表 5-22 的 **Y-Z** 矩阵,则它的激励矩阵和输出矩阵如表 5-23 和表 5-24 所示。

表 5-22　**Y-Z** 矩阵

$y_1 y_0$	x	
	0	1
0　0	10/0	11/0
0　1	10/0	00/0
1　1	00/1	01/1
1　0	01/0	11/0

表 5-23　激励矩阵 $J_1 K_1$ 和 $J_0 K_0$

$y_1 y_0$	x	
	0	1
0　0	1d,0d	1d,1d
0　1	1d,d1	0d,d1
1　1	d1,d1	d1,d0
1　0	d1,1d	d0,1d

表 5-24　输出矩阵 Z

$y_1 y_0$	x	
	0	1
0　0	0	0
0　1	0	0
1　1	1	1
1　0	0	0

关于触发器的激励表在第 4 章已讨论过,为了设计电路方便查阅,将 RS、JK、D、T 触发器的激励表列于表 5-25～表 5-28,表中 Q 为现态,Q^{n+1} 为次态。

表 5-25　RS 触发器的激励表

Q	Q^{n+1}	R	S
0	0	d	1
0	1	1	0
1	0	0	1
1	1	1	d

表 5-26　JK 触发器的激励表

Q	Q^{n+1}	J	K
0	0	0	d
0	1	1	d
1	0	d	1
1	1	d	0

表 5-27　D 触发器的激励表

Q	Q^{n+1}	D
0	0	0
0	1	1
1	0	0
1	1	1

表 5-28　T 触发器的激励表

Q	Q^{n+1}	T
0	0	0
0	1	1
1	0	1
1	1	0

(3) 由激励和输出矩阵,求激励函数和输出函数。

激励矩阵可以看成各个输入激励填在同一个卡诺图上。因此,在求各个激励函数时,只要分别画出各个输入激励的卡诺图,并由此写出各个激励函数的最简表达式即可。同理,由输出矩阵可写出输出函数的最简表达式。

例如,根据表 5-23 和表 5-24 可得 J_1,K_1,J_0,K_0,Z 这 5 个卡诺图,如图 5-49 所示,并

时序逻辑的分析与设计

由此可写出激励函数、输出函数表达式。

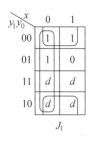 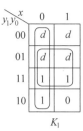 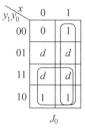 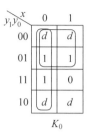 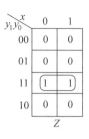

图 5-49　卡诺图

$$J_1 = \bar{x} + \bar{y}_0 \quad K_1 = y_0 + \bar{x} \quad J_0 = x + y_1 \quad K_0 = \bar{x} + \bar{y}_1 \quad Z = y_1 y_0$$

2. 代数法

根据 **Y-Z** 矩阵(二进制状态表)写出电路的次态方程如下:

$$y_1^{n+1} = \bar{x}\bar{y}_1 + x\bar{y}_0$$

$$y_0^{n+1} = x\bar{y}_0 + xy_1 + y_1\bar{y}_0$$

因为 JK 触发器的次态方程为

$$Q^{n+1} = J\bar{Q} + \bar{K}Q$$

将电路的次态方程转换成以下形式:

$$y_1^{n+1} = \bar{x}\bar{y}_1 + x\bar{y}_0 = \bar{x}\bar{y}_1 + x\bar{y}_0(\bar{y}_1 + y_1)$$

$$= \bar{x}\bar{y}_1 + x\bar{y}_0\bar{y}_1 + x\bar{y}_0 y_1 = (\bar{x} + x\bar{y}_0)\bar{y}_1 + x\bar{y}_0 y_1$$

$$= (\bar{x} + \bar{y}_0)\bar{y}_1 + x\bar{y}_0 y_1$$

$$y_0^{n+1} = x\bar{y}_0 + xy_1 + y_1\bar{y}_0 = (x + y_1)\bar{y}_0 + xy_1(y_0 + \bar{y}_0)$$

$$= (x + y_1)\bar{y}_0 + xy_1 y_0$$

与 JK 触发器次态方程比较得激励函数为

$$J_1 = \bar{x} + \bar{y}_0 \quad K_1 = \overline{\bar{x}\bar{y}_0} = \bar{x} + y_0$$

$$J_0 = x + y_1 \quad K_0 = \overline{xy_1} = \bar{x} + \bar{y}_1$$

5.4　VHDL 时序电路的设计特点

5.4.1　电路的时钟控制

　　时序电路的输出和当前的输入以及历史状态有关,它具有"记忆"功能。常用的时序单元电路主要有寄存器、计数器等。构成这些单元电路的基础是触发器、时钟、复位/置位等信号。

　　时钟信号通常描述时序电路程序的执行条件。时钟边沿分上升沿和下降沿。一般时序电路的同步点在上升沿。为了描述时钟的属性,可以使用时钟信号的属性描述。时钟信号上升沿的属性描述表达式可写为

clk'event AND clk = '1';

同理,下降沿的属性描述只需将表达式中的 clk = '1'改为 clk = '0'.

在 VHDL 中,时序电路总是以时钟进程的形式来描述的,其描述方法有两种。

(1) 在时序电路描述中,时钟信号作为敏感信号显式地出现在 PROCESS 语句后的括号里。一般描述格式为

```
PROCESS(时钟信号名[,其他敏感信号])
BEGIN
  IF 时钟边沿表达式 THEN
    {语句;}
  END IF;
END PROCESS;
```

(2) 在时序电路描述中,时钟不列入进程的敏感信号,而用 WAIT ON 语句来控制程序的执行。在这种方式中,进程通常停留在 WAIT ON 语句上,这个点也称为进程的同步点,只有在时钟信号到来且满足边沿条件时,其余的语句才能执行。一般描述格式为

```
PROCESS
  BEGIN
    WAIT ON 时钟信号名 UNIT 时钟边沿表达式
    {语句;}
END PROCESS;
```

注意:对时钟边沿说明时,一定要说明是上升沿还是下降沿,WAIT ON 语句只能放在进程的最前面或最后面。

时序电路的初始状态一般由复位/置位信号来设置,设置方式有两种。

(1) 同步复位/置位方式:所谓同步复位/置位方式就是在复位/置位信号有效且给定的时钟边沿到来时,时序电路才被复位/置位。一般格式为

```
PROCESS(时钟信号名)
  BEGIN
    IF 时钟边沿表达式 AND 复位置位条件表达式  THEN
      [复位/置位语句;]
    ELSE
      [其他执行语句;]
    END IF;
  END PROCESS;
```

或

```
PROCESS
  BEGIN
    WAIT ON 时钟信号名 UNTIL 时钟边沿表达式
    IF 复位/置位条件表达式 THEN
        [复位/置位语句;]
    ELSE
        [其他执行语句;]
    END IF;
  END  PROCESS;
```

第
5
章

时序逻辑的分析与设计

（2）异步复位/置位方式：所谓异步复位/置位，就是复位/置位信号有效时，电路立即复位/置位，与时钟信号无关。在描述异步复位/置位电路时，在进程的敏感表中应同时加入时钟信号和复位/置位信号。一般格式为

```
PROCESS(时钟信号,复位/置位信号)
BEGIN
    IF 复位/置位条件表达式 THEN
        [复位/置位语句; ]
    ELSIF 时钟边沿表达式 THEN
        [其他执行语句; ]
    END IF;
END PROCESS;
```

视频讲解

5.4.2 状态图的 VHDL 描述

利用 VHDL 设计时序电路，不需要按照传统的设计方法进行烦琐的状态简化、状态分配、求解激励函数和输出函数等就可以简便地根据状态转移图直接进行描述。所有的状态均可表示为 CASE_WHEN 结构中的一条 CASE 语句，而状态的转移则通过 IF_THEN_ELSE 语句实现。时序电路分为 Moore 型和 Mealy 型电路，其 VHDL 描述略有差别。

例 5-14 用 VHDL 描述 Moore 型电路的状态转移，状态转移图如图 5-50 所示。

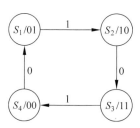

图 5-50 Moore 型电路的状态转移图

解：VHDL 描述如下。

```
library ieee;
use ieee.std_logic_1164.all;
use ieee.std_logic_unsigned.all;
entity moore is
  port(clk,datain,reset:in std_logic;
        dataout:out std_logic_vector(1 downto 0));
end moore;
architecture a of moore is
type state_type is (s1,s2,s3,s4);          -- 用户自己定义的枚举类型
signal state:state_type;                   -- 信号声明
begin
  demo_process:process(clk,reset)          -- 状态转移进程,clk,reset 为敏感信号
        begin
          if reset = '1' then state <= s1;       -- 初始状态为 s1,异步设置
          elsif clk'event and clk = '1' then     -- 当 clk 上升沿到来时执行下面的语句
                case state is
                    when s1 => if datain = '1' then
                                    state <= s2;
                                    end if;
                    when s2 => if datain = '0' then
                                    state <= s3;
                                    end if;
                    when s3 => if datain = '1' then
```

```
                                    state < = s4;
                                    end if;
                    when s4 = > if datain = '0' then
                                    state < = s1;
                                    end if;
                end case;
            end if;
    end process;
    output_p:process(state)                     -- 输出变化进程,状态为敏感信号
            begin
                case state is
                    when s1 = > dataout < = "01";
                    when s2 = > dataout < = "10";
                    when s3 = > dataout < = "11";
                    when s4 = > dataout < = "00";
                end case;
            end process;
end a;
```

Mealy 型电路的 VHDL 描述与上面的程序大体相同,差别就在于输出变化进程中的输出信号需要根据输入信号的变化来确定输出值,可以用 IF_THEN_ELSE 语句来实现。

例 5-15 用 VHDL 描述 Mealy 型电路的状态转移,状态转移图如图 5-51 所示。

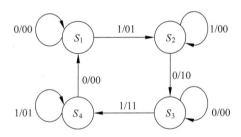

图 5-51　Mealy 型电路的状态转移图

解:VHDL 描述如下。

```
library ieee;
use ieee.std_logic_1164.all;
use ieee.std_logic_unsigned.all;
entity mealy is
    port(clk,datain,reset:in std_logic;
            dataout:out std_logic_vector(1 downto 0));
end mealy;
architecture a of mealy is
type state_type is (s1,s2,s3,s4);            -- 用户自己定义的枚举类型
signal state:state_type;                     -- 信号声明
begin
    demo_process:process(clk,reset)          -- 状态转移进程,clk,reset 为敏感信号
            begin
                if reset = '1' then state < = s1;      -- 初始状态为 s1,异步设置
                elsif clk'event and clk = '1' then     -- 当 clk 上升沿到来时执行下面的语句
```

```
                    case state is
                        when s1 => if datain = '1' then
                                            state <= s2;
                                            end if;
                        when s2 => if datain = '0' then
                                            state <= s3;
                                            end if;
                        when s3 => if datain = '1' then
                                            state <= s4;
                                            end if;
                        when s4 => if datain = '0' then
                                            state <= s1;
                                            end if;
                        end case;
                    end if;
        end process;
        output_p:process(state)                        -- 输出变化进程,状态为敏感信号
                    begin
                    case state is
                        when s1 => if datain = '1' then dataout <= "01";
                                                -- 输出值取决于输入值与现态
                                            else  dataout <= "00";
                                            end if;
                        when s2 => if datain = '0' then dataout <= "10";
                                            else  dataout <= "00";
                                            end if;
                        when s3 => if datain = '1' then dataout <= "11";
                                            else   dataout <= "00";
                                            end if;
                        when s4 => if datain = '0' then dataout <= "00";
                                            else   dataout <= "01";
                                            end if;
                        end case;
                    end process;
        end a;
```

从上述两个例子可以看出,Mealy 型电路的输出是现态和现输入的函数,而 Moore 型电路的输出只与现态有关。

5.5 同步时序逻辑电路设计举例

以上花了较多的篇幅讨论了同步时序逻辑电路的设计方法。一般而言,设计方法要比分析方法复杂一些,对于前面讲的设计步骤,应根据实际情况灵活运用。下面举几个设计实例。

例 5-16 将例 5-9 的 111…序列检测器的问题进一步完成设计。

解:在例 5-9 中已经得到该检测器的原始状态表。现重列出如表 5-29 所示,经简化为表 5-30。

表 5-29	原始状态表	
Q	x	
	0	1
A	A/0	B/0
B	A/0	C/0
C	A/0	D/1
D	A/0	D/1

表 5-30	最简状态表	
Q	x	
	0	1
A	A/0	B/0
B	A/0	C/0
C	A/0	C/1

简化状态表共三个状态,所以需要两位触发器 Q_1 和 Q_0。根据状态分配的原则,一种较简单的分案如图 5-52 所示。根据这个状态分配方案可得二进制状态表(**Y-Z** 矩阵),如表 5-31 所示。

若选用 JK 触发器作为存储元件。如用表格法,可根据 JK 触发器的激励表得到电路的激励矩阵,如表 5-32 所示。

Q_0\\Q_1	0	1
0	A	C
1	B	

图 5-52 状态分配

表 5-31	**Y-Z** 矩阵	
$Q_1 Q_0$	x	
	0	1
0 0	00/0	01/0
0 1	00/0	10/0
1 1	dd/d	dd/d
1 0	00/0	10/1

表 5-32	激励矩阵 $J_1 K_1$ 和 $J_0 K_0$	
$Q_1 Q_0$	x	
	0	1
0 0	$0d,0d$	$0d,1d$
0 1	$0d,d1$	$1d,d1$
1 1	dd,dd	dd,dd
1 0	$d1,0d$	$d0,0d$

分别画出各激励函数 J_1,K_1,J_0,K_0 和输出函数 Z 的卡诺图,如图 5-53 所示。

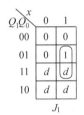 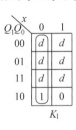 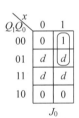 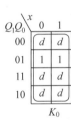

图 5-53 卡诺图

由卡诺图可得激励函数和输出函数为

$$J_1 = x Q_0, \quad K_1 = \bar{x}, \quad J_0 = x \bar{Q}_1, \quad K_0 = 1, \quad Z = x Q_1$$

如用代数法,则可根据 **Y-Z** 矩阵先写出电路的次态方程。

$$Q_1^{n+1} = x Q_1 + x Q_0$$

$$Q_0^{n+1} = x \bar{Q}_1 \bar{Q}_0$$

因 JK 触发器的次态方程为

$$Q^{n+1} = J \bar{Q} + \bar{K} Q$$

将电路次态方程转换成以下形式:

$$Q_1^{n+1} = x Q_1 + x Q_0 (Q_1 + \bar{Q}_1) = x Q_0 \bar{Q}_1 + x Q_1$$

$$Q_0^{n+1} = x \bar{Q}_1 \bar{Q}_0 = x \bar{Q}_1 \bar{Q}_0 + 0 Q_0$$

与 JK 触发器次态方程相比较就得激励函数为

时序逻辑的分析与设计

$$J_1 = xQ_0, \quad K_1 = \bar{x}, \quad J_0 = x\bar{Q}_1, \quad K_0 = 1$$

结果与表格法一致,根据激励函数和输出函数可得逻辑图如图 5-54 所示。从这个逻辑图可推出实际的电路状态图如图 5-55 所示。该状态图表明,当电路进入无效状态 11 后,若 $x=1$ 则次态转入 10;若 $x=0$ 则次态转入 00,因此这个电路是能够自启动的。

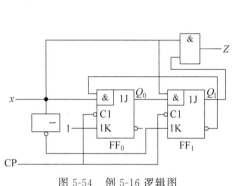

图 5-54　例 5-16 逻辑图

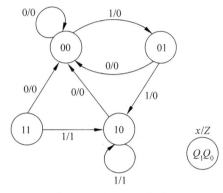

图 5-55　图 5-54 的状态图

本例中若改用 D 触发器,则由于 D 触发器的次态方程为 $Q^{n+1}=D$,即电路的次态方程就是 D 触发器的激励方程。

$$D_1 = xQ_1 + xQ_0 = x\overline{\overline{Q}_1 \overline{Q}_0}$$

$$D_0 = x\overline{Q}_1\overline{Q}_0$$

逻辑图如图 5-56 所示。

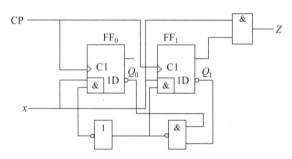

图 5-56　用 D 触发器组成的序列检测器

这个电路用 VHDL 的状态图描述如下:

```
library ieee;
use ieee.std_logic_1164.all;
use ieee.std_logic_unsigned.all;
entity sequence_detector is
  port(clk, x, RD: in std_logic;
    Z: out std_logic);
end   sequence_detector;
architecture one of sequence_detector is
type state_type is (A, B, C);          -- 用户自己定义的枚举类型
signal state:state_type;               -- 信号声明
```

```
begin
    process(clk,RD)                                  -- 状态转移进程,clk,RD 为敏感信号
            begin
                if   RD = '0' then   state < = A;    -- 初始状态为 A
                elsif clk'event and clk = '0' then   -- 当 clk 下降沿到来时执行下面的语句
                        case state is
                            when A = > if   x = '1' then
                                            state < = B;
                                      end if;
                            when B = > if   x = '1' then
                                            state < = C;
                                      else   state < = A;
                                      end if;
                            when C = > if   x = '0' then
                                            state < = A;
                                      end if;
                        end case;
                end if;
    end process;
    output_p:process(state)                          -- 输出变化进程,状态为敏感信号
            begin
              case state is
                when C = > if   x = '1' then
                            Z < = '1';               -- 输出值取决于输入值与现态
                          else   Z < = '0';
                          end if;
                when   others = > Z < = '0';          -- 其余情况输出为零
              end case;
    end process;
end one;
```

该 VHDL 程序运行的仿真图如图 5-57 所示,这是 Mealy 型时序电路,输入变量 X 的变化直接影响到输出变量 Z,而状态的变化会等到时钟有效边沿到来时才发生。还可注意到,此电路是 111…序列检测器,即检测到 3 个及 3 个以上连续的 1 时,输出 $Z=1$,但从时间仿真图中看到第二个脉冲的有效边沿后就出现 $Z=1$,这就是 Mealy 型电路的特点,这时实际上已进入第三个节拍段,也就是第三个 1 已经出现,Z 的变化与输入 X 同步,所以有 $Z=1$。

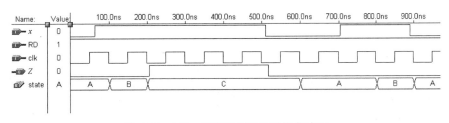

图 5-57   111…序列检测器的时间仿真图

例 5-17   设计一个自动售饮料机的逻辑电路,它的投币口每次只能投入一枚五角或一元的硬币。投入一元五角硬币后,机器会自动给出一杯饮料;投入两元(两枚一元)硬币后,在给出饮料的同时找回一枚五角的硬币。

时序逻辑的分析与设计

解：取投币信号为输入逻辑变量，投入一枚一元硬币时用 $A=1$ 表示，未投入时 $A=0$；投入一枚五角硬币用 $B=1$ 表示，未投入时 $B=0$。给出饮料和找钱为两个输出变量，分别以 Y,Z 表示。给出饮料时 $Y=1$，不给时 $Y=0$；找回一枚五角硬币时 $Z=1$，不找时 $Z=0$。

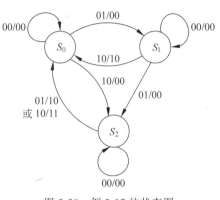

图 5-58　例 5-17 的状态图

假定通过传感器产生的投币信号（$A=1$ 或 $B=1$）在电路转入新状态的同时也随之消失，否则将被误认作又一次投币信号。

设未投币前电路的初始状态为 S_0，投入五角硬币以后为 S_1，投入一元硬币（包括投入一枚一元硬币和投入两枚五角硬币的情况）以后为 S_2。再投入一枚五角硬币后电路返回 S_0，同时输出为 $Y=1,Z=0$；如果投入的是一枚一元硬币，则电路也应返回 S_0，同时输出为 $Y=1,Z=1$。因此，电路的状态数 $M=3$ 已足够。根据以上分析，可得自动售饮料机的逻辑电路的状态图如图 5-58 所示。

根据状态图可得状态表如表 5-33 所示。因为正常工作中不会出现 $AB=11$ 的情况，所以这时次态和输出均为无关项。又因该状态表已为最简形式，所以不必再进行化简过程。

表 5-33　例 5-17 的状态表

状　　态	AB			
	00	01	11	10
S_0	$S_0/00$	$S_1/00$	d/dd	$S_2/00$
S_1	$S_1/00$	$S_2/00$	d/dd	$S_0/10$
S_2	$S_2/00$	$S_0/10$	d/dd	$S_0/11$

状态分配。由于状态表中有三个状态，取触发器的位数 $n=2$，即 Q_1Q_0 就满足要求，假如令 $S_0=00,S_1=01,S_2=10,Q_1Q_0=11$ 作无关状态，则得二进制状态表（$Y\text{-}Z$ 矩阵）如表 5-34 所示。

表 5-34　二进制状态表（$Y\text{-}Z$ 矩阵）

Q_1Q_0	AB			
	00	01	11	10
0　0	00/00	01/00	dd/dd	10/00
0　1	01/00	10/00	dd/dd	00/10
1　1	dd/dd	dd/dd	dd/dd	dd/dd
1　0	10/00	00/10	dd/dd	00/11

若电路选用 D 触发器实现，则刚刚求出的 $Y\text{-}Z$ 矩阵中的 Y 矩阵也就是激励矩阵。这是因为 D 触发器的次态方程为 $Q^{n+1}=D$。根据激励矩阵可得激励和输出的卡诺图如图 5-59 所示。

根据卡诺图可得激励函数和输出函数的表达式为

$$D_1 = Q_1\overline{AB} + \overline{Q_1Q_0}A + Q_0B$$

$$D_0 = \overline{Q_1Q_0}B + Q_0\overline{A}\,\overline{B}$$

$$Z = Q_1A$$

$$Y = Q_1B + Q_1A + Q_0A$$

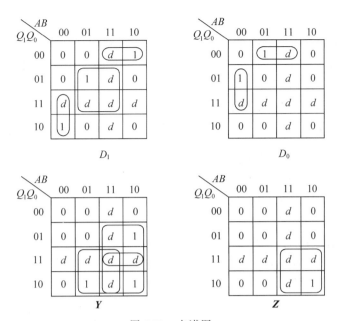

图 5-59　卡诺图

根据激励函数和输出函数可得逻辑图如图 5-60 所示,该逻辑图的实际状态图如图 5-61 所示。实际的状态图画法是将卡诺图化简过程中圈进去的无关项作为 1,没有圈进去的无关项作为 0,就可推出。

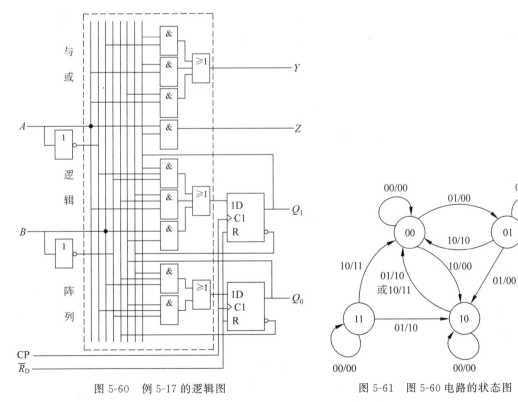

图 5-60　例 5-17 的逻辑图

图 5-61　图 5-60 电路的状态图

第 5 章

时序逻辑的分析与设计

从图 5-61 可看出,当电路进入无效状态 11 以后,在无输入信号的情况下(即 $AB=00$)不能自行返回有效循环,所以不能自启动。当 $AB=01$ 或 $AB=10$ 时电路在时钟信号作用下虽然能返回有效循环中去,但收费结果是错误的。因此,在开始工作时应在异步置零端 $\overline{R}_D$ 上加入低电平信号将电路置为 00 状态。

这个电路用 VHDL 的状态图描述如下:

```vhdl
library ieee;
use ieee.std_logic_1164.all;
use ieee.std_logic_unsigned.all;
entity vendor is
  port(clk, A, B, RD: in std_logic;
       Y, Z: out std_logic);
end  vendor;
architecture one of vendor is
type state_type is (s0, s1, s2);              -- 用户自己定义的枚举类型
signal state: state_type;                     -- 信号声明
begin
  process(clk, RD)                            -- 状态转移进程,clk,RD 为敏感信号
        begin
            if   RD = '0' then   state <= s0;  -- 初始状态为 s0
            elsif clk'event and clk = '0' then -- 当 clk 下降沿到来时执行下面的语句
                  case state is
                    when s0 => if   A = '1' then
                                      state <= s2;
                               elsif   B = '1'then
                                      state <= s1;
                               end if;
                    when s1 => if   A = '1' then
                                      state <= s0;
                               elsif   B = '1'then
                                      state <= s2;
                               end if;
                    when s2 => if   A = '1'or B = '1' then
                                      state <= s0;
                               end if;
                  end case;
            end if;
  end process;
  output_p: process(state)                     -- 输出变化进程,状态为敏感信号
        begin
          case state is
            when s1 => if   A = '1' then
                              Y <= '1';         -- 输出值取决于输入值与现态
                              Z <= '0';
                       end if;
            when s2 => if   A = '1' then
                              Y <= '1';         -- 输出值取决于输入值与现态
                              Z <= '1';
                       elsif   B = '1' then
                              Y <= '1';
```

```
                              Z <= '0';
                         end if;
             when others => Y <= '0'; Z <= '0';         -- 其余情况输出为零
           end case;
         end process;
     end one;
```

例 5-18　试设计一个带有进位输出端的十三进制计数器。

解：首先进行逻辑抽象。

因为计数器的工作特点是在时钟信号的操作下自动地依次从一个状态转为下一个状态，所以它没有输入逻辑变量，只有进位输出信号。因此，计数器是属于 Moore 型的一种简单时序电路。

取进位信号为输出逻辑变量 C，同时规定有进位输出时 $C=1$，无进位输出时 $C=0$。

十三进制计数器应该有 13 个有效状态，若分别用 S_0，S_1，…，S_{12} 表示，则按题意可以画出如图 5-62 所示的电路状态转换图。

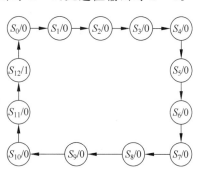

因为十三进制计数器必须用 13 个不同的状态表示已经输入的脉冲数，所以状态转换图已不能再化简。根据状态数可知，现要求 $N=13$，故应取触发器位数 $n=4$，因为

$$2^3 < 13 < 2^4$$

假如对状态分配无特殊要求，可以取自然二进制数的 0000～1100 作为 S_0～S_{12} 的编码，于是得到了表 5-35 中的状态编码。

图 5-62　例 5-18 的状态图

表 5-35　例 5-18 电路的状态表

状态变化顺序	状态 编 码				进位输出 C	等效十进制数
	Q_3	Q_2	Q_1	Q_0		
S_0	0	0	0	0	0	0
S_1	0	0	0	1	0	1
S_2	0	0	1	0	0	2
S_3	0	0	1	1	0	3
S_4	0	1	0	0	0	4
S_5	0	1	0	1	0	5
S_6	0	1	1	0	0	6
S_7	0	1	1	1	0	7
S_8	1	0	0	0	0	8
S_9	1	0	0	1	0	9
S_{10}	1	0	1	0	0	10
S_{11}	1	0	1	1	0	11
S_{12}	1	1	0	0	1	12
S_0	0	0	0	0	0	0

第 5 章

时序逻辑的分析与设计

将状态表表示成卡诺图形式,也就是得到的 **Y-Z** 矩阵(二进制状态表)如表 5-36 所示。卡诺图中不会出现的三种状态 1101,1110 和 1111 作为无关项处理。

表 5-36 例 5-18 的 **Y-Z** 矩阵

Q_3Q_2	Q_1Q_0			
	00	01	11	10
0 0	0001/0	0010/0	0100/0	0011/0
0 1	0101/0	0110/0	1000/0	0111/0
1 1	0000/1	$dddd/d$	$dddd/d$	$dddd/d$
1 0	1001/0	1010/0	1100/0	1011/0

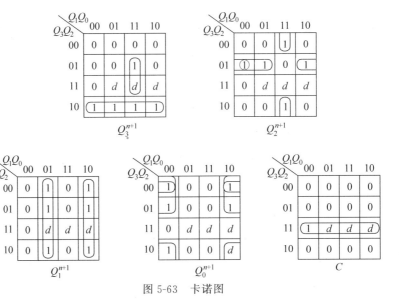

图 5-63 卡诺图

将表 5-36 的 **Y-Z** 矩阵分解为 5 张卡诺图,如图 5-63 所示,从卡诺图很容易求出电路的次态方程和输出方程为

$$Q_3^{n+1} = Q_3\bar{Q}_2 + Q_2Q_1Q_0$$

$$Q_2^{n+1} = \bar{Q}_3Q_2\bar{Q}_1 + \bar{Q}_3Q_2\bar{Q}_0 + \bar{Q}_2Q_1Q_0$$

$$Q_1^{n+1} = \bar{Q}_1Q_0 + Q_1\bar{Q}_0$$

$$Q_0^{n+1} = \bar{Q}_3\bar{Q}_0 + \bar{Q}_2\bar{Q}_0$$

$$C = Q_3Q_2$$

如果选用 JK 触发器组成这个电路,则应将以上电路的次态方程变换成 JK 触发器次态方程的标准形式,即 $Q^{n+1} = J\bar{Q}^n + \bar{K}Q^n$,就可以找出激励函数了。为此,将电路次态方程改写为

$$Q_3^{n+1} = Q_3\bar{Q}_2 + Q_2Q_1Q_0(Q_3 + \bar{Q}_3) = (Q_2Q_1Q_0)\bar{Q}_3 + \bar{Q}_2Q_3$$

$$Q_2^{n+1} = (Q_0Q_1)\bar{Q}_2 + (\bar{Q}_3\overline{Q_1Q_0})Q_2$$

$$Q_1^{n+1} = Q_0\bar{Q}_1 + \bar{Q}_0Q_1$$

$$Q_0^{n+1} = (\bar{Q}_3 + \bar{Q}_2)\bar{Q}_0 + \bar{1}Q_0 = \overline{Q_3Q_2}\,\bar{Q}_0 + \bar{1}Q_0$$

与 JK 触发器的次态方程进行比较得各个触发的激励函数为

$$\begin{cases} J_3 = Q_2 Q_1 Q_0, & K_3 = Q_2 \\ J_2 = Q_1 Q_0, & K_2 = \overline{\overline{Q_3 Q_1 Q_0}} \\ J_1 = Q_0, & K_1 = Q_0 \\ J_0 = \overline{Q_3 Q_2}, & K_0 = 1 \end{cases}$$

根据激励函数和输出函数得逻辑图,如图 5-64 所示。

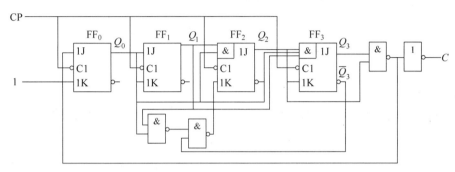

图 5-64 十三进制同步计数器电路

最后还应检查电路能否自启动。将三个无效状态 1101、1110 和 1111 分别代入最后改写过的电路次态方程中计算,所得次态分别为 0010、0010 和 0000,故电路能自启动。图 5-65 就是图 5-64 逻辑电路的实际状态图。

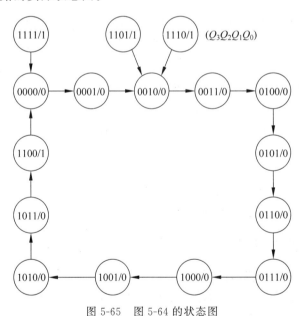

图 5-65 图 5-64 的状态图

该计数器用 VHDL 描述如下:

```
LIBRARY IEEE;
  USE IEEE.STD_LOGIC_1164.ALL;
  USE IEEE.STD_LOGIC_UNSIGNED.ALL;
```

```
ENTITY CNT13 IS
  PORT (CLK:IN STD_LOGIC;
          Q:OUT STD_LOGIC_VECTOR(3 DOWNTO 0);
          C: OUT STD_LOGIC);
END cnt13;
ARCHITECTURE ONE OF CNT13 IS
BEGIN
  PROCESS(CLK)
    VARIABLE QI:STD_LOGIC_VECTOR(3 DOWNTO 0);
  BEGIN
    IF CLK'EVENT AND CLK = '0' THEN                -- 检测时钟下降沿
      IF QI <"1100"THEN QI: = QI + 1;              -- 计数
        ELSE QI: = (OTHERS = >'0');
      END IF;
VEND IF;
    IF QI = "1100" THEN   C <= '1';                -- 计数等于12,输出进位信号
      ELSE   C < = '0';
    END IF;
      Q < = QI;                                    -- 将计数值向端口输出
  END PROCESS;
END ONE;
```

5.6　异步时序逻辑电路

前面讨论的同步时序电路的特点是电路由统一的时钟触发内部状态的变化。尽管逻辑门、触发器均有延时,但延时之和小于时钟周期,故在下一个时钟脉冲到来前,电路已处于稳定状态。

而异步时序电路没有统一的时钟脉冲,电路状态的改变完全由外部输入信号的变化引起。根据输入信号的不同,异步时序电路又分为脉冲型异步时序电路和电平型异步时序电路。顾名思义,脉冲型异步时序电路的输入包含脉冲信号,而电平异步时序电路的输入仅由电平信号构成。

由于异步时序电路中没有统一的时钟信号,所以分析、设计的方法也与同步时序电路不同。脉冲型、电平型的异步时序电路的分析与设计的方法也不尽相同,由于篇幅限制,下面主要就脉冲型异步时序电路的分析与设计进行讨论。

5.6.1　脉冲异步时序逻辑电路的分析

1. 脉冲异步时序逻辑电路的特点

(1)与同步时序电路类似,在脉冲异步时序逻辑电路中,记忆部分也是由触发器组成的,但时钟脉冲并不一定送到每位触发器的时钟端。

(2)输入都以脉冲的形式出现,以 0 表示没有输入脉冲,1 表示有输入脉冲。

(3)在同一个时刻,只允许一个输入。例如:设 x_1、x_2、x_3 为三个输入,则输入组合 000,100,010,001 是允许出现的,其他的组合形式不允许出现。其中 000 表示没有输入,其他依次表示输入 x_1、x_2、x_3。

（4）在第一个输入脉冲引起的整个电路响应完全结束后，才允许第二个输入脉冲到来，否则电路会出现不可预测的状态。

2. 分析步骤

与同步时序电路分析类似，异步时序电路的分析也是利用状态表、状态图作为工具，分析步骤也类似：

（1）写出电路的输出函数、激励函数表达式。

（2）列出电路的次态方程组。

（3）列出电路次态真值表。

（4）做出状态表和状态图。

（5）画出时间图并用文字描述电路的逻辑功能。

3. 分析举例

例 5-19 分析如图 5-66 所示的脉冲异步时序电路。

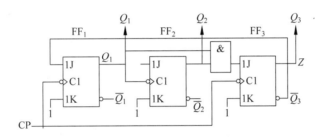

图 5-66 例 5-19 的脉冲异步时序电路

解：从电路图可以看出，这个电路的时钟 CP 仅送到 FF_1、FF_3 的时钟输入端，而没有送到 FF_2 的时钟输入端。FF_2 的时钟输入端接 FF_1 的输出 Q_1，所以该电路是异步脉冲时序电路。另外这个电路没有外部输入，仅仅是一个时钟 CP 的输入，JK 触发器的时钟脉冲为下降沿有效。

第一步，写出电路的激励函数、输出函数。

$$CP_1 = CP_3 = CP; \quad CP_2 = Q_1 \quad （异步时序电路的时钟端也是激励）$$

$$J_1 = \bar{Q}_3; \quad K_1 = 1$$

$$J_2 = K_2 = 1$$

$$J_3 = Q_2 Q_1; \quad K_3 = 1$$

$$Z = Q_3$$

第二步，将激励函数代入触发器的次态方程得到电路的次态方程组。

JK 触发器的次态方程为 $Q^{n+1} = (J\bar{Q} + \bar{K}Q)CP\downarrow$，这里加了 $CP\downarrow$，就是次态的变化发生在有效时钟的作用下，原来分析同步时序电路时，因为每个触发器的变化都是在统一时钟的作用下发生的，故时钟的作用是默认的。异步时序电路的触发器时钟端不是接统一时钟的，所以特地标上时钟有效时发生变化。

$$Q_1^{n+1} = (J_1\bar{Q}_1 + \bar{K}_1 Q_1)CP_1\downarrow = (\bar{Q}_3\bar{Q}_1 + \bar{1}Q_1)CP\downarrow = \bar{Q}_3\bar{Q}_1 CP\downarrow$$

$$Q_2^{n+1} = (J_2\bar{Q}_2 + \bar{K}_2 Q_2)CP_2\downarrow = (1\bar{Q}_2 + \bar{1}Q_2)Q_1\downarrow = \bar{Q}_2 Q_1\downarrow$$

$$Q_3^{n+1} = (J_3\bar{Q}_3 + \bar{K}_3 Q_3)CP_3\downarrow = (Q_2 Q_1\bar{Q}_3 + \bar{1}Q_3)CP\downarrow = Q_2 Q_1\bar{Q}_3 CP\downarrow$$

时序逻辑的分析与设计

第三步,列出电路次态真值表。

列出电路的现态 $Q_3Q_2Q_1$ 的各种组合,并注意到 CP 下降沿的作用,代入上面求出的电路次态方程组中,得到相应时刻的次态和输出。

当初始状态 $Q_3Q_2Q_1=000$ 时。如果 CP$=0$(没有下降沿),则 $CP_3CP_2(Q_1)CP_1=000$,说明没有时钟输入,触发器不发生变化,所以次态 $Q_3^{n+1}Q_2^{n+1}Q_1^{n+1}=000$;如果 CP$=1$(出现下降沿),则 $CP_3CP_2(Q_1)CP_1=101$,$Q_3^{n+1}=Q_2Q_1\bar{Q}_3CP\downarrow=0$,$Q_2^{n+1}=\bar{Q}_2Q_1\downarrow=0$,$Q_1^{n+1}=\bar{Q}_3\bar{Q}_1CP\downarrow=1$,所以次态 $Q_3^{n+1}Q_2^{n+1}Q_1^{n+1}=001$。

当现态 $Q_3Q_2Q_1=001$ 时,如果 CP$=1$,这时 $Q_1^{n+1}=\bar{Q}_3\bar{Q}_1CP\downarrow=0$,$Q_1$ 从 1 变为 0,即出现了 $Q_1\downarrow$,那么 $CP_2=Q_1=1$,$Q_2^{n+1}=\bar{Q}_2Q_1\downarrow=1$,$Q_3^{n+1}=Q_2Q_1\bar{Q}_3CP\downarrow=0$,所以次态 $Q_3^{n+1}Q_2^{n+1}Q_1^{n+1}=010$。其余以此类推,就得出表 5-37 的电路次态真值表。

表 5-37 例 5-19 的电路次态真值表

输入脉冲数	Q_3	Q_2	Q_1	CP_3	$CP_2(Q_1)$	CP_1	Q_3^{n+1}	Q_2^{n+1}	Q_1^{n+1}	Z
0	0	0	0	0	0	0	0	0	0	0
1	0	0	0	1	0	1	0	0	1	0
2	0	0	1	1	1	1	0	1	0	0
3	0	1	0	1	0	1	0	1	1	0
4	0	1	1	1	1	1	1	1	0	0
5	1	0	0	1	0	1	0	0	0	1
6	1	0	1	1	1	1	0	1	0	1
7	1	1	0	1	0	1	0	1	0	1
8	1	1	1	1	1	1	0	0	0	1

要注意的是:表中 CP$=1$,表示时钟输入端有下降沿到达;CP$=0$,表示没有时钟信号到达,触发器保持原来的状态不变。各个触发器的 CP 端信号不是在同一时刻出现的,有先后差错,但在状态变化稳定后,下一轮时钟信号才会再出现。

第四步,做出状态表(表 5-38)和状态图(图 5-67)。

表 5-38 例 5-19 的状态表

Q_3	Q_2	Q_1	Q_3^{n+1}	Q_2^{n+1}	Q_1^{n+1}	Z
0	0	0	0	0	1	0
0	0	1	0	1	0	0
0	1	0	0	1	1	0
0	1	1	1	0	0	0
1	0	0	0	0	0	1
1	0	1	0	1	0	1
1	1	0	0	1	0	1
1	1	1	0	0	0	1

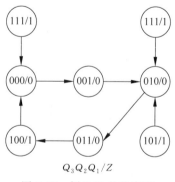

$Q_3Q_2Q_1/Z$

图 5-67 例 5-19 的状态图

第五步,画时间图,如图 5-68 所示。功能分析如下:

从上面画出的状态图、状态表及时间图可以看出,该电路在有效脉冲信号作用下,状态在 000 到 100 这 5 个状态之间进行循环,其他三个状态 101、110、111 在一个脉冲作用后会

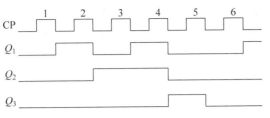

图 5-68   例 5-19 的时间图

自动进入有效循环中。所以该电路为异步五进制计数器。

5.6.2　脉冲异步时序逻辑电路的设计

脉冲异步时序逻辑电路的设计方法与同步时序逻辑电路的设计基本类似。不同的是设计脉冲异步时序逻辑电路时,每个触发器的 CP 端不再是同一个时钟脉冲,而是与其他输入端一样作为触发器的一个激励来考虑。另外,为了使电路工作可靠,输入信号必须是串行序列脉冲,在第二个脉冲达到时,第一个脉冲所引起的电路响应必须已经完成,电路处于稳定状态。也就是前面所说的"在同一个时刻,只允许一个输入"。

由于电路中没有统一时钟,电路中触发器的时钟作为激励来处理,这就意味可以通过控制时钟端的输入脉冲的有无来控制触发器翻转还是不翻转。基于这一思想,在设计脉冲异步时序逻辑电路时,可以使用表 5-39～表 5-42 所列的 4 种常用触发器(带 CP)的激励表。

<table>
<tr><td colspan="5">表 5-39　RS 触发器的激励表(CP)</td></tr>
<tr><td>Q</td><td>Q^{n+1}</td><td>R</td><td>S</td><td>CP</td></tr>
<tr><td>0</td><td>0</td><td>d</td><td>0</td><td>d</td></tr>
<tr><td>0</td><td>0</td><td>d</td><td>d</td><td>0</td></tr>
<tr><td>0</td><td>1</td><td>0</td><td>1</td><td>1</td></tr>
<tr><td>1</td><td>0</td><td>1</td><td>0</td><td>1</td></tr>
<tr><td>1</td><td>1</td><td>0</td><td>d</td><td>d</td></tr>
<tr><td>1</td><td>1</td><td>d</td><td>d</td><td>0</td></tr>
</table>

<table>
<tr><td colspan="5">表 5-40　JK 触发器的激励表(CP)</td></tr>
<tr><td>Q</td><td>Q^{n+1}</td><td>J</td><td>K</td><td>CP</td></tr>
<tr><td>0</td><td>0</td><td>0</td><td>d</td><td>d</td></tr>
<tr><td>0</td><td>0</td><td>d</td><td>d</td><td>0</td></tr>
<tr><td>0</td><td>1</td><td>1</td><td>d</td><td>1</td></tr>
<tr><td>1</td><td>0</td><td>d</td><td>1</td><td>1</td></tr>
<tr><td>1</td><td>1</td><td>d</td><td>0</td><td>d</td></tr>
<tr><td>1</td><td>1</td><td>d</td><td>d</td><td>0</td></tr>
</table>

<table>
<tr><td colspan="4">表 5-41　T 触发器的激励表(CP)</td></tr>
<tr><td>Q</td><td>Q^{n+1}</td><td>T</td><td>CP</td></tr>
<tr><td>0</td><td>0</td><td>0</td><td>d</td></tr>
<tr><td>0</td><td>0</td><td>d</td><td>0</td></tr>
<tr><td>0</td><td>1</td><td>1</td><td>1</td></tr>
<tr><td>1</td><td>0</td><td>1</td><td>1</td></tr>
<tr><td>1</td><td>1</td><td>1</td><td>d</td></tr>
<tr><td>1</td><td>1</td><td>d</td><td>0</td></tr>
</table>

<table>
<tr><td colspan="4">表 5-42　D 触发器的激励表(CP)</td></tr>
<tr><td>Q</td><td>Q^{n+1}</td><td>D</td><td>CP</td></tr>
<tr><td>0</td><td>0</td><td>0</td><td>d</td></tr>
<tr><td>0</td><td>0</td><td>d</td><td>0</td></tr>
<tr><td>0</td><td>1</td><td>1</td><td>1</td></tr>
<tr><td>1</td><td>0</td><td>0</td><td>1</td></tr>
<tr><td>1</td><td>1</td><td>1</td><td>d</td></tr>
<tr><td>1</td><td>1</td><td>d</td><td>0</td></tr>
</table>

从表 5-39～表 5-42 可以看出,在要求触发器状态保持不变时,有两种不同的处理方式:一是令 CP 为 d,输入端取相应的值;二是令 CP 为 0,输入端取任意值。例如,当要使 D 触发器维持不变时,可令 CP 为 d,D 为 Q;也可令 CP 为 0,D 为 d。这使激励函数的确定更加灵活。一般选择 CP 为 0,输入为任意值。

例 5-20 设计一个脉冲异步时序逻辑检测器。该电路有三个输入 x_1、x_2、x_3，一个输出 Z，当检测到输入脉冲序列为 $x_1 \to x_2 \to x_3$ 时，输出 Z 为 1，其后当检测到输入脉冲出现 x_2 时，输出 Z 由 1 变为 0。

解：分析题意，可以得到输入、输出信号的波形关系如图 5-69 所示。

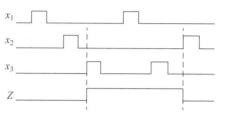

图 5-69　例 5-20 的波形图

首先可以参照同步时序电路设计那样建立电路的原始状态图和状态表。假设 A 为初始态，B 为接收到 x_1 的状态，C 为接收到脉冲序列 $x_1 \to x_2$ 的状态，D 为接收到脉冲序列 $x_1 \to x_2 \to x_3$ 的状态，这样可以得到部分原始状态图，如图 5-70(a) 所示，然后再从每个状态出发，做出所有可能输入条件下的状态转换关系，从而建立完成的原始状态图如图 5-70(b) 所示。

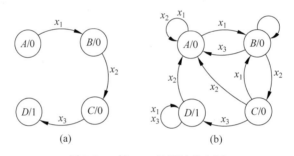

图 5-70　例 5-20 的原始状态图

由图 5-70(b)可以得到原始状态表如表 5-43 所示。

表 5-43　例 5-20 的原始状态表

Q	Q^{n+1}			Z
	x_1	x_2	x_3	
A	B	A	A	0
B	B	C	A	0
C	B	A	D	0
D	D	A	D	1

按照状态表化简规则，该原始状态表已经是最简形式。该电路为 Moore 型，共有 4 个状态，可以两个状态变量 $Q_2 Q_1$ 来表示，根据状态分配原则，将 A 分配 00、B 分配 01、C 分配 11、D 分配 10，得到二进制状态表如表 5-44 所示。

如采用 D 触发器来实现，将 CP 看作激励，D 触发器的次态方程可以写成

$$Q^{n+1} = D\,\mathrm{CP} + Q\,\overline{\mathrm{CP}}$$

表 5-44　例 5-20 的二进制状态表

Q_2Q_1	$Q_2^{n+1}Q_1^{n+1}$			Z
	x_1	x_2	x_3	
0　0	01	00	00	0
0　1	01	11	00	0
1　1	01	00	10	0
1　0	10	00	10	1

根据表 5-42,在 D 触发器的激励表中,如状态没有变化,可以使 CP=0,D 为任意,也可以令 $D=Q$,CP 为任意。根据化简的需求,可以灵活地运用,使得电路有最简的结果。将表 5-44 与表 5-42 一起来对照,可得到简化了的激励矩阵,如图 5-71 所示。

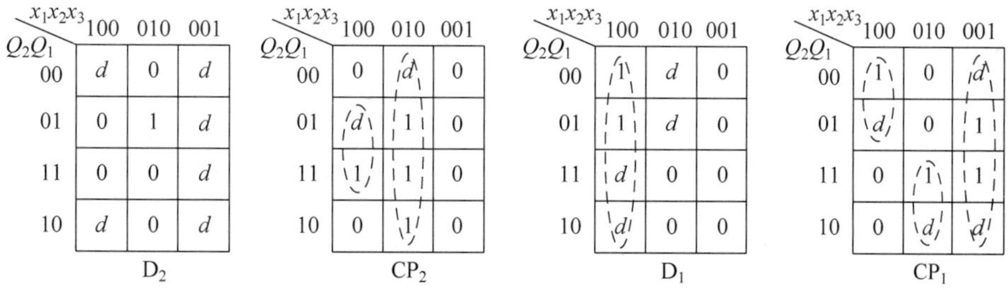

图 5-71　例 5-20 的简化卡诺图

图 5-71 的卡诺图实际上应该是 5 变量的卡诺图,但由于脉冲异步时序电路不允许两个或多个输入脉冲同时出现,即输入的变量组合不允许出现 011、101、110、111,而 000 时,电路保持不变,故可将 5 变量卡若图简化成图 5-71 的形式。但此时卡诺图的各列是不相邻的,化简仅仅是在给定的列中进行,每列只允许一个输入变量出项。经如图 5-71 所示的合并方案得激励函数为

$$D_2 = x_2\bar{Q}_2Q_1 \quad \mathrm{CP}_2 = x_1Q_1 + x_2$$

$$D_1 = x_1 \quad \mathrm{CP}_1 = x_1\bar{Q}_2 + x_2Q_2 + x_3$$

由表 5-43 也可得输出函数为

$$Z = Q_2\bar{Q}_1$$

根据激励函数、输出函数表达式可以画出如图 5-72 的逻辑电路图。

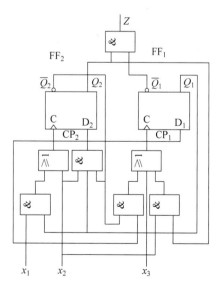

图 5-72　例 5-20 的逻辑电路图

时序逻辑的分析与设计

5.7 小　　结

时序逻辑电路的特点是：电路的输出不仅与当前输入有关，还与以前的输入有关。

本章用大量的篇幅讨论了同步时序电路的分析与设计方法。同步时序电路工作稳定、可靠，设计简单，在数字系统中被广泛采用。与组合逻辑电路比较，主要多了存储元件部分。作为存储元件的器件主要有 RS 触发器、JK 触发器、D 触发器、T 触发器，根据电路中所用触发器类型的特性，利用表格法或代数法可对同步时序电路进行分析和设计。

寄存器、计数器是数字系统中最常用的时序逻辑电路构件，其功能是：在某一时刻将数据并行打入其中进行保存，或通过移位寄存器的移位功能实现数据左移、右移、并入并出、串入并出、并入串出等逻辑功能。

同步时序电路分析的步骤为：①根据逻辑图写出输出函数和激励函数表达式。②根据所用触发器的特性用代数法或表格法求电路的 $Y\text{-}Z$ 矩阵（二进制状态表）。③根据 $Y\text{-}Z$ 矩阵得状态表和状态图。④根据状态表和状态图作时间图并用文字描述电路的逻辑功能。

同步时序电路的设计步骤为：①根据给定的逻辑要求作原始状态图和状态表。②状态表化简。③状态分配。④根据选用的触发器特性用表格法或代数法求激励函数和输出函数的表达式。⑤根据激励函数、输出函数表达式画逻辑图。

硬件描述语言 VHDL 对时序电路的描述与对组合电路的描述有所不同。

而异步时序电路没有统一的时钟脉冲，电路状态的改变完全由外部输入信号的变化引起。根据输入信号的不同，异步时序电路又分为脉冲型异步时序电路和电平型异步时序电路。顾名思义，脉冲型异步时序电路的输入包含脉冲信号，而电平异步时序电路的输入仅由电平信号构成。

异步时序电路的分析、设计的方法与同步时序电路不同。脉冲型、电平型的异步时序电路的分析与设计的方法也不尽相同，此章中简要介绍了脉冲型异步时序电路的分析与设计。

5.8　习题与思考题

1. 简化如表 5-45 和表 5-46 所示的状态表。

表 5-45　题 1 表(a)

Q	X	
	0	1
A	E/0	D/1
B	A/1	F/0
C	C/0	A/1
D	B/0	A/1
E	D/1	C/0
F	C/0	D/1
G	H/1	G/1
H	C/1	B/1

表 5-46　题 1 表(b)

Q	X	
	0	1
A	D/d	C/0
B	D/1	E/d
C	d/d	E/1
D	A/0	C/d
E	B/1	C/d

2. 根据状态分配方法，分别对状态表 5-47 和表 5-48 进行状态分配，列出二进制状态表。

表 5-47　题 2 表（a）

Q	X	
	0	1
A	A/0	B/0
B	C/0	B/0
C	D/0	B/0
D	B/1	A/0

表 5-48　题 2 表（b）

Q	X	
	0	1
A	B/0	E/0
B	D/0	A/1
C	D/1	A/0
D	B/1	C/1
E	A/0	A/0

3. 试分析如图 5-73 所示的时序电路的逻辑功能，画出状态表和状态图。

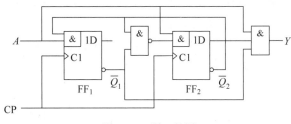

图 5-73　题 3 的图

4. 试分析如图 5-74 所示的时序电路的逻辑功能，画出状态表和状态图，检查电路能否自启动。

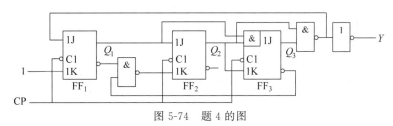

图 5-74　题 4 的图

5. 试分析如图 5-75 所示的时序电路，画出状态表和状态图，检查电路能否自启动，说明电路实现的功能。

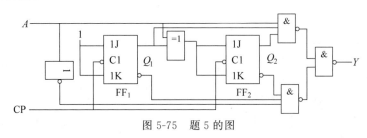

图 5-75　题 5 的图

6. 试分析如图 5-76 所示的时序电路，画出状态表和状态图，并做出当电平输入 x 为 0110101 序列时电路的时间图。

时序逻辑的分析与设计

7. 试分析如图 5-77 所示的时序电路,画出状态表和状态图,并做出当电平输入 x 为 0110110 序列时电路的时间图。

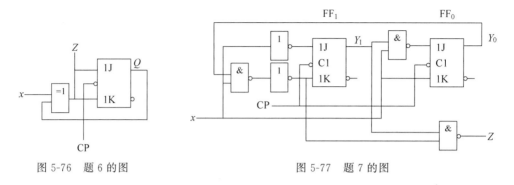

图 5-76　题 6 的图　　　　　　　图 5-77　题 7 的图

8. 分析如图 5-78 所示的计数器电路,说明这是多少进制的计数器。十进制计数器 74160 的功能表(同 74LS161 的功能表)见表 5-13。

9. 分析如图 5-79 所示的计数器电路,画出电路的状态图,说明这是多少进制的计数器。十六进制计数器 74LS161 的功能表见表 5-13。

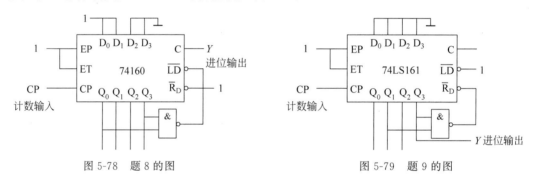

图 5-78　题 8 的图　　　　　　　图 5-79　题 9 的图

10. 用 4 位同步二进制计数器 74LS161 接成十二进制计数器,标出输入、输出端。可以附加必要的门电路。74LS161 的功能见表 5-13。

11. 试分析图 5-80 的计数器在 $M=1$ 和 $M=0$ 时各为几进制。74160 的功能见表 5-13。

12. 图 5-81 的电路是可变进制计数器。试分析当控制变量 A 为 1 和 0 时电路各为几进制计数器。74LS161 的功能见表 5-13。

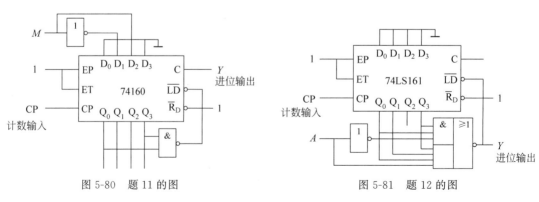

图 5-80　题 11 的图　　　　　　　图 5-81　题 12 的图

13. 设计一个可控进制计数器,当输入控制变量 $M=0$ 时工作在五进制,$M=1$ 时工作在十五进制。请标出计数输入端和进位输出端。

14. 试分析图 5-82 计数器电路的分频比(即 Y 与 CP 的频率之比)。74LS161 的功能见表 5-13。

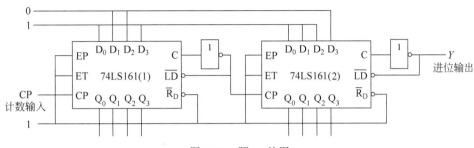

图 5-82　题 14 的图

15. 图 5-83 的电路是由两片同步十进制计数器 74160 组成的计数器。试分析这是多少进制的计数器,两片之间是几进制。74160 的功能见表 5-13。

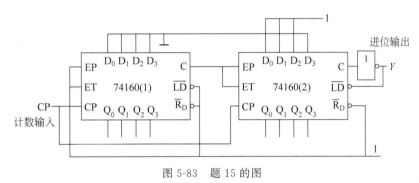

图 5-83　题 15 的图

16. 分析图 5-84 给出的电路,说明这是多少进制的计数器,两片之间是多少进制。74LS161 的功能见表 5-13。

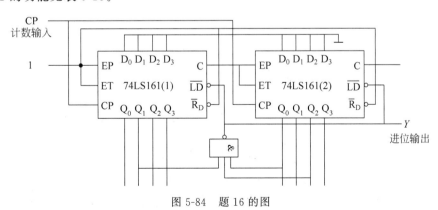

图 5-84　题 16 的图

17. 用同步十进制计数器芯片 74160 设计一个 365 进制的计数器。要求各位间为十进制关系。允许附加必要的门电路。74160 的功能见表 5-13。

时序逻辑的分析与设计

18. 作 1010 序列检测器的状态图、状态表。已知检测器的输入输出序列如下(序列可以重叠)。

输入：0 0 1 0 1 0 0 1 0 1 0 1 0 1 1 0

输出：0 0 0 0 0 1 0 0 0 0 1 0 1 0 0 0

19. 设计一个代码检测器，其电路串行输入余 3 码。当出现非法数字时，电路输出为 0，否则输出为 1。试做出状态图，并用 VHDL 描述。

20. 设计一个同步 1011 序列检测器，序列 1011 不可重叠，试用 JK 触发器和适当的门电路实现之，并用 VHDL 描述。

21. 试用 JK 触发器设计一个 101 序列检测器。该同步时序网络有一根输入线 x，一根输出线 Z。对应于每个连续输入序列 101 的最后一个 1，输出 $Z=1$，其他情况下 $Z=0$。例如：

x 0 1 0 1 0 1 1 0 1

Z 0 0 0 1 0 1 0 0 1

22. 用 JK 触发器和门电路设计一个 4 位循环码计数器，它的状态转换表应如表 5-49 所示。

表 5-49　题 22 的表

计 数 顺 序	电 路 状 态				进位输出 C
	Q_3	Q_2	Q_1	Q_0	
0	0	0	0	0	0
1	0	0	0	1	0
2	0	0	1	1	0
3	0	0	1	0	0
4	0	1	1	0	0
5	0	1	1	1	0
6	0	1	0	1	0
7	0	1	0	0	0
8	1	1	0	0	0
9	1	1	0	1	0
10	1	1	1	1	0
11	1	1	1	0	0
12	1	0	1	0	0
13	1	0	1	1	0
14	1	0	0	1	0
15	1	0	0	0	1
16	0	0	0	0	0

23. 设计一个控制步进电动机三相六状态工作的逻辑电路。如果用 1 表示电机绕组导通，0 表示电机绕组截止，则三个绕组 ABC 的状态转换图应如图 5-85 所示。M 为输入控制变量，当 $M=1$ 时为正转，$M=0$ 时为反转。

24. 设计一个自动售邮票机的逻辑电路，并用 VHDL 描述出来。每次只允许投入一枚五角或一元的硬币，累计投入两元硬币给出一张邮票。如果投入一元五角硬币以后再投入

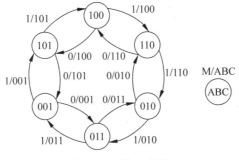

图 5-85 题 23 的图

一枚一元硬币,则给出邮票的同时还应找回五角钱。要求设计的电路能自启动。

25. 请分析以下的 VHDL 描述,说明所定义的各种信号有什么作用,再说明电路完成的是什么功能。

```
LIBRARY IEEE;
USE IEEE.STD_LOGIC_1164.ALL;
USE IEEE.STD_LOGIC_UNSIGNED.ALL;
 ENTITY  counter  IS
 PORT (clock,clear,count:IN STD_LOGIC;
     q:OUT STD_LOGIC_VECTOR(3 DOWNTO 0));
END counter;
ARCHITECTURE one OF counter IS
SIGNAL pre_q: STD_LOGIC_VECTOR(3 DOWNTO 0);
  BEGIN
   PROCESS(clock,clear,count)
    BEGIN
     IF clear = '1'  THEN
       pre_q <= pre_q - pre_q;
     ELSIF (clock = '1'  AND  clock'EVENT) THEN
      IF count = '1'  THEN
        pre_q <= pre_q + 1;
      END IF;
     END IF;
    END PROCESS;
    q <= pre_q;
END ONE;
```

26. 请分析下面的 VHDL 描述,说明电路完成的是什么功能。

```
(1) LIBRARY IEEE;
    USE IEEE.STD_LOGIC_1164.ALL;
    USE IEEE.STD_LOGIC_UNSIGNED.ALL;
     ENTITY  counter  IS
     PORT (clk,clr_1,ld_1,enp,ent: IN STD_LOGIC;
         d:IN std_logic_vector(3 DOWNTO 0);
         q:OUT std_logic_vector(3 DOWNTO 0);
        rco:OUT STD_LOGIC);
    END counter
    ARCHITECTURE   one OF counter IS
```

时序逻辑的分析与设计

```
        SIGNAL   iq: std_logic_vector(3 DOWNTO 0);
          BEGIN
            PROCESS(clk, ent_1, iq)
             BEGIN
               IF clk ' EVENT AND clk = '1'   THEN
                  IF clr_1 = '1'   THEN   iq <= (OTHERS = >'0');
                  ELSIF ld_1 = '0'   THEN   iq <= d;
                  ELSIF (ent AND enp) = '1' AND (iq = 9) THEN iq <= ( '0', '0', '0', '0');
                  ELSIF (ent AND enp) = '1'   THEN iq <= iq + 1;
                  END IF;
                END IF;
                IF (iq = 9) AND (ent = '1') THEN rco <= '1';
                  ELSE   rco <= '0';
                END IF;
              END PROCESS;
                q <= iq;
          END ONE;
```

(2)
```
    LIBRARY ieee;
    USE ieee. std_logic_1164. all;
    use ieee. std_logic_unsigned. all;

    ENTITY ls160 IS PORT(
        data: in std_logic_vector(3 downto 0);
        clk, ld, p, t, clr: in std_logic;
        count: buffer std_logic_vector(3 downto 0);
        tc: out std_logic);
    END ls160;

    ARCHITECTURE behavior OF ls160 IS
    BEGIN
    tc <= '1' when (count = "1001" and p = '1' and t = '1' and ld = '1' and clr = '1') else '0';

    cale:
        process(clk, clr, p, t, ld)
        begin
        if(rising_edge(clk)) then
         if(clr = '1')then
             if(ld = '1')then
                 if(p = '1')then
                     if(t = '1')then
                         if(count = "1001")then
                             count <= "0000";
                         else
                             count <= count + 1;
                         end if;
                     else
                         count <= count;
                     end if;
                 else
                     count <= count;
                 end if;
```

```vhdl
                else
                        count <= data;
                end if;
            else
                count <= "0000";
            end if;
            end if;
    end process cale;
    END behavior;
```

(3)
```vhdl
    library   ieee;
    use ieee.std_logic_1164.all;
    use ieee.std_logic_unsigned.all;

    entity sequencdcheck is
    port
      (
       clk:in std_logic;
       reset:in std_logic;
       din:in std_logic;
       true:out std_logic
      );
    end sequencdcheck;

    architecture arc of sequencdcheck is
      type state_type is(s1,s2,s3);
      signal state:state_type;
      signal din_d:std_logic;
       begin
      process(clk)
        begin
          if clk'event and clk = '1' then
                din_d <= din;
          end if;
      end process;
      -----
    process(clk,reset)
      begin
        if reset = '1'then
            true <= '0';
           state <= s1;
      elsif clk'event and clk = '1'   then
        case state is
            when s1 =>
            if din_d = '1' then
                state <= s2;
            else
                state <= s1;
            end if;
            true <= '0';
            when s2 =>
```

```
            if din_d = '0' then
                state < = s3;
            else
                state < = s2;
            end if;
            true < = '0';
            when s3 = >
            if din_d = '1' then
                state < = s1;
                true < = '1';
            else
                state < = s3;
                true < = '0';
            end if;
            when others = >
            state < = state;
        end case;
      end if;
   end process;
   -----------

  end arc;
```

27. 分析如图 5-86 所示的脉冲异步时序逻辑电路,指出该电路的功能。

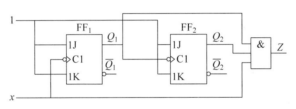

图 5-86   题 27 的图

28. 试用 D 触发器设计 $x_1 \rightarrow x_2 \rightarrow x_2 \rightarrow \cdots$ 序列检测器。

第6章 集成电路的逻辑设计与可编程逻辑器件

随着微电子技术的发展,单个芯片上可集成的电子元件的数目越来越多,继小规模集成电路(SSI)之后,又出现了中规模集成电路(MSI)、大规模集成电路(LSI)和超大规模集成电路(VLSI)。随着集成度的提高,单个芯片的功能也越来越强。一般来说,SSI仅仅是器件(如门电路、触发器等)的集成,MSI已是逻辑部件(如译码器、寄存器等)的集成,而LSI和VLSI则是整个数字系统或其子系统的集成。

前面各章介绍的数字电路的设计方法,是基于SSI的经典设计方法,它是数字逻辑设计的基础。这种设计方法追求的目标是最小化,即尽量减少门电路和触发器的数量,以得到一种实现给定功能的最经济的设计方案,这主要是通过函数和状态化简来实现的。

MSI和LSI的出现,使数字系统的逻辑设计方法发生了根本性的变化,出现了采用中、大规模集成电路进行逻辑设计的方法。由于用该方法设计的电路具有体积小、功耗低、可靠性高及易于设计、调试和维护等优点,因此发展异常迅猛。由于MSI和LSI芯片内部的门电路或触发器的数量都是确定的,因而最小化已不再是设计所追求的目标。而关键在于以MSI和LSI器件的功能为基础,从要求的功能描述出发,合理地选用器件,充分利用器件的功能,尽量减少相互连线,并在必要时使用前面介绍过的基于SSI的经典设计方法设计辅助的接口电路。这种设计方法通常以使用的芯片数量和价格达到最低作为技术和经济的最佳指标。可见,要采用中、大规模集成电路进行逻辑设计,首先必须熟悉中、大规模集成电路芯片的功能和用法,了解其灵活性,才能有效地利用它们实现各种逻辑功能。

中、大规模集成电路根据其设计方式可分成非用户定制集成电路(Non-custom Design IC)和用户定制集成电路(Custom Design IC)两类。非用户定制集成电路又称为通用集成电路或通用片,它具有生产量大、使用广泛、价格低廉等优点;用户定制集成电路通常称为专用集成电路(Application Specific Integrated Circuit,ASIC)。采用ASIC进行数字系统逻辑设计具有设计简单、使用灵活、功能可靠以及保密性能好等优点,近年来ASIC产品无论在价格、集成度或产量、产值等方面均取得了飞速发展。可以说,它代表着集成电路的潮流和未来。

本章首先介绍几种常用的中规模通用集成电路并讨论它们在逻辑设计中的应用,然后介绍以大规模专用集成电路为基础的半导体存储器和可编程逻辑器件及其在逻辑设计中的应用。

6.1 常用中规模通用集成电路

视频讲解

目前,常用的一些中规模集成电路均已加工成应用功能非常明确的通用部件。在数字系统的逻辑设计中,一方面可根据需要将它们直接连入电路中,使之实现其固有的逻辑功能;另一方面,由于它们又具有灵活性和多功能性,还可以以它们为基本部件有效地实现其他各种逻辑功能。在第 5 章中介绍的 MSI 寄存器和计数器就属于此类电路中的时序电路,下面再介绍几种常见的通用中规模集成组合电路以及它们在逻辑设计中的应用。

6.1.1 二进制并行加法器

1. 加法器的分类

实现多位二进制数加法运算的电路称为二进制加法器。按各位数相加方式的不同,可将二进制加法器分为串行二进制加法器和并行二进制加法器两种。串行二进制加法器每次只能接收 1 位加数和被加数,并产生 1 位和数,在时钟脉冲的控制下串行完成多位二进制数的加法运算。5.2.1 节中的例 5-3 就是串行二进制加法器的例子。串行二进制加法器虽然电路简单、易于实现,但运算速度太慢。为了提高加法运算的速度,可采用能同时接收二进制加数和被加数的每一位的并行二进制加法器,其逻辑符号如图 6-1 所示。图中 A_1、A_2、A_3、A_4 为二进制被加数输入端;B_1、B_2、B_3、B_4 为二进制加数输入端;C_0 为低位送来的进位输入端;C_4 为向高位的进位输出端;S_1、S_2、S_3、S_4 为和数输出端。并行二进制加法器按进位传递方式的不同,又可分为串行进位二进制并行加法器和超前进位二进制并行加法器两种。

串行进位二进制并行加法器是由多个全加器级联而成的,全加器的个数等于二进制数的位数,如图 6-2 所示。74LS83 就是这种中规模 4 位串行进位二进制并行加法器。串行进位二进制并行加法器的特点是:被加数和加数的各位能同时并行地到达各自的输入端,而各位全加器的进位输入仍是按照由低向高逐级串行传送的,各位形成一个进位链。由于每一位相加的和都与本位的进位输入有关,所以,最高位必须等到各低位全部相加完毕并送来进位信号之后才能产生运算结果。显然这种加法器的运算速度仍较慢,而且位数越多,速度越慢。

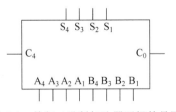

图 6-1 并行二进制加法器逻辑符号图

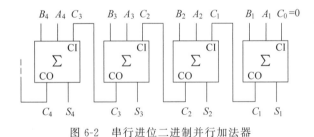

图 6-2 串行进位二进制并行加法器

2. 超前进位二进制并行加法器

为了进一步提高加法器的运算速度,必须设法减小或消除由于进位信息逐级传送所需的时间,使各位的进位信息直接由该位的加数和被加数来决定,而不需要依赖低位送来的进位。根据这种思想设计出来的加法器称为超前进位二进制并行加法器，也称为先行进位二进制并行加法器。下面介绍超前进位产生的原理。

根据 3.6 节所学的全加器"进位"输出表达式：

$$C_i = A_i B_i + (A_i \oplus B_i) C_{i-1}$$

可知 C_i 由两部分组成：$A_i B_i$ 表示只要 $A_i = 1$ 且 $B_i = 1$，则有 $C_i = 1$，即此时 C_i 只与本位的输入 A_i 和 B_i 有关，而与低位送来的进位 C_{i-1} 无关；$(A_i \oplus B_i) C_{i-1}$ 表示当 A_i 和 B_i 中一个为 1，另一个为 0 时，$C_i = C_{i-1}$，即来自低位的进位可以通过本位传递给高位。由于这些特征的存在，通常称 $A_i B_i$ 为进位生成函数，$A_i \oplus B_i$ 为进位传递函数。

令 $G_i = A_i B_i$，$P_i = A_i \oplus B_i$ 并代入全加器的"和"及"进位"输出表达式可得

$$S_i = A_i \oplus B_i \oplus C_{i-1} = P_i \oplus C_{i-1}$$

$$C_i = G_i + P_i C_{i-1}$$

当 $i = 1, 2, 3, 4$ 时，可得到 4 位并行加法器各位的"进位"输出表达式。

$$C_1 = G_1 + P_1 C_0$$

$$C_2 = G_2 + P_2 C_1 = G_2 + P_2 G_1 + P_2 P_1 C_0$$

$$C_3 = G_3 + P_3 C_2 = G_3 + P_3 G_2 + P_3 P_2 G_1 + P_3 P_2 P_1 C_0$$

$$C_4 = G_4 + P_4 C_3 = G_4 + P_4 G_3 + P_4 P_3 G_2 + P_4 P_3 P_2 G_1 + P_4 P_3 P_2 P_1 C_0$$

可见，各"进位"输出仅取决于 P_i、G_i 和 C_0，由于 P_i 和 G_i 仅取决于 A_i 和 B_i，而 A_i、B_i 和 C_0（一般情况下，C_0 在运算前已经预置）能同时提供，这就使得各位的进位能同时产生，从而可使各位的"和"也能同时产生，提高了运算速度。超前进位 4 位二进制并行加法器的逻辑电路如图 6-3 所示。74LS283 就是这种中规模 4 位超前进位二进制并行加法器。

下面给出 4 位超前进位二进制并行加法器的一种 VHDL 数据流描述。

```
LIBRARY IEEE;
USE IEEE.std_logic_1164.ALL;
ENTITY ripple_carry_adder IS
    PORT(in1,in2:IN std_logic_vector(3 DOWNTO 0);      -- 加数、被加数输入
         sum:OUT std_logic_vector(3 DOWNTO 0);         -- 和数输出
         carry_in:IN std_logic;                        -- 进位输入
         carry_out:OUT std_logic);                     -- 进位输出
END ripple_carry_adder;
ARCHITECTURE one OF ripple_carry_adder IS
    SIGNAL g,p,c:std_logic_vector(3 DOWNTO 0);         -- 中间信号
BEGIN
    g(0)<= in1(0) AND in2(0);                          -- Gᵢ = AᵢBᵢ
    g(1)<= in1(1) AND in2(1);
    g(2)<= in1(2) AND in2(2);
    g(3)<= in1(3) AND in2(3);
    p(0)<= in1(0) XOR in2(0);                          -- Pᵢ = Aᵢ⊕Bᵢ
    p(1)<= in1(1) XOR in2(1);
    p(2)<= in1(2) XOR in2(2);
    p(3)<= in1(3) XOR in2(3);
    c(0)<= g(0) OR (p(0) AND carry_in);                -- 先行进位
    c(1)<= g(1) OR (p(1) AND g(0)) OR (p(1) AND p(0) AND carry_in);
    c(2)<= g(2) OR (p(2) AND g(1)) OR (p(2)AND p(1) AND g(0))
```

集成电路的逻辑设计与可编程逻辑器件

```
                    OR (p(2) AND p(1) AND p(0) AND carry_in);
        c(3)< = g(3) OR (p(3)AND g(2)) OR (p(3) AND p(2) AND g(1))
                    OR (p(3) AND p(2) AND p(1) AND g(0))
                    OR (p(3) AND p(2) AND p(1) AND p(0) AND carry_in);
        carry_out < = c(3);                          -- 进位输出
        sum(0)< = p(0) XOR carry_in;                 -- 和数输出
        sum(1)< = p(1) XOR c(0);
        sum(2)< = p(2) XOR c(1);
        sum(3)< = p(3) XOR c(2);
    END one;
```

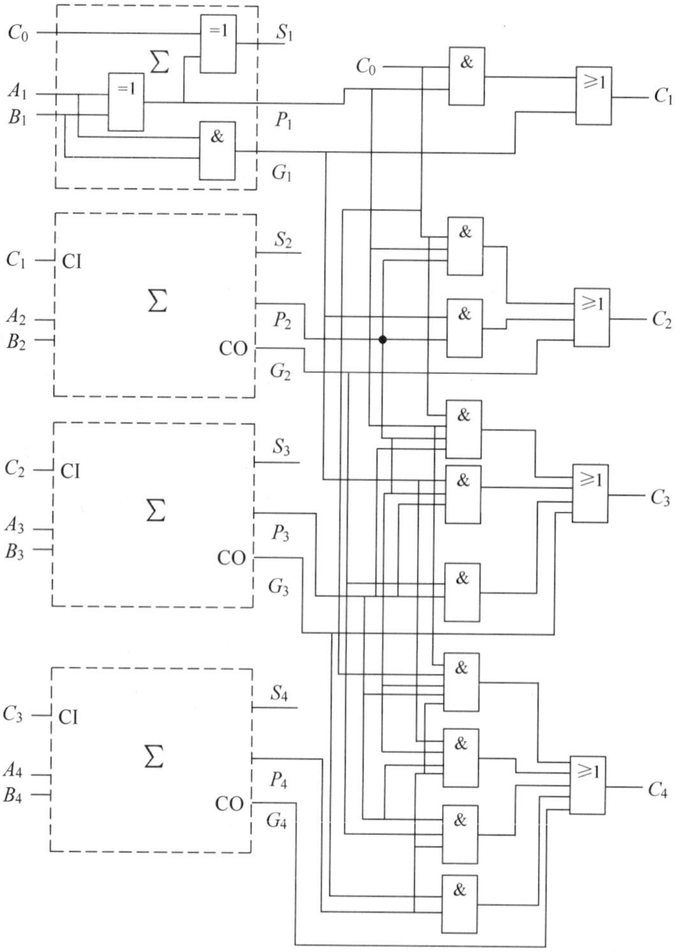

图 6-3   4 位超前进位二进制并行加法器逻辑电路图

程序中 in1 和 in2 分别为 4 位二进制加数和被加数；sum 为 4 和数；carry_in 和 carry_out 分别为进位输入和进位输出。中间信号 g、p 和 c 分别为进位产生函数、进位传递函数和每一位向高位的进位值。程序中主要使用了标准逻辑矢量数据类型，要表示矢量中的某一位可用以下格式：

标识符(表达式)

注意：表达式必须在矢量元素下标的范围以内，并且必须是可计算的。例如，本例中的 $sum(0)$、$in1(1)$、$c(2)$ 等。

3. 二进制并行加法器的应用

二进制并行加法器除可实现二进制加法运算的基本功能以外，还可以实现代码转换、二进制减法运算、二进制乘法运算、十进制加法运算等功能。下面举例说明。

例 6-1 用 4 位二进制并行加法器设计一个将 8421BCD 码转换成余 3 码的代码转换器。

视频讲解

解：根据余 3 码的定义可知，余 3 码是由 8421BCD 码加 3(0011)后形成的代码，所以可以很方便地利用加法器的加法功能将其实现。此时只需将二进制并行加法器的被加数输入端连接待转换的 8421BCD 码，加数输入端连接二进制常数 0011，进位输入端 C_0 接 0，即可在输出端 S_4、S_3、S_2、S_1 得到相应的余 3 码，其逻辑电路如图 6-4 所示。

例 6-2 用 4 位二进制并行加法器设计一个 4 位二进制并行加/减法器。

视频讲解

解：设 A 和 B 分别为 4 位二进制数，其中 $A=a_4a_3a_2a_1$ 为被加数（或被减数），$B=b_4b_3b_2b_1$ 为加数（或减数），$S=s_4s_3s_2s_1$ 为和数（或差数）。令 M 为功能选择变量，当 $M=0$ 时，执行 $A+B$；当 $M=1$ 时，执行 $A-B$。减法采用补码运算。

可用一片 4 位二进制并行加法器和 4 个"异或"门实现上述逻辑功能。具体可将 4 位二进制数 A 直接加到并行加法器的输入端 A_4、A_3、A_2 和 A_1，4 位二进制数 B 通过"异或"门加到并行加法器的输入端 B_4、B_3、B_2 和 B_1，并将功能选择变量 M 作为"异或"门的另一个输入端，同时将 M 接到并行加法器的进位输入端 C_0。此时，当 $M=0$ 时，$C_0=0$，$b_i \oplus M=b_i \oplus 0=b_i$，加法器实现 $A+B$；当 $M=1$ 时，$C_0=1$，$b_i \oplus M=b_i \oplus 1=\bar{b}_i$，加法器实现 $A+\bar{B}+1$，即 $A-B$。其逻辑电路如图 6-5 所示。

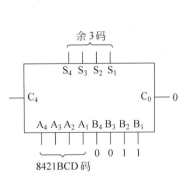

图 6-4 例 6-1 的逻辑电路图

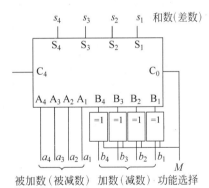

图 6-5 例 6-2 的逻辑电路图

例 6-3 用 4 位二进制并行加法器设计一个用 8421BCD 码表示的 1 位十进制加法器。

视频讲解

解：两个 1 位 8421BCD 码相加，其和仍应为 8421BCD 码，如不是 8421BCD 码，则结果错误。例如：

$$
\begin{array}{r}
3 \\
+5 \\
\hline
8
\end{array}
\qquad
\begin{array}{r}
0011 \\
+0101 \\
\hline
1000
\end{array}
$$

1000 是 8421BCD 码的 8，结果正确。又如：

集成电路的逻辑设计与可编程逻辑器件

$$
\begin{array}{r}
7 \\
+\ 8 \\
\hline
15
\end{array}
\qquad
\begin{array}{r}
0111 \\
+\ 1000 \\
\hline
1111
\end{array}
$$

1111 不是 8421BCD 码,结果错误。

8421BCD 码是十进制数,逢 10 进 1,而 4 位二进制相当于 1 位十六进制,逢 16 进 1,由于进位规则不同,因而产生了上述错误结果。当和数大于 9 时,8421BCD 码应该产生进位,而十六进制还不能产生进位,为了防止出现错误结果,应对其结果进行校正。当运算结果小于或等于 9 时,不用校正,加 0000;当运算结果大于 9 时应校正,此时可加 6(0110),使其产生进位。

例如:上例中结果为 1111,加 6(0110),则

$$
\begin{array}{r}
1111 \\
+\ 0110 \\
\hline
10101
\end{array}
$$

其结果为两位 8421BCD 码 15,结果正确。

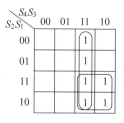

图 6-6　例 6-3 的卡诺图

可见,校正电路应是一个判 9 电路,当和小于或等于 9 时加 0000;当和大于 9 时加 0110,进行校正。

大于 9 的数所对应的最小项为 m_{10}、m_{11}、m_{12}、m_{13}、m_{14}、m_{15} 与各位和 S_4、S_3、S_2、S_1 的关系如图 6-6 所示。

若相加的结果产生了进位(C_4),其和也一定大于 9,所以大于 9 的校正函数为

$$
F = C_4 + S_4 S_3 + S_4 S_2 = \overline{\overline{C_4} \cdot \overline{S_4 S_3} \cdot \overline{S_4 S_2}}
$$

由 4 位全加器构成的带有校正电路的 1 位 8421BCD 码的加法电路如图 6-7 所示。电路由两级全加器组成,第一级进行初加,第二级进行校正。由图可见,当 $F=0$ 时,不校正;当 $F=1$ 时,加 6(0110)进行校正。

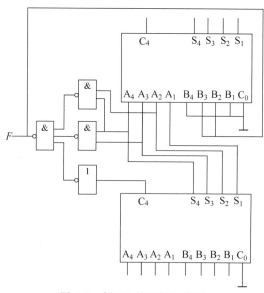

图 6-7　例 6-3 的逻辑电路图

例 6-4 用 4 位二进制并行加法器设计 4 位二进制无符号数乘法器。

解：设两个 4 位二进制无符号数为 X 和 Y，$X = x_3 x_2 x_1 x_0$，$Y = y_3 y_2 y_1 y_0$，则 X 和 Y 的乘积 Z 为一个 8 位二进制数，可令 $Z = z_7 z_6 z_5 z_4 z_3 z_2 z_1 z_0$。两数相乘求积的过程如下：

				被乘数	x_3	x_2	x_1	x_0
$\times$）				乘数	y_3	y_2	y_1	y_0

$$
\begin{array}{ccccccccc}
& & & & y_0 x_3 & y_0 x_2 & y_0 x_1 & y_0 x_0 \\
& & & y_1 x_3 & y_1 x_2 & y_1 x_1 & y_1 x_0 \\
& & y_2 x_3 & y_2 x_2 & y_2 x_1 & y_2 x_0 \\
& y_3 x_3 & y_3 x_2 & y_3 x_1 & y_3 x_0 \\
\end{array}
$$

乘积 　　z_7　z_6　z_5　z_4　z_3　z_2　z_1　z_0

因为两个 1 位二进制数相乘的法则和逻辑"与"运算法则相同，所以"与"项 $y_i x_j$（$i,j = 0,1,2,3$）可用两输入"与"门实现，而对部分积求和则可用并行加法器实现。由此可知，实现 4 位二进制数乘法运算的逻辑电路可由 16 个两输入"与"门和 3 个 4 位二进制并行加法器构成，逻辑电路如图 6-8 所示。

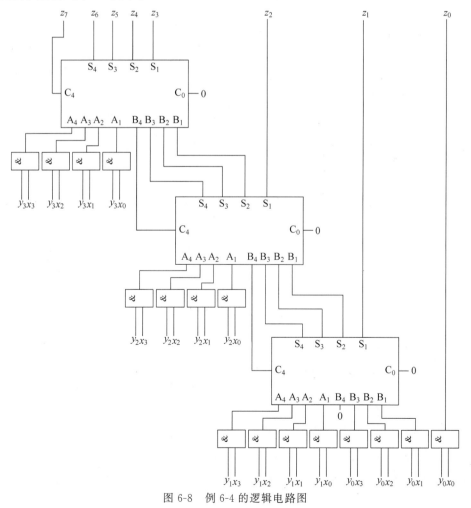

图 6-8　例 6-4 的逻辑电路图

视频讲解

6.1.2 译码器和编码器

译码器和编码器是计算机及其他数字系统中应用非常广泛的多输入多输出组合逻辑电路。译码就是对输入信号进行"翻译",识别出其含义并产生相应的输出信号;编码是译码的反过程,是给不同的输入信号分配一个二进制代码的过程。完成译码和编码的电路分别称为译码器和编码器。下面分别进行介绍。

1. 译码器

译码器的种类很多,常见的有二进制译码器、二-十进制译码器和数字显示译码器。

1) 二进制译码器

二进制译码器的功能是将 n 个输入变量"翻译"成 2^n 个输出函数,且每个输出函数都对应于输入变量的一个最小项。因此,二进制译码器都具有 n 个译码输入端和 2^n 个译码输出端,称 $n-2^n$ 线译码器。除此之外,一般还有用于控制该译码器是否能够正常工作的一个或多个控制输入端,通常称为使能输入端,简称使能端。当所有使能端都为有效电平时,对应每一组输入代码,输出端仅有一个为有效电平,其余均为无效电平。当使能端不是全部有效时,输出端均为无效电平。有效电平既可以为高电平也可以为低电平,分别称为高电平译码器和低电平译码器。常见的 MSI 二进制译码器有 2-4 线译码器、3-8 线译码和 4-16 线译码器等。图 6-9(a)和图 6-9(b)分别是 3-8 线译码器 74LS138 的逻辑电路图和逻辑符号图。图中 A、B、C 为译码输入端;$\overline{Y}_0$,$\overline{Y}_1$,$\cdots$,$\overline{Y}_7$ 为译码输出端;G_1、$\overline{G}_{2A}$ 和 $\overline{G}_{2B}$ 为使能输入端。图中引脚信号线上的横线表示该信号为低电平有效的信号。表 6-1 为该译码器的真值表,由真值表可知,当 $G_1=1$,$G_2=\overline{G}_{2A}+\overline{G}_{2B}=0$ 时,对于 A、B、C 的一组输入值,输出 $\overline{Y}_0$,$\overline{Y}_1$,$\cdots$,$\overline{Y}_7$ 中都有且仅有一个为 0(有效电平),其余均为 1(无效电平),此即译码。其他情况下译码器不工作,输出端全为 1。

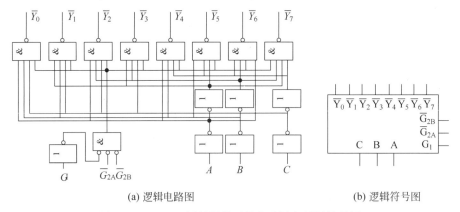

(a) 逻辑电路图 (b) 逻辑符号图

图 6-9 74LS138 译码器的逻辑电路图和逻辑符号图

由表 6-1 可知,在使能信号有效的情况下,74LS138 译码器的输出表达式为

$$\overline{Y}_0 = \overline{\overline{C}\,\overline{B}\,\overline{A}} = \overline{m}_0,\ \overline{Y}_1 = \overline{\overline{C}\,\overline{B}A} = \overline{m}_1,\cdots,\overline{Y}_7 = \overline{CBA} = \overline{m}_7$$

可见,74LS138 译码器的输出 $\overline{Y}_i$ 与三变量的最小项 $\overline{m}_i$ 对应。

表 6-1　74LS138 译码器的真值表

使 能 输 入		译 码 输 入			输　　　　出							
G_1	G_2	C	B	A	$\overline{Y}_0$	$\overline{Y}_1$	$\overline{Y}_2$	$\overline{Y}_3$	$\overline{Y}_4$	$\overline{Y}_5$	$\overline{Y}_6$	$\overline{Y}_7$
$\times$	1	$\times$	$\times$	$\times$	1	1	1	1	1	1	1	1
0	$\times$	$\times$	$\times$	$\times$	1	1	1	1	1	1	1	1
1	0	0	0	0	0	1	1	1	1	1	1	1
1	0	0	0	1	1	0	1	1	1	1	1	1
1	0	0	1	0	1	1	0	1	1	1	1	1
1	0	0	1	1	1	1	1	0	1	1	1	1
1	0	1	0	0	1	1	1	1	0	1	1	1
1	0	1	0	1	1	1	1	1	1	0	1	1
1	0	1	1	0	1	1	1	1	1	1	0	1
1	0	1	1	1	1	1	1	1	1	1	1	0

注：$G_2 = \overline{G}_{2A} + \overline{G}_{2B}$，1 为高电平，0 为低电平，$\times$ 为任意。

下面给出 74LS138 译码器的 VHDL 描述，本节其他译码器的 VHDL 描述读者可参考该描述自行完成。

```
LIBRARY IEEE;
USE IEEE.STD_LOGIC_1164.ALL;
ENTITY decoder_74ls138 IS
    PORT(a,b,c:IN STD_LOGIC;                          -- 译码输入信号
         g1,g2a,g2b:IN STD_LOGIC;                     -- 使能控制信号
         y:OUT STD_LOGIC_VECTOR(7 DOWNTO 0));         -- 译码输出信号
END decoder_74ls138;
ARCHITECTURE one OF decoder_74ls138 IS
BEGIN
PROCESS(g1,g2a,g2b,a,b,c)
        VARIABLE comb:STD_LOGIC_VECTOR(2 DOWNTO 0);
    BEGIN
        comb: = c&b&a;
        IF (g1 = '1' AND g2a = '0' AND g2b = '0') THEN
            CASE comb IS
                WHEN "000" = > y < = "11111110";
                WHEN "001" = > y < = "11111101";
                WHEN "010" = > y < = "11111011";
                WHEN "011" = > y < = "11110111";
                WHEN "100" = > y < = "11101111";
                WHEN "101" = > y < = "11011111";
                WHEN "110" = > y < = "10111111";
                WHEN "111" = > y < = "01111111";
                WHEN OTHERS = > y < = "XXXXXXXX";
            END CASE;
        ELSE
            y < = "11111111";
        END IF;
    END PROCESS;
END one;
```

程序中用 IF 语句实现使能信号的控制,用 CASE 语句实现译码器的多分支选择。注意 IF 和 CASE 语句都是顺序语句,一定要放在 PROCESS 语句中。

视频讲解

2) 二-十进制译码器

二-十进制译码器的功能是将 4 位 BCD 码(一般为 8421BCD 码)的 10 组代码"翻译"成 10 个十进制数码。因为其输入和输出线的条数分别为 4 和 10,所以又称为 4-10 线译码器。二-十进制译码器根据其输入端是否允许出现 6 组非法 8421BCD 码($1010 \sim 1111$),又分为完全译码的二-十进制译码器和不完全译码的二-十进制译码器。完全译码的二-十进制译码器的输入端允许出现任何取值组合,但对非法 8421BCD 码,输出端全部为无效电平,即拒绝"翻译"非法码,74LS42 即为该类型的 MSI 二-十进制译码器。图 6-10 为完全译码的二-十进制译码器的逻辑电路图,其中 $A_3 \sim A_0$ 为 4 位 8421BCD 码的输入端,$\overline{Y}_0 \sim \overline{Y}_9$ 为输出端,分别代表十进制数 $0 \sim 9$。该译码器的真值表如表 6-2 所示。从真值表可知,该译码器的输出为低电平有效。不完全译码的二-十进制译码器的输入端只允许出现规定的前 10 种代码($0000 \sim 1001$),而不会出现另外 6 种不采用的非法码,其真值表与表 6-2 的区别仅在于第 1010 $\sim$ 第 1111 行的对应输出应视为无关项 d。读者可自行设计出该种类型的译码器的逻辑电路图。

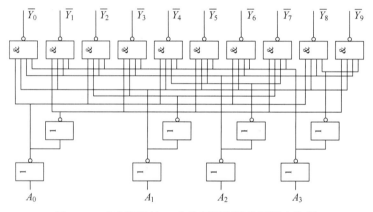

图 6-10　完全译码的二-十进制译码器的逻辑电路图

表 6-2　完全译码的二-十进制译码器的真值表

输　入				输　出									
A_3	A_2	A_1	A_0	$\overline{Y}_0$	$\overline{Y}_1$	$\overline{Y}_2$	$\overline{Y}_3$	$\overline{Y}_4$	$\overline{Y}_5$	$\overline{Y}_6$	$\overline{Y}_7$	$\overline{Y}_8$	$\overline{Y}_9$
0	0	0	0	0	1	1	1	1	1	1	1	1	1
0	0	0	1	1	0	1	1	1	1	1	1	1	1
0	0	1	0	1	1	0	1	1	1	1	1	1	1
0	0	1	1	1	1	1	0	1	1	1	1	1	1
0	1	0	0	1	1	1	1	0	1	1	1	1	1
0	1	0	1	1	1	1	1	1	0	1	1	1	1
0	1	1	0	1	1	1	1	1	1	0	1	1	1
0	1	1	1	1	1	1	1	1	1	1	0	1	1
1	0	0	0	1	1	1	1	1	1	1	1	0	1
1	0	0	1	1	1	1	1	1	1	1	1	1	0

输 入				输 出									
A_3	A_2	A_1	A_0	$\overline{Y}_0$	$\overline{Y}_1$	$\overline{Y}_2$	$\overline{Y}_3$	$\overline{Y}_4$	$\overline{Y}_5$	$\overline{Y}_6$	$\overline{Y}_7$	$\overline{Y}_8$	$\overline{Y}_9$
1	0	1	0	1	1	1	1	1	1	1	1	1	1
1	0	1	1	1	1	1	1	1	1	1	1	1	1
1	1	0	0	1	1	1	1	1	1	1	1	1	1
1	1	0	1	1	1	1	1	1	1	1	1	1	1
1	1	1	0	1	1	1	1	1	1	1	1	1	1
1	1	1	1	1	1	1	1	1	1	1	1	1	1

3）数字显示译码器

数字显示译码器是驱动显示器件的核心部件,它可以将输入代码转换成相应的数字,并在数码管上显示出来。3.6 节曾介绍过七段 LED 显示译码器的设计,这里不再赘述,仅介绍一个 MSI 译码器的例子。图 6-11 为 MSI 七段显示译码器 74LS47 的逻辑电路图。图中,输入 $A_3 \sim A_0$ 用于接收 4 位二进制代码,输出 $\overline{a} \sim \overline{g}$ 分别用于驱动七段显示器的 $a \sim g$ 段,并且输出为低电平有效,驱动共阳极 LED 显示器,其功能表如表 6-3 所示。

视频讲解

表 6-3 74LS47 的功能表

十进制数或功能	输 入						$\overline{\text{BI}}/\overline{\text{RBO}}$	输 出							说明
	$\overline{\text{LTI}}$	$\overline{\text{RBI}}$	A_3	A_2	A_1	A_0		$\overline{a}$	$\overline{b}$	$\overline{c}$	$\overline{d}$	$\overline{e}$	$\overline{f}$	$\overline{g}$	
0	1	1	0	0	0	0	1	0	0	0	0	0	0	1	
1	1	×	0	0	0	1	1	1	0	0	1	1	1	1	
2	1	×	0	0	1	0	1	0	0	1	0	0	1	0	
3	1	×	0	0	1	1	1	0	0	0	0	1	1	0	
4	1	×	0	1	0	0	1	1	0	0	1	1	0	0	
5	1	×	0	1	0	1	1	0	1	0	0	1	0	0	
6	1	×	0	1	1	0	1	1	1	0	0	0	0	0	译
7	1	×	0	1	1	1	1	0	0	0	1	1	1	1	码
8	1	×	1	0	0	0	1	0	0	0	0	0	0	0	显
9	1	×	1	0	0	1	1	0	0	0	1	1	0	0	示
10	1	×	1	0	1	0	1	1	1	1	0	0	1	0	
11	1	×	1	0	1	1	1	1	1	0	0	1	1	0	
12	1	×	1	1	0	0	1	1	0	1	1	1	0	0	
13	1	×	1	1	0	1	1	0	1	1	0	1	0	0	
14	1	×	1	1	1	0	1	1	1	1	0	0	0	0	
15	1	×	1	1	1	1	1	1	1	1	1	1	1	1	
$\overline{\text{BI}}=0$	×	×	×	×	×	×	0	1	1	1	1	1	1	1	熄灭
$\overline{\text{RBI}}=0$	1	0	0	0	0	0	0	1	1	1	1	1	1	1	灭零
$\overline{\text{LTI}}=0$	0	×	×	×	×	×	1	0	0	0	0	0	0	0	测试

注: $\overline{\text{BI}}/\overline{\text{RBO}}$ 列中除倒数第三行为 $\overline{\text{BI}}=0$ 输入外,其余均为 $\overline{\text{RBO}}$ 输出。

为了增加器件的功能,扩大应用,74LS47 还增加了辅助功能控制信号 $\overline{\text{LTI}}$、$\overline{\text{RBI}}$、$\overline{\text{BI}}/\overline{\text{RBO}}$。其中,$\overline{\text{LTI}}$ 为测试输入端,用于检查七段显示器的各段是否都能点亮。正常译码时

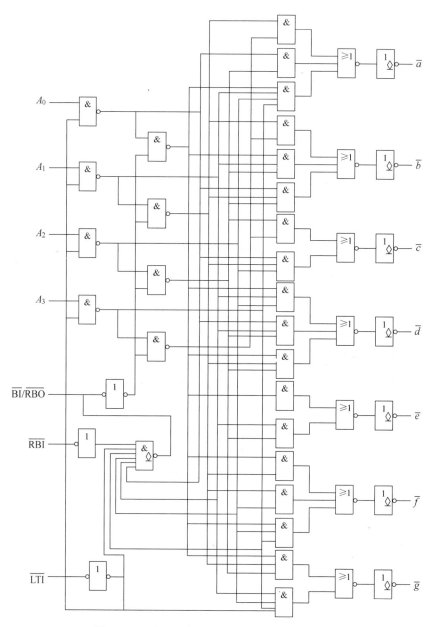

图 6-11　七段显示译码器 74LS47 的逻辑电路图

应使 $\overline{\text{LTI}}=1$。当 $\overline{\text{LTI}}=0$ 时,不管其他输入信号的状态如何,$\bar{a}\sim\bar{g}$ 输出均为 0,被驱动的共阳极数码管全部点亮,应显示 8,否则说明有些段已坏。$\overline{\text{RBI}}$ 为灭零输入端,用于熄灭无意义的 0 的显示。例如,多位数 00088.800 习惯上应显示为 88.8,为此需将多余的 0 全部熄灭。当 $\overline{\text{RBI}}=0$,$\overline{\text{LTI}}=1$ 时,如果输入 $A_3A_2A_1A_0=0000$,则输出 $\bar{a}\sim\bar{g}$ 均为 1,使共阳极数码管各段全部熄灭,不显示该 0。$\overline{\text{BI}}/\overline{\text{RBO}}$ 为熄灭输入端/灭零输出端。当 $\overline{\text{BI}}=0$ 时,不管其他输入的状态如何,译码器的输出全部为高电平,使共阳极数码管全部熄灭,这是为降低系统功耗设置的,在不需要观察时可随时熄灭显示器。$\overline{\text{RBO}}$ 与 $\overline{\text{BI}}$ 共用一个引脚,当

$\overline{\text{RBI}}=0$ 且输入数码为 0 时，$\overline{\text{RBO}}$ 输出为 0，不显示数字 0，其他情况下 $\overline{\text{RBO}}$ 输出均为 1，译码器完成正常译码功能。

灭零输出 $\overline{\text{RBO}}$ 和灭零输入 $\overline{\text{RBI}}$ 配合使用，可以实现多位数码显示的灭零控制。如图 6-12 所示为 8 位数字显示系统的灭零控制。整数位的最高位和小数位的最低位的灭零输入 $\overline{\text{RBI}}$ 接地，以便灭零。另外，整数位中高位的灭零输出 $\overline{\text{RBO}}$ 与低一位的灭零输入 $\overline{\text{RBI}}$ 相连，小数位中低位的 $\overline{\text{RBO}}$ 与高一位的 $\overline{\text{RBI}}$ 相连，这样就可以把多余的零熄灭。这种接法，仅当整数的高位是 0，而且被熄灭时，低位才有灭零输入信号；仅当小数的低位是 0，而且被熄灭时，高位才有灭零输入信号。图中整数部分的个位和小数部分的十分位都没有使用灭零功能，是因为当全部数据为零时应保留显示 0.0，否则 8 位将全部熄灭。

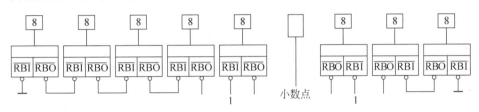

图 6-12 8 位数字显示系统的灭零控制

图 6-13 和图 6-14 分别给出了用输出低电平有效的数字显示译码器 74LS47 驱动共阳极数码管和用输出高电平有效的数字显示译码器 74LS48 驱动共阴极数码管的接线图，图中 R 为限流电阻。

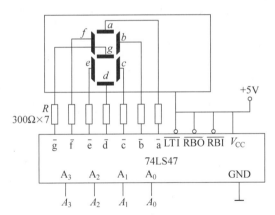

图 6-13 共阳极 LED 与数字显示译码器的连接

4）用译码器进行组合逻辑设计

译码器在数字系统中的应用非常广泛，其典型用途是实现存储器的地址译码、控制器中的指令译码、显示译码等。除此以外，由前述可知，译码器的输出对应于输入变量的最小项（高电平译码器）或最小项的"非"（低电平译码器），而任何逻辑函数又都可以写成"最小项之和"的形式，所以使用译码器和适当的逻辑门电路可以实现任何复杂的组合逻辑功能，下面举例说明。

例 6-5 用一片 74LS138 译码器和"与非"门设计一位全减器。

解：对照 3.6 节学过的全加器很容易理解全减器的功能。它是实现被减数减去减数和

视频讲解

213

第 6 章

集成电路的逻辑设计与可编程逻辑器件

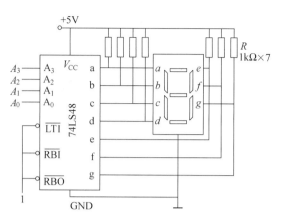

图 6-14 共阴极 LED 与数字显示译码器的连接

低位向该位的借位,并且得到差和向高位借位的组合逻辑电路。设输入的被减数为 A_i,减数为 B_i,低位向该位的借位为 C_{i-1},输出差为 D_i,向高位的借位为 C_i,则其真值表如表 6-4 所示。

由表 6-4 直接写出输出函数 D_i 和 C_i 的"最小项之和"表达式,并进行适当变换得

$$D_i = m_1 + m_2 + m_4 + m_7 = \overline{\overline{m_1} \cdot \overline{m_2} \cdot \overline{m_4} \cdot \overline{m_7}}$$

$$C_i = m_1 + m_2 + m_3 + m_7 = \overline{\overline{m_1} \cdot \overline{m_2} \cdot \overline{m_3} \cdot \overline{m_7}}$$

因为对 74LS138 译码器有 $\overline{Y_i} = \overline{m_i}$,因此只需将全减器的输入变量 A_i、B_i、C_{i-1} 分别与译码器的输入端 C、B、A 相连,让译码器的使能输入端 G_1、$\overline{G_{2A}}$、$\overline{G_{2B}}$ 全部接有效电平,便可在输出端得到 3 个变量的 8 个最小项的"非"。再将相应的最小项的"非"送至"与非"门的输入端即可,其逻辑电路如图 6-15 所示。

表 6-4 例 6-5 的全减器真值表

输	入		输	出
A_i	B_i	C_{i-1}	D_i	C_i
0	0	0	0	0
0	0	1	1	1
0	1	0	1	1
0	1	1	0	1
1	0	0	1	0
1	0	1	0	0
1	1	0	0	0
1	1	1	1	1

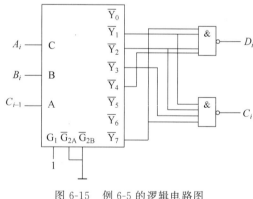

图 6-15 例 6-5 的逻辑电路图

由本例可见,用译码器实现组合逻辑电路,简单方便,不需要对逻辑函数化简,只需根据功能要求列出真值表并写出输出函数"最小项之和"表达式即可。

例 6-6 用 74LS138 译码器和"与非"门实现逻辑函数。

$$F(A,B,C,D) = \sum m(2,4,6,8,10,12,14)$$

解：给定的逻辑函数有 4 个输入变量，显然可用与例 6-5 类似的方法用一个 4-16 线译码器和"与非"门实现。

因为题目要求使用 3-8 线译码器 74LS138 实现，所以这里就是要解决如何用 3-8 线译码器实现 4-16 线译码器的功能的问题。这可借助 74LS138 的使能输入端来实现，其方法是用译码器的一个使能端作为变量输入端，将两个 3-8 线译码器扩展成 4-16 线译码器。可先将给定的函数变换为

$$F(A,B,C,D) = \overline{\overline{m}_2 \cdot \overline{m}_4 \cdot \overline{m}_6 \cdot \overline{m}_8 \cdot \overline{m}_{10} \cdot \overline{m}_{12} \cdot \overline{m}_{14}}$$

然后将逻辑变量 B、C、D 分别接至片 Ⅰ 和片 Ⅱ 的译码输入端 C、B、A，逻辑变量 A 接至片 Ⅰ 的使能端 $\overline{G}_{2A}$ 和片 Ⅱ 的使能端 G_1，将译码器中其他使能端接有效电平。这样，当输入变量 $A=0$ 时，片 Ⅰ 工作，片 Ⅱ 被禁止，由片 Ⅰ 产生 $\overline{m}_0 \sim \overline{m}_7$；当 $A=1$ 时，片 Ⅱ 工作，片 Ⅰ 被禁止，由片 Ⅱ 产生 $\overline{m}_8 \sim \overline{m}_{15}$。将译码器输出中与函数相关的项进行"与非"运算，即可实现给定函数的功能，其逻辑电路如图 6-16 所示。

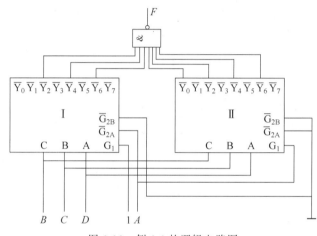

图 6-16 例 6-6 的逻辑电路图

2. 编码器

编码器的种类很多，根据编码信号的不同，可分为二进制编码器和二-十进制编码器（又称十进制-BCD 码编码器）；根据对被编码信号的不同要求，可分为普通编码器和优先编码器。普通二进制编码器给出输入信号对应的二进制编码，有 2^n 个输入信号和 n 个输出信号，称为 2^n-n 线编码器。普通二-十进制编码器是将十进制数的 $0 \sim 9$ 这 10 个数字分别编成 4 位 BCD 码的一种编码器。这种编码器用 10 个输入端代表 10 个不同的数字，4 个输出端代表 BCD 码，又称为 10-4 线编码器。普通编码器的设计请参考 3.6 节组合逻辑电路设计举例，这里不再赘述。

普通编码器的输入信号是互斥的，即任何时候只允许一个输入端为有效信号，否则编码器将发生混乱。但在数字系统中有许多信号，如中断请求信号，是允许多个信号同时有效的，它们的优先级别可以不同，若遇多个同时有效，可以先对优先级最高的信号进行响应，之后再响应其他信号。优先编码器就是实现这种功能的编码器，如 74LS147 就是常用的具有高位优先的 MSI 二-十进制优先编码器，其功能与普通二-十进制编码器一样，只是允许多个输入信号同时有效，按高位优先的规则进行编码。下面介绍常用的 MSI 二进制优先编码

集成电路的逻辑设计与可编程逻辑器件

器 74LS148。

图 6-17 为 74LS148 的逻辑电路图和逻辑符号。图中 $\bar{I}_0 \sim \bar{I}_7$ 为 8 个输入端,$\bar{Q}_C$、$\bar{Q}_B$、$\bar{Q}_A$ 为 3 位二进制代码输出端,因此,常称它为 8-3 线优先编码器。该编码器的真值表如表 6-5 所示。由真值表可知,输入 $\bar{I}_0 \sim \bar{I}_7$ 和输出 $\bar{Q}_C$、$\bar{Q}_B$、$\bar{Q}_A$ 均为低电平有效(逻辑电路图中与各输入相连的门的输入端的小圆圈既表示"非"运算,也表示低电平有效,信号名称上的"非"号表示低电平有效)。输出编码为反码形式。在输入信号 $\bar{I}_0 \sim \bar{I}_7$ 中,下标越大优先级就越高。例如,当 $\bar{I}_0$、$\bar{I}_2$、$\bar{I}_3$、$\bar{I}_5$ 和 $\bar{I}_7$ 均为 1,且 $\bar{I}_1$、$\bar{I}_4$ 和 $\bar{I}_6$ 为 0 时,输出按优先级较高的 $\bar{I}_6$ 编码,即 $\bar{Q}_C\bar{Q}_B\bar{Q}_A = 001$,而不是按优先级较低的 $\bar{I}_1$ 和 $\bar{I}_4$ 编码。此后,若 $\bar{I}_6$ 变为 1,则按 $\bar{I}_4$ 编码,$\bar{Q}_C\bar{Q}_B\bar{Q}_A = 011$。若 $\bar{I}_4$ 也变为 1,输出才按 $\bar{I}_1$ 编码,$\bar{Q}_C\bar{Q}_B\bar{Q}_A = 110$。输入 $\bar{I}_S$ 和输出 $\bar{O}_S$、$\bar{O}_{EX}$ 用于实现优先编码器的扩充连接。$\bar{I}_S$ 为工作状态选择输入端(或称输入允许端),当 $\bar{I}_S = 0$ 时编码器正常工作,否则不进行编码工作。$\bar{O}_S$ 为允许输出端,当允许编码(即 $\bar{I}_S = 0$)而无信号输入时,$\bar{O}_S$ 为 0,其他情况 $\bar{O}_S$ 为 1。$\bar{O}_{EX}$ 为编码群输出端,当不允许编码(即 $\bar{I}_S = 1$)时,或虽然允许编码($\bar{I}_S = 0$)但无信号输入(即 $\bar{I}_0 \sim \bar{I}_7$ 均为 1)时,$\bar{O}_{EX}$ 为 1。换言之,只有当允许编码并且有信号输入(即 $\bar{I}_0 \sim \bar{I}_7$ 中至少有一个为 0)时,$\bar{O}_{EX}$ 才为 0。

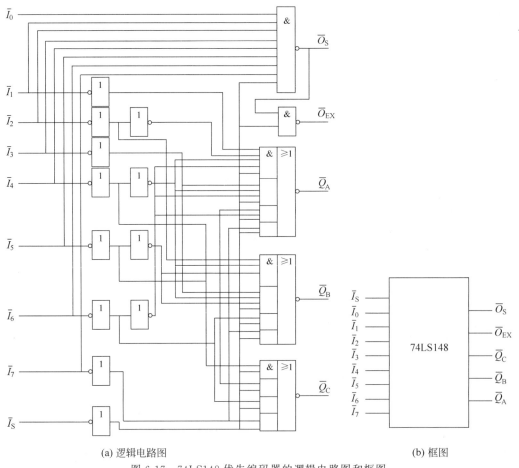

(a) 逻辑电路图   (b) 框图

图 6-17   74LS148 优先编码器的逻辑电路图和框图

表 6-5　74LS148 的真值表

输入									输出				
$\bar{I}_S$	$\bar{I}_0$	$\bar{I}_1$	$\bar{I}_2$	$\bar{I}_3$	$\bar{I}_4$	$\bar{I}_5$	$\bar{I}_6$	$\bar{I}_7$	$\bar{Q}_C$	$\bar{Q}_B$	$\bar{Q}_A$	$\bar{O}_{EX}$	$\bar{O}_S$
1	×	×	×	×	×	×	×	×	1	1	1	1	1
0	1	1	1	1	1	1	1	1	1	1	1	1	0
0	×	×	×	×	×	×	×	0	0	0	0	0	1
0	×	×	×	×	×	×	0	1	0	0	1	0	1
0	×	×	×	×	×	0	1	1	0	1	0	0	1
0	×	×	×	×	0	1	1	1	0	1	1	0	1
0	×	×	×	0	1	1	1	1	1	0	0	0	1
0	×	×	0	1	1	1	1	1	1	0	1	0	1
0	×	0	1	1	1	1	1	1	1	1	0	0	1
0	0	1	1	1	1	1	1	1	1	1	1	0	1

例 6-7　用 74LS148 优先编码器设计一个能对 16 路中断请求进行优先级裁决的中断优先编码器。

解：一片 74LS148 只能对 8 路中断请求进行裁决并编码，但可设法使用其提供的扩展功能，用多片级联的方法使其实现对 16 路甚至更多路中断请求的裁决及编码。

设 $\bar{I}_{Z0}\sim\bar{I}_{Z15}$ 为 16 路不同的中断请求信号，下标大者优先级高，$\bar{Q}_{ZD}$、$\bar{Q}_{ZC}$、$\bar{Q}_{ZB}$ 和 $\bar{Q}_{ZA}$ 为中断请求信号的编码输出端，输入和输出均为低电平有效。$\bar{I}_{ZS}$ 为输入允许端，$\bar{O}_{ZS}$ 为允许输出端，$\bar{O}_{ZEX}$ 为编码群输出端。可用 2 片 74LS148 级联实现要求的功能，逻辑电路如图 6-18 所示。图中，中断优先编码器的输入允许端 $\bar{I}_{ZS}$ 接片 II 的 $\bar{I}_S$ 端。$\bar{I}_{ZS}$ 为 0 时，片 II 处于工作状态，若此时 $\bar{I}_{Z8}\sim\bar{I}_{Z15}$ 有中断请求信号，则其输出 $\bar{O}_S=1$，$\bar{O}_{EX}=0$，$\bar{O}_S$ 接到片 I 的 $\bar{I}_S$ 端，使片 I 不能工作，其输出均为 1，此时中断优先编码器对高 8 路中断请求信号中优先级最高的中断请求信号进行编码；若此时 $\bar{I}_{Z8}\sim\bar{I}_{Z15}$ 中无中断请求信号，则片 II 的 $\bar{O}_{EX}$（即 $\bar{Q}_{ZD}$）及 $\bar{Q}_C$、$\bar{Q}_B$、$\bar{Q}_A$ 均为 1，$\bar{O}_S$ 为 0，使片 I 的 $\bar{I}_S$ 为 0，从而片 I 处于工作状态，实现对 $\bar{I}_{Z0}\sim\bar{I}_{Z7}$ 中优先级最高的中断请求信号进行编码。图中 $\bar{I}_{ZS}$、$\bar{O}_{ZS}$ 和 $\bar{O}_{ZEX}$ 与 74LS148 中的 $\bar{I}_S$、$\bar{O}_S$ 和 $\bar{O}_{EX}$ 的含义相同。

3.6 节已经学习过普通编码器的 VHDL 描述，下面给出优先编码器 74LS148 的 VHDL 描述。为了对输入信号的优先级进行判定，程序中使用了 IF 语句。这里要注意 IF 语句判断条件的书写顺序决定编码的优先顺序，另外，因为使能信号 $e1$ 是有 9 种取值的 STD_LOGIC 类型，所以尽管在 IF 中有 $e1=$ '1' 测试条件，在每个 ELSIF 分支还是要加上 $e1=$ '0' 的判断。这里还应说明，程序中没有使用 CASE 语句，是因为目前 VHDL 还不能描述任意项，即下面的语句形式是非法的。

```
WHEN "0XXXXXXX" => Q <= "000";
```

同时，CASE 语句对分支的处理是无序的，所有分支表达式的值是同时处理的，体现不出优先级的概念。

```
LIBRARY IEEE;
USE IEEE.STD_LOGIC_1164.ALL;
ENTITY encoder_priority IS
```

集成电路的逻辑设计与可编程逻辑器件

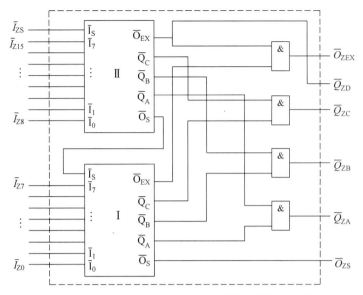

图 6-18　例 6-7 的 16 路中断优先编码器逻辑电路图

```
        PORT(i:IN STD_LOGIC_VECTOR(7 DOWNTO 0);      -- 编码输入端
             e1:IN STD_LOGIC;                        -- 使能输入端
             q:OUT STD_LOGIC_VECTOR(2 DOWNTO 0);     -- 编码输出端
             os,oes:OUT STD_LOGIC);                  -- 允许输出端和编码群输出端
    END encoder_priority;
    ARCHITECTURE one OF encoder_priority IS
    BEGIN
        PROCESS(e1,i)
        BEGIN
            IF (e1 = '1') THEN
                q <= "111";
                os <= '1';
                oes <= '1';
            ELSIF (i = "11111111" AND e1 = '0') THEN
                q <= "111";
                os <= '0';
                oes <= '1';
            ELSIF (i(7) = '0' AND e1 = '0') THEN
                q <= "000";
                os <= '1';
                oes <= '0';
            ELSIF (i(6) = '0' AND e1 = '0') THEN
                q <= "001";
                os <= '1';
                oes <= '0';
            ELSIF (i(5) = '0' AND e1 = '0') THEN
                q <= "010";
                os <= '1';
                oes <= '0';
            ELSIF (i(4) = '0' AND e1 = '0') THEN
```

```
        q < = "011";
        os < = '1';
        oes < = '0';
      ELSIF ( i(3) = '0' AND e1 = '0') THEN
        q < = "100";
        os < = '1';
        oes < = '0';
      ELSIF ( i(2) = '0' AND e1 = '0') THEN
        q < = "101";
        os < = '1';
        oes < = '0';
      ELSIF ( i(1) = '0' AND e1 = '0') THEN
        q < = "110";
        os < = '1';
        oes < = '0';
      ELSIF ( i(0) = '0' AND e1 = '0') THEN
        q < = "111";
        os < = '1';
        oes < = '0';
      ELSE
        q < = "111";
        os < = '1';
        oes < = '1';
      END IF;
    END PROCESS;
  END one;
```

6.1.3 多路选择器和多路分配器

多路选择器和多路分配器是数字系统中又一种常用的中规模集成电路,其基本功能是从输入端提供的多路数据中选择一路在公共传输线(如计算机的总线)上传输,到接收端后再将该数据分配给多路输出中的某一路,从而可实现多路数据在公共总线上的分时传送,如图 6-19 所示。此外,此类电路还可以实现数据的并-串转换、序列信号产生以及任意组合逻辑函数等多种逻辑功能。

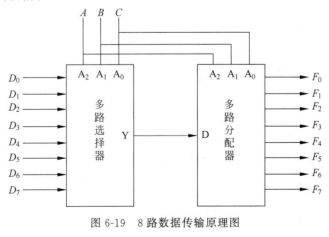

图 6-19　8 路数据传输原理图

1. 多路选择器

多路选择器又叫数据选择器或多路开关,简称 MUX(multiplexer)。它是一种多输入单输出的组合逻辑电路,实现从多路输入数据中选择一路送至输出端的功能。多路数据的选择是受控制信号控制的,一般称为地址选择信号。通常,对于一个具有 2^n 路输入和一路输出的 MUX 有 n 个地址选择端,它的每种取值组合对应选中一路输入,并送至输出端。

常见的 MSI 多路选择器有双 4 选 1 数据选择器 74LS153(1 个集成芯片中含有两个 4 选 1 数据选择器)和 8 选 1 数据选择器 74LS151 等。图 6-20(a)和图 6-20(b)分别为 74LS153 双 4 路选择器的逻辑电路图和逻辑符号。图中,$D_0 \sim D_3$ 为数据输入端;A_1、A_0 为地址选择输入端;$\overline{ST}$ 为使能输入端(低电平有效);W 为数据输出端。

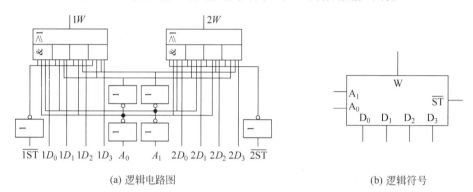

(a) 逻辑电路图　　　　　　　　　　　　　　　(b) 逻辑符号

图 6-20　74LS153 的逻辑电路图和逻辑符号

74LS153 的真值表如表 6-6 所示。由真值表可知,当 $A_1 A_0 = 00$ 时,$W = D_0$;当 $A_1 A_0 = 01$ 时,$W = D_1$;当 $A_1 A_0 = 10$ 时,$W = D_2$;当 $A_1 A_0 = 11$ 时,$W = D_3$。即在 $A_1 A_0$ 的控制下,依次选中 $D_0 \sim D_3$ 端的数据送至输出端。当使能端 $\overline{ST}$ 有效(即 $\overline{ST} = 0$)时,输出表达式为

$$W = \overline{A}_1 \overline{A}_0 D_0 + \overline{A}_1 A_0 D_1 + A_1 \overline{A}_0 D_2 + A_1 A_0 D_3 = \sum_{i=0}^{3} m_i D_i$$

式中,m_i 为选择变量 A_1、A_0 组成的最小项;D_i 为第 i 路数据输入,取值等于 0 或 1。

表 6-6　74LS153 的真值表

选 择 输 入		数 据 输 入				使 能 输 入	输 出
A_1	A_0	D_0	D_1	D_2	D_3	$\overline{ST}$	W
$\times$	$\times$	$\times$	$\times$	$\times$	$\times$	1	0
0	0	D_0	$\times$	$\times$	$\times$	0	D_0
0	1	$\times$	D_1	$\times$	$\times$	0	D_1
1	0	$\times$	$\times$	D_2	$\times$	0	D_2
1	1	$\times$	$\times$	$\times$	D_3	0	D_3

类似地,可以写出 2^n 路选择器的输出表达式为

$$W = \sum_{i=0}^{2^n - 1} m_i D_i$$

式中,m_i 为选择控制变量 $A_{n-1}, A_{n-2}, \cdots, A_1, A_0$ 组成的最小项;D_i 为 2^n 路输入中的第 i 路

数据输入,取值 0 或 1。

下面给出数据宽度为 4 的 4 选 1 多路选择器的 VHDL 描述,程序中没有给出使能信号,读者可以参考前面 74LS138 译码器的描述,给出带使能信号的多路选择器的 VHDL 描述。

```
LIBRARY IEEE;
USE IEEE.STD_LOGIC_1164.ALL;
ENTITY mux4 IS
  PORT(in0,in1,in2,in3:IN STD_LOGIC_VECTOR(3 DOWNTO 0);      -- 4 路数据输入
       sel:IN STD_LOGIC_VECTOR(1 DOWNTO 0);                  -- 地址选择输入
       dataout:OUT STD_LOGIC_VECTOR(3 DOWNTO 0));            -- 数据输出
END mux4;
ARCHITECTURE one OF mux4 IS
BEGIN
  WITH sel SELECT
    dataout <= in0 WHEN "00",
               in1 WHEN "01",
               in2 WHEN "10",
               in3 WHEN "11",
               (OTHERS =>'Z') WHEN OTHERS;                  -- 等价于"ZZZZ" WHEN OTHERS;
      END one;
```

程序中选择信号赋值语句的最后一个分支,OTHERS=>'Z'表示将 dataout 各位都赋成相同的值 Z,在这里与"ZZZZ"等价,当数据位数较多时,使用这种方式更简便。

从多路选择器的输出函数表达式可知,多路选择器除可完成对多路数据进行选择的基本功能外,还可以用于实现各种组合逻辑功能,下面举例说明。为简单起见,以下例子中,多路选择器的使能输入端均可直接接有效电平,因而省略。

例 6-8 用多路选择器实现以下逻辑函数的功能。

$$F(A,B,C)=\sum m(2,3,5,6)$$

视频讲解

解: 根据多路选择器输出表达式 $W=\sum_{i=0}^{2^n-1}m_iD_i$ 的特点,可采用两种不同规模的 MUX 实现给定函数的功能。

方案一:采用 8 路数据选择器实现。

对比 8 路选择器的输出表达式

$$W=\overline{A_2}\,\overline{A_1}\,\overline{A_0}\cdot D_0+\overline{A_2}\,\overline{A_1}A_0\cdot D_1+\overline{A_2}A_1\overline{A_0}\cdot D_2+\overline{A_2}A_1A_0\cdot D_3+$$
$$A_2\overline{A_1}\,\overline{A_0}\cdot D_4+A_2\overline{A_1}A_0\cdot D_5+A_2A_1\overline{A_0}\cdot D_6+A_2A_1A_0\cdot D_7$$

和逻辑函数 F 的表达式

$$F(A,B,C)=\overline{A}B\overline{C}+\overline{A}BC+A\overline{B}C+AB\overline{C}$$

可知,要使 $W=F$,只需令 $A_2=A,A_1=B,A_0=C$ 且 $D_0=D_1=D_4=D_7=0$,而 $D_2=D_3=D_5=D_6=1$ 即可,如图 6-21(a)所示。

上述方案给出了用 2^n 路选择器实现 n 个变量函数的一般方法:将函数的 n 个变量依次连接到 MUX 的 n 个地址选择输入端,并将函数表达式表示成"最小项之和"的形式。若函数表达式中包含最小项 m_i,则将 MUX 相应的 D_i 接 1,否则 D_i 接 0。显然,该方法虽然简单,但并不经济,因为 MUX 的数据输入端未能得到充分利用。事实上,对于含有 n 个变

集成电路的逻辑设计与可编程逻辑器件

量的逻辑函数,完全可以用 2^{n-1} 路 MUX 实现。

方案二:采用 4 路数据选择器实现。

首先从函数的三个输入变量中任意选择两个与 4 路 MUX 的两个地址选择端相连。假定选择 A、B 与地址端 A_1、A_0 相连,则可将函数 F 变换如下。

$$F(A,B,C) = \overline{A}\overline{B}\overline{C} + \overline{A}BC + A\overline{B}C + AB\overline{C}$$
$$= \overline{A}\overline{B} \cdot 0 + \overline{A}B(\overline{C} + C) + A\overline{B} \cdot C + AB \cdot \overline{C}$$
$$= \overline{A}\overline{B} \cdot 0 + \overline{A}B \cdot 1 + A\overline{B} \cdot C + AB \cdot \overline{C}$$

将该式与 4 路 MUX 的输出 W 对比后可知,要使 W 与 F 相等,只需 $D_0 = 0$,$D_1 = 1$,$D_2 = C$,$D_3 = \overline{C}$,如图 6-21(b)所示。类似地可以选择 A、C 或 B、C 作为地址选择端,请读者自己分析。

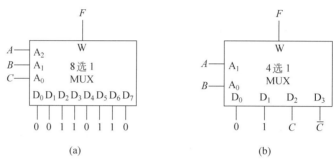

图 6-21 例 6-8 的逻辑电路图

方案二给出了用 2^{n-1} 路 MUX 实现含有 n 个变量的逻辑函数功能的一般方法:从函数的 n 个变量中任意选择 $n-1$ 个作为地址选择输入端,并根据所选定的地址输入端将函数变换成 $F = \sum_{i=0}^{2^{n-1}-1} m_i D_i$ 的形式,以确定各数据输入端 D_i 的取值。假定剩余变量为 X,则 D_i 的取值只可能是 0、1、X 或 $\overline{X}$ 之一。

由本例的两种实现方案可知,用 2^n 路 MUX,不需要添加任何辅助电路就可以直接实现含有 n 个或 $n+1$ 个变量的逻辑函数。

当函数的变量个数比 MUX 的地址选择端数多两个以上时,一般也可以辅以适当的逻辑门来实现。同时,在确定各数据输入端时,通常要借助于卡诺图。下面举例说明。

例 6-9 用 4 路选择器实现 4 变量逻辑函数的功能,函数表达式为

$$F(A,B,C,D) = \sum m(1,2,4,9,10,11,12,14,15)$$

解:首先做出如图 6-22(a)所示函数的卡诺图,用 4 路 MUX 实现该函数时,应从 4 个变量中选出两个作为 MUX 的地址选择输入端。理论上讲,这种选择是任意的,但选择适当时可使设计简化。假定选择 A、B 作为地址端,按 A、B 的 4 种取值组合可将整个卡诺图划分成 4 个二变量(C 和 D)的子卡诺图,如图 6-22 中虚线所示。各子卡诺图内的函数就是与其地址端相对应的数据输入端 D_i。求 D_i 时,可直接在每个子卡诺图上进行。分别化简图 6-22(a)中的每个子卡诺图,即可得到各数据输入端 D_i 的表达式为

$$D_0 = \overline{C}D + C\overline{D} = C \oplus D, \quad D_1 = \overline{C}\overline{D} = \overline{C+D}$$
$$D_2 = C + D, \quad D_3 = C + \overline{D}$$

据此,可得到实现给定函数的逻辑电路,如图 6-22(b)所示。可见,除 4 路 MUX 外,还附加了 4 个门电路。

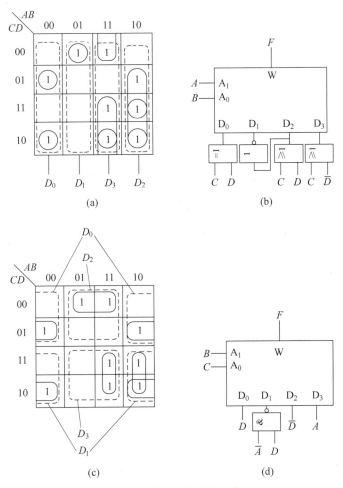

图 6-22　例 6-9 的两种方案

如果选用 B 和 C 作为地址选择端,则各数据输入端 D_i 对应的子卡诺图如图 6-22(c)所示。化简后的各 D_i 为

$$D_0 = D, D_1 = A + \overline{D} = \overline{\overline{A} \cdot D}, D_2 = \overline{D}, D_3 = A$$

其逻辑电路如图 6-22(d)所示。可见此时只需附加一个"与非"门,电路更简单、经济。

由本例可知,用 2^n 路 MUX 实现含有 m 个变量($m-n \geq 2$)的函数时,MUX 的数据输入端 D_i 一般是两个或两个以上变量的函数。D_i 的复杂程度与地址选择变量的确定有关,只有对各种方案进行比较后,才能从中得到最简单经济的方案。

在数字系统中,往往要求将并行输入的数据转换成按时间先后排列的串行信号分时输出。这种转换,用多路选择器可以很容易地实现。例如,图 6-23 将 4 位 8421 码分时传送至 7 段显示译码器,然后动态地显示在相应的 LED 显示器上。图 6-23 中用 4 片 4 选 1 数据选择器对待显示的数据进行选择,4 位 8421 码的个位连接 4 个选择器的 D_0,十位连接 D_1,百位连接 D_2,千位连接 D_3。当地址码 $A_1 A_0 = 00$ 时,4 个选择器均传送 D_0 端的数据,即 8421

集成电路的逻辑设计与可编程逻辑器件

码的个位。A_1A_0 为 01、10、11 时分别传送十位、百位、千位。数据经七段显示译码器译码后得到相应的七段码,控制 LED 的显示。至于数据显示在哪一个数码管上,将受地址码 A_1A_0 经 2-4 线译码器译码后的输出控制。当 $A_1A_0=00$ 时,$\overline{Y}_0=0$,数据显示在个位数码管上,其余数码管被熄灭,A_1A_0 为 01,10,11 时,十位、百位、千位的数码管被点亮。按图 6-23 中所接的数据,若地址码 A_1A_0 按 00→01→10→11 周期性地变化(此时 A_1、A_0 只需要作模 4 计数器的输出即可),只要地址变化频率大于 25 次/秒,由于视觉暂停效应,人眼就可以清楚地看到显示 8051,无明显闪烁感。这就是动态显示的原理。相比于各位数码管同时显示的静态显示方式,动态显示可以节约大量资源。

视频讲解

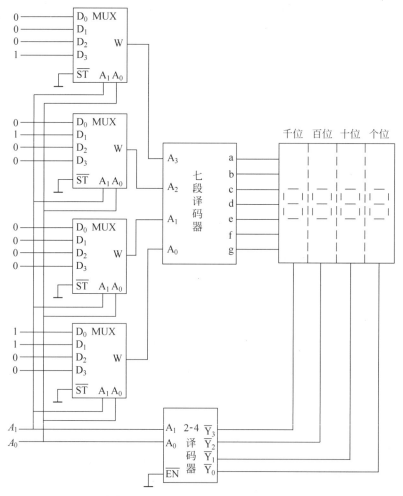

图 6-23　多路选择器实现数据的分时传送并动态译码显示

视频讲解

2. 多路分配器

多路分配器又叫数据分配器,简称 DEMUX(demultiplexer),其结构和功能正好与多路选择器相反。它是一种单输入多输出的逻辑部件,从哪一个输出端将输入的数据传送出去由地址选择端决定。如图 6-24 所示为 4 路分配器的逻辑电路图和逻辑符号。图中,D 为数据输入端,A_1、A_0 为地址选择输入端,$F_0 \sim F_3$ 为数据输出端,其功能表如表 6-7 所示。

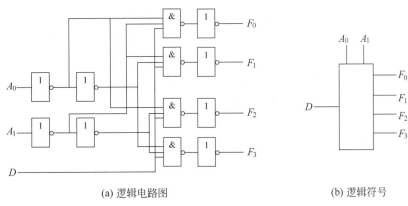

(a) 逻辑电路图　　　　　　　　　　(b) 逻辑符号

图 6-24　4 路分配器的逻辑电路图和逻辑符号

表 6-7　4 路分配器功能表

A_1	A_0	F_0	F_1	F_2	F_3
0	0	D	0	0	0
0	1	0	D	0	0
1	0	0	0	D	0
1	1	0	0	0	D

由功能表可知,4 路分配器的输出表达式为

$$F_0 = \overline{A}_1 \overline{A}_0 \cdot D = m_0 \cdot D$$

$$F_1 = \overline{A}_1 A_0 \cdot D = m_1 \cdot D$$

$$F_2 = A_1 \overline{A}_0 \cdot D = m_2 \cdot D$$

$$F_3 = A_1 A_0 \cdot D = m_3 \cdot D$$

式中,$m_i(i=0\sim3)$ 是地址选择输入变量的 4 个最小项。

由上式可知,多路分配器的结构和功能与译码器十分相似。在图 6-24(a)中,若将 D 端固定接 1,则该电路就可实现 2-4 译码器的功能。同样,用译码器也可以实现多路分配器的功能。因此,多路分配器和译码器一般是可以相互替代的。

例 6-10　试用 74LS138 译码器实现原码和反码两种输出的 8 路分配器。

解:74LS138 是低电平有效的译码器。当 $G_1=1,\overline{G}_{2A}=\overline{G}_{2B}=0$ 时,满足译码条件,若此时 $CBA=000$,则 $\overline{Y}_0=0$;当 $G_1=1,\overline{G}_{2A}=\overline{G}_{2B}=1$ 时,不满足译码条件,$\overline{Y}_0\sim\overline{Y}_7$ 全为 1,当然 $\overline{Y}_0=1$。可见,如果选择 $\overline{G}_{2A}=\overline{G}_{2B}=D$,则 $\overline{Y}_0=D$,同样,若 $CBA=001$,则 $\overline{Y}_1=D$,……,若 $CBA=111$,则 $\overline{Y}_7=D$,从而实现了原码输出的 8 路分配器。电路如图 6-25(a)所示。

视频讲解

当选择 G_1 作为数据输入端,即 $G_1=D$,而 $\overline{G}_{2A}=\overline{G}_{2B}=0$ 时,可得到反码输出的 8 路分配器,如图 6-25(b)所示。请读者自己分析。

下面给出 4 路分配器的 VHDL 描述,注意程序中对数据输出信号 dataout 的赋值采用了连接运算符 & 将常量与输入数据 din 进行拼接。

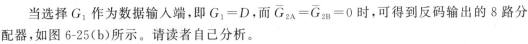
集成电路的逻辑设计与可编程逻辑器件

第 6 章

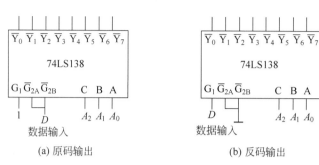

(a) 原码输出　　　　　　　　(b) 反码输出

图 6-25　74LS138 构成 8 路分配器

```
LIBRARY IEEE;
USE IEEE.STD_LOGIC_1164.ALL;
ENTITY demux4 IS
    PORT(din:IN STD_LOGIC;                              -- 数据输入
            sel:IN STD_LOGIC_VECTOR(1 DOWNTO 0);        -- 地址选择输入
            dataout:OUT STD_LOGIC_VECTOR(3 DOWNTO 0));  -- 数据输出
END demux4;
ARCHITECTURE one OF demux4 IS
BEGIN
    WITH sel SELECT
        dataout <= "000"&din WHEN "00",
                   "00"&din&'0' WHEN "01",
                   '0'&din&"00" WHEN "10",
                   din&"000" WHEN "11",
                   (OTHERS = >'Z') WHEN OTHERS;
END one;
```

视频讲解

6.1.4　数值比较器

用来比较两组位数相同的二进制数大小的电路,称为数值比较器,其逻辑符号如图 6-26 所示。

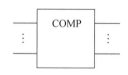

1. 一位数值比较器的设计

设参与比较的两个一位二进制数分别用 A 和 B 表示,比较结果分为大于、等于和小于三种情况,分别用三个输出 $F_{A>B}$、$F_{A=B}$ 和 $F_{A<B}$ 表示,可列出如表 6-8 所示的真值表。

图 6-26　数值比较器的逻辑符号

表 6-8　一位数值比较器真值表

A	B	$F_{A>B}$	$F_{A=B}$	$F_{A<B}$
0	0	0	1	0
0	1	0	0	1
1	0	1	0	0
1	1	0	1	0

根据真值表可写出以下输出函数表达式:

$$F_{A>B} = A\bar{B} = A \cdot \overline{AB}$$

$$F_{A=B} = \overline{A}\,\overline{B} + AB = \overline{\overline{\overline{A}B} + A\overline{B}} = \overline{A \cdot \overline{AB} + B \cdot \overline{AB}}$$

$$F_{A<B} = \overline{A}B = B \cdot \overline{AB}$$

根据此表达式,可画出如图 6-27 所示的一位数值比较器的逻辑电路。

下面给出一位数值比较器的 VHDL 描述。程序中输出 $Q(2)$ 对应 $F_{A<B}$,$Q(1)$ 对应 $F_{A>B}$,$Q(0)$ 对应 $F_{A=B}$。另外,程序中直接利用关系运算比较数据的大小,简化了程序的设计。

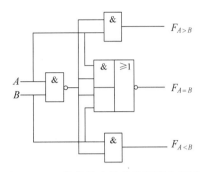

图 6-27　一位数值比较器的逻辑电路图

```
LIBRARY IEEE;
USE IEEE.STD_LOGIC_1164.ALL;
ENTITY comp IS
    PORT(A,B:IN STD_LOGIC;
        Q:OUT STD_LOGIC_VECTOR(2 DOWNTO 0));
END comp;
ARCHITECTURE one OF comp IS
BEGIN
    PROCESS(A,B)
    BEGIN
        IF(A = B) THEN
            Q<= "001";
        ELSIF(A > B) THEN
            Q<= "010";
        ELSE
            Q<= "100";
        END IF;
    END PROCESS;
END one;
```

2. 中规模集成数值比较器

74LS85 是一种典型的 4 位中规模集成数值比较器,其逻辑电路图和逻辑符号如图 6-28 所示。

图中 $a_3 \sim a_0$ 和 $b_3 \sim b_0$ 是待比较的 2 组 4 位二进制数 A 和 B,输入 $a>b$、$a=b$ 和 $a<b$ 为级联输入,用于多片级联时传递低位片的比较结果。$F_{A>B}$、$F_{A=B}$ 和 $F_{A<B}$ 是比较结果。比较两组数的大小时,先比较高位,高位相等时再比较低位。74LS85 的功能表如表 6-9 所示。

表 6-9　74LS85 的功能表

比 较 输 入								级 联 输 入			输　　出		
a_3	b_3	a_2	b_2	a_1	b_1	a_0	b_0	$a>b$	$a=b$	$a<b$	$F_{A>B}$	$F_{A=B}$	$F_{A<B}$
1	0	×	×	×	×	×	×	×	×	×	1	0	0
0	1	×	×	×	×	×	×	×	×	×	0	0	1
$a_3=b_3$		1	0	×	×	×	×	×	×	×	1	0	0
$a_3=b_3$		0	1	×	×	×	×	×	×	×	0	0	1
$a_3=b_3$		$a_2=b_2$		1	0	×	×	×	×	×	1	0	0
$a_3=b_3$		$a_2=b_2$		0	1	×	×	×	×	×	0	0	1

集成电路的逻辑设计与可编程逻辑器件

比 较 输 入						级 联 输 入			输　　出		
a_3	b_3	a_2	b_2	a_1	b_1	$a>b$	$a=b$	$a<b$	$F_{A>B}$	$F_{A=B}$	$F_{A<B}$
$a_3=b_3$		$a_2=b_2$		$a_1=b_1$		1 0			×	×	×	1	0	0
$a_3=b_3$		$a_2=b_2$		$a_1=b_1$		0 1			×	×	×	0	0	1
$a_3=b_3$		$a_2=b_2$		$a_1=b_1$		$a_0=b_0$			1	0	0	1	0	0
$a_3=b_3$		$a_2=b_2$		$a_1=b_1$		$a_0=b_0$			0	0	1	0	0	1
$a_3=b_3$		$a_2=b_2$		$a_1=b_1$		$a_0=b_0$			×	1	×	0	1	0
$a_3=b_3$		$a_2=b_2$		$a_1=b_1$		$a_0=b_0$			1	0	1	0	0	0
$a_3=b_3$		$a_2=b_2$		$a_1=b_1$		$a_0=b_0$			0	0	0	1	0	1

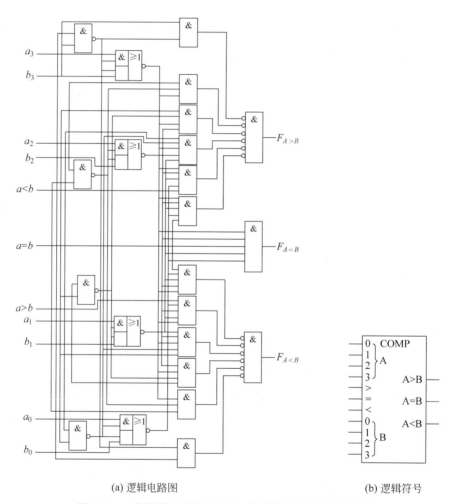

(a) 逻辑电路图　　　　　　　　(b) 逻辑符号

图 6-28　4 位数值比较器 74LS85 的逻辑电路图和逻辑符号

由功能表可知,只要 $a_3=1$、$b_3=0$,不论其余输入端为何值,必有 $A>B$,所以 $F_{A>B}=1$;$a_3=0$、$b_3=1$ 时,不论其余输入端为何值,必有 $A<B$,所以 $F_{A<B}=1$。以此类推,当 $a_3\sim a_0$ 和 $b_3\sim b_0$ 4 位均相等时,则要看级联输入是什么值。只有当 $a_3a_2a_1a_0=b_3b_2b_1b_0$,且级联输入 $a=b$ 也为 1 时,才有 $A=B$,即 $F_{A=B}=1$。功能表的最后 2 行,在多片级联时,可以

将 $a>b$、$a<b$ 作为数据输入端来用,从而扩充比较的位数,具体例子见下面的树状级联法。

利用比较器的级联输入端,将多片比较器串联,可以扩展比较器的比较位数。例如要比较 2 个 8 位二进制数,可以将 2 片 74LS85 级联构成 8 位数值比较器,如图 6-29 所示。图中片 I 为高位片,片 II 为低位片,低位片的输出接到高位片对应的级联输入端,片 I 的输出为最终比较结果。根据 74LS85 的功能表可知,低位片 II 的级联输入 $a>b$、$a<b$ 可任意接 0 或 1,而 $a=b$ 必须接 1,即按功能表的倒数第三行连接。

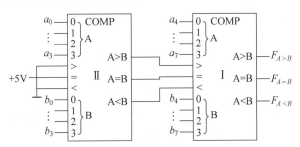

图 6-29　由 4 位比较器串联构成 8 位比较器

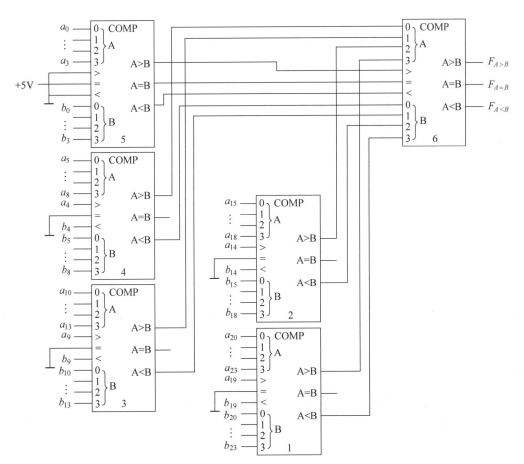

图 6-30　4 位比较器按树状结构连成 24 位比较器

集成电路的逻辑设计与可编程逻辑器件

串行级联的方法简单且容易理解,但当扩展的位数较多时,串行级联的芯片就多,速度变慢。因此,在组成位数较多的比较器时,常采用树状结构。例如要进行 24 位比较时,可由两级电路构成,如图 6-30 所示。第一级由 5 个 4 位比较器构成,并把每片的级联输入 $a>b$、$a<b$ 分别扩展成比较器输入的最低位,从而使一片比较器可实现 5 位数字的比较,这种连接方式使用了功能表的最后 2 行功能。24 位分为 5 组分别送到 5 个 4 位比较器进行比较。再将第一级每片比较的结果送到第二级作最终比较。

例 6-11 用数值比较器 74LS85 设计 8421BCD 码表示的一位十进制数的四舍五入电路。

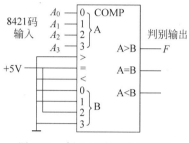

图 6-31 例 6-11 的逻辑电路图

解:所谓十进制数的四舍五入电路,就是对输入的十进制数(8421BCD 码表示)的大小进行判断,当大于或等于 5 时输出 1,否则输出 0。

如图 6-31 所示,用 4 位数值比较器 74LS85 很容易实现该功能。设 8421BCD 码为 $A_3A_2A_1A_0$,分别接到比较器的 $a_3a_2a_1a_0$ 端,而将 0100 分别接到 $b_3b_2b_1b_0$ 端,则输出 $F_{A>B}$ 为判别输出端。

根据 4 位数值比较器 74LS85 的功能表,可以很容易地给出描述其功能的 VHDL 程序。程序中使用条件信号赋值语句分别对 GT(大于)、EQ(等于)、LT(小于)输出信号进行赋值。对数据 A 和 B 的大小比较直接使用了关系运算符>(大于)、<(小于)、=(等于)、/=(不等于),简化了判断表达式。

```
LIBRARY IEEE;
USE IEEE.STD_LOGIC_1164.ALL;
ENTITY comp4 IS
    PORT(A,B:IN STD_LOGIC_VECTOR(3 DOWNTO 0);        --待比较的输入数据
         I1,I2,I3:IN STD_LOGIC;                       --大于、等于、小于级联输入
         GT,EQ,LT:OUT STD_LOGIC);                     --大于、等于、小于输出
END comp4;
ARCHITECTURE one OF comp4 IS
BEGIN
    GT <= '0'WHEN(A<B)OR((A=B)AND(I2='1'))OR((A=B)AND(I2='0')AND(I3='1'))ELSE
          '1' WHEN (A>B)OR((A=B) AND (I2='0')AND (I3='0')) ELSE
          'Z';
    EQ <= '0'WHEN(A/=B)OR((A=B) AND (I2='0')) ELSE
          '1'WHEN ((A=B) AND( I2='1'))ELSE
          'Z';
    LT <= '0'WHEN(A>B)OR((A=B)AND(I2='1'))OR((A=B)AND(I1='1')AND (I2='0'))ELSE
          '1'WHEN A<B OR((A=B) AND I1='0'AND I2='0')ELSE
          'Z';
END one;
```

6.1.5 奇偶发生/校验器

视频讲解

能产生奇偶校验码,并具有奇偶校验能力的电路,称为奇偶发生/校验器。奇校验单元

和偶校验单元的逻辑符号如图 6-32 所示。

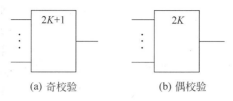

(a) 奇校验　　　　　　(b) 偶校验

图 6-32　奇偶校验单元逻辑符号

由第 1 章所学可知,奇偶校验码的产生和校验可用异或运算实现。图 6-33 是用异或门实现的 1 位 8421 码的偶校验发生器和校验器。

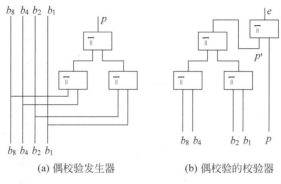

(a) 偶校验发生器　　　　　　(b) 偶校验的校验器

图 6-33　1 位 8421 码的偶校验发生器和校验器

下面给出 8421BCD 码奇校验码产生器的 VHDL 描述,程序中将 8421 码的 4 位输入异或再取反作为校验位 p 的取值,也可以用语句 $p<=b8$ XOR $b4$ XOR $b2$ XOR $b1$ XOR '1'; 代替。

```
LIBRARY IEEE;
USE IEEE.STD_LOGIC_1164.ALL;
ENTITY odd_code IS
    PORT(b8,b4,b2,b1:IN STD_LOGIC;              -- 8421 码输入
        p:OUT STD_LOGIC);                       -- 奇校验位输出
END odd_code;
ARCHITECTURE one OF odd_code IS
BEGIN
    p<= NOT (b8 XOR b4 XOR b2 XOR b1);
END one;
```

相应的 8421 码奇校验器的 VHDL 描述如下,程序中将带奇校验位的 8421 码 5 位输入异或作校验码 f 的取值,1 表示代码正确,0 表示代码错误。

```
LIBRARY IEEE;
USE IEEE.STD_LOGIC_1164.ALL;
ENTITY odd_check IS
    PORT(b8,b4,b2,b1,p:IN STD_LOGIC;            -- 8421 奇校验码输入
        f:OUT STD_LOGIC);                       -- 校验码输出
END odd_check;
```

集成电路的逻辑设计与可编程逻辑器件

```
ARCHITECTURE one OF odd_check IS
BEGIN
    f < = b8 XOR b4 XOR b2 XOR b1 XOR p;
END one;
```

74LS280 是常用的 MSI 9 输入奇偶校验发生/校验器,其逻辑电路图和逻辑符号如图 6-34 所示。图中 $A \sim I$ 是输入端,Q_e 和 Q_o 是输出端。Q_e 称为偶校验函数,Q_o 称为奇校验函数。符号中的 $2K$ 表示输入中 1 的个数为偶数时,其输出 Q_e 为 1,Q_o 为 0;否则输出 Q_e 为 0,Q_o 为 1。74LS280 的功能表如表 6-10 所示。

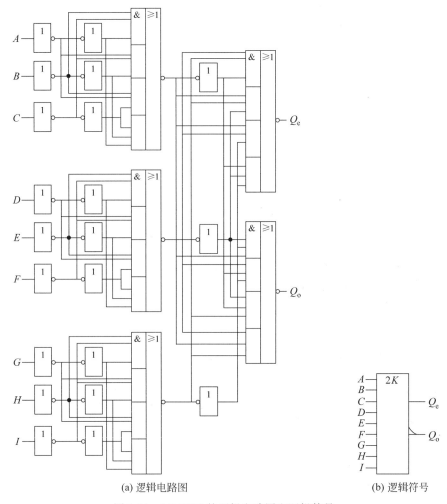

(a) 逻辑电路图　　　　　　　　　　(b) 逻辑符号

图 6-34　74LS280 的逻辑电路图和逻辑符号

表 6-10　74LS280 的功能表

$A \sim I$ 中 1 的个数	Q_e	Q_o
偶数	1	0
奇数	0	1

由逻辑电路图可知

$$Q_o = A \oplus B \oplus C \oplus D \oplus E \oplus F \oplus G \oplus H \oplus I$$

$$Q_e = \overline{A \oplus B \oplus C \oplus D \oplus E \oplus F \oplus G \oplus H \oplus I} = \overline{Q_o}$$

这种芯片的扩展也很容易,例如用两片 74LS280 可构成 17 位的奇偶发生/校验器,如图 6-35 所示。

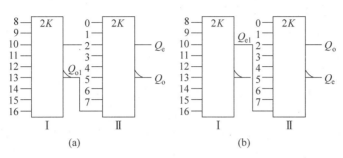

图 6-35　74LS280 扩展成 17 位奇偶发生/校验器

如果按图 6-35(a)连接,则芯片 Ⅱ 的输出为

$$Q_o = 0 \oplus 1 \oplus 2 \oplus 3 \oplus 4 \oplus 5 \oplus 6 \oplus 7 \oplus Q_{o1}$$

$$= 0 \oplus 1 \oplus 2 \oplus 3 \oplus 4 \oplus 5 \oplus 6 \oplus 7 \oplus 8 \oplus 9 \oplus 10 \oplus 11 \oplus 12 \oplus 13 \oplus 14 \oplus 15 \oplus 16$$

此时,Q_o 是奇校验函数,$Q_e = \overline{Q_o}$ 是偶校验函数。

如果按图 6-35(b)连接,则芯片 Ⅱ 的输出为

$$Q_e = \overline{0 \oplus 1 \oplus 2 \oplus 3 \oplus 4 \oplus 5 \oplus 6 \oplus 7 \oplus Q_{e1}} = (0 \oplus 1 \oplus 2 \oplus 3 \oplus 4 \oplus 5 \oplus 6 \oplus 7) \oplus \overline{Q_{e1}}$$

$$= (0 \oplus 1 \oplus 2 \oplus 3 \oplus 4 \oplus 5 \oplus 6 \oplus 7) \oplus Q_{o1}$$

$$= 0 \oplus 1 \oplus 2 \oplus 3 \oplus 4 \oplus 5 \oplus 6 \oplus 7 \oplus 8 \oplus 9 \oplus 10 \oplus 11 \oplus 12 \oplus 13 \oplus 14 \oplus 15 \oplus 16$$

此时,Q_e 是奇校验函数,$Q_o = \overline{Q_e}$ 是偶校验函数。

6.2　半导体存储器

6.2.1　概述

半导体存储器是以半导体器件为基本存储元件,用集成工艺制成的,能存储大量二进制信息的大规模集成电路器件,是计算机及其他数字系统中必不可少的组成部分。

半导体存储器的种类很多,按存取功能可以分为随机读写存储器(Random Access Memory,RAM)和只读存储器(Read-Only Memory,ROM)两大类。RAM 是一种在正常工作时可以按随机次序向任意存储单元写入数据或从中读出数据的存储器,适用于存储可动态改变的数据和中间结果等信息。而 ROM 在正常工作时只能从中读取数据,不能快速地随时修改或重新写入数据,适用于存储固定不变的信息,如计算机系统的引导程序、监控程序、函数表和字符等。

按制造工艺又可以把存储器分为双极型和 MOS 型两种。MOS 型电路(尤其是 CMOS 电路)具有功耗低、集成度高的优点,目前大容量的存储器都是采用 MOS 工艺制作的。

存储器的最小存储单位是一个基本存储单元电路,它具有两种稳定的状态,可以存储 1

集成电路的逻辑设计与可编程逻辑器件

位二进制信息,若干基本存储单元构成存储器的一个存储单元,不同的存储单元对应不同的地址,对存储器的读写操作是以存储单元为单位进行的。这里应注意:存储单元与基本存储单元是两个不同的概念。

由于计算机处理的数据量越来越大,运算速度越来越快,因此就要求存储器具有更大的存储容量和更快的存取速度。通常把存储容量和存取速度作为衡量存储器性能的重要指标。存储容量是指存储器能存放的二进制信息的位数,通常用 $N \times M$ 位表示。N 代表存储单元数,即芯片的地址数;M 代表每个存储单元所能存储的二进制位数,即每个存储单元所包含的基本存储单元电路数。例如,某存储器芯片的容量为 256×8 位,表示其容量为2048 位,它由 256 个存储单元构成,每个存储单元可以存储 8 位二进制数据。存取速度用于衡量存储器工作速度的快慢,常用存取周期(或称读写周期)来表示。对存储器进行一次读(写)操作后,其内部电路还需要一段恢复时间才能再进行下一次读(写)操作。连续两次读(写)操作间隔的最短时间称为存取周期。存取周期取决于存储介质的物理特性,也取决于读写机构的类型。目前动态存储器的容量已达 10^9 位/片,一些高速随机存储器的存取时间为 10ns 左右。

6.2.2 随机读写存储器

半导体随机读写存储器简称 RAM,其优点是读写方便,使用灵活;缺点是当电源切断时,原来存储在 RAM 中的信息会丢失,故称为挥发性(或易失性)存储器。

根据器件类型的不同,RAM 可分为双极型和 MOS 型两种。双极型 RAM 存取速度快,但制造工艺复杂,成本高,功耗大,集成度低,主要用于速度要求较高的场合。MOS 型 RAM 制造工艺简单,成本低,功耗小,集成度高,但工作速度比双极型 RAM 慢。MOS 型 RAM 又分为静态 RAM(Static RAM,SRAM)和动态 RAM(Dynamic RAM,DRAM)两种。SRAM 一般用六管构成的触发器作基本存储单元电路,集成度相对较低,但速度快,并且只要不断电,信息可永远保存。DRAM 采用的元件比 SRAM 少,集成度更高,功耗更小,但它是依靠寄生在电容上的电荷存储信息的,由于电容中的电荷易泄漏而逐渐丢失,因此要求以 $1 \sim 3ms$ 的间隔周期性地刷新,这需要附加刷新电路。一般来说,小容量高速的存储器,如计算机的高速缓冲存储器(cache)采用 SRAM;而大容量的存储器,如计算机的内存储器采用 DRAM。

1. RAM 的基本结构

图 6-36 所示为 RAM 的基本结构框图。由图可见,RAM 由存储矩阵、地址译码器和读写电路三部分构成,其中读写电路由读写控制电路、片选控制电路和输出缓冲器等组成。

视频讲解

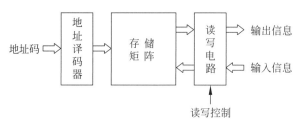

图 6-36 RAM 的基本结构框图

存储器的基本存储单元电路通常按照矩阵的形式排列,称为存储矩阵。例如,一个容量为 512×8 位的存储器,有 4096 个基本存储单元,这些基本存储单元可以排列成 64×64 的阵列形式。

地址译码器的作用是对外部输入的地址进行译码,以便唯一地选择存储矩阵中的一个存储单元,由读写控制电路控制对被选中的存储单元进行读出或写入操作。

片选控制电路用于控制该存储器芯片是否被选中,只有被选中的芯片才能进行读写操作。

输出缓冲器由三态门电路构成,一方面用于组成双向数据通路,另一方面可以将多片存储器的输出并联,以扩充存储器的容量。

2. 地址译码方式

存储器的地址译码方式有两种:一种是单译码方式(又称线性译码方式),适合于小容量存储器芯片;另一种是双译码方式(又称复合译码方式),适用于大容量的存储器芯片。

1) 单译码方式

单译码方式的存储器结构如图 6-37 所示。图中共有 16×4 个基本存储单元,即存储单元数为 16,每个存储单元存放一个字,每个字的长度为 4 位。基本存储单元可以是双极型的,也可以是 MOS 型的,其中 $(1,1)$ 存储第一个字的第 1 位,$(1,2)$ 存储第一个字的第 2 位,以此类推。每个存储单元有一条用以控制该存储单元是否被选中的字选择线(简称字线),只有被字线选中的存储单元才可以进行信息的读出或写入操作,而未被选中的存储单元则处于信息的保持(记忆)状态。在单译码方式中,字选择线将同一个存储单元的所有基本存储单元连接在一起,并且接到地址译码器的一个输出端。因此,每次读/写时选中的是一个字的所有位,故又称这种结构为字结构形式。

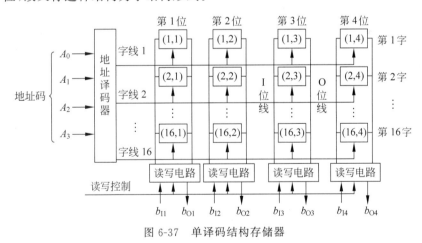

图 6-37 单译码结构存储器

每个基本存储单元有两条用于传输数据的位线:I 位线和 O 位线,分别用于数据的写入和读出。每列中所有基本存储单元的 I 位线和 O 位线分别连在一起,并且接到相应的读写电路上,以便对选中的基本存储单元进行数据的写入或读出操作。数据由 b_{I1}、b_{I2}、b_{I3}、b_{I4} 写入,由 b_{O1}、b_{O2}、b_{O3}、b_{O4} 读出。

单译码方式的缺点是字线多,当存储器的容量增大时,地址译码器的结构复杂。因此,只有在小容量的存储器中才使用这种译码方式。

2) 双译码方式

双译码方式的存储器结构如图 6-38 所示,它有两个地址译码器:X 地址译码器(又称行地址译码器)和 Y 地址译码器(又称列地址译码器)。每个基本存储单元有两条选择线:X 选择线(又称行选择线)和 Y 选择线(又称列选择线)。同一行中各基本存储单元的 X 选择线接在一起,并接到 X 地址译码器的一个输出端;同一列中各基本存储单元的 Y 选择线连接在一起,并接到 Y 地址译码器的一个输出端。因此在双译码方式中,只有当行选择线和列选择线同时有效的那个基本存储单元才能被选中,并可对其进行读出或写入操作。由于每次只能对一个基本存储单元(某个字的 1 位)进行读/写操作,故又称这种结构为位结构形式。图 6-38 所示为 16 字×1 位的位结构形式。

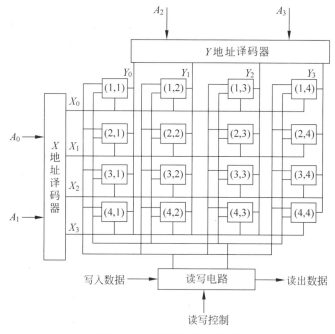

图 6-38 双译码结构存储器

图 6-38 中的地址码为 A_3～A_0 共 4 位,因此存储单元数为 2^4＝16 个,每个存储单元只能存放一个字的 1 位。可以看出,采用双译码结构时,X 地址译码器和 Y 地址译码器各有 2 位地址码输入,分别产生 4 条行选择线和 4 条列选择线,共 8 条字选择线。与同样为 16 字的单译码结构存储器相比,字线减少了一半。当存储器容量越大时,双译码方式的优点越突出。因此,双译码方式适于构成大容量的存储器。

3. 基本存储单元电路

基本存储单元电路是指存储器中用于存储一位二进制数据的电路。限于篇幅,这里只介绍常见的 MOS 型基本存储单元电路。

1) 静态 MOS 型基本存储单元电路

图 6-39 所示为六管静态 MOS 型基本存储单元电路图,其中 T_1、T_2 和 T_3、T_4 构成的两个反相器交叉耦合组成基本 RS 触发器,用于存储二进制信息,T_5 和 T_6 为 X 地址线(行选择线)控制的两个选择门,T_7 和 T_8 为 Y 地址线(列选择线)控制的两个选择门。当行地址

线 X 和列地址线 Y 均为高电平时，T_5、T_6 和 T_7、T_8 管均导通，该基本存储单元被选中。若此时读写控制信号 $R/\overline{W}=1$（读），则三态门 G_1 和 G_2 禁止，G_3 工作，该单元中原来存储的数据（0 或 1）经数据线 B 通过三态门 G_3，由数据总线 I/O 输出；若 $R/\overline{W}=0$（写），则三态门 G_1 和 G_2 工作，G_3 禁止，待写入数据（0 或 1）经 I/O 总线再经过 G_1 和 G_2 写入基本存储单元的 Q 和 $\overline{Q}$ 端。

读/写操作结束后，X 和 Y 选择信号消失，T_5、T_6 和 T_7、T_8 关闭，基本存储单元与数据线隔离，处于维持阶段，保持原有信息不变。

2）动态 MOS 型基本存储单元电路

如图 6-40 所示为三管动态 MOS 型基本存储单元电路，它是以 MOS 管 T_2 及其栅极电容 C 为基础构成的。信息以电荷的形式存储在 T_2 管的栅极电容 C 上，而 C 上的电压又控制着 T_2 的导通与截止。若电容 C 上充有足够的电荷，则 T_2 导通，这种状态称为存储 1 状态；若电容 C 未充电或电荷很少，则 T_2 截止，这种状态称为存储 0 状态。从图中可以看出，读、写选择线与读、写数据线是分开的：读选择线控制 T_3 管，写选择线控制 T_1 管，T_4 是同一列基本存储单元公用的刷新管，用作预充电。

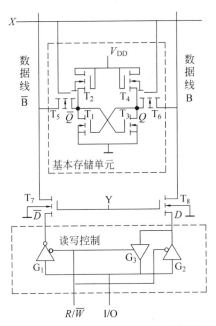

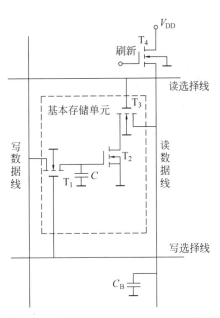

图 6-39　六管静态 MOS 型基本存储单元　　　图 6-40　三管动态 MOS 型基本存储单元

读出数据时，首先输入一个预充电脉冲，使 T_4 导通，将分布电容 C_B 充电至 V_{DD}，然后再使读选择线处于高电平，使 T_3 导通，若 C 上原来充有电荷（即存储的数据为 1），则 T_2 导通，C_B 通过 T_3、T_2 放电，使读数据线输出 0，相当于反码输出。若 C 上原来没有电荷或电荷很少（即存储的数据为 0），则 T_2 截止，C_B 无放电回路，读数据线保持预充电时的高电平。读数据线上的高低电平经读出放大器放大并反相后再输出即为读出结果。

写入数据时，令写选择线为高电平，则 T_1 导通。当写入 1 时，令写数据线为高电平，通过 T_1 对 C 充电；当写入 0 时，令数据线为低电平，若 C 上原来充有电荷，则通过 T_1 放电。

第 6 章

集成电路的逻辑设计与可编程逻辑器件

由以上分析可见,读出电平与 C 上的电平相反,而写入时的电平应与 C 上最终的电平相同。为周期性地对存储单元进行刷新,应先读出 C 上存储的电压信号,取反后再重新写入。

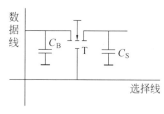

图 6-41　单管动态 MOS 型基本存储单元

为了提高集成度,目前大容量 DRAM 的基本存储单元普遍采用如图 6-41 所示的单管结构,其电路由门控管 T 和电容 C_S 构成,数据存储在电容 C_S 上。单管动态 MOS 型基本存储单元电路是所有基本存储单元电路中最简单的一种,占芯片面积最小,功耗也最低,目前大容量存储器都采用此结构。

当选择线为高电平时,该单元被选中。写入数据时,选择线为高电平,T 导通,数据线上的数据通过 T 写入 C_S 上;读出数据时,选择线仍为高电平,T 导通,C_S 通过 T 向数据线上的电容 C_B 提供电荷,使得数据线上获得读出信号电平。C_S 上的电荷在 C_S 和 C_B 上重新分配,读出电压为

$$V_B = \frac{C_S}{C_S + C_B} V_{CS}$$

由于实际中 $C_B \gg C_S$,所以

$$V_B \approx \frac{C_S}{C_B} V_{CS}$$

因此读出电压 V_B 要比 V_{CS} 小得多,且每读一次,C_S 上的电荷要减少许多,造成所谓破坏性读出。这就要求在单管动态基本存储单元电路中,必须有一个高灵敏度的读出放大器以及在每列中要有一个再生放大器,以补偿读出后破坏的数据。

4. RAM 容量的扩展

视频讲解

当单片 RAM 不能满足存储容量的要求时,可以将多片 RAM 连接起来,以扩展存储容量。按照 RAM 之间连接的方式不同可以分为位扩展、字扩展和字位同时扩展三种方式。

1) 位扩展

当单片 RAM 的位数(字长)不足时,可以采用位扩展连接方法增加存储单元的位数。例如,现有 8192 字×1 位的 RAM 芯片,需要扩展成 8192 字×16 位的存储器。此时只需将 16 片该类 RAM 芯片的地址码并联在一起,片选信号 $\overline{CS}$ 也连在一起即可,如图 6-42(a)所示。$\overline{CS}$ 有效时 16 片 RAM 都被选中,这样就可以同时读写 16 位数据。

2) 字扩展

当单片 RAM 的存储单元数(字数)不足时,可以用字扩展连接方法增加存储单元数。例如,现有 2048 字×8 位的 RAM 芯片,需要扩展成 4096 字×8 位的存储器。这时,可将地址码的低位部分 $A_0 \sim A_{10}$ 接到芯片本身的地址输入端,用地址码的高位 A_{11} 和取反后的 $\overline{A_{11}}$ 作两个片选信号 $\overline{CS_0}$ 和 $\overline{CS_1}$,分别连到两个芯片的片选端,同时将两片 RAM 的数据线 $I/O_1 \sim I/O_8$ 并联,如图 6-42(b)所示。当 A_{11} 为 0 时,访问芯片 1,芯片 2 不工作;当 A_{11} 为 1 时,访问芯片 2,芯片 1 不工作,因此存储容量为两片的总容量。当需要用更多的 RAM 进行字扩展时,可以用地址线的高位部分经译码器译码后的输出作片选信号。

3) 字位同时扩展

当单片 RAM 的字数和位数均不足时,可以用字位同时扩展的方法扩展存储器的容量。

例如,现有 2048 字×8 位的 RAM 芯片,需要扩展成 8192 字×16 位的存储器。这时,可将地址码的高两位 A_{12} 和 A_{11} 送 2-4 线译码器译码,其输出作为片选控制信号,分别控制 4 组芯片,每一组由高 8 位和低 8 位两个芯片组成 16 位的字长。地址码的低位部分 $A_0 \sim A_{10}$ 接到各芯片本身的地址输入端,数据线 I/O 对应地并联在一起,形成 16 位数据 I/O 端。电路图如图 6-42(c)所示。

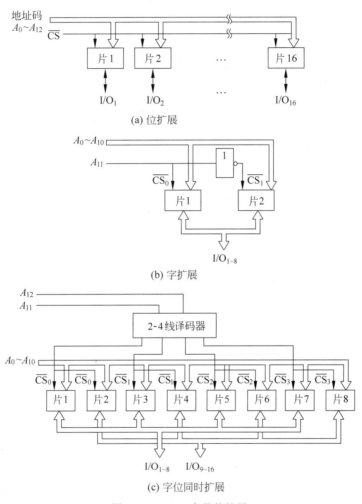

图 6-42　RAM 容量的扩展

5. RAM 的 VHDL 描述

在数字系统的设计中,RAM 是经常使用的部件,下面给出 RAM 的 VHDL 描述。

```
LIBRARY IEEE;
USE IEEE.STD_LOGIC_1164.ALL;
USE IEEE.STD_LOGIC_UNSIGNED.ALL;
ENTITY ram16_16 IS
    PORT(A:IN STD_LOGIC_VECTOR(3 DOWNTO 0);        -- 地址输入信号
         DIN:IN STD_LOGIC_VECTOR(15 DOWNTO 0);     -- 数据输入信号
         CS:IN STD_LOGIC;                          -- 片选信号
```

```
            RD:IN STD_LOGIC;                              -- 读信号
            WR:IN STD_LOGIC;                              -- 写信号
            DOUT:OUT STD_LOGIC_VECTOR(15 DOWNTO 0));    -- 数据输出信号
END ram16_16;
ARCHITECTURE one OF ram16_16 IS
    SUBTYPE ram_word IS STD_LOGIC_VECTOR(15 DOWNTO 0);
    TYPE memory IS ARRAY (0 TO 15) OF ram_word;
    SIGNAL ram_initial:memory: = (                       -- 存储矩阵初始值
        (x"0000"),(x"1021"),(x"2042"),(x"3063"),
        (x"4084"),(x"50a5"),(x"60c6"),(x"70e7"),
        (x"8108"),(x"9129"),(x"a14a"),(x"b16b"),
        (x"c18c"),(x"d1ad"),(x"e1ce"),(x"f1ef"));
BEGIN
    PROCESS(WR)                                          -- 写进程
    BEGIN
        IF(WR'EVENT AND WR = '1')THEN
            IF(CS = '0')THEN
                ram_initial(conv_integer(A))< = DIN;
            END IF;
        END IF;
    END PROCESS;
    PROCESS(CS,RD,A,ram_initial)                         -- 读进程
    BEGIN
        IF(CS = '0' AND RD = '0')THEN
            DOUT< = ram_initial(CONV_INTEGER(A));
        ELSE
            DOUT< = (OTHERS = >'Z');
        END IF;
    END PROCESS;
END one;
```

程序由读和写两个进程组成。读进程在读信号 RD,片选信号 CS,地址输入信号 A 或存储单元内容 ram_initial 发生变化时触发执行。当 RD 和 CS 同时有效(低电平)时将给定地址单元中的数据读出到数据输出端 DOUT,否则 DOUT 输出为高阻状态。地址信号 A 原本是 STD_LOGIC_VECTOR 类型,由类型转换函数 CONV_INTEGER 转换成整型。类型转换函数 CONV_INTEGER 在程序包 STD_LOGIC_UNSIGNED 中定义,所以程序开头使用了语句 USE IEEE. STD_LOGIC_UNSIGNED. ALL。写进程在写信号 WR 发生变化时触发执行,当 WR 正跳变(上升沿)并且 CS 有效时将 DIN 上输入的数据写入地址 A 指定的存储单元。

程序中定义存储矩阵时,使用了子类型(SUBTYPE)和用户自定义类型(TYPE)。子类型 SUBTYPE 的语法格式如下:

SUBTYPE 子数据类型名 IS 原有数据类型名 RANGE 数据范围;

如程序中 ram_word 是 STD_LOGIC_VECTOR 的子类型,矢量宽度为 16 位。

TYPE 语句的基本格式如下:

TYPE 数据类型名 IS 数据类型定义 [OF 基本数据类型];

其中数据类型定义用来定义数据类型的表达方式或表达内容,基本数据类型可以是系统预定义的类型,也可以是已经定义过的用户自定义类型或子类型。根据数据类型定义的表达方式不同,TYPE 语句有三种定义方法:

```
TYPE 数据类型名 IS 原有数据类型名 RANGE 数据范围;
TYPE 数据类型名 IS ARRAY(索引范围)OF 基本数据类型;
TYPE 数据类型名 IS (取值1,取值2,…);
```

例如:

```
TYPE data IS INTEGER RANGE 0 TO 9;
TYPE data IS ARRAY(0 TO 15) OF STD_LOGIC;
TYPE week IS (SUN,MON,TUE,WED,THU,FRI,SAT);
```

程序中采用数值字符串对存储单元的内容进行了初始化,数值字符串也称为矢量,是 BIT 类型的一维数组,其格式为

数制基数符号 "数值字符串"

其中数制基数符号分别用 B、O 和 X 表示二进制、八进制和十六进制。

6.2.3 只读存储器

只读存储器(ROM)是数字计算机和其他数字设备的重要组成部件。在工作时,只能对 ROM 进行读出操作,而不能进行写入操作。因此,ROM 通常用来存储那些固定不变的程序和数据。

1. ROM 的分类

根据存储内容写入和擦除方式的不同,ROM 可分为三种类型。

1) 掩膜只读存储器

掩膜只读存储器(Mask ROM,MROM)是一种固定内容的只读存储器。MROM 的内容是由生产厂家根据用户的要求,在制造过程的最后一道工序(称掩膜工序,不同内容的 ROM 需不同的掩膜)中写入的。它的优点是可靠性高,集成度高,大批量生产时价格便宜;缺点是不能重写或改写其中的内容。

视频讲解

2) 可编程只读存储器

可编程只读存储器(Programmable ROM,PROM)在产品出厂时,所有基本存储单元均制成 0(或均制成 1),用户根据需要,用专用的编程器可将其中某些基本存储单元改为 1(或改为 0),即编程。但只能改写一次,一旦编程完毕,其内容便是永久性的,无法再更改。这类 ROM 由于可靠性差,加之只能一次性编程,目前较少使用。

3) 可擦除编程只读存储器

可擦除编程只读存储器(Erasable PROM,EPROM)中存储的数据可以擦除重写,即用户可以根据需要进行多次编程,因而这类 ROM 的应用更广泛。最早研究成功并投入使用的 EPROM 是用紫外线照射进行擦除的,简称为 UVEPROM(Ultra-Violet Erasable Programmable Read-Only Memory)。不久又出现了电擦除可编程只读存储器(Electrically Erasable Programmable Read Only Memory,EEPROM 或 E^2PROM)。后来又研制成功的快闪存储器(Flash Memory)也是一种电擦除可编程只读存储器。

集成电路的逻辑设计与可编程逻辑器件

2. ROM 的基本结构

ROM 的结构与 RAM 类似,由存储矩阵、地址译码器和输出缓冲器三部分构成,如图 6-43 所示。存储矩阵由许多基本存储单元排列而成,基本存储单元可以用二极管组成,也可以用双极型三极管或 MOS 管组成。地址译码器的作用是将输入的地址码译成相应的控制信号,利用这个控制信号从存储矩阵中把指定的单元选出,并把其中的数据送至输出缓冲器。输出缓冲器的作用有两个,一是能提高驱动负载的能力;二是实现对输出状态的三态控制,以便与系统总线连接。

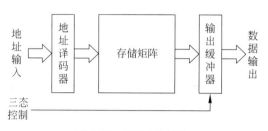

图 6-43 ROM 的结构

视频讲解

3. ROM 的工作原理

1) MROM

图 6-44 是具有 2 位地址输入和 4 位数据输出的 MROM 电路图。它的基本存储单元使用二极管组成,地址译码器由 4 个二极管“与”门组成。2 位地址码 A_1A_0 给出 4 个不同的地址,分别译成 $W_0 \sim W_3$ 这 4 根字线上的高电平。当 $W_0 \sim W_3$ 的每根线上输出高电平时,都会在 $D_3 \sim D_0$ 这 4 根位线(或称数据线)上输出一个 4 位二进制数。输出缓冲器用来提高带负载的能力,并将输出的高、低电平变换为标准的逻辑电平。同时,通过给定的 $\overline{\text{EN}}$ 信号实现对输出的三态控制。

读取数据时,只要输出指定的地址码,并令 $\overline{\text{EN}}=0$,指定地址的存储单元中的数据就会出现在数据线上。例如,当 $A_1A_0=10$ 时,$W_2=1$,而其他字线均为低电平。由于只有 D_2' 一根线与 W_2 间接有二极管,所以这个二极管导通后使 D_2' 为高电平,而 D_0'、D_1' 和 D_3' 均为低电平。如果这时 $\overline{\text{EN}}=0$,便可在数据输出端得到 $D_3D_2D_1D_0=0100$。不难看出,字线和位线的每个交叉点都是一个基本存储单元,交叉点处接有二极管相当于存 1,否则相当于存 0。交叉点上是否有二极管,是在厂家生产的最后一道掩膜工序中就定好了的,用户无法再改变,因而是固定内容的 ROM。

2) PROM

PROM 的总体结构与 MROM 一样,由存储矩阵、地址译码器和输出电路组成。不过出厂时已在存储矩阵的所有交叉点处制作了存储元件,即相当于所有基本存储单元中都存入了 1。图 6-45 是熔丝型 PROM 基本存储单元的原理图,它由一只三极管和串接在发射极的快速熔断丝组成。三极管的 BE 结相当于接在字线和位线之间的二极管。熔丝用很细的低熔点合金丝或多晶硅导线制成。在写入数据时只要设法将需要存入 0 的那些基本存储单元上的熔丝烧断即可。

可见,PROM 的内容一经写入后,就不可能再修改了,所以只能写入一次。因此,PROM 仍不能满足研制过程中经常修改存储器内容的需要,这就要求生产一种可以擦除重

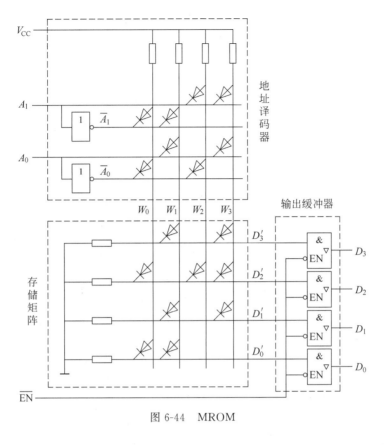

图 6-44 MROM

写的 ROM。

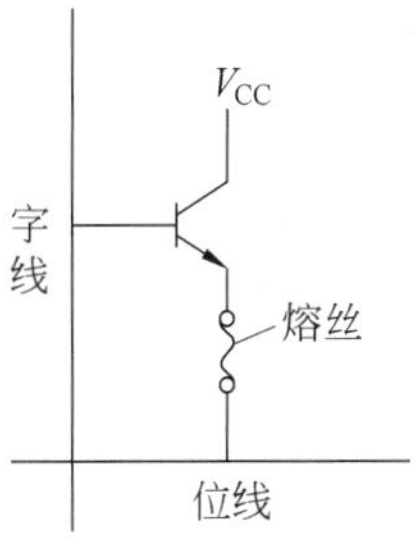

3) EPROM

EPROM 的总体结构与 ROM 和 PROM 在形式上没有多大
区别,只是采用了不同的基本存储单元。

① UVEPROM。

早期 UVEPROM 的基本存储单元采用浮栅雪崩注入型 MOS
管(Floating-gate Avalanche-Injection Metal Oxide Semiconductor,
FAMOS),其结构示意图和符号如图 6-46(a)所示。

图 6-45 熔丝型 PROM 的
基本存储单元

FAMOS 管是一个 P 沟道增强型的 MOS 管,但其栅极"浮
置"在 SiO_2 层内,处于完全绝缘的状态。如果在漏极和源极之间
加上比正常工作电压高得多的负电压(通常为 $-45V$ 左右),则可使漏极与衬底之间的 PN
结产生雪崩击穿,耗尽区里的电子在强电场作用下以很高的速度从漏极的 P^+ 区向外射出,
其中速度最快的一部分电子穿过 SiO_2 层而到达浮置栅,被浮置栅俘获而形成栅极存储电
荷,此过程称为雪崩注入。漏极和源极间的高电压去掉以后,由于注入浮置栅上的电荷没有
放电回路,因此能长久保存下来。在栅极获得足够的电荷以后,漏源间便形成导电沟道,使
FAMOS 管导通。

如果用紫外线或 X 射线照射 FAMOS 管的栅极氧化层,则 SiO_2 层中将产生电子-空穴
对,为浮置栅上的电荷提供泄放通道,使之放电。待栅极上的电荷消失以后,导电沟道也随

243

244

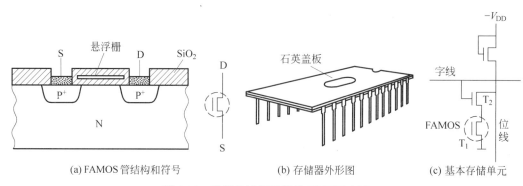

(a) FAMOS 管结构和符号　　(b) 存储器外形图　　(c) 基本存储单元

图 6-46　采用 FAMOS 管的 UVEPROM

之消失,FAMOS 管恢复为截止状态,此过程称为擦除。擦除时间为 $20 \sim 30 min$。为便于擦除操作,在器件外壳上装有透明的石英盖板,如图 6-46(b)所示。在写好数据以后应使用不透明的胶带将石英盖板遮蔽,以防数据丢失。

用 FAMOS 管作基本存储单元时,还需用一只普通的 P 沟道 MOS 管 T_2 与之串联,如图 6-46(c)所示。T_2 的栅极受字线控制。产品出厂时所有的 FAMOS 管都处于截止状态。进行写操作时,首先输入地址码,使相应单元的字线为低电平。然后,在应该写入 1 的那些位线上加负脉冲,使被选中的单元内的 FAMOS 管发生雪崩击穿,记入信息 1。

读出数据时,只需输入指定的地址码,使相应的字线为低电平。这根字线所接的一行存储单元中栅极已注入电荷的 FAMOS 管导通,使所接的位线变为高电平,读出 1;栅极未注入电荷的 FAMOS 管截止,所连接的位线为低电平,读出 0。

因为用 FAMOS 管作基本存储单元需两只 MOS 管,所以集成度低,而且雪崩击穿所需要的电压也比较高。此外,PMOS 管的开关速度也低,因此,目前多改用叠栅注入型 MOS (Stacked-gate Injection Metal Oxide Semiconductor,SIMOS)管作为 EPROM 的基本存储单元。

SIMOS 管的结构示意图和符号如图 6-47 所示。它是一个 N 沟道增强型的 MOS 管,有两个重叠的栅极——控制栅 G_c 和浮置栅 G_f。G_c 用于控制读出和写入,G_f 用于长期保存注入电荷。

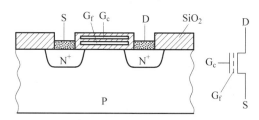

图 6-47　SIMOS 管的结构和符号

G_f 上未注入电荷以前,G_c 上加上正常的高电平能使漏、源之间产生导电沟道,使 SIMOS 管导通。相反,若在 G_f 上注入了负电荷以后,必须在 G_c 上加上更高的电压才能抵消注入电荷的影响而形成导电沟道,因此在栅极上加上正常的高电平信号时,SIMOS 管不会导通。

当漏、源间加以较高的电压($+20 \sim +25 V$)时,将发生雪崩击穿现象。如果同时在控制栅上加以高压脉冲(幅度约+25V,宽度约50ms),则在栅极电场的作用下,一些速度较高的电子便穿越 SiO₂ 层到达 G_f,被 G_f 俘获而形成注入电荷。G_f 上注入了电荷的 SIMOS 管相当于写入了 1,未注入电荷的相当于存入了 0。

采用 SIMOS 管的 EPROM 同样能用紫外线擦除,然后重新写入新的数据。

② E²PROM。

UVEPROM 虽然具有了可擦除重写的功能,但擦除操作复杂、速度慢。

E²PROM 用浮栅隧道氧化层(Floating gate tunnel oxide,Flotox)MOS 管(简称 Flotox 管)作基本存储单元,其结构示意图和符号如图 6-48(a)所示。

Flotox 管与 SIMOS 管类似,也属于 N 沟道增强型 MOS 管,也有两个栅极——控制栅 G_c 和浮置栅 G_f。所不同的是 Flotox 管的 G_f 与漏区之间有一个极薄的氧化层区域(厚度在 2×10^{-8} m 以下),称为隧道区。当隧道区的电场强度大到一定程度时($>10^7$ V/cm),便在漏区和 G_f 之间出现导电隧道,电子可以双向通过,形成电流,这种现象称为隧道效应。

加到 G_c 和漏极 D 上的电压是通过 G_f 及 D 间的电容和 G_f 及 G_c 间的电容分压加到隧道上的。为使加到隧道区上的电压尽量大,应尽可能减小 G_f 和漏区间的电容,因而要求隧道区的面积非常小。可见,制造 Flotox 管时对隧道区氧化层的厚度、面积和耐压都有非常严格的要求。

为提高擦、写的可靠性及保护隧道区超薄氧化层,E²PROM 的基本存储单元中还需附加一个选通管,如图 6-48(b)所示。图中,T_1 为 Flotox 管,作为存储管,T_2 为普通 N 沟道增强型 MOS 管,作为选通管。根据 G_f 上是否有负电荷来区分单元的 1 和 0 状态。

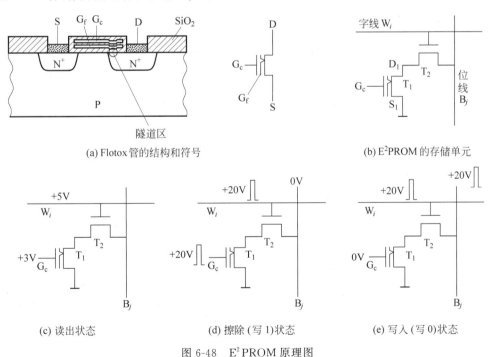

(a) Flotox 管的结构和符号　　(b) E²PROM 的存储单元

(c) 读出状态　　(d) 擦除(写1)状态　　(e) 写入(写0)状态

图 6-48　E²PROM 原理图

进行读出操作时,在 G_c 上加上+3V 电压,字线 W_i 上加+5V 正常高电压,如图 6-48(c)所示。这时 T_2 管导通,若 Flotox 管的浮置栅上没充有负电荷,则 T_1 管导通,在位线 B_j 上

集成电路的逻辑设计与可编程逻辑器件

读出 0(低电平);反之,T_1 截止,在 B_j 上读出 1(高电平)。这样就避免了在每次读出时都要在栅极上施加脉冲电压,从而延长了隧道区超薄氧化层的寿命。

擦除时,Flotox 管的 G_c 和字线 W_i 上加+20V 左右、宽度约 10ms 的脉冲电压,位线 B_j 接低电平,如图 6-48(d)所示。这时经 G_c 及 G_f 间电容和 G_f 及 D 间电容分压而在隧道区产生强电场,吸引漏区的电子通过隧道区到达 G_f,形成存储电荷,使 Flotox 管的开启电压提高到+7V 以上,成为高开启电压管。读出时 G_c 上的电压只有+3V,Flotox 管不会导通。1 字节擦除后,该字节的所有基本存储单元均为 1 状态。

写入时,应使写入 0 的基本存储单元的 Flotox 管浮置栅放电。为此,在写入 0 时令 G_c 为 0 电平,同时在字线 W_i 和位线 B_j 上加+20V 左右、宽度约 10 ms 的脉冲电压,如图 6-48(e)所示。这时浮置栅上的存储电荷将通过隧道区放电,使 Flotox 管的开启电压降为 0V 左右,成为低开启电压管。读出时 G_c 上加+3V 电压,Flotox 管为导通状态。

虽然 E^2PROM 改用电压信号擦除了,但由于擦除和写入时需要加高电压脉冲,而且擦、写的时间仍较长,所以在系统的正常工作状态下,E^2PROM 仍然只能工作在它的读出状态,作 ROM 使用。

③ 快闪存储器。

为提高擦除和写入的可靠性,E^2PROM 的基本存储单元用了两只 MOS 管,从而降低了 E^2PROM 的集成度。快闪存储器(Flash Memory)则采用一种类似 SIMOS 管的单管叠栅结构的 MOS 管作为基本存储单元,成为新一代用电信号擦除的 EPROM,即快闪存储器。

快闪存储器既具有 UVEPROM 结构简单、编程可靠的优点,又具有 E^2PROM 用隧道效应擦除的快捷性。图 6-49(a)所示为快闪存储器采用的叠栅 MOS 管的结构示意图和符号。其结构与 SIMOS 管极为相似,最大的区别是浮置栅与衬底间氧化层的厚度不同,在 SIMOS 管中为 30~40nm,而在快闪存储器中为 10~15nm。而且 G_f 与源区的重叠部分是由源区的横向扩散形成的,面积极小,因而 G_f 和 S 间的电容比 G_f 和 G_c 间的电容小得多。当 G_c 和 S 间加上电压时,大部分电压都将降在 G_f 和 S 之间的电容上。快闪存储器的基本存储单元就是用这样的单管组成的,如图 6-49(b)所示。

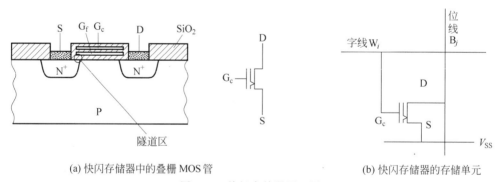

(a) 快闪存储器中的叠栅 MOS 管   (b) 快闪存储器的存储单元

图 6-49 快闪存储器原理图

读出时,字线上加上+5V 的高电平,存储单元公共端 V_{SS} 接低电平。如果 G_f 上没有负电荷,则叠栅 MOS 管导通,位线输出低电平;否则,叠栅 MOS 管截止,位线输出高电平。

写入时,与 UVEPROM 相同,即利用雪崩注入的方法使浮栅充电。叠栅 MOS 管的漏极经位线接至一个较高的正电压（一般为 6V），V_{SS} 接低电平，同时 G_c 上加一个幅度为 12V 左右、宽约 $10\mu s$ 的正脉冲。这时 D 和 S 间将发生雪崩击穿，一部分速度高的电子便穿过氧化层到达 G_f，形成 G_f 充电电荷。G_f 充电后，叠栅 MOS 管的开启电压为 7V 以上，字线为正常的逻辑高电平时它不会导通。

快闪存储器的擦除操作类似 E^2PROM 写入 0 时的操作，是利用隧道效应进行的。令 G_c 处于低电平，同时在 V_{SS} 上加入幅度为 12V 左右、宽度约 100ms 的正脉冲。这时 G_f 与源区间极小的重叠部分产生隧道效应，使 G_f 上的电荷经隧道区释放。G_f 放电后，叠栅 MOS 管的开启电压在 2V 以下，在 G_c 上加 +5V 电压时一定会导通。

由于片内所有叠栅是连在一起的，所以全部存储单元同时被擦除，这也是不同于 E^2PROM 的地方。

快闪存储器以其高集成度、大容量、低成本和使用方便等优点逐渐被人们关注。产品集成度逐年提高，目前已用于工控机做电子盘以及小型数码产品中的存储卡，如数码相机、PDA、手机、MP3 等产品。用快闪存储器做成的 U 盘已经取代了传统的计算机软盘，有人推测，在不久的将来，快闪存储器很可能成为较大容量磁性存储器（例如 PC 中的硬磁盘）的替代产品。

ROM 容量的扩展与 RAM 类似，这里不再赘述。

4. ROM 的 VHDL 描述

由前所述可知，ROM 的结构与 RAM 类似，区别仅在于对 ROM 中的内容只能进行读操作，而不能进行写操作。因此，ROM 与 RAM 的 VHDL 描述也很相似，区别在于，ROM 的存储单元中存放的数据都是不可改变的常量，由 CONSTANT 定义。另外，ROM 的 VHDL 程序中只有一个读进程，而 RAM 有读和写两个进程。下面是 16 字×16 位 ROM 的 VHDL 描述。

```
LIBRARY IEEE;
USE IEEE.STD_LOGIC_1164.ALL;
USE IEEE.STD_LOGIC_UNSIGNED.ALL;
ENTITY rom16_16 IS
    PORT(A:IN STD_LOGIC_VECTOR(3 DOWNTO 0);          -- 地址输入信号
         EN:IN STD_LOGIC;                            -- 使能输入信号
         RD:IN STD_LOGIC;                            -- 读信号
         DOUT:OUT STD_LOGIC_VECTOR(15 DOWNTO 0));    -- 数据输出信号
END rom16_16;
ARCHITECTURE one OF rom16_16 IS
    SUBTYPE rom_word IS STD_LOGIC_VECTOR(15 DOWNTO 0);
    TYPE memory IS ARRAY (0 TO 15) OF rom_word;
CONSTANT rom_table:memory: = (                       -- 常量存储矩阵
         (x"0000"),(x"1021"),(x"2042"),(x"3063"),
         (x"4084"),(x"50a5"),(x"60c6"),(x"70e7"),
         (x"8108"),(x"9129"),(x"a14a"),(x"b16b"),
         (x"c18c"),(x"d1ad"),(x"e1ce"),(x"f1ef"));
BEGIN
    PROCESS(EN,RD,A)                                 -- 读进程
    BEGIN
        IF(EN = '1' AND RD = '1')THEN
```

集成电路的逻辑设计与可编程逻辑器件

```
                DOUT < = rom_table(conv_integer(A));
            ELSE
                DOUT < = (OTHERS = >'Z');
            END IF;
        END PROCESS;
    END one;
```

6.3   可编程逻辑器件

6.3.1   PLD 概述

前面介绍的门电路、触发器和 MSI 电路的功能都是完全确定的,用户只能使用其固有的功能,而不能对其改变,故称为标准逻辑器件。

随着数字系统规模的不断扩大,用标准逻辑器件实现,需要用很多芯片,且芯片之间、芯片和印制板之间的连线和接点也相应增多,这就给系统带来了可靠性下降、成本提高、功耗增加和占用空间扩大等缺点。

随着集成电路和计算技术的发展,出现了把能完成特定功能的电路或系统集成到一个芯片内的专用集成电路,简称 ASIC(Application Specific Integrated Circuit)。使用 ASIC 不仅可以减少系统的占用空间,而且可以降低功耗,提高电路的可靠性和工作速度。

1. 专用集成电路的分类

ASIC 是一种由用户定制的集成电路,按制造过程的不同又可分为全定制和半定制两大类。

1) 全定制集成电路

全定制集成电路是由制造厂家按用户提出的逻辑要求,针对某种应用而专门设计和制造的芯片。这类芯片专业性很强,适合在大批量生产的产品中使用。常见的存储器、中央处理器(CPU)等芯片,都属于全定制集成电路。

2) 半定制集成电路

半定制集成电路是制造厂家生产出的半成品,用户根据自己的要求,用编程的方法对半成品进行再加工,制成具有特定功能的专用集成电路。可编程逻辑器件(Programmable Logic Devices,PLD)就是这类半定制集成电路。

2. PLD 的基本结构

由前面的学习可知,任何组合逻辑函数均可以转换成“与-或”表达式,任何时序逻辑电路都是由组合电路加上存储元件(触发器)构成的,这就是 PLD 最基本的依据。图 6-50 是 PLD 的基本结构示意图。PLD 器件的主体电路是由“与”阵列后跟“或”阵列组成的,这两个阵列或者其中的一个阵列是可以编程的。输入变量被送到“与”阵列,执行所需的“与”运算,并产生相应的“与”项;再将这些“与”项送到“或”阵列,进行“或”运算,并从“或”阵列的输出端得到所需的“与-或”输出表达式。为了使输入信号具有足够的驱动能力,并产生原变量和反应变量两个互补的输入信号,“与”阵列的每个输入端都有输入缓冲电路。为使 PLD 具有多种输出方式——组合输出、时序输出、低电平输出、高电平输出等,往往在“或”阵列的后面还有各种输出电路,各种方式的输出都经三态电路而输出,输出信号还可以反馈到“与”阵列的输入端。

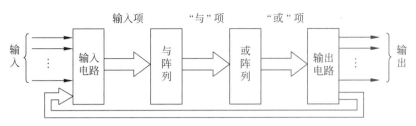

图 6-50　PLD 的基本结构框图

3. PLD 逻辑表示法

视频讲解

由于 PLD 的阵列规模大,用传统的逻辑表示方法很难描述 PLD 的内部电路,现介绍一种已被制造商和用户广泛采用的逻辑表示法。这种表示法可以在芯片内部配置和逻辑电路图之间建立一一对应关系,把逻辑图和真值表结合起来,形成易于识读的形式。

如图 6-51 所示为三输入"与"门的两种表示法。传统表示法中"与"门的三个输入 A、B、C 在 PLD 表示法中称为三个输入项,而输出 D 称为"与"项。同样"或"门也采用类似的方法表示。

如图 6-52 所示为 PLD 的典型输入缓冲器。它的两个输出 B 和 C 是其输入 A 的原和反,如图中真值表所示,即 $B=A$,$C=\bar{A}$。

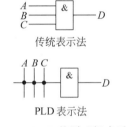

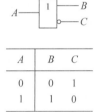

图 6-51　PLD 的"与"门表示法　　　　图 6-52　PLD 的输入缓冲器

PLD 阵列交叉点处的连接方式有三种,如图 6-53(a)所示。实点·表示硬线连接,即固定连接;×表示可编程连接;既没有·也没有×表示两线不连接。图 6-53(b)中的输出 $F=A \cdot C$。

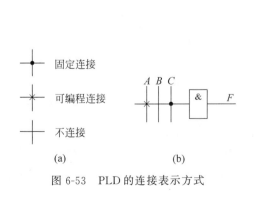

图 6-53　PLD 的连接表示方式

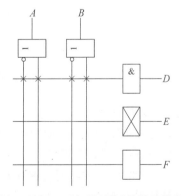

图 6-54　PLD"与"门的两种特殊情况

集成电路的逻辑设计与可编程逻辑器件

如图 6-54 所示为"与"门的两种特殊情况。如表 6-11 所示为它的真值表。由图可以看出 $D=A \cdot \bar{A} \cdot B \cdot \bar{B}=0$。这种输入项全接通,"与"项恒为 0 的状态称为"与"门的默认状态。为了方便,可以在"与"门符号中画×,以代表各输入项全接通的情况,如图 6-54 中输出 E 所示。相反,图中输出 F 表示无任何输入项与其相连,因此,该"与"项总是处于"悬浮"的逻辑 1 状态,输出 F 恒为 1。

表 6-11　图 6-54 的真值表

输　　入		输　　出		
A	B	D	E	F
0	0	0	0	1
0	1	0	0	1
1	0	0	0	1
1	1	0	0	1

阵列图是描述 PLD 内部元件连接关系的一种特殊的逻辑电路图。图 6-55(a)是 PLD 阵列图的例子,图 6-55(b)是阵列图的简化形式。该阵列图的"与"阵列和"或"阵列都是可编程的。输出函数表达式为

$$Q_2=\bar{A}\,\bar{B}+ABCD, \quad Q_1=\bar{A}C+A\bar{C}\bar{D}+\bar{B}, \quad Q_0=\bar{A}\,\bar{B}+\bar{A}C+A\bar{B}D$$

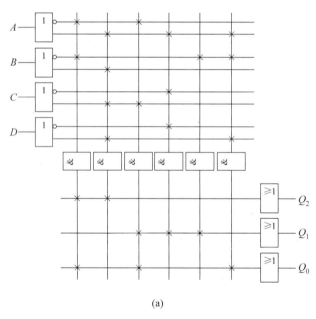
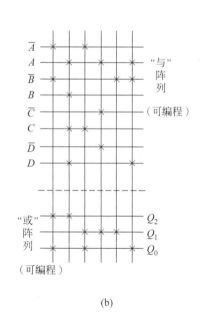

(a)　　　　　　　　　　　　　　　　　　　(b)

图 6-55　PLD 阵列图

视频讲解

4. PLD 的分类

(1) 按与、或阵列的可编程性分类。

根据与、或阵列是否可编程,可将 PLD 器件分为三种基本类型。

① 与阵列固定,或阵列可编程的 PLD。这类 PLD 与阵列的每个输出都是最小项,实现的函数是标准与式。它的缺点是芯片面积大,而且芯片的利用率较低,PROM 即属于此

类 PLD。

② 与、或阵列均可编程的 PLD。这类 PLD 可实现逻辑函数的最简与或式,提高了系统的利用率,缩小了系统的体积。但制造工艺复杂,器件工作速度不高,而且增加了辅助开发系统的设计难度。可编程逻辑阵列(PLA)就属于此类 PLD。由于缺乏必要的编程工具和相应的支持软件,且工作速度不够快,所以 PLA 器件现已不常使用。

③ 与阵列可编程,或阵列固定的 PLD。这类 PLD 不仅能实现大多数逻辑功能,而且提供了最高的性能和速度,是 PLD 目前发展的主流。可编程阵列逻辑(PAL)、通用阵列逻辑(GAL)等均属于此类 PLD。

(2) 按集成度分类。

根据集成度的大小,可将 PLD 器件分为低密度可编程逻辑器件(LDPLD)和高密度可编程逻辑器件(HDPLD)两大类。

① LDPLD 是指集成度小于 1000 门/片的可编程逻辑器件。PAL 和 GAL 属于此类 PLD 器件。

② HDPLD 是指集成度大于 1000 门/片的可编程逻辑器件。可擦除可编程逻辑器件(EPLD)、复杂的可编程逻辑器件(CPLD)和现场可编程门阵列(FPGA)都属于此类 PLD 器件。

(3) 按编程工艺分类。

根据编程工艺的不同,可将 PLD 器件分为三种类型。

① 熔丝或反熔丝编程器件。

熔丝或反熔丝编程器件是在每个可编程的连接点上都接有熔丝开关或反熔丝开关。熔丝开关在接点需要连接时保留熔丝,接点需要断开时,则用编程大电流把熔丝熔断,熔丝开关占用的芯片面积较大。

反熔丝开关的核心是介质,未编程时,开关呈现很高的阻抗,接点需要接通时,用编程电压把介质击穿,开关呈现导通状态。这种开关的占用芯片面积比熔丝开关小得多。

以上两种器件由于熔丝断开或介质击穿后均不能再恢复,故属于非易失一次性可编程器件。

② 浮栅编程器件。

浮栅编程器件是采用悬浮栅存储电荷的方法来保存数据的。它在 MOS 管的绝缘层中埋置一个悬浮栅,编程时加编程电压脉冲对悬浮栅注入电子使浮栅 MOS 管截止。擦除时又可将悬浮栅中的电子泄放掉,使浮栅 MOS 管恢复导通。

浮栅编程器件属于非易失可重复擦除器件。GAL、EPLD 和 CPLD 大都采用这种工艺。

③ 静态存储器编程器件。

静态存储器(SRAM)在片中的作用是存储决定系统逻辑功能和互连的配置数据。因为 SRAM 属易失性元件,所以每次系统加电时,要先将驻存在外部只读存储器或硬盘中的编程数据加载到 SRAM 中去。采用 SRAM 技术可以方便地装入新的配置数据,实现在线重置。Xilinx 的 FPGA 采用了这种技术。

5. PLD 的性能特点

用可编程逻辑器件设计数字系统,相对于传统的用标准逻辑器件(门、触发器和 MSI 电

集成电路的逻辑设计与可编程逻辑器件

路)设计数字系统有很多优点,主要表现在以下几方面。

(1) 减小了系统体积。由于 PLD 器件具有相当高的密度,用一片 PLD 可以实现一个数字系统或一个子系统,从而使制成的设备体积小,重量轻。

(2) 增强了逻辑设计的灵活性。用 PLD 设计数字系统时,不受标准逻辑器件功能的限制,只要通过适当的编程,便能使 PLD 完成指定的逻辑功能,而且可以擦除。在系统完成定型之前,都可以对 PLD 的逻辑功能进行修改,这给系统设计提供了很大的灵活性。

(3) 提高了系统的处理速度和可靠性。由于 PLD 的延迟时间很短,一般从输入引脚到输出引脚的延迟时间仅为几纳秒,这就使得由 PLD 构成的系统具有更高的运行速度。同时由于用 PLD 设计系统减少了芯片和印制板的数量,以及相互连线,从而增强了系统的抗干扰能力,提高了系统的可靠性。

(4) 缩短了设计周期,降低了系统成本。由于 PLD 是用编程代替标准逻辑器件的组装,在对逻辑功能进行修改时,也无须重新布线和更换印制板,从而大大缩短了系统的设计周期。同时大大节省了工作量,也有效地降低了成本。

(5) 系统具有加密功能。某些 PLD 器件本身就具有加密功能。设计者在设计时只要选中加密项,PLD 器件就会被加密,使器件的逻辑功能无法被读出,有效地防止设计内容被抄袭,使系统具有保密性。

在对 PLA、PAL、GAL(ispGAL 除外)以及 EPLD 进行编程时,无论这些器件是采用熔丝工艺还是采用 UVEPROM 或 E^2CMOS 工艺制作的,都要用到高于 5V 的编程电压信号。因此,必须将它们从电路板上取下,插到编程器上,由编程器产生这些高压脉冲信号,最后完成编程工作。这种必须使用编程器的“离线”编程方式,仍然不太方便。20 世纪 90 年代初出现的新一代在系统可编程(In-System Programmable,ISP)器件的编程不需使用专门的编程器,只要将计算机运行产生的编程数据直接写入 PLD 即可,因此更方便。有关 ISP 器件的详细内容将在第 7 章介绍,本节只介绍 PLD 的基本原理和传统 PLD 器件的基本结构。

6.3.2 可编程只读存储器

视频讲解

1. PROM 的可编程结构

PROM 除了作为存储器使用外,还可以作可编程逻辑器件使用。从可编程逻辑器件的角度理解,PROM 是由一个固定连接的“与”阵列(最小项译码器)和一个可编程连接的“或”阵列(存储矩阵)组成的。图 6-56(a)示出了一个 8×3(“与”门 $\times$ “或”门)PROM 的阵列图。图中上半部分为固定连接的“与”阵列构成的 3-8 线地址译码器,下半部分为可编程连接的“或”阵列构成的“或”门网络,通过编程修改 $\times$ 的位置和数量即可改变存储单元中的内容。8 个“与”门用来产生 3 个变量的 8 个最小项,给出一组地址组合,即可使相应的最小项有效,并从 $Q_2 Q_1 Q_0$ 端读出该最小项控制的存储单元中的内容。三个“或”门用来将相应的最小项相“或”构成三个给定的逻辑函数。图 6-56(b)是图 6-56(a)的简化形式。

2. 用 PROM 实现组合逻辑电路

由于 PROM 是由一个固定连接的“与”阵列和一个可编程连接的“或”阵列构成的,因此,用户只要改变“或”阵列上 $\times$ 的位置和数量,就可以在输出端得到输入变量的任何一种最小项的组合,从而实现不同的组合逻辑函数。

用 PROM 进行逻辑设计时,只需根据逻辑要求列出真值表,然后把真值表的输入作为

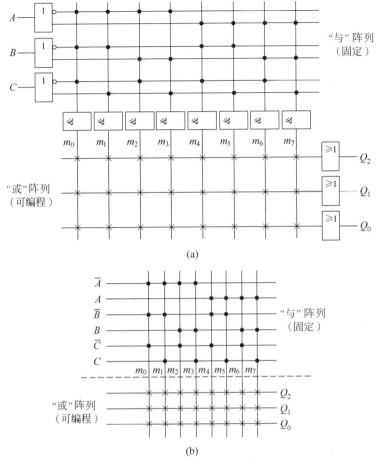

(a)

(b)

图 6-56　PROM 的阵列图

PROM 的地址输入,把逻辑函数值写入 PROM 的"或"阵列(即对 PROM 编程),画出相应的阵列图即可。下面举例说明。

例 6-12　用适当容量的 PROM 设计一个 4 位二进制码到 Gray 码的代码转换电路。

解:设 4 位二进制代码用 $B_3B_2B_1B_0$ 表示,4 位 Gray 码用 $G_3G_2G_1G_0$ 表示,则 4 位二进制码转换成 Gray 码的真值表如表 6-12 所示。将 4 位二进制码作为 PROM 的地址输入端,4 位 Gray 码作为 PROM 的输出端,根据表 6-12 可直接画出如图 6-57 所示的 PROM 阵列图。

视频讲解

表 6-12　二进制码转换为 Gray 码的真值表

二 进 制 码				Gray 码			
B_3	B_2	B_1	B_0	G_3	G_2	G_1	G_0
0	0	0	0	0	0	0	0
0	0	0	1	0	0	0	1
0	0	1	0	0	0	1	1
0	0	1	1	0	0	1	0

集成电路的逻辑设计与可编程逻辑器件

续表

二 进 制 码				Gray 码			
B_3	B_2	B_1	B_0	G_3	G_2	G_1	G_0
0	1	0	0	0	1	1	0
0	1	0	1	0	1	1	1
0	1	1	0	0	1	0	1
0	1	1	1	0	1	0	0
1	0	0	0	1	1	0	0
1	0	0	1	1	1	0	1
1	0	1	0	1	1	1	1
1	0	1	1	1	1	1	0
1	1	0	0	1	0	1	0
1	1	0	1	1	0	1	1
1	1	1	0	1	0	0	1
1	1	1	1	1	0	0	0

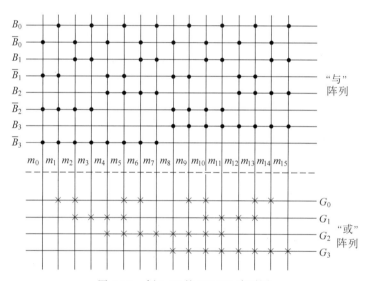

图 6-57　例 6-12 的 PROM 阵列图

从图 6-57 可以看出,PROM 的"与"阵列产生了输入变量 $B_3 \sim B_0$ 的全部 16 个最小项 $m_0 \sim m_{15}$,"或"阵列产生 4 个输出函数 $G_3 \sim G_0$。PROM 的"或"阵列根据函数的真值表进行编程,实现有关最小项的"或"运算。因此,用 PROM 实现逻辑函数时,主要是对"或"阵列的编程问题,用陈列图表示时,就是交叉点是否连接的问题,图中标×处代表 1,否则代表 0。

例 6-13　用 PROM 设计一个 π 发生器,用于串行产生常数 π。设取小数点后 15 位有效数字,即 π=3. 141 592 653 589 793。

解:根据题意,可让 16 位 π 常数以 8421BCD 码的形式存入 PROM 的 16 个存储单元中,然后用一个 4 位同步计数器控制 PROM 的地址输入端,使其地址码从小到大顺序进行周期性的变化,以便对存储单元的数据逐个进行读出。π 发生器的输入为与同步计数器计数输出对应的二进制码,而输出则为 8421BCD 码,如图 6-58 所示。π 发生器的真值表如

视频讲解

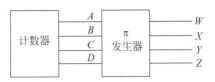

图 6-58 例 6-13 的逻辑框图

表 6-13 所示。根据表 6-13 可很容易地画出 π 发生器的 PROM 阵列图,如图 6-59 所示。

表 6-13 例 6-13 中 π 发生器的真值表

输	入			输	出			π	输	入			输	出			π
A	B	C	D	W	X	Y	Z		A	B	C	D	W	X	Y	Z	
0	0	0	0	0	0	1	1	3	1	0	0	0	0	1	0	1	5
0	0	0	1	0	0	0	1	1	1	0	0	1	0	0	1	1	3
0	0	1	0	0	1	0	0	4	1	0	1	0	0	1	0	1	5
0	0	1	1	0	0	0	1	1	1	0	1	1	1	0	0	0	8
0	1	0	0	0	1	0	1	5	1	1	0	0	1	0	0	1	9
0	1	0	1	1	0	0	1	9	1	1	0	1	0	1	1	1	7
0	1	1	0	0	0	1	0	2	1	1	1	0	1	0	0	1	9
0	1	1	1	0	1	1	0	6	1	1	1	1	0	0	1	1	3

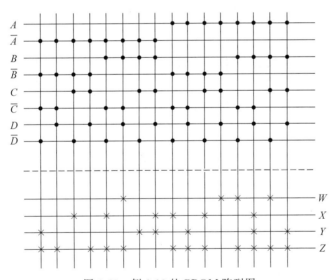

图 6-59 例 6-13 的 PROM 阵列图

6.3.3 可编程逻辑阵列

从前面的介绍可知,PROM 的地址译码器采用全译码方式,n 个地址码可选中 2^n 个不同的存储单元。并且,地址码与存储单元之间存在一一对应关系。因此,即使有多个存储单元的内容完全相同,也必须重复存放,无法节省存储单元。另外,从实现逻辑函数的角度来看,PROM 的"与"阵列固定地产生 n 个输入变量的全部 2^n 个最小项。而大多数逻辑函数

第 6 章

集成电路的逻辑设计与可编程逻辑器件

并不需要使用全部最小项,尤其对于那些包含约束条件的逻辑函数,许多最小项是不可能出现的。可见,PROM的"与"阵列并不能得到充分利用,从而使得芯片面积的利用率不高,造成硬件的浪费。为此,在PROM的基础上出现了一种"与"阵列和"或"阵列均可编程的逻辑器件,即可编程逻辑阵列(Programmable Logic Array,PLA)。

1. PLA的逻辑结构

与PROM类似,PLA也是由一个"与"阵列和一个"或"阵列构成的。所不同的是PLA的"与"阵列和"或"阵列都是可编程的,并且"与"阵列不再采用全译码方式,即 n 个输入变量不再产生 2^n 个"与"项,而是有几个"与"门就产生几个"与"项,并且"与"项不再是最小项,每个"与"项与哪些变量有关可由编程决定。"或"阵列可以通过编程选择需要的"与"项,形成"与-或"表达式。可见,用PLA可以实现逻辑函数的最简"与-或"式,从而节省器件。图6-60(a)给出了一个具有3个输入变量、可提供6个"与"项、产生3个输出函数的PLA的逻辑结构图,图6-60(b)为其阵列图。

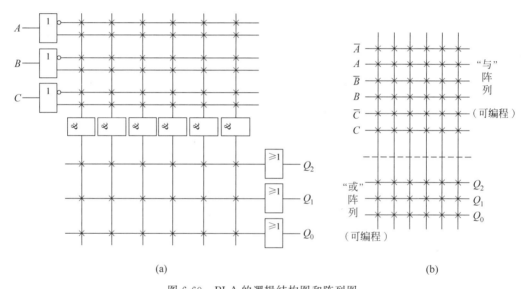

图 6-60　PLA的逻辑结构图和阵列图

可见,PLA的容量不仅取决于输入变量和输出端的个数,而且还与它的"与"项数(即"与"门数)有关,其存储容量常用输入变量数(n)-与项数(p)-输出端数(m)来表示。如图6-60所示PLA的容量为3-6-3。常见的PLA有16-48-8和14-96-8等几种容量。

2. 用PLA进行逻辑设计

PLA不仅可以实现组合逻辑电路,而且还可以实现各种时序逻辑电路,实现时序逻辑电路的PLA称为时序PLA。

1) 用PLA实现组合逻辑电路

用PLA设计组合逻辑电路的一般方法是:首先求出给定问题的逻辑表达式并化成最简"与-或"式。然后,根据最简"与-或"式中的不同"与"项构成"与"阵列,根据各函数表达式中"与"项的"或"构成"或"阵列,画出阵列图。

例6-14　用PLA设计一个4位二进制码到Gray码的代码转换电路。

解:设4位二进制代码用 $B_3B_2B_1B_0$ 表示,4位Gray码用 $G_3G_2G_1G_0$ 表示,由1.2节

视频讲解

中对 Gray 码的介绍可知,二进制码转换为 Gray 码的函数表达式为

$$G_3 = B_3$$
$$G_2 = B_3 \oplus B_2 = \bar{B}_3 B_2 + B_3 \bar{B}_2$$
$$G_1 = B_2 \oplus B_1 = \bar{B}_2 B_1 + B_2 \bar{B}_1$$
$$G_0 = B_1 \oplus B_0 = \bar{B}_1 B_0 + B_1 \bar{B}_0$$

可见,该表达式已经是最简"与-或"式,式中共有 7 个不同的"与"项,分别是

$$P_0 = B_3, \quad P_1 = \bar{B}_3 B_2, \quad P_2 = B_3 \bar{B}_2, \quad P_3 = \bar{B}_2 B_1$$
$$P_4 = B_2 \bar{B}_1, \quad P_5 = \bar{B}_1 B_0, \quad P_6 = B_1 \bar{B}_0$$

从这些"与"项表达式可得

$$G_3 = P_0, \quad G_2 = P_1 + P_2, \quad G_1 = P_3 + P_4, \quad G_0 = P_5 + P_6$$

根据上式,可以画出 PLA 的阵列图如图 6-61 所示。将该图与图 6-57 比较可以发现,用 PLA 实现逻辑函数比 PROM 更灵活、更经济、结构更简单。

2) 用 PLA 实现时序逻辑电路

因为时序逻辑电路的输出不仅取决于当时的输入状态,还和电路以前的状态有关。所以时序 PLA 与组合 PLA 的区别在于除了具有"与"阵列和"或"阵列之外,还具有一个用于存储以前状态的触发器网络。触发器网络的输入为"或"阵列的输出及时钟脉冲和复位信号等,其输出反馈到"与"阵列,用来和外部输入一起产生"与"项输出。时序 PLA 的结构框图如图 6-62 所示。图中,"与"阵列的输入有外部输入变量 $x_1, x_2, \cdots, x_n$ 和状态变量 $y_1, y_2, \cdots, y_r$ 两部分。"或"阵列的输出也有两部分,即激励状态 $Y_1, Y_2, \cdots, Y_p$ 和外部输出 $Z_1, Z_2, \cdots, Z_m$。

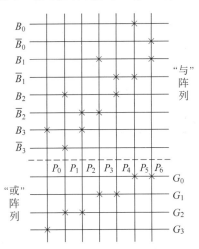

图 6-61　用 PLA 实现 4 位二进制码到 Gray 码的转换

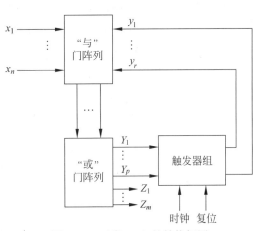

图 6-62　时序 PLA 的结构框图

视频讲解

例 6-15　以 D 触发器为存储元件,用 PLA 设计一个具有七段显示输出功能的 8421BCD 码加 1 计数器。

解:分析题意可知,该问题的设计应包含两部分:一是按同步时序电路的设计方法设计一个 8421BCD 码加 1 计数器;二是按组合电路的设计方法设计一个将 8421BCD 码转换成七段显示代码的代码转换电路。

8421BCD 码加 1 计数器的状态表如表 6-14 所示。

第 6 章

集成电路的逻辑设计与可编程逻辑器件

表 6-14 例 6-15 的一位 8421BCD 码加 1 计数器的状态表

Q_4	Q_3	Q_2	Q_1	Q_4^{n+1}	Q_3^{n+1}	Q_2^{n+1}	Q_1^{n+1}
0	0	0	0	0	0	0	1
0	0	0	1	0	0	1	0
0	0	1	0	0	0	1	1
0	0	1	1	0	1	0	0
0	1	0	0	0	1	0	1
0	1	0	1	0	1	1	0
0	1	1	0	0	1	1	1
0	1	1	1	1	0	0	0
1	0	0	0	1	0	0	1
1	0	0	1	0	0	0	0
1	0	1	0	d	d	d	d
1	0	1	1	d	d	d	d
1	1	0	0	d	d	d	d
1	1	0	1	d	d	d	d
1	1	1	0	d	d	d	d
1	1	1	1	d	d	d	d

因为 D 触发器的次态 $Q^{n+1}=D$，所以根据表 6-14 可直接写出 D 触发器的激励函数表达式：

$$D_4 = Q_4^{n+1} = Q_3 Q_2 Q_1 + Q_4 \overline{Q}_1$$

$$D_3 = Q_3^{n+1} = \overline{Q}_3 Q_2 Q_1 + Q_3 \overline{Q}_2 + Q_3 \overline{Q}_1$$

$$D_2 = Q_2^{n+1} = \overline{Q}_4 \overline{Q}_2 Q_1 + Q_2 \overline{Q}_1$$

$$D_1 = Q_1^{n+1} = \overline{Q}_1$$

激励函数中共包含 8 个不同的"与"项，分别是

$$P_1 = Q_3 Q_2 Q_1, \quad P_2 = Q_4 \overline{Q}_1, \quad P_3 = \overline{Q}_3 Q_2 Q_1, \quad P_4 = Q_3 \overline{Q}_2$$

$$P_5 = Q_3 \overline{Q}_1, \quad P_6 = \overline{Q}_4 \overline{Q}_2 Q_1, \quad P_7 = Q_2 \overline{Q}_1, \quad P_8 = \overline{Q}_1$$

8421BCD 码转换为七段显示代码的真值表如表 6-15 所示(采用共阴极 LED)。

表 6-15 例 6-15 的 8421BCD 码转换为七段显示码的真值表

8421BCD 码				七段显示码						
Q_4	Q_3	Q_2	Q_1	a	b	c	d	e	f	g
0	0	0	0	1	1	1	1	1	1	0
0	0	0	1	0	1	1	0	0	0	0
0	0	1	0	1	1	0	1	1	0	1
0	0	1	1	1	1	1	1	0	0	1
0	1	0	0	0	1	1	0	0	1	1
0	1	0	1	1	0	1	1	0	1	1
0	1	1	0	0	0	1	1	1	1	1
0	1	1	1	1	1	1	0	0	0	0
1	0	0	0	1	1	1	1	1	1	1
1	0	0	1	1	1	1	0	0	1	1
1	0	1	0	d	d	d	d	d	d	d
1	0	1	1	d	d	d	d	d	d	d
1	1	0	0	d	d	d	d	d	d	d
1	1	0	1	d	d	d	d	d	d	d
1	1	1	0	d	d	d	d	d	d	d
1	1	1	1	d	d	d	d	d	d	d

根据表 6-15 画出 $a \sim g$ 的卡诺图，按多输出函数进行化简后，得到以下最简"与-或"式：

$$a = Q_4 + Q_2 Q_1 + \bar{Q}_3 \bar{Q}_1 + Q_3 \bar{Q}_2 Q_1$$

$$b = \bar{Q}_3 + Q_2 Q_1 + \bar{Q}_2 \bar{Q}_1$$

$$c = Q_1 + \bar{Q}_2 \bar{Q}_1 + Q_3 \bar{Q}_1$$

$$d = \bar{Q}_3 \bar{Q}_1 + Q_3 \bar{Q}_2 Q_1 + Q_2 \bar{Q}_1 + \bar{Q}_3 Q_2$$

$$e = \bar{Q}_3 \bar{Q}_1 + Q_2 \bar{Q}_1$$

$$f = Q_4 + Q_3 \bar{Q}_1 + \bar{Q}_2 \bar{Q}_1 + Q_3 \bar{Q}_2 Q_1$$

$$g = Q_4 + Q_3 \bar{Q}_1 + \bar{Q}_3 Q_2 + Q_3 \bar{Q}_2 Q_1$$

上式在激励函数表达式的基础上又增加了 8 个不同的"与"项，分别是

$$P_9 = Q_4, \quad P_{10} = Q_2 Q_1, \quad P_{11} = \bar{Q}_3 \bar{Q}_1, \quad P_{12} = Q_3 \bar{Q}_2 Q_1$$

$$P_{13} = \bar{Q}_3, \quad P_{14} = \bar{Q}_2 \bar{Q}_1, \quad P_{15} = \bar{Q}_3 Q_2, \quad P_{16} = Q_1$$

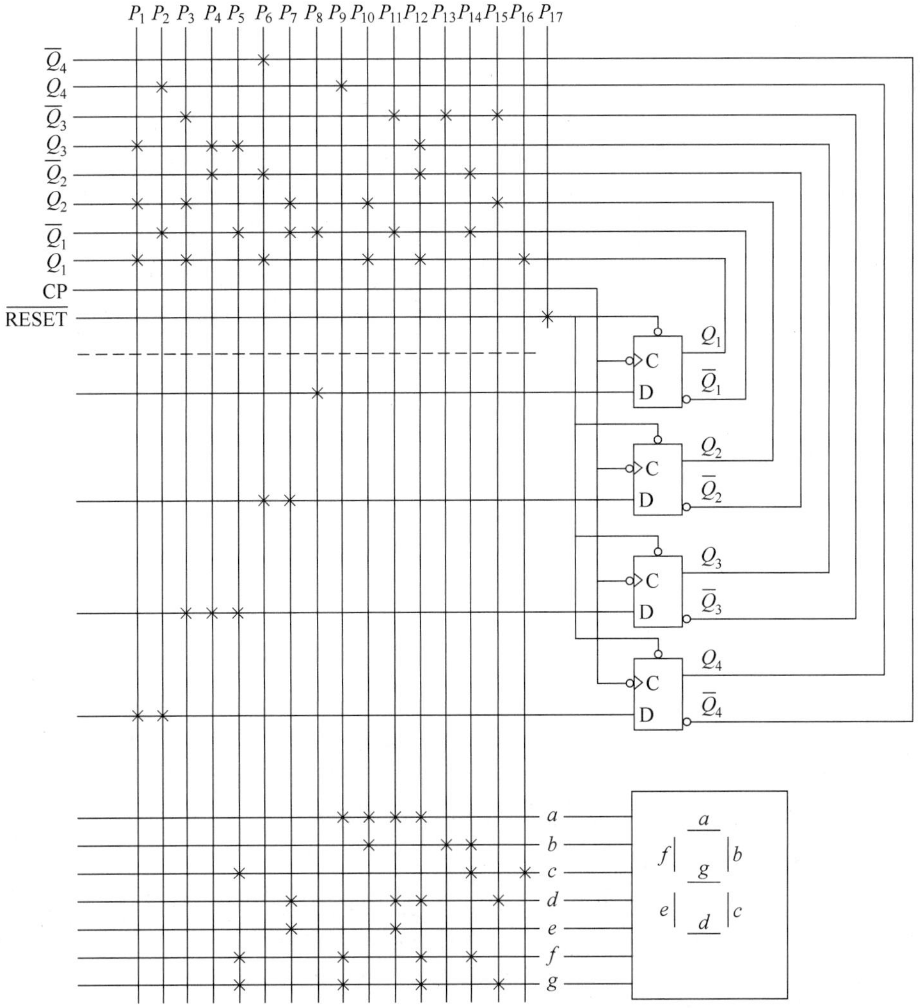

图 6-63　例 6-15 的阵列逻辑图

集成电路的逻辑设计与可编程逻辑器件

根据激励函数和输出函数表达式,可画出如图 6-63 所示的 PLA 阵列图,为增加灵活性,图中增加了用于控制触发器复位的"与"项 $P_{17} = \overline{\text{RESET}}$。

视频讲解

6.3.4 可编程阵列逻辑

虽然 PLA 的存储单元利用率相对较高,但其"与"阵列和"或"阵列均可编程又导致了软件算法复杂,运行速度大幅下降。由于很少有软件支持,因此 PLA 存在时间较短。可编程阵列逻辑(Programmable Array Logic,PAL)是在 PROM 和 PLA 的基础上发展起来的一种 PLD 器件。相对于 PROM 而言,PAL 的使用更灵活,且易于完成多种逻辑功能,同时又比 PLA 工艺简单,易于编程和实现。由于 PLD 器件的飞速发展,这种器件已经用得不多,但它是后面出现的 GAL 以及功能更强的 CPLD 的基础,故这里简要介绍 PAL 的基本原理。

1. PAL 的逻辑结构

图 6-64(a)给出了一个三输入三输出 PAL 的逻辑结构图,通常可将其表示成图 6-64(b)的简化形式。由图可见,PAL 是由一个可编程的"与"阵列和一个固定连接的"或"阵列组成的。

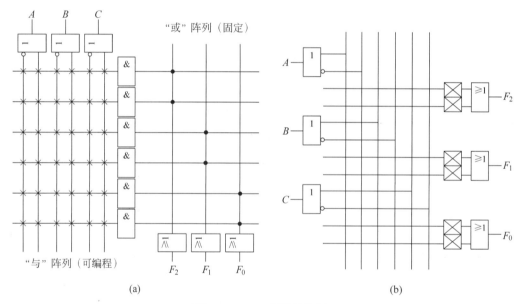

图 6-64 PAL 逻辑结构图

PAL 的每个输出包含的"与"项个数是由固定连接的"或"阵列决定的。在典型的逻辑设计中,一般函数包含 3~4 个"与"项,而现有的 PAL 器件能为每个输出提供多达 8 个"与"项,因此,使用这种器件能很好地完成各种常用电路的设计。

2. PAL 的输出和反馈结构

一般 PAL 产品在"与""或"阵列的基础上,增加了多种输出及反馈电路,从而构成各种型号的 PAL 器件。概括起来输出和反馈电路有以下 5 种结构。

1) 专用输出结构

PAL 的专用输出结构如图 6-65 所示。它在基本门阵列的基础上加入了反相器,即输出部分采用"或非"门构成,称为低电平有效的 PAL 器件(L 型)。前述基本门阵列的输出部分是"或"门,因此为高电平有效的 PAL 器件(H 型)。另外,有的 PAL 还采用互补输出的或门,称为互补输出 PAL 器件(C 型)。

这类 PAL 的特点是"与"阵列编程之后,输出只由输入来决定,适用于组合电路,故这种结构也称作基本组合输出结构。这类 PAL 器件的常见产品有 PAL10H8(10 个输入,8 个输出,输出高电平有效),PAL12L6(12 个输入,6 个输出,输出低电平有效)等。

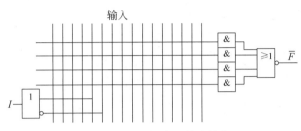

图 6-65   PAL 的专用输出结构

2) 带反馈的可编程 I/O 结构

PAL 带反馈的可编程 I/O 结构如图 6-66 所示。由图可以看出,这类 PAL 允许"与"项(图中最上面一个"与"门对应的"与"项)直接控制 PAL 的输出,同时该输出端又可以作为一个输入反馈到 PAL 的"与"阵列。图中,若最上面的"与"项为 0,即编程时该"与"门的所有输入项都接通,则三态缓冲器处于高阻状态,此时,I/O 端作为输入使用,右边的互补输出缓冲器也作为输入缓冲器用。相反,若最上面的"与"项为 1,即最上面的"与"门的所有输入项都断开,则三态缓冲器被选通,I/O 端只能作为输出端使用。此时,右边的互补输出缓冲器作为反馈缓冲器用,将输出反馈至输入。该类 PAL 器件的常见产品有 PAL16L8(10 个输入,8 个输出,6 个反馈输入)以及 PAL20L10(12 个输入,10 个输出,8 个反馈输入)。这种结构的 PAL 器件可以构成电平型异步时序电路,故通常又称为异步可编程 I/O 结构。

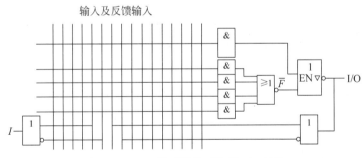

图 6-66   PAL 带反馈的可编程 I/O 结构

3) 带反馈的寄存器输出结构

带反馈的寄存器输出结构是 PAL 器件的高档产品。图 6-67 为这类 PAL 器件的结构图。与前两种结构相比,这种结构的输出端多了一个 D 触发器。在系统时钟 CLK 的上升沿到达时,将"或"门的输出存入 D 触发器,触发器的 Q 输出通过带公共选通(OE)的三态缓冲器送到输出端。另外,D 触发器的 Q 输出通过一个互补输出缓冲器反馈到"与"阵列,这样 PAL 就有了记忆原来状态的功能,从而满足了时序电路设计的需要。具有这种输出结构

集成电路的逻辑设计与可编程逻辑器件

的 PAL 器件称为 R 型 PAL 器件,典型产品有 PAL16R8(8 个输入,8 个寄存器输出,8 个反馈输入,1 个公共时钟和 1 个公共选通)。

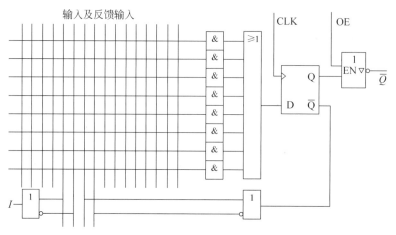

图 6-67　PAL 带反馈的寄存器输出结构

4) 加异或带反馈的寄存器输出结构

这种结构在带反馈的寄存器输出结构的基础上增加了一个异或门,如图 6-68 所示为这类 PAL 器件的局部电路。图中,D 触发器的 D 端引入了一个"异或"门,使 D 端的极性可通过编程设置,这实际上是允许编程设置输出端的有效电平。该类 PAL 器件的典型产品有 PAL16RP8(8 个输入,8 个寄存器输出,8 个反馈输入)。

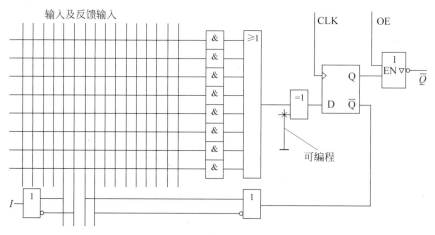

图 6-68　PAL 加异或带反馈的寄存器输出结构

5) 算术选通反馈结构

算术选通反馈结构的 PAL 是在综合前几种 PAL 结构特点的基础上,增加了反馈选通电路,使之能实现多种算术运算功能。图 6-69 给出了这种结构的 PAL 局部电路。在这种结构中,或阵列的输出先经过异或运算后,再送给 D 触发器。反馈选通电路可以对输出反馈信号 $\overline{Q}$ 和输入信号 A 进行 $(Q+A)$、$(Q+\overline{A})$、$(\overline{Q}+A)$、$(\overline{Q}+\overline{A})$ 4 种逻辑"或"运算,并把这 4 种操作结果送至"与"阵列,通过编程可以得到 16 种可能的逻辑组合。该类 PAL 的典型产品有 PAL16A4(8 个输入,4 个寄存器输出,4 个可编程 I/O 输出,4 个反馈输入,4 个算术选通反馈输入)。

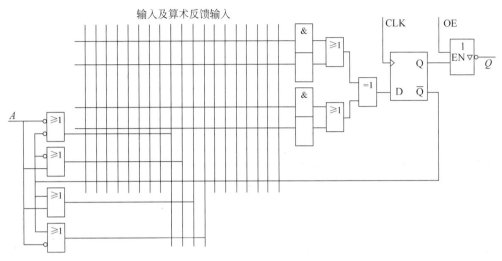

图 6-69　PAL 算术选通反馈结构的局部电路

3. PAL 应用举例

从上面的介绍可知,PAL 提供了多种灵活的输出和反馈结构,因此可以很方便地用于实现各种组合逻辑和时序逻辑功能。用 PAL 进行逻辑设计时,一般首先按常规设计方法对要实现的功能进行正确的描述(画出真值表、状态图等),写出相应的函数表达式;然后根据具体要求(如输入数、输出数、寄存器数、"与"项数等)选择合适的器件,并按函数表达式进行编程,给出阵列图。

例 6-16　如图 6-70(a)所示为单行道交叉路口的交通管理方案示意图。图中,1、2 为单行道路;SEN_1、SEN_2 为探测器。当有车辆要求通过时,相应的探测器产生逻辑 1 信号;否

视频讲解

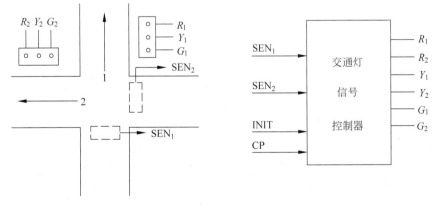

(a) 管理方案　　　　　　　　　　(b) 控制器框图

图 6-70　例 6-16 的交通灯控制器管理方案和框图

集成电路的逻辑设计与可编程逻辑器件

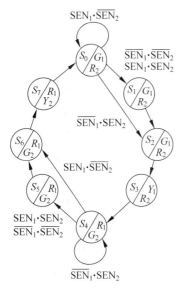

图 6-71　例 6-16 的状态图

则为逻辑 0 信号。图 6-70(b)是实现该管理方案的交通灯信号控制器框图。图中，探测器提供输入信号，交通灯是信号输出装置，信号灯有红(R)、绿(G)、黄(Y)三色。另外，该控制器是一个同步时序电路，CP 为时钟信号，INIT 为初始化信号，用于初始化系统。请用 PAL16RP8 设计实现上述功能的交通灯信号控制器。

解：设控制器的初始状态为 S_0，根据题意可做出该电路的状态图，如图 6-71 所示。利用 INIT 信号可随时使控制器处于 S_0 状态，图中略去了 INIT 信号。

仅当 1 路有车辆要求通过且 2 路无车辆要求通过(即 $SEN_1 \cdot \overline{SEN_2} = 10$)时，电路停留在 S_0 状态；否则根据另外三种不同的情况分别转向 S_1 或 S_2 状态。S_3 为通行转换的过渡状态。同样，仅当 2 路有车辆要求通过且 1 路无车辆要求通过(即 $\overline{SEN_1} \cdot SEN_2 = 01$)时，电路停留在 S_4 状态；否则根据另外三种不同的情况分别转向 S_5 或 S_6 状态。S_7 为通行转换的过渡状态。

根据状态图可做出状态表如表 6-16 所示，表中 $I_1 = \overline{SEN_1} \cdot \overline{SEN_2} \cdot \overline{INIT}$；$I_2 = \overline{SEN_1} \cdot SEN_2 \cdot \overline{INIT}$；$I_3 = SEN_1 \cdot \overline{SEN_2} \cdot \overline{INIT}$；$I_4 = SEN_1 \cdot SEN_2 \cdot \overline{INIT}$；$I_0 = INIT$。

表 6-16　例 6-16 的状态表

现　　态	次　　态					输　　出
	$I_1 = 1$	$I_2 = 1$	$I_3 = 1$	$I_4 = 1$	$I_0 = 1$	
S_0	S_1	S_2	S_0	S_1	S_0	$G_1 R_2$
S_1	S_2	S_2	S_2	S_2	S_0	$G_1 R_2$
S_2	S_3	S_3	S_3	S_3	S_0	$G_1 R_2$
S_3	S_4	S_4	S_4	S_4	S_0	$Y_1 R_2$
S_4	S_5	S_4	S_6	S_5	S_0	$R_1 G_2$
S_5	S_6	S_6	S_6	S_6	S_0	$R_1 G_2$
S_6	S_7	S_7	S_7	S_7	S_0	$R_1 G_2$
S_7	S_0	S_0	S_0	S_0	S_0	$R_1 Y_2$

因为电路共有 8 个状态，故需 3 个触发器，设状态变量为 Q_2、Q_1、Q_0，选择如表 6-17 所示的状态分配方案。

表 6-17　例 6-16 的状态分配表

状　　态	S_0	S_1	S_2	S_3	S_4	S_5	S_6	S_7
$Q_2 Q_1 Q_0$	000	001	010	011	100	101	110	111

将上述状态编码代入表 6-16 即可得到二进制状态表，如表 6-18 所示。

表 6-18　例 6-16 的二进制状态表

| 现　　态 | 次态 $Q_2^{n+1}Q_1^{n+1}Q_0^{n+1}$ | | | | | 输　　出 | | | | | |
$Q_2Q_1Q_0$	$I_1=1$	$I_2=1$	$I_3=1$	$I_4=1$	$I_0=1$	R_1	Y_1	G_1	R_2	Y_2	G_2
0　0　0	001	010	000	001	000	0	0	1	1	0	0
0　0　1	010	010	010	010	000	0	0	1	1	0	0
0　1　0	011	011	011	011	000	0	0	1	1	0	0
0　1　1	100	100	100	100	000	0	1	0	1	0	0
1　0　0	101	100	110	101	000	1	0	0	0	0	1
1　0　1	110	110	110	110	000	1	0	0	0	0	1
1　1　0	111	111	111	111	000	1	0	0	0	0	1
1　1　1	000	000	000	000	000	1	0	0	0	1	0

由二进制状态表可知

$$D_2 = Q_2^{n+1} = (I_1 + I_2 + I_3 + I_4) \cdot (\bar{Q}_2 Q_1 Q_0 + Q_2 \bar{Q}_1 \bar{Q}_0 + Q_2 \bar{Q}_1 Q_0 + Q_2 Q_1 \bar{Q}_0)$$
$$= \bar{I}_0 \cdot \bar{Q}_2 Q_1 Q_0 + \bar{I}_0 \cdot Q_2 \bar{Q}_1 \bar{Q}_0 + \bar{I}_0 \cdot Q_2 \bar{Q}_1 Q_0 + \bar{I}_0 \cdot Q_2 Q_1 \bar{Q}_0$$

同理可得其他激励函数和输出函数表达式为

$$D_1 = Q_1^{n+1} = I_2 \cdot \bar{Q}_2 \bar{Q}_1 Q_0 + I_3 \cdot Q_2 \bar{Q}_1 Q_0 + \bar{I}_0 \cdot \bar{Q}_2 Q_1 Q_0 +$$
$$\bar{I}_0 \cdot \bar{Q}_2 Q_1 Q_0 + \bar{I}_0 \cdot Q_2 \bar{Q}_1 Q_0 + \bar{I}_0 \cdot Q_2 Q_1 \bar{Q}_0$$

$$D_0 = Q_0^{n+1} = I_1 \cdot \bar{Q}_2 \bar{Q}_1 \bar{Q}_0 + I_1 \cdot Q_2 \bar{Q}_1 \bar{Q}_0 + I_4 \cdot \bar{Q}_2 \bar{Q}_1 \bar{Q}_0 +$$
$$I_4 \cdot Q_2 \bar{Q}_1 \bar{Q}_0 + \bar{I}_0 \cdot \bar{Q}_2 Q_1 \bar{Q}_0 + \bar{I}_0 \cdot Q_2 Q_1 \bar{Q}_0$$

$$R_1 = Q_2$$

$$Y_1 = \bar{Q}_2 Q_1 Q_0$$

$$G_1 = \bar{Q}_2 \bar{Q}_1 \bar{Q}_0 + \bar{Q}_2 \bar{Q}_1 Q_0 + \bar{Q}_2 Q_1 \bar{Q}_0$$

$$R_2 = \bar{Q}_2 \ (即 \ \bar{R}_2 = Q_2)$$

$$Y_2 = Q_2 Q_1 Q_0$$

$$G_2 = Q_2 \bar{Q}_1 \bar{Q}_0 + Q_2 \bar{Q}_1 Q_0 + Q_2 Q_1 \bar{Q}_0$$

PAL16RP8 共有 20 根引脚,根据器件的功能和对交通灯控制器的输入、输出设置,可采用如图 6-72 所示的引脚分配方案。图中 NC 表示未用引脚。

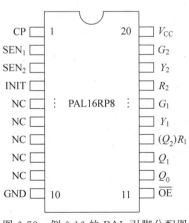

图 6-72　例 6-16 的 PAL 引脚分配图

集成电路的逻辑设计与可编程逻辑器件

根据上述函数表达式和芯片引脚分配方案,可画出 PAL16RP8 实现交通灯控制器功能的阵列图,如图 6-73 所示。由此例可见,利用一片 PAL 就可以实现比较复杂的逻辑功能。

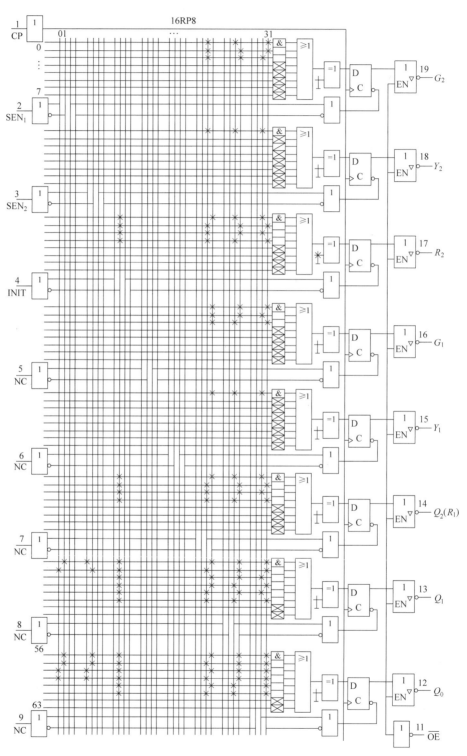

图 6-73　例 6-16 的交通灯控制器阵列图

6.3.5　通用阵列逻辑

PAL 的出现给逻辑设计带来了很大的灵活性,但仍有一定的局限性。例如,PAL 采用的是熔丝工艺,编程之后不能再改写;再有,PAL 的输出结构不够灵活,要满足不同输出结构需求,就得选用不同型号的 PAL 器件。

通用阵列逻辑(Generic Array Logic,GAL)是 1985 年美国 Lattice 公司在 PAL 的基础上开发的一种新型 PLD 器件,它比 PAL 具有更高的可靠性和更大的灵活性。

1. GAL 的性能特点

和 PAL 相比,GAL 在工艺、结构和性能上都有很大改进,其特点如下。

(1) 采用 E^2CMOS 工艺。由于采用了 E^2CMOS 工艺,不仅使 GAL 的功耗低、速度快,而且具有电擦写和可反复编程的特点。

(2) 输出结构配置了输出逻辑宏单元。由于 GAL 具有输出逻辑宏单元(Output Logic Marco Cell,OLMC),用户可以通过编程选择输出组态。GAL 既可以设置成组合逻辑电路输出,又可以设置成寄存器输出;既可以是输出低电平有效,也可以是输出高电平有效。这样,GAL 就可以在功能上代替 PAL 的各种输出类型,从而增加 GAL 使用的灵活性。

(3) 保密性好。由于 GAL 具有加密单元,可有效地防止复制,增强了电路的保密性。

2. GAL 的基本结构及工作原理

GAL 按门阵列的可编程性分为两大类:一类是与 PAL 基本相同的普通型,其"与"阵列是可编程的,而"或"阵列是固定的,如 20 引脚的 GAL16V8;另一类是与 PLA 相似的新一代 GAL,其"与"阵列和"或"阵列都是可编程的,如 24 脚的 GAL39V8。

1) GAL 的基本结构

普通型 GAL 的基本结构与 PAL 类似,由一个可编程的"与"阵列和一个固定连接的"或"阵列构成,所不同的是输出结构不同。GAL 在每个输出端都集成有一个输出逻辑宏单元 OLMC,以允许用户定义每个输出的结构和功能。下面以 GAL16V8 为例介绍 GAL 的基本结构及工作原理。

图 6-74 是 GAL16V8 的功能框图。图 6-75 是 GAL16V8 的阵列图。由 GAL16V8 的功能框图可知,GAL16V8 由以下几部分组成。

① 与阵列有 8 个输入缓冲器和 8 个反馈输入缓冲器。

② 有 8 个输出逻辑宏单元(OLMC)。每个 OLMC 的前面接有一个 8 输入的或门,OLMC 的输出和三态输出缓冲器相连。OLMC 的作用是通过对其编程使器件具有不同的逻辑功能,并构成任意形式的输出结构。

③ 由 2048 个单元组成的可编程的"与"阵列。可编程的"与"阵列按 32 列×64 行排列,共 2048 个单元。32 列表示 8 个输入的原变量和反变量以及 8 个输出反馈信号的原变量和反变量,其中偶数号列输入线与原变量相连,奇数号列输入线与反变量相连。64 行表示"与"阵列可产生 64 个"与"项,对应 8 个输出,每个输出包含 8 个"与"项。

④ 系统时钟 CLK 的输入缓冲器、三态输出缓冲器和公共使能信号 $\overline{OE}$ 的输入缓冲器。

⑤ 前三个和后三个输出都有反馈线接到邻级单元的 OLMC。通过编程,可将邻级单元的输出信息反馈到与阵列,增强了器件的逻辑功能。

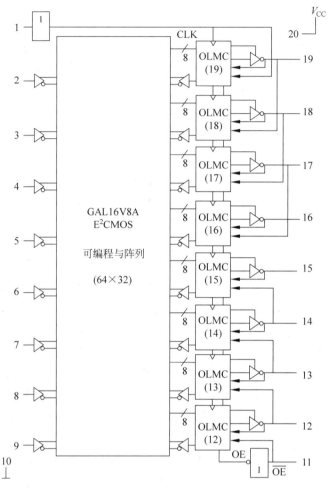

图 6-74　GAL16V8 的功能框图

2) GAL16V8 的结构控制字

GAL 的输出之所以可编程,是靠改变其结构控制字来实现的。通过编程可以使 OLMC 配置成多种模式及输出组态。GAL 的结构控制字共 82 位,如图 6-76 所示,图中 XOR(n)和 AC1(n)字段下面的数字对应输出引脚号。结构控制字中各字段的含义为

SYN:同步控制字,1 位,8 个 OLMC 共用;

AC0:结构控制字,1 位,8 个 OLMC 共用;

AC1(n):结构控制字,8 位,每个 OLMC 用 1 位;

XOR(n):极性控制字,8 位,每个 OLMC 用 1 位;

PT:"与"项禁止控制字,64 位,每个"与"门用 1 位。

3) 输出逻辑宏单元

图 6-77 为 OLMC 的内部结构图。每个 OLMC 包含或阵列中的一个 8 输入或门,或门的每个输入对应一个乘积项(与阵列中的一个输出),其中 7 个乘积项与或门直接相连,另一个乘积项通过 PTMUX 之后与之相连,或门的输出为这些乘积项之和。图中异或门用于控制输出信号的极性,当 XOR(n)端为 1 时,异或门起反相器作用;否则为同相输出。其中

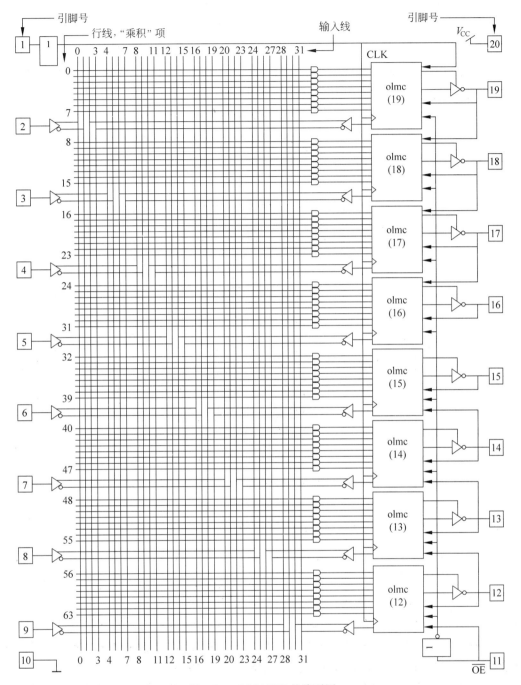

图 6-75　GAL16V8 的阵列图

XOR(n)对应结构控制字中的一位，n 为引脚号。这样就使器件具有极性可编程的功能，使 GAL 能实现看起来似乎不能实现的功能，例如要实现需要多于 8 个乘积项的功能，即

$$K = A + B + C + D + E + F + G + H + I$$

这里有 9 个乘积项，而或门只有 8 个输入端，若利用德·摩根定律可变换为

视频讲解

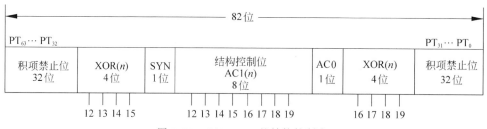

图 6-76　GAL16V8 的结构控制字

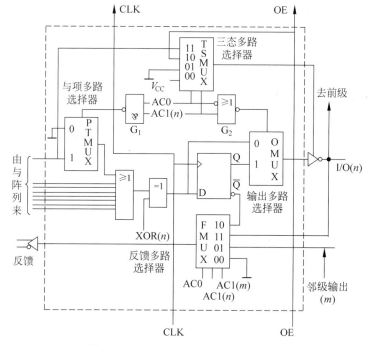

图 6-77　GAL 输出逻辑宏单元 OLMC

$$\overline{K} = \overline{A} \cdot \overline{B} \cdot \overline{C} \cdot \overline{D} \cdot \overline{E} \cdot \overline{F} \cdot \overline{G} \cdot \overline{H} \cdot \overline{I}$$

则输出 $\overline{K}$ 只有一个乘积项,要得到 K,可利用输出端极性编程,对其或门输出求反即可。图中 D 触发器对或门的输出起记忆作用,使其能实现时序电路。

每个 OLMC 中有 4 个多路选择器。与项选择多路选择器 PTMUX 和输出选择多路选择器 OMUX 为二选一多路选择器,输出允许控制三态多路选择器 TSMUX 和反馈选择多路选择器 FMUX 为四选一多路选择器。各选择器的作用如下:

① PTMUX 用于控制或门第一个与项的来源。来自与阵列的 8 个与项当中有 7 个直接作为或门的输入,另一个作为 PTMUX 的输入,PTMUX 的另一个输入接"地"。在 AC0 和 AC1(n)的控制下(图中的与非门 G_1),PTMUX 选择该与项或者"地"作为或门的第一个与项。

② OMUX 用于选择输出类型是组合逻辑还是时序逻辑。由异或门选择极性的与或逻辑结果,在送至 OMUX 的一个输入端的同时,还通过时钟信号 CLK 送入 D 触发器,D 触发

器的 Q 输出送至 OMUX 的另一个输入端。OMUX 在 AC0 和 AC1(n) 的控制下(图中或非门 G_2),选择输出的类型。

③ TSMUX 用于选择输出三态缓冲器的选通信号。在 AC0 和 AC1(n) 的控制下,TSMUX 选择 V_{CC}、"地"、OE 或者第一个与项作为允许输出的控制信号。

④ FMUX 用于控制反馈信号的来源。在 AC0、AC1(n) 和 AC1(m) 的控制下,FMUX 选择"地"、邻级输出、本级输出或 D 触发器的 $\overline{Q}$ 端作为反馈信号,回送到与阵列作为输入信号。FMUX 形式上有三个控制端,分别是 AC0、AC1(n) 和 AC1(m),但是当 AC0=0 时,AC1(n) 不起作用;而当 AC0=1 时,AC1(m) 不起作用。

3. GAL 的工作模式和逻辑组态

视频讲解

要想发挥 GAL 的优势,实现理想的逻辑设计,掌握 OLMC 的工作模式和逻辑组态是至关重要的。通过对结构控制字中的 SYN、AC0、AC1(n) 和 XOR(n) 进行编程,GAL16V8 的 OLMC 可以配置成 5 种逻辑组态,这 5 种逻辑组态又隶属于三种工作模式,即简单模式、寄存器模式和复杂模式。表 6-19 给出了 OLMC 的输出配置控制。

表 6-19　OLMC 的输出配置控制

工作模式	SYN	AC0	AC1(n)	XOR(n)	功能配置	输出极性	备　注
简单模式	1	0	1	/	输入模式	/	1 脚和 11 脚为数据输入,三态门不通
	1	0	0	0	所有输出为组合输出	低有效	1 脚和 11 脚为数据输入,三态门总是选通
	1	0	0	1		高有效	
复杂模式	1	1	1	0	所有输出为组合输出	低有效	1 脚和 11 脚为数据输入,三态门选通信号为第一个乘积项
	1	1	1	1		高有效	
寄存器模式	0	1	1	0	组合输出	低有效	1 脚为 CLK,11 脚为 $\overline{OE}$,至少另有一个 OLMC 为寄存器输出
	0	1	1	1		高有效	
	0	1	0	0	寄存器输出	低有效	1 脚为 CLK,11 脚为 $\overline{OE}$
	0	1	0	1		高有效	

1) 简单模式下的逻辑组态

工作在简单模式下的 GAL 器件,其 OLMC 可以配置成专用输入和专用输出两种逻辑组态,其中专用输出组态又包括带反馈的和不带反馈的两种,如图 6-78 所示。

注意,图 6-78 中专用输入组态和带反馈的专用输出组态的反馈结构并非直接从该单元反馈到与阵列,而是通过相邻单元反馈的。从图 6-75 GAL16V8 的阵列图可以看出:"中间"两个(15 和 16)OLMC 没有向相邻单元反馈的连线。因此,在简单模式下,15 和 16 两个 OLMC 不能配置成专用输入组态和带反馈的专用输出组态,只能配置成不带反馈的专用输出组态。

工作在简单模式下的 GAL 器件可以实现组合逻辑。此时 GAL16V8 的引脚 1 和 11 只能作为输入使用,无须公共的时钟引脚和选通引脚。

2) 寄存器模式下的逻辑组态

寄存器模式下的 OLMC 包括寄存器输出和组合输入/输出两种组态,若选用此模式,任

集成电路的逻辑设计与可编程逻辑器件

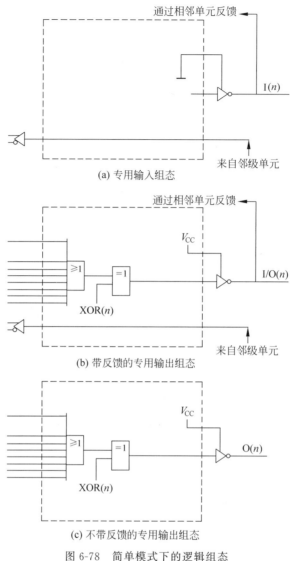

(a) 专用输入组态

(b) 带反馈的专用输出组态

(c) 不带反馈的专用输出组态

图 6-78   简单模式下的逻辑组态

何一个 OLMC 都可以独立配置成这两种组态中的一种。

寄存器模式下的寄存器输出组态如图 6-79(a)所示。图中时钟信号 CLK 和输出选通信号 OE 是公共的,分别连接到公共时钟引脚 CLK(GAL16V8 的 1 号引脚)和公共选通引脚 $\overline{\text{OE}}$(GAL16V8 的 11 号引脚)。

寄存器模式下的组合输入/输出组态如图 6-79(b)所示。这种组态的输出三态缓冲器受本级与阵列的第一个与项控制,可以编程为使能或禁止该输出三态缓冲器,从而确定 I/O 引脚的输入/输出功能。

寄存器模式下的一个特例是,所有 8 个 OLMC 都配置成组合输入/输出组态。由于没有使用寄存器,所以实现的是纯组合逻辑。在这种情况下,公共时钟引脚 CLK 和公共选通引脚 OE 没有任何逻辑功能。

寄存器模式下的普通型 GAL 器件适合于实现计数器、移位寄存器等同步时序电路。

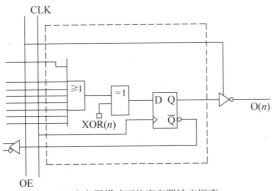

(a) 寄存器模式下的寄存器输出组态

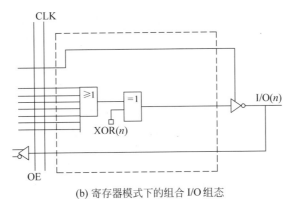

(b) 寄存器模式下的组合 I/O 组态

图 6-79　寄存器模式下的逻辑组态

3）复杂模式下的逻辑组态

工作在复杂模式下的 OLMC 只有组合输入/输出一种逻辑组态,如图 6-80 所示。这种组态与寄存器模式下的组合输入/输出组态相似,但存在以下几点差异:

第一,工作在寄存器模式下的 GAL 器件必须有公共的时钟 CLK 和公共的选通 OE,而复杂模式下的 GAL 不需要,这两个引脚均可作输入使用。

第二,工作在寄存器模式下的 GAL 器件可以选择两种组态之一,而复杂模式下的 GAL 器件只有一种组态。

第三,工作在寄存器模式下的组合输入/输出组态可以配置在任意输出引脚,其 OLMC 的结构是完全相同的,而复杂模式下的 GAL 器件,不同输出引脚的 OLMC 结构不尽相同。如图 6-80(a)所示的是"中间输出引脚"(GAL16V8 的 13～18 引脚)的组合 I/O 组态,而两边的引脚(GAL16V8 的 12、19 引脚)这时只能作专用输出使用,如图 6-80(b)所示。

复杂模式下的 GAL 器件适合于实现三态 I/O 缓冲器等双向组合电路。

综上所述,普通 GAL 器件有三种工作模式,它的 OLMC 可以配置成 5 种逻辑组态,故对复杂的逻辑设计具有极大的灵活性。需要指出的是,各 OLMC 的具体配置是由相应的 GAL 开发软件根据具体设计输入要求自动完成的,无须人工设置。

集成电路的逻辑设计与可编程逻辑器件

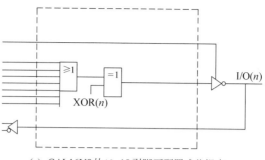

(a) GAL16V8的13~18引脚可配置成此组态

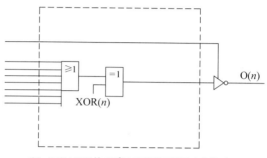

(b) GAL16V8的12和19引脚可配置成此组态

图 6-80　复杂模式下的逻辑组态

6.4　小　　结

中、大规模集成电路的出现,使数字系统的逻辑设计方法发生了根本性的变化,出现了采用中、大规模集成电路进行逻辑设计的方法。该方法具有体积小、功耗低、可靠性高及易于设计、调试和维护等优点,发展异常迅猛。

本章首先介绍了几种常用的中规模通用集成电路,包括二进制并行加法器、译码器和编码器、多路选择器和多路分配器、数值比较器以及奇偶发生/校验器。在数字系统的逻辑设计中,一方面可以利用这些中规模集成电路实现它们所固有的逻辑功能,另一方面以它们为基础还可以有效地实现其他逻辑功能。

半导体随机读写存储器(RAM)用来存放动态数据或指令,是一种易失性存储器。它由存储矩阵、地址译码器和读写电路三部分组成。地址译码器可以采用单译码方式,也可以采用双译码方式。只读存储器(ROM)是非易失性存储器,用于存放不变的数据或指令。

利用 PROM 可以实现组合逻辑函数,但 PROM 的译码器是全译码型与阵列,输入变量越多,门阵列规模越大,导致开关时间变长,速度减慢。因此,一般只有小规模 PROM 才作为可编程器件使用,大规模 PROM 一般只作为存储器用。

可编程逻辑阵列(PLA)是"与"阵列和"或"阵列均可编程的 PLD 器件,与 PROM 相比,可以减少芯片面积,增加灵活性。

可编程阵列逻辑(PAL)的"与"阵列可编程,"或"阵列是固定的。从逻辑特性看,PAL 芯片不如 PLA 芯片灵活,但 PAL 芯片成本低,价格便宜,编程方便,具有保密特性。

通用阵列逻辑(GAL)是在 PAL 的基础上发展起来的一种新型 PLD 器件,是 PAL 的换代产品。从基本原理上来说,GAL 仍采用与-或阵列结构。PAL 器件是一次性可编程器件,而 GAL 器件则是一种电可擦除的可编程器件,且功耗仅是 PAL 的 1/4。GAL 采用"输出逻辑宏单元"结构,大大增强了逻辑上的灵活性,使得一种 GAL 器件可以代替许多种 PAL 器件,特别适合于研制开发阶段使用。

6.5 习题与思考题

1. 如图 6-81 所示电路中的每一方框均为输出低电平有效的 2-4 线译码器,其使能端为低电平有效。要求:

(1) 写出电路工作时 $\overline{F}_{10}$、$\overline{F}_{20}$、$\overline{F}_{30}$、$\overline{F}_{40}$ 的逻辑表达式。

(2) 说明电路的逻辑功能。

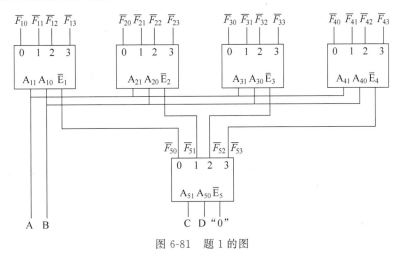

图 6-81 题 1 的图

2. 由 4 位超前进位加法器 74LS283 和门电路组成的运算电路如图 6-82 所示,试分析此电路的逻辑功能。

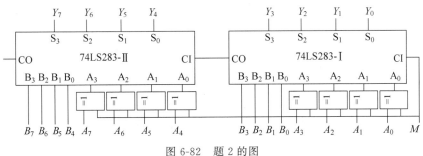

图 6-82 题 2 的图

3. 由 4 位超前进位加法器 74LS283 和门电路组成的电路如图 6-83 所示,输入 $ABCD$ 为 8421BCD 码,试分析此电路的逻辑功能。

4. 由 3-8 线译码器 74LS138 和 8 选 1 数据选择器 74LS151 组成的电路如图 6-84 所

集成电路的逻辑设计与可编程逻辑器件

示,图中 $X_2 X_1 X_0$ 和 $Z_2 Z_1 Z_0$ 为两个 3 位二进制数,试分析此电路所完成的逻辑功能。

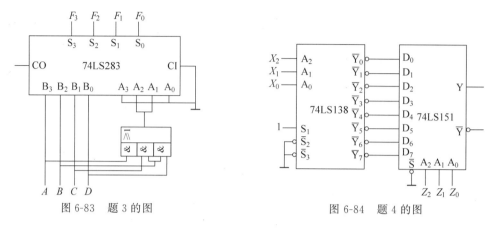

图 6-83　题 3 的图　　　　　　　　图 6-84　题 4 的图

5. 如图 6-85 所示为 8-3 线优先编码器 74LS148 和"与非"门构成的电路,试分析该电路的逻辑功能。

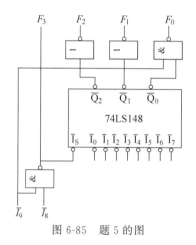

图 6-85　题 5 的图

6. 分析如图 6-86 所示的由 8 选 1 数据选择器组成的电路,说明其实现的逻辑功能。

7. 分析如图 6-87 所示的由双 4 选 1 数据选择器组成的电路,说明其实现的逻辑功能。

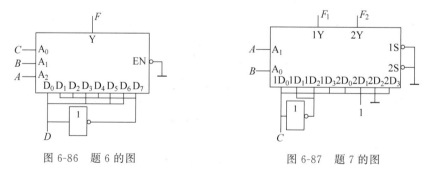

图 6-86　题 6 的图　　　　　　　　图 6-87　题 7 的图

8. 用 4 选 1 数据选择器组成的电路如图 6-88 所示,试写出电路的输出表达式。

9. 用 8 选 1 数据选择器 74LS151 组成的电路如图 6-89 所示,已知图中 G_1、G_0 是控制信号,X、Z 是输入信号。试写出电路的输出表达式,列出电路在 G_1、G_0 的控制下,输入 X、Z 和输出 Y 之间关系的功能表。

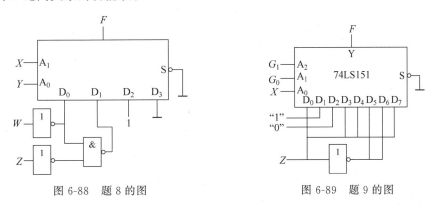

图 6-88　题 8 的图　　　　　　　图 6-89　题 9 的图

10. 由 4 位数值比较器 74LS85 和门电路组成的电路如图 6-90 所示,试分析此电路所完成的逻辑功能。

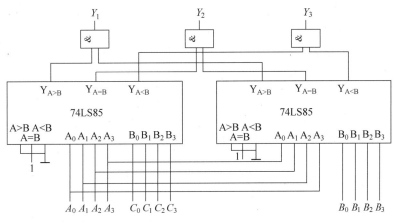

图 6-90　题 10 的图

11. 用 4 位二进制并行加法器设计一个余 3 码到 8421BCD 码的代码转换器。

12. 用 4 位二进制并行加法器设计一个余 3 码表示的 1 位十进制加法器。

13. 用一片 3-8 线译码器和最少的逻辑门电路实现下列逻辑函数:

$$F_1 = \overline{A}\,\overline{C} + AB\overline{C}$$

$$F_2 = \overline{A} + B$$

$$F_3 = AB + \overline{A}\,\overline{B}$$

14. 用 4 选 1 数据选择器和门电路设计下列十进制代码转换器:

(1) 8421BCD 码转换成余 3 码。

(2) 余 3 码转换成 8421BCD 码。

15. 用 74LS138 译码器和与非门设计题 14 的代码转换器。

16. 用一片 4 选 1 数据选择器设计一判定电路。该电路的输入为 8421BCD 码,当输入的数字大于 1 小于 6 时输出为 1,否则为 0。

17. 用 8 选 1 数据选择器和 3-8 线译码器分别设计 3 位二进制数的数值比较器。

18. 用 8 选 1 数据选择器和少量的"与非"门设计一个多功能电路,要求实现表 6-20 所列的 4 种逻辑功能,表中 G_1、G_0 为功能选择变量,X、Z 为输入变量,F 为电路的输出。

表 6-20　题 18 的功能表

G_1	G_0	F
0	0	$X \oplus Z$
0	1	$X \odot Z$
1	0	$X \cdot Z$
1	1	$X + Z$

19. 试述 RAM、ROM、PROM、EPROM 和 E^2PROM 的特点。

20. 用 PROM 和 PLA 分别实现下列多输出函数,画出阵列图。

$$F_1 = \bar{A}BCD + A\overline{CD} + \bar{B}CD$$

$$F_2 = \bar{A}B + A\bar{B} + \overline{C}D + C\bar{D}$$

$$F_3 = (A + B + CD)(\bar{A} + B + \bar{C} + D) + \bar{A}\bar{B}\bar{C}$$

21. 用 PROM、PLA 和 PAL 分别设计题 14 的代码转换器。

22. 试用 PROM 设计 2 位二进制数 A_1A_0 和 B_1B_0 比较的数值比较器,当 $A_1A_0 < B_1B_0$ 时 $F_1 = 1$;当 $A_1A_0 = B_1B_0$ 时 $F_2 = 1$;当 $A_1A_0 > B_1B_0$ 时 $F_3 = 1$。

23. 用 PROM 设计一个 3 位二进制数的平方器,指出实现该平方器需要的 PROM 容量。

24. 用 PLA 和 D 触发器设计一个四进制可逆计数器。当 $x = 1$ 时,实现加 1 计数;当 $x = 0$ 时,实现减 1 计数。当计数中有进位或借位产生时,电路的输出 Z 为 1,否则 Z 为 0。

25. 某同步时序逻辑电路有一个输入 X 和一个输出 Z,其二进制状态表如表 6-21 所示。试用 PLA 和 T 触发器实现该电路。

表 6-21　题 25 的状态表

现　态		次态 $y_2^{n+1} y_1^{n+1}$/输出 Z	
y_2	y_1	$X = 0$	$X = 1$
0	0	00/0	10/0
0	1	00/0	01/1
1	0	00/0	01/0
1	1	00/0	00/0

26. 用 PAL 实现 4 位二进制并行加法器的功能。

27. 分别用 IF 语句、CASE 语句、选择信号赋值语句(WITH_SELECT_WHEN 语句)、条件信号赋值语句(WHEN_ELSE 语句)4 种方式给出 4 路选择器的 VHDL 描述。

28. 阅读下面的 VHDL 程序,说明其实现的是什么功能。

(1)
```
LIBRARY IEEE;
    USE IEEE.STD_LOGIC_1164.ALL;
    USE IEEE.STD_LOGIC_UNSIGNED.ALL;
    ENTITY adder_remainder3 IS
        PORT (op1,op2: IN STD_LOGIC_VECTOR(3 DOWNTO 0);
```

```
                result: OUT STD_LOGIC_VECTOR (4 DOWNTO 0));
        END adder_remainder3;
        ARCHITECTURE behavior OF adder_remainder3 IS
            SIGNAL binadd: STD_LOGIC_VECTOR (4 DOWNTO 0);
        BEGIN
          binadd <= ('0'& op1) + ('0'& op2);
          PROCESS(binadd)
          BEGIN
            IF binadd(4) = '1' THEN
                result <= binadd + 3;
            ELSE
                result <= binadd - 3;
            END IF;
          END PROCESS;
        END behavior;

(2) LIBRARY IEEE;
    USE IEEE.STD_LOGIC_1164.ALL;
    ENTITY address_decoder IS
        PORT(address:IN STD_LOGIC_VECTOR(15 DOWNTO 0);
                valid:IN STD_LOGIC;
                boot_up:IN STD_LOGIC;
                shadow_ram:OUT STD_LOGIC;
                prom:OUT STD_LOGIC;
                periph1:OUT STD_LOGIC;
                periph2:OUT STD_LOGIC;
                sram:OUT STD_LOGIC;
                eeprom:OUT STD_LOGIC);
    END address_decoder;
    ARCHITECTURE rtl OF address_decoder IS
    BEGIN
        PROCESS(address,valid,boot_up)
        BEGIN
            shadow_ram <= '0';
            prom <= '0';
            periph1 <= '0';
            periph2 <= '0';
            sram <= '0';
            eeprom <= '0';
            IF (valid = '1') THEN
                IF (address >= x"0000" AND address <= x"3fff") THEN
                    IF (boot_up = '1') THEN
                        shadow_ram <= '1';
                    ELSE
                        prom <= '1';
                    END IF;
                ELSIF (address >= x"4000" AND address < x"4007") THEN
                    periph1 <= '1';
                ELSIF (address >= x"4007" AND address < x"4010") THEN
                    periph2 <= '1';
                ELSIF (address >= x"8000" AND address < x"c000") THEN
```

```
                sram < = '1';
            ELSIF (address > = x"c000") THEN
                eeprom < = '1';
            END IF;
        END IF;
    END PROCESS;
END rtl;
```

（3）
```
LIBRARY IEEE;
USE IEEE. STD_LOGIC_1164. ALL;
ENTITY display_decoder IS
    PORT(a0, a1, a2, a3 : IN STD_LOGIC;
            ya, yb, yc, yd, ye, yf, yg : OUT STD_LOGIC);
END display_decoder;
ARCHITECTURE rtl OF display_decoder IS
    SIGNAL temp : STD_LOGIC_VECTOR(6 DOWNTO 0);
BEGIN
    PROCESS(a0, a1, a2, a3)
        VARIABLE comb : STD_LOGIC_VECTOR(3 DOWNTO 0);
    BEGIN
        comb: = a3&a2&a1&a0;
        CASE comb IS
            WHEN "0000" = > temp < = "0111111";
            WHEN "0001" = > temp < = "0000110";
            WHEN "0010" = > temp < = "1011011";
            WHEN "0011" = > temp < = "1001111";
            WHEN "0100" = > temp < = "1100110";
            WHEN "0101" = > temp < = "1101101";
            WHEN "0110" = > temp < = "1111101";
            WHEN "0111" = > temp < = "0100111";
            WHEN "1000" = > temp < = "1111111";
            WHEN "1001" = > temp < = "1101111";
            WHEN OTHERS = > temp < = "0000000";
        END CASE;
    END PROCESS;
    ya < = temp(0);
    yb < = temp(1);
    yc < = temp(2);
    yd < = temp(3);
    ye < = temp(4);
    yf < = temp(5);
    yg < = temp(6);
END rtl;
```

（4）
```
LIBRARY IEEE;
USE IEEE. STD_LOGIC_1164. ALL;
USE IEEE. STD_LOGIC_UNSIGNED. ALL;
ENTITY mul4p IS
    PORT(op1, op2 : IN STD_LOGIC_VECTOR(3 downto 0);
            result : OUT STD_LOGIC_VECTOR(7 downto 0));
END mul4p;
```

```vhdl
ARCHITECTURE count OF mul4p IS
    SIGNAL sa:STD_LOGIC_VECTOR(3 downto 0);
    SIGNAL sb:STD_LOGIC_VECTOR(4 downto 0);
    SIGNAL sc:STD_LOGIC_VECTOR(3 downto 0);
    SIGNAL sd:STD_LOGIC_VECTOR(4 downto 0);
    SIGNAL se:STD_LOGIC_VECTOR(3 downto 0);
    SIGNAL sf:STD_LOGIC_VECTOR(3 downto 0);
    SIGNAL sg:STD_LOGIC_VECTOR(3 downto 0);
BEGIN
    PROCESS(op2,op1(0))
    BEGIN
     IF op1(0) = '1' THEN
         sf <= op2;
     ELSE
         sf <= "0000";
     END IF;
END PROCESS;
    PROCESS(op2,op1(1))
    BEGIN
     IF op1(1) = '1' THEN
         se <= op2;
     ELSE
         se <= "0000";
     END IF;
     END PROCESS;
    PROCESS(op2,op1(2))
    BEGIN
     IF op1(2) = '1' THEN
         sc <= op2;
     ELSE
         sc <= "0000";
     END IF;
     END PROCESS;
    PROCESS(op2,op1(3))
    BEGIN
     IF op1(3) = '1' THEN
         sa <= op2;
     ELSE
         sa <= "0000";
     END IF;
     END PROCESS;
    sg <= ('0'&sf(3 downto 1));
    sb <= ('0'&sc) + ('0'&sd(4 downto 1));
    sd <= ('0'&sg) + ('0'&se);
    result(7 downto 3) <= ('0'&(sb(4 downto 1))) + ('0'&(sa));
    result(0) <= sf(0);
    result(1) <= sd(0);
    result(2) <= sb(0);
END count;
```

第7章 高密度可编程逻辑器件

可编程逻辑器件按器件的集成度划分,可分成低密度可编程逻辑器件(LDPLD)和高密度可编程器件(HDPLD)。常见的低密度可编程逻辑器件有 PROM、PLA、PAL 及 GAL 等,通常称为 PLD 器件,这在第 6 章已经介绍了。常见的高密度可编程逻辑器件有复杂的 PLD(Complex PLD,CPLD)及现场可编程门阵列(Field Programmable Gate Array,FPGA)等。

CPLD 的集成规模大于 1000 门以上。这里所谓的"门"是等效门(Equivalent Gate),每个门相当于 4 只晶体管。CPLD 的基本结构与 GAL(通用逻辑阵列)并无本质的区别,依然是由与阵列、或阵列、输入缓冲电路、输出宏单元组成的。其与阵列比 GAL 大得多,但并非靠简单地增大阵列的输入、输出口达到,这是因为阵列占用硅片的面积随其输入端数的增加而急剧增加,而芯片面积的增大不仅使芯片的成本增大,还因信号在阵列中传输延迟加大而影响其运行速度,所以在 CPLD 中,通常将整个逻辑分为几个区。每个区相当于一个大的 GAL 或数个 GAL 的组合,再用总线实现各区之间的逻辑互连。下面要介绍的美国 Lattice 公司的 ISP 器件就是这种结构。

FPGA 是现场可编程门阵列。所谓现场可编程,是指用户在自己的工作室内编程。CPLD 的结构是与阵列、或阵列、触发器及它们的互连。FPGA 的结构是现场可编程门阵列,在阵列的各个节点上放的不是一个单独的门,而是门、触发器等做成的逻辑单元,或称逻辑元胞(Cell),并在各个单元之间预先制作了许多连线关系,依靠连接点的合适配置,实现各逻辑单元之间的互连。所以严格地说,FPGA 不是门阵列,而是逻辑单元阵列,它与门阵列只是在阵列结构上相似而已。在 7.4 节将简单介绍 FPGA 的芯片结构。

7.1 在系统可编程技术

"在系统可编程技术"(In System Programmable,ISP)是一种设计电路和系统的最新技术。所谓"在系统编程"是指对器件、电路板、整个电子系统进行逻辑重构和修改功能的能力。这种重构可以使人们在产品设计、制造过程中的每个环节,甚至在交付用户之后进行。支持 ISP 技术的可编程逻辑器件,称"在系统可编程器件"。

在系统可编程器件及在系统可编程技术是一种新的概念、新的标准。常规 PLD 在使用中通常是先编程后装配的,流程如图 7-1(a)所示。而采用 ISP 技术的 PLD,则是先装配后编程的,且成为产品之后还可反复编程。ISP 器件的编程不需要专门的编程器和复杂的流程,通过普通的 PC 或嵌入式微处理机系统等,就能产生标准的 5V 逻辑电平编程信号。ISP 技术为用户提供了传统的 PLD 技术无法达到的灵活性,带来了巨大的时间效益和经济效益。也就是说,硬件设计变得像软件一样易于修改,硬件的功能可以随时进行修改,或按预定程序改变组态进行重构。

采用 ISP 器件的改进流程如图 7-1(b)所示。

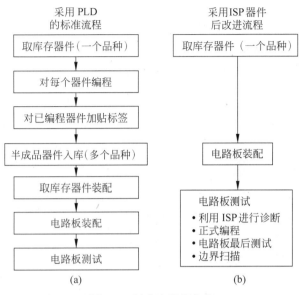

图 7-1　制造流程的比较

在 ISP 技术方面,Lattice 公司处于领先位置。下面就以 Lattice 公司的产品为例作介绍。

7.2　ISP 器件的结构与原理

视频讲解

Lattice 公司的 CPLD 产品,有 ispLSI、ispMACH 和 GAL 等多种系列和型号,目前市场上以 ispMACH 4000V/B/C 系列器件为主要产品,有 3.3V、2.5V 和 1.8V 三种供电电压,器件的宏单元个数从 32 到 512 不等。引脚从 44 到 256 不等、具有多种密度和 I/O 组合及 TQFP、fpBGA 和 caBGA 等封装。但基本结构和功能相似,都具有在系统可编程能力,只是各个系列的侧重点不一样,结构规模、性能强弱略有区别,速度和密度也各有差异。下面就以 ispLSI 的基本系列 ispLSI1000 为例,讨论它的结构及工作原理。

ispLSI1016 是 ispLSI1000 系列中规模最小的一个型号器件。1016 的主要性能指标有速度、功耗等。1016 按其速度可分为许多档级,这些都明显地表示在其型号说明上,规则如下:

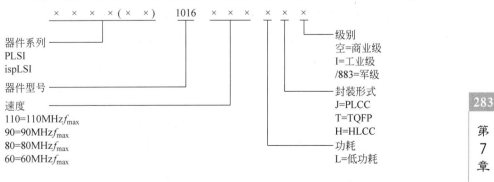

283

第7章

高密度可编程逻辑器件

例如 ispLSI1016-60LJ 指最高工作频率 f_{max} 为 60MHz、低功耗、PLCC 封装的在系统编程 1016 器件。

ispLSI1016 是电可擦 CMOS(E^2CMOS)器件,其芯片有 44 个引脚,其中 32 个是 I/O 引脚,4 个是专用输入引脚,集成密度为 2000 等效门,每片含 64 个触发器和 32 个锁存器,pin-to-pin 延迟为 10ns,系统工作频率可达 110MHz。

ispLSI1016 的功能框图和引脚图(PLCC 封装)如图 7-2 所示,从功能框图可看出,该器件从结构上分成 6 部分,下面对这 6 部分分别进行讨论。

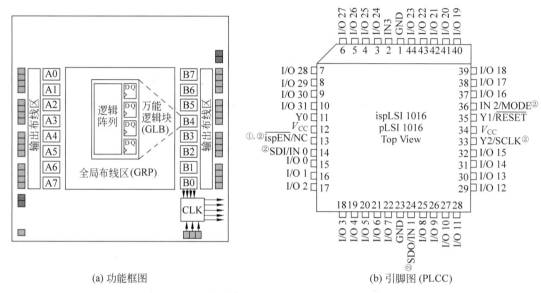

(a) 功能框图 (b) 引脚图 (PLCC)

图 7-2　ispLSI1016

1. 全局布线区

从图 7-2(a)可以看出全局布线区(Global Routing Pool,GRP)位于芯片中央。以固定的方式将所有片内逻辑联系在一起,供设计者使用。它和通用总线的功能一致,其特点是其输入/输出之间的延迟是恒定的和可预知的。例如:110MHz 档级的芯片在带有 4 个 GLB 负载时其延迟时间为 0.8ns,和输入、输出的位置无关。这个特点使片内互连性非常完善,使用者可以很方便地实现各种复杂的设计。

2. 万能逻辑块

万能逻辑块(Generic Logic Block,GLB)是 ispLSI 器件的最基本逻辑单元,是图 7-2(a)中 GRP 两边的小方块,标为 $A0,A1,\cdots,A7$ 和 $B0,B1,\cdots,B7$,每边 8 块,共 16 块。图 7-3 是 GLB 的结构图,它由与阵列、乘积项共享阵列,四输出逻辑宏单元和控制逻辑组成。

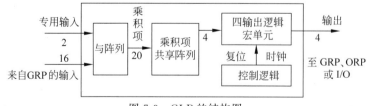

图 7-3　GLB 的结构图

一个 GLB 有 18 个输入端,其中 16 个来自全局布线区 GRP,2 个专用输入端、4 个输出端,每个 GLB 有 20 个与门,形成 20 个乘积项(PT),再通过 4 个或门输出。

四输出宏单元中有 4 个触发器,每个触发器与其他可组态电路间的连接类似 GAL 的 OLMC(图 7-3 中未画出),它可被组态为组合输出或寄存器输出(靠触发器后面的 MUX 编程组态),组合电路可有"与-或"或"异或"两种方式,触发器也可组态 D、T 或 JK 等形式。可见,一个 GLB 相当于半个 GAL18V8。但是 GLB 毕竟比 GAL 的功能强得多,首先体现在乘积项共享阵列(Product Term Sharing Array,PTSA)上。

从图 7-4 可以看到,乘积项共享阵列的输入来自 4 个或门,而其 4 个输出则用来控制该单元中的 4 个触发器。至于哪一个或门送给哪一个触发器不是固定的,而是靠编程决定的,一个或门输出可以同时送给几个触发器,一个触发器也可同时接收几个或门输出的信息(相互是或的关系),有时为了提高速度,还可以跨过 PTSA 直接将或门输出送至某个触发器。GRP 输出的 20 个乘积项按 4,4,5,7 分配给这 4 个或门,每个或门输入的最上面一个乘积项(0,4,8,13)可以通过编程从对应的或门中游离出来,而跟或门的输出构成异或逻辑,乘积项中的 12,17,18,19 也可不加入相应的或门,此时 12 和 19 可作为控制逻辑的输入信号用。由此可见,由于 PTSA 的存在,使得 1016 在乘积项共享方面比普通的 PLD 宏单元结构灵活得多。

图 7-4 画出了 GLB 的 5 种组态模式。

图 7-4(a)是标准组态。4 个或门输入按 4,4,5,7 配置(图中所画阵列是未编程情况),每个触发器激励信号可以是或门中的一个或多个,故最多可以将所有 20 个乘积项集中于 1 个触发器使用,以满足多输入逻辑功能之需要。

图 7-4(b)是高速直通组态。4 个或门跨越了 PTSA 和异或门直接与 4 个触发器相连,也就避免了这两部分电路的延时,提供了高速的通道,可用来支持快速计数器设计。但每个或门只能有 4 个乘积项,且与触发器一一对应,不能任意调用。

图 7-4(c)是异或逻辑组态。采用了 4 个异或门,各异或门的 1 个输入分别为乘积项 0、4、8 和 13,另一个输入则从 4 个或门输出中任意组合。此组态尤其适用于计数器、比较器和 ALU 的设计,D 触发器要转换成 T 触发器或 JK 触发器,也依赖此组态。

图 7-4(d)是单乘积项组态。将乘积项 0,4,10,13 分别跨越或门、PTSA、异或门直接输出,其逻辑功能虽简单,但比高速直通组态又少了一级(或门)延迟,因而速度最快。

图 7-4(e)是多模式组态。前面各模式可以在同一个 GLB 混合使用,构成多模式组态。图 7-4(e)是该组态的一例,其中输出 $O3$ 采用的是 7 乘积项驱动的异或模式,$O2$ 采用的是 4 乘积直通模式,$O1$ 采用单乘积项异或模式,$O0$ 采用 11 乘积项驱动的标准模式。

四输出逻辑宏单元中 4 个 D 触发器的时钟是连在一起的,同一 GLB 中的触发器必须同步工作,但所使用的时钟信号却可以有多种选择,可以是全局时钟,也可以是片内生成的乘积项时钟,图 7-4(a)右下方的两个 MUX 中,左边一个用来选择时钟信号,右边一个用来控制时钟的极性。4 个时钟信号中的 CK0、CK1 和 CK2 由芯片内的时钟分配网络提供,乘积项时钟则由乘积项 12 产生。正因为有此选择功能,不同 GLB 中触发器可以使用不同的时钟,弥补了上述不足。

同样,4 个触发器的复位端也是相连的,复位信号可以是全局复位信号(Global Reset)或本 GLB 中乘积项 12 或 19 产生的复位信号,两者始终是或的关系,这样在 GLB 内,4 个触发器同时复位,而各 GLB 之间可以不同时复位。

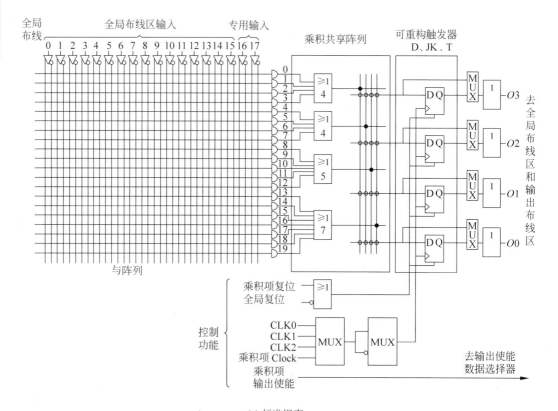

(a) 标准组态

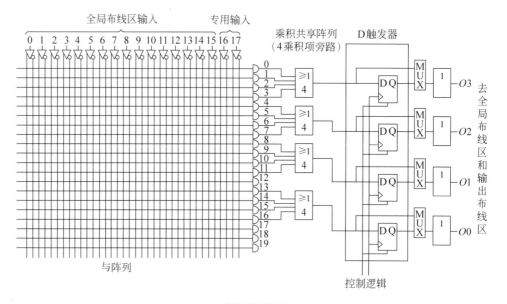

(b) 高速直通组态

图 7-4　GLB 的几种组态

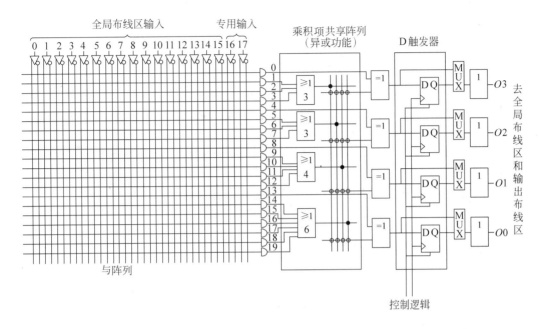

(c) 异或逻辑组态

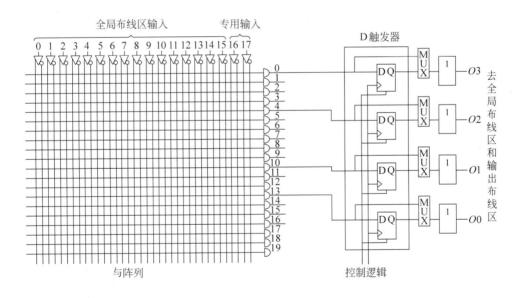

(d) 单乘积项组态

图 7-4 （续）

高密度可编程逻辑器件

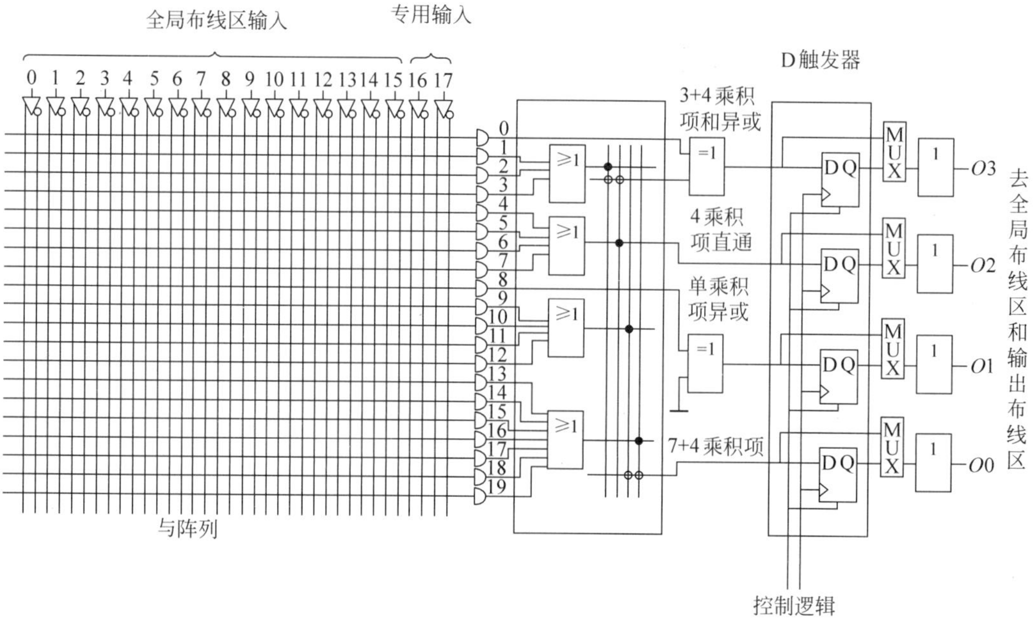

(e) 多模式组态

图 7-4 (续)

GLB 每个输出对应的三态门(实际存在于 IOC 中)的使能信号,如果需要也由本 GLB 的乘积项 19 提供。当然,乘积项 12、19 作复位、时钟或输出使能用时便不能再作为逻辑项使用。

综上所述,GLB 是 ispLSI 芯片中最关键的部件,它是一种标准逻辑块,1000 和 2000 系列的 GLB 都与此相同,3000 和 6000 系列的 GLB 则采用了孪生 GLB(Twin GLB),即一个 GLB 中有两个这样的逻辑块,共有 24 个输入,每个逻辑块各自产生 20 个乘积项,最终可以获得两套四端口输出,如图 7-5 所示,一个孪生 GLB 相当于 1 片 GAL24V8。

3. 输入输出单元

输入输出单元(Input Output Cell,IOC)是图 7-2 中最外层着色的小方块,共有 32 个,其结构如图 7-6 所示。该单元有输入、输出和双向 I/O 三类组态,靠控制输出三态缓冲电路使能端的 MUX 来选择。该 MUX 有两个可编程的地址,图中所画为未编程状态,此时两地址输入皆接地,对应为 00 码,因而将高电平接至输出使能端,IOC 处于专用输出组态;若两地址输入中有一个与地的连接断开,即地址码为 10 或 01,则将由 GLB 产生的输出使能信号(通过 OEMUX 送入,见 Megablock 节)来控制输出使能,处于双向 I/O 组态或具有三态缓冲电路的输出组态;若两地址与地连接皆断开,则将输出使能接地,处于专用输入组态。

图 7-6 中第二行的两个 MUX 用来选择输出极性和选择信号输出途径。第三行的 MUX 则用来选择输入组态时用何种方式输入。IOC 中的触发器是特殊的触发器,它有两种工作方式:一是锁存(latch)方式,触发器在时钟信号 1 电平时透明,0 电平时锁存;二是寄存器(register)方式,在时钟信号上升沿时将输入信号存入寄存器。这两种方式靠对触发器的 R/L 端编程确定。触发器的时钟也由时钟分配网络提供,并可通过第四行的两个

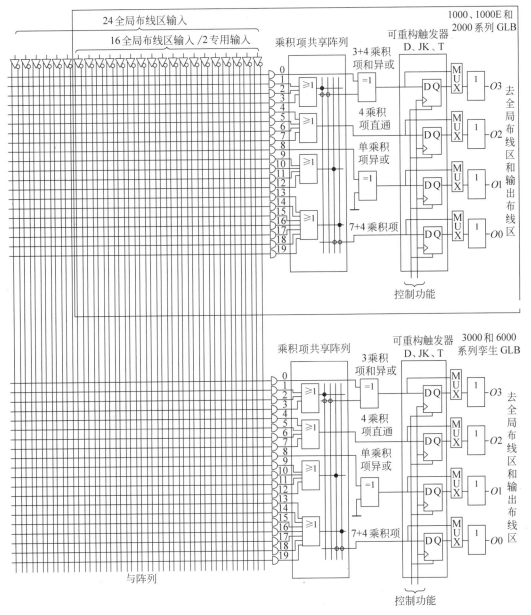

图 7-5 孪生 GLB

MUX 选择和调整极性。触发器的复位则由芯片全局复位信号 RESET 实现。

综合上面各功能可以得到如图 7-7 所示的各种 I/O 组态,再与图 7-4 各 GLB 组态及 GLB 中 4 输出宏单元的组态方式组合,便可得到几十种电路方式,所以 ispLSI 是非常灵活的。每个 I/O 单元还有一个有源上拉电阻,当该 I/O 端不使用时,该电阻自动接上可以避免因输入悬空引入的噪声和减小电路的电源电流。正常工作时如接上上拉电阻也具有这两个优点。

4. 输出布线区

ispLSI 器件具有 I/O 端复用功能,当某 I/O 端口作输入用时,其对应的逻辑单元仍能

高密度可编程逻辑器件

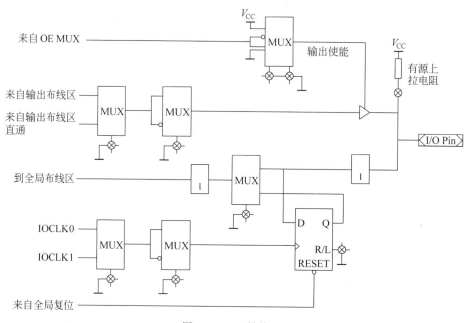

图 7-6　IOC 结构图

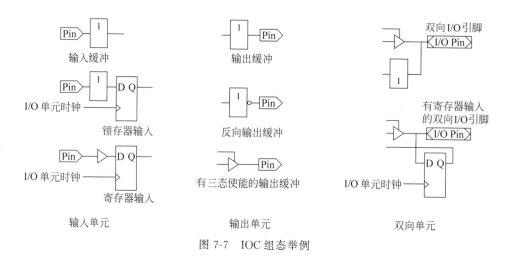

图 7-7　IOC 组态举例

发挥作用。这是因为在 ispLSI 中有一对独特的结构——输出布线区(Output Routing Pool,ORP)。

图 7-8 是 ORP 的逻辑图,它是介于 GLB 和 IOC 之间的可编程互连阵列,阵列的输入是 8 个 GLB 的 32 个输出端,阵列有 16 个输出端,分别与该侧的 16 个 IOC 相连。通过对 ORP 的编程,可以将任一个 GLB 输出灵活地送到 16 个 I/O 端的某一个。可见 ispLSI 1016 的一大特点是 IOC 与 GLB 之间没有一一对应关系,每个 GLB 输出对应 4 个 I/O 端,在布线时可以接到任意一个外部引脚上,不像其他的 PLD 器件,如 GAL 和 PAL 输出同引脚是一一对应关系。此外,在设计中不必像担心用其他器件时,修改设计方案会动到硬件引脚分配的麻烦问题。

在 ORP 旁边还有 16 条通向 GRP 的总线,I/O 单元可以使用,GLB 的输出也可通过

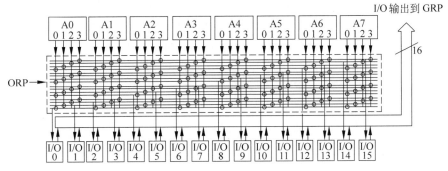

图 7-8 ORP 的逻辑图

ORP 使用它,从而方便地实现了 I/O 端复用的功能和 GLB 之间的互连。

为进一步提高器件的灵活性,ispLSI 器件还可使 GLB 的输出跨越 ORP 直接与 I/O 单元相连,其示意图如图 7-9 所示。

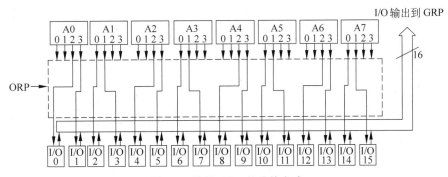

图 7-9 跨越 ORP 的连接方式

5. 时钟分配网络

时钟分配网络(Clock Distribution Network,CDN)的逻辑图如图 7-10 所示,它产生 5 个全局时钟信号 CLK0、CLK1、CLK2、IOCLK0 和 IOCLK1。CLK0、CLK1 和 CLK2 用作器件 GLB 的时钟,IOCLK0 和 IOCLK1 用作器件 IOC 的时钟。

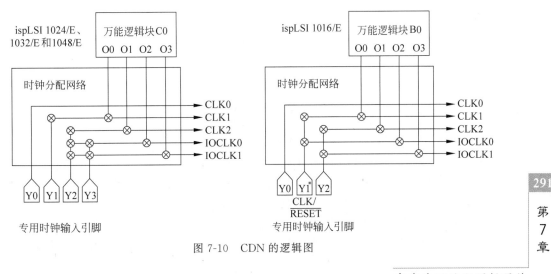

图 7-10 CDN 的逻辑图

ispLSI 1000 系列器件中共有 4 个专用的系统时钟引脚(Y0,Y1,Y2,Y3),ispLSI1016 比较特殊,只有其中的 3 个(Y0,Y1,Y2)。通过时钟分配网络,这 3 个引脚上的时钟可以分配给 GLB 或 IOC。除此之外,时钟分配网络还可以利用器件中的某一个 GLB 分频产生系统时钟,如 ispLSI1032 中 GLB 的 C0 和 ispLSI1016 中 GLB 的 B0,它们的 4 个输出可以接到 CLK1、CLK2、IOCLK0 和 IOCLK1 系统时钟上。

6. 大块结构

在 ispLSI 系列中采用了一种分块结构,每 8 个 GLB 或 4 个孪生 GLB,连同对应的 ORP、IOC 等构成一个大块(Megablock),每个 ispLSI 器件都由若干大块构成,ispLSI 1016 共有两个大块。图 7-11 是 ispLSI 1016 的大块方框图,其中除了上述部分外,还包括两个专用输入端和一个公共的乘积项 OE,这两个输入端是不经过锁存器直接输入的,且只能为本大块内的 GLB 使用,靠软件自动分配。乘积项 OE 由本大块中某个 GLB 的 19 号乘积项产生而作为本大块所有 16 个 I/O 单元公用的 OE 信号(对于工作在三态输出模式的 I/O 单元而言),从而避免了每个需三态输出的 GLB 皆要产生 OE 信号的弊端。

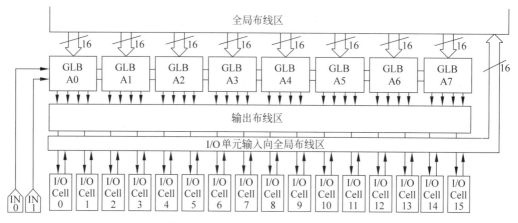

图 7-11 ispLSI 1016 的大块方框图

7.3 在系统编程原理

在系统可编程技术解决了可编程逻辑器件的编程问题。传统可编程逻辑器件在用于生产时,是先编程后装配的,对于系统可编程器件则可以先装配后编程,并且成为产品后还可反复编程。

7.3.1 ISP 器件编程元件的物理布局

ispLSI 器件编程元件的物理布局可以用图 7-12 表示。代表器件的逻辑组态和其他编程信息的数据用 E^2CMOS 元件存储,E^2CMOS 元件按行和列排成阵列。每个 E^2CMOS 元件为一个存储单元,单元置 0 表示这个单元已经编程,或者有一个逻辑连接;单元置 1 表示这个单元被擦除,相当于开路连接。在编程时,通过行地址和数据位对 E^2CMOS 元件寻址。

在系统编程与普通编程的基本操作并无区别,仍然是逐行编程的。E^2CMOS 的阵列结构共有 n 行,其地址用一个 n 位的地址移位寄存器(垂直)来选择。对起始行(地址为

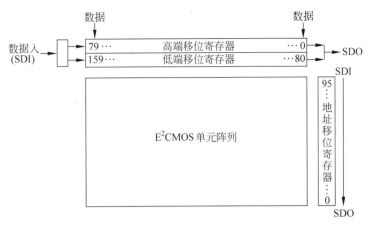

图 7-12　ispLSI1016 器件编程元件的物理布局

L00000)编程时,先将欲写入该行的数据串行移入水平移位寄存器,并将地址移位寄存器中与 0 行对应的位置置 1(其余位置置 0),让该行被选中,在编程脉冲的作用下,将水平移位存器中的数据写入该行,然后将地址移位寄存器移动一位,使阵列的下一行被选中,并将水平寄存器中置入下行的编程数据……

对于不同型号的器件,其编程单元数、数据移位寄存器和地址移位寄存器的长度是不同的。表 7-1 列出了几种不同型号的 ispLSI 器件的编程参数。

表 7-1　ispLSI 器件的编程参数

类　　　别	ispLSI1016/E	ispLSI1024/E	ispLSI1032/E	ispLSI1048/C	ispLSI2032	ispLSI3256
地址 SR 长度	96/110	102/122	108/134	120/155	102	180
数据 SR 长度	160	240	320	480/480	80	676
编程单元数	15360/17600	24480/29280	34560/42880	57600/74400	8160	121680

在 ispLSI 器件中,存储单元除了存放和逻辑功能有关的数据外,还有一部分存储单元用来标记制造商和用户的信息,这就是识别码和用户电子标签。以下分别介绍。

1. 识别码

每种 ispLSI(包括 ISP 的其他系列,如 ispGAL、ispGDS)器件都有一个唯一的 8 位器件识别码(ID 码),它代表器件的型号。表 7-2 中列出了一些 isp 器件的 ID 码,这些 ID 码可以在编程时读出。

表 7-2　ISP 器件的识别码

器　　　件	8 位 ID 码	器　　　件	8 位 ID 码
ispLSI1016	00000001	ispLSI1024	00000010
ispLSI1032	00000011	ispLSI1048	00000100
ispLSI032E	00001101	ispLSI1048E	00001110
ispLSI2032	00010101	ispLSI3256	00100010
ispGAL22V10	00001000	ispGDS22	01110010

2. 用户电子标签

用户电子标签(UES) 由一些附加在可编程阵列中额外的行组成,用来分配存储用户信息。例如制造商的识别码、编程日期、编程者、方式码、校验位、PCB位置、版权号和产品流程等,这些信息有助于用户文档的管理。器件加密后,仍能够读出UES。当器件被擦除或重新编程时,UES数据行会被自动地擦除掉,防止老的用户电子标签与新用户电子标签混淆。

ispLSI器件中还有一个16位的编程次数计数器,用来记录器件被编写的次数,防止因器件编程次数超过允许的次数而引起的不可靠。

7.3.2 ISP编程接口

ISP编程的接口只有5个信号。

MODE:模式控制输入,为编程状态机控制线;

SDI:串行数据输入,同时也是编程状态机的控制线;

SDO:串行数据输出;

SCLK:串行时钟输入;

$\overline{\text{ispEN}}$:在系统编程使能输入,控制器件的操作模式,并切换SDI、SDO、SCLK、MODE信号线的功能,一旦$\overline{\text{ispEN}}$被拉低,器件即进入编程模式。

以上5个信号对应ispLSI器件的5个引脚,对于MODE、SDI、SDO、SCLK这4个引脚,只有当$\overline{\text{ispEN}}$引脚为低电平时才能接收编程电缆送来的编程信息;当$\overline{\text{ispEN}}$为高电平(正常状态)时,它们都可作为输入端(直通输入端)使用。

对某一行的编程过程包括:①按地址和命令将JED文件中的数据自SDI端串行装入数据寄存器。②将编程数据写进E^2CMOS逻辑单元。③将写入的数据自SDO移出校验。同一行数据寄存器有高段位和低段位之分,它们的编程是分别进行的(靠不同的命令区分),对整个芯片的编程还有许多其他环节,如整体擦除或部分(GLB、GRP、IOC等)擦除,保密位编程,将GLB或IOC中的寄存器组态串行移位寄存器,把被寻址的高段和低段数据装入数据寄存器进行数据校验或擦除验等,所有这些操作,都必须在计算机的命令下按一定的顺序进行,因此ispLSI中安排了一个编程状态机来控制编程操作的执行。

编程状态机实际上是有三个状态的时序机,如图7-13所示。三个状态分别为闲置状态、移位状态和执行状态。控制编程状态机状态转换的信号有两个:MODE和SDI。

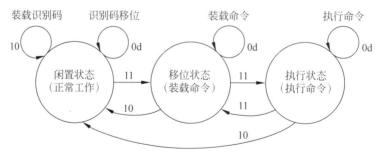

图7-13 编程状态机的状态图

各个状态的说明如下:

(1)闲置状态。即正常工作的状态,也是时序机的初始状态。读器件的标识码就处于这个状态,在MODE、SDI的控制下,用SCLK定时,将器件的标识码装入移位寄存器。同样在上述信号控制下,可将标识码从移位寄存器中移出。

（2）移位状态。移位状态主要用于把命令装入状态机。MODE、SDI 为 0d 时，SCLK 将指令移进状态机中。一旦指令装进状态机，MODE、SDI 为 11，状态机转移到执行状态以执行命令。

（3）执行状态。在执行状态下，状态机执行在移位状态装入器件的命令。对于某些命令，状态机需要多个时钟周期去执行。例如，地址移位命令和数据移位命令，这些命令所需要的时钟脉冲数目与器件的移位寄存器大小有关。

7.3.3　ISP 器件的编程方式

ISP 技术实质上是一种串行编程技术，利用 ISP 技术可以完全摆脱编程器，并解决传统可编程器件较难解决的问题。例如，多个器件同时编程、引脚间距很密（例如 TQEP 的间隙不到 0.6mm）、器件的编程和引脚弯曲等问题。

1. 利用 PC 的 I/O 口编程

在系统可编程技术使得可编程器件的编程变得非常容易。例如，Lattice 的 ispLSI、ispGAL 和 ispGDS 等 ISP 器件，只需要一条简单的编程电缆和一台 PC 就可以完成器件编程。ISP 编程接口非常简单，共有 5 根信号线：模式控制输入 MODE、串行数据输入 SDI、串行数据输出 SDO、串行时钟输入 SCLK 和在系统编程输入 $\overline{ispEN}$。PC 可以通过这 5 根信号线完成编程数据传递和编程操作，如图 7-14 所示是利用 PC 并行口向用户目标板提供编程信号的情况，它利用一条编程电缆（或称下载电缆）将上述准确定时的编程信号提供给 ISP 器件。

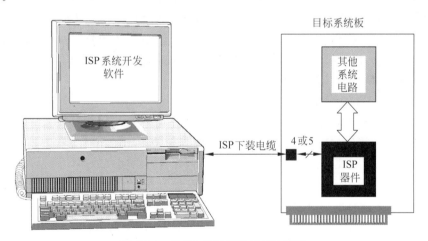

图 7-14　用 PC 并行口进行 ISP 编程

该电缆是一根 7 芯传输线，除了前面说的 5 根信号线外，还有一根地线和对目标板电源的检测线。为了保证信号的完整性和驱动能力，在电缆的一端还装有一片 74HC367，如图 7-15（a）所示。目标板上必须有相应的接插件，将编程信号引入 ISP 器件，图 7-15（b）是这种接插件的一例（RJ-45）。如果器件尚未安装到用户目标板上，可利用 Lattice 的 ISP 工程套件 ispLSI 编程转接卡对器件单独编程。

也可用 PC 的串口作为编程的 I/O 口，但必须有附加电路，此处不讨论。

高密度可编程逻辑器件

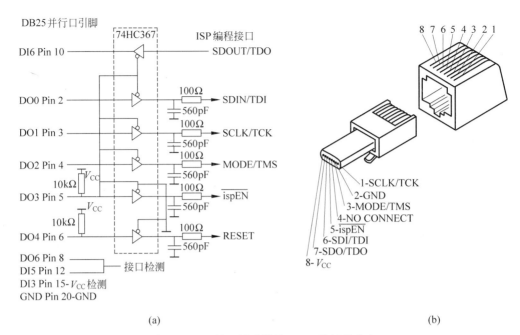

图 7-15　PC 并口缓冲器及 RJ-45 接插件定义

2. 利用用户目标板上的微处理器编程

可以利用目标板直接对 ISP 器件编程。编程的关键在于提供准确定时的 ISP 编程信号。至于 ISP 编程硬件的构置,完全取决于存储器件的类型和 ISP 器件的编程方法。图 7-16 列出了用户系统编程的结构示例,将要编程的数据存储在系统的 EPROM 中,微机先从 EPROM 中读出熔丝图数据,然后将其转换为串行数据流,通过微机的地址译码和 I/O 口,按 ISP 要求的信号定时关系对 ISP 器件进行编程。

3. 多个 ISP 器件的编程

如果一块线路板上装有多块 Lattice ISP 器件,不必对每块器件都安排一个编程接口,只要总的安排一个接口就行了。Lattice ISP 器件有一种特殊的串行编程方式,称为菊花链结构(Daisy Chain),其硬件接口简单,编程效率高,并且容易实现。

图 7-17 是菊花链串行编程结构的例子,其特点是多片合用一套 ISP 编程接口,每片 SDI 输入端与前面一片的 SDO 输出端相连,最前面一片的 SDI 端和最后一片的 SDO 端与 ISP 编程接口相连,构成一类似移位寄存器的链形结构。链中的器件数可以很多,只要不超出接口的驱动能力即可。

各 ISP 器件的内部状态机是受 MODE 信号和 SDI 信号控制的。状态机的状态转换都发生在 MODE 为高电平时(参看图 7-13),而此时器件内的移位寄存器被短路,SDI 端直通 SDO 端,由接口送出的控制信号可以透明地从一个器件传到下一个器件,使各器件的状态机得以同步地工作,即同处于闲置状态、移位状态或执行状态(至于每个器件执行什么操作,是由各器件所接收的指令决定的)。

当 MODE 为低电平时,各器件中的移位寄存器都嵌入菊花链中,相互串联在一起,可以将指令或数据从接口 SDI 送入,移位传送到此链中的某一位置,也可将某一器件读出的数据经此链移位送到最后一个器件的 SDO 端,供 ISP 编程控制器验证用。

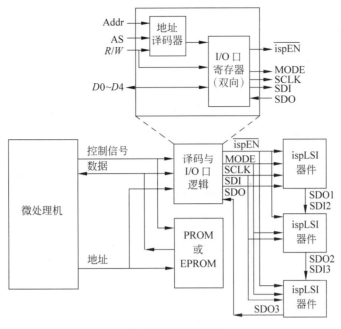

(a) 用户微机板编程结构

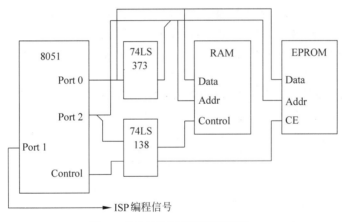

(b) 8031单片机的系统编程原理框图

图 7-16 用户系统编程结构举例

当使用者要对某个器件编程时,必须知道该器件在链中的位置。在 7.3.1 节中已叙述了每种 ISP 器件都有一个 8 位的识别码,它们是由各器件中的硬件决定的,只要将这些识别码装入移位寄存器,通过移位传递送入计算机即可。处理过程如下:

令 $\overline{ispEN}=0$,MODE,SDI=10,则图 7-13 的编程状态机处于闲置状态,并装载识别码。在 SCLK 的作用下,将各自内部硬件决定的识别码装入移位寄存器,如图 7-18 所示。然后将 MODE、SDI 改为 01,它对应于识别码移位状态,在 SCLK 的作用下,逐位从 SDO 移出,通过编程接口送入计算机。这样计算机就得到了器件排列信息(计算机以连续收到 8 个 0 作为移位结束信号)。

接下来便可以对某个器件编程。设现在要对 22V10 编程,就应当将前后两个芯片中的

高密度可编程逻辑器件

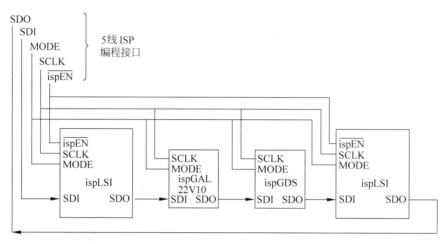

图 7-17　菊花链串行编程结构举例

图 7-18　识别码移位寄存器结构

移位寄存器都短路掉,只保留 22V10 中的移位寄存器在链中。前面说过,ISP 器件的编程有许多不同的操作,这些操作用一个五位指令集控制,如表 7-3 所示。其中有一条指令FLOWTHRU(指令码为 01110)是数据流直通指令,在执行这条指令时,器件内部的移位寄存器也被短路,SDI 与 SDO 直通。这条指令正好可以用来达到上述目的。假如现在对22V10 要执行的是 SHIFT-DATA 操作(因为 22V10 和 GDS 中没有地址寄存器,地址和数据同时传送,使用 00010 指令码),则在执行编程操作以前先串行输入 20b 指令码(见图 7-19(a)),从而使另外三片都处于数据直通状态。

表 7-3　ISP 编程状态机指令集

指　令	操　作	简　　述
00000	NOP	无操作
00001	ADDSHFT	地址寄存器位移:把地址从 SDI 端移入地址移位寄存器中
00010	DATASHFT	数据寄存器位移:把数据移入或移出数据移位寄存器
00011	UBE	用户擦除:擦除整个芯片
00100	GRPBE	全局布线区擦除:仅擦除 GRP 阵列
00101	GLBBE	万能逻辑块擦除:擦除所有 GLB 阵列
00110	ARCHBE	结构单元擦除:仅擦除结构阵列和 I/O 组态单元
00111	PRGMH	高段数据编程:数据移位寄存器中的数据被编程到被寻址行的高段位中
01000	PRGML	低段数据编程:数据移位寄存器中的数据被编程到被寻址行的低段位中
01001	PRGMSC	保密位编程:对器件的保密位进行编程
01010	VER/LDH	校验/装载高段数据:把被寻址的高段数据装载到数据移位寄存器中并进行校验
01011	VER/LDL	校验/装载低段数据:把被寻址的低段数据装载到数据移位寄存器中并进行校验

指 令	操 作	简 述
01100	GLBPRLD	万能逻辑块预置：把 SDI 端的数据预置到 GLB 寄存器中。所有 GLB 寄存器组态成一条串行移位寄存器
01101	IOPRLD	I/O 单元预置：把 SDI 端口数据预置到 I/O 寄存器中。所有 I/O 单元中的寄存器组态成一条串行移位寄存器
01110	FLOWTHRU	数据流直通：短路所有片内移位寄存器，SDI 端直通到 SDO 端
10010	VE/LDH	校验擦除/装载高段数据位：把选中行高段的数据装载到数据移位寄存器中并进行擦除校验
10011	VE/LDL	校验擦除/装载低段数据位：把选中行低段的数据装载到数据移位寄存器中，以进行擦除校验
01111	PROGUES	编程 UES(用户电子标签)
10001	VERUES	校验 UES

送入指令码的过程为：先令 MODE、SDI=11，使各芯片的编程状态机进入移位状态；然后令 MODE=0，将如图 7-19(a)所示的指令流串行移位送入，经过 20 个 SCLK 周期，指令码全部到位。接着对 22V10 执行 SHIFT-DATA 操作，再次令 MODE、SDI=11，进入执行状态；再将 MODE=0，从 SDI 送入数据，因 22V10 的地址/数据寄存器共 138 位，应送入 138 位数据，而此时前后芯片皆工作于数据直通状态，故送入的数据经 138 个 SCLK 周期全部进入 22V10 的移位寄存器(见图 7-19(b))。至此对 22V10 的这一步操作算完成了，接着使 MODE、SDI=11，状态机回到移位状态，送入新的命令……

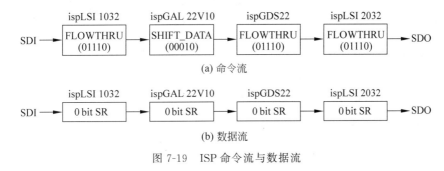

图 7-19 ISP 命令流与数据流

7.4 FPGA 器件

视频讲解

现场可编程门阵列(FPGA)器件最早由 Xilinx 公司推出，它是一种新型的高密度 PLD，一般采用 SRAM 工艺制作，也有一些专用器件采用 Flash 工艺或反熔丝工艺等。FPGA 的集成度很高，其器件密度从数万系统门到数千万系统门不等，可以完成极其复杂的时序与组合逻辑电路功能，适用于高速、高密度的高端数字逻辑电路领域。FPGA 的结构与 CPLD 不同，其内部由许多独立的可编程逻辑单元组成。可编程逻辑单元是 FPGA 的芯片实现逻辑最基本的结构，它不仅能够实现逻辑函数，还可以配制成 RAM 等复杂的形式。可编程逻辑单元之间可以灵活地相互连接。基于 SRAM 的 FPGA 器件工作前需要从芯片外部加载配置数据，配置数据可以存储在片外非易失性存储器或计算机上，设计人员可以控制加载过程,在现场修改器件的逻辑功能,即现场可编程。FPGA 出现后得到了工程师们的普遍欢迎,发展非常迅速。新一代的 FPGA 甚至集成了中央处理器(CPU)或数字处理器(DSP)内核,在一片 FPGA 上进行软硬件协同设计,为实现片上可编程系统(System On Programmable Chip,SOPC)提供了强大的硬件支持。

FPGA 的主要器件供应商有 Xilinx、Altera、Lattice、Actel 和 Atmel 等。

视频讲解

7.4.1 FPGA 的基本结构

简化的 FPGA 结构基本由 6 部分组成,分别为可编程输入输出单元、基本可编程逻辑单元、嵌入式 RAM 块、丰富的布线资源、底层嵌入功能单元和内嵌专用硬核,如图 7-20 所示。

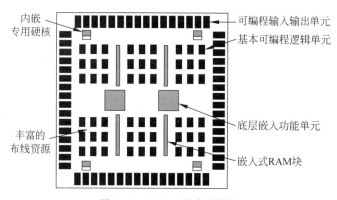

图 7-20　FPGA 的内部结构

下面介绍这 6 部分的基本概念。

1. 可编程输入输出单元

I/O 单元即输入输出单元,是芯片与外界电路的接口部分,完成不同电气特性下对输入/输出信号的驱动与匹配需求。为了使 FPGA 的应用更灵活,目前大多数 FPGA 的 I/O 单元被设计为可编程模式,即通过软件的灵活配置,可以适配不同的电气标准与 I/O 物理特性;可以调整匹配阻抗特性,上下拉电阻;可以调整输出驱动电流的大小等。可编程 I/O 单元支持的电气标准因工艺而异,不同器件商不同器件族的 FPGA 支持的标准也不同。值得一提的是,随着 ASIC 工艺的飞速发展,目前可编程 I/O 支持的最高频率越来越高。一些高端的 FPGA 通过 DDR 寄存器技术,甚至可以支持高达 2Gb/s 的数据速率。

2. 基本可编程逻辑单元

基本可编程逻辑单元是可编程逻辑的主体,可以根据设计灵活地改变其内部连接与配置,完成不同的逻辑功能。FPGA 一般基于 SRAM 工艺,其基本可编程逻辑单元几乎都是由查找表(LUT)和寄存器组成的。LUT 本质上就是一个 RAM,FPGA 就是利用 SRAM 来构成逻辑函数发生器的。一个 N 输入查找表可以实现 N 个输入变量的任何逻辑功能。当设计者通过原理图或 HDL 描述了一个逻辑电路后,FPGA 开发软件会自动计算逻辑电路所有可能的结果,并把结果事先写入 RAM,这样,每输入一个信号进行逻辑运算就等于输入一个地址进行查表,找出地址对应的内容,然后输出。图 7-21 是 FPGA 的四输入 LUT 的内部结构。查找表一般完成纯组合逻辑功能。FPGA 内部寄存器结构相当灵活,可以配置为带同步/异步复位或置位、时钟使能的触发器(Flip Flop),也可以配置成锁存器(Latch)。FPGA 一般依赖寄存器完成同步时序逻辑设计。一般说来,比较经典的基本可编程单元的配置是一个寄存器加一个 LUT,但是不同厂商的寄存器和 LUT 的内部结构有一定的差异,而且寄存器和 LUT 的组合模式也不同。例如,Altera 可编程逻辑单元一般被称为 LE,由一个寄存器和一个 LUT 构成。Altera 大多数 FPGA 将 10 个 LE 有机地组合起来,构成更大的功能单元——逻辑阵列块(Logic Array Block,LAB),LAB 中除了 LE 还包括 LE 间的进位链、LAB 控制信号、局部互连线资源、LUT 级联链、寄存器级联链等连线与控制资源。Xilinx 可编程逻辑单元称为 Slice,它由上下两个部分构成,每个部分都由一个寄存器加一个 LUT 组成,被称为逻辑单元(Logic Cell,LC),两个 LC 之间有一些公用逻辑,可以完成两个 LC 之间的配合与级联。Lattice 的底层逻辑单元叫可编程功能单元(Programmable Function Unit,PFU),它由 8 个 LUT 和 8~9 个寄存器构成。当然,这些可编程单元的配置结构随着器件的发展也在不断地更新,最新的一些可编程逻辑器件常常根据设计需求推出一些新的 LUT 和寄存器的配置比率,并优化器件内部的连接构造。

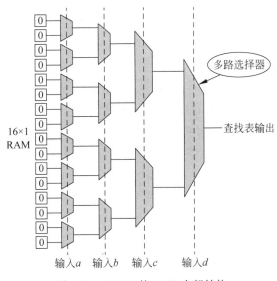

图 7-21　FPGA 的 LUT 内部结构

　　学习底层配置单元的 LUT 和寄存器比率,对于器件选型和规模估算有重要意义。很多器件手册上用器件的 ASIC 门数或等效的系统门数表示器件的规模。但是目前 FPGA 内部除了基本可编程逻辑单元外,还含有丰富的嵌入式 RAM、PLL 或 DLL,以及专用 Hard IP Core(硬知识产权功能核)等。这些功能模块也会等效出一定数量的系统门,所以用系统门数权衡基本可编程逻辑单元的数量是不准确的,设计者常常会产生混淆。比较简单科学的方法是用器件的寄存器或 LUT 数量衡量。例如 Xilinx 的 Spartan-Ⅲ系列的 XC3S1000有 15 360 个 LUT,而 Lattice 的 EC 系列 LFEC15E 也有 15 360 个 LUT,所以这两款 FPGA 的可编程逻辑单元数量基本相当,属于同一规模的产品。同理,Altera 的 Cyclone 器件族的 EP1C12 的 LUT 数量是 12 060 个,比前面提到的两款 FPGA 规模略小。需要说明的是,器件选型是一个综合性问题,需要将设计的需求、成本压力、规模、速度等级、时钟资源、I/O 特性、封装、专用功能模块等诸多因素综合考虑。

高密度可编程逻辑器件

3. 嵌入式 RAM 块

FPGA 内部嵌入可编程 RAM 块，大大拓展了 FPGA 的应用范围和使用灵活性。FPGA 内嵌的 RAM 块一般可以灵活地配置为单端口 RAM、双端口 RAM、伪双端口 RAM、CAM(Content Addressable Memory)、FIFO(First In First Out)等常用存储结构。FPGA 中并没有专用的 ROM 硬件资源，实现 ROM 的思路也是对 RAM 进行改造，在 RAM 中写入初值，并保持初值不变。所谓 CAM，就是内容地址存储器，根据内容查找对应地址，并返回地址值。一般这种存储器在其每个存储单元都包含了一个内嵌的比较逻辑，写入 CAM 的数据会和内部存储的每一个数据进行比较，并返回与端口数据相同的所有存储单元的地址。CAM 的应用也非常广泛，如在路由器中的地址交换表等。FIFO 是"先进先出队列"式存储结构。这些存储器结构都可以基于嵌入式 RAM 单元，并根据需求自动生成相应的逻辑以完成地址和片选等控制。

不同器件商或器件族的内嵌 RAM 块的结构是不同的。Xilinx 常见的 RAM 块大小是 4Kb 和 18Kb 两种结构，Lattice 常用的 RAM 块大小是 9Kb，Altera 的 RAM 块最为灵活，一些高端的 FPGA 内部同时含有三种 RAM 块结构，即 M512RAM(512b)、M4KRAM(4Kb)、M-RAM(512Kb)。根据设计需求，RAM 块的数量和配置方式也是器件选型的一个重要标准。

4. 丰富的布线资源

布线资源连通了 FPGA 内部的所有单元。连线的长度和工艺决定着信号的驱动能力和传输速度。FPGA 内部有丰富的布线资源，根据其工艺、长度、宽度和分布位置的不同被划分为不同的等级，有一些是全局性的专用布线资源，用以完成器件内部的全局时钟和全局复位/置位的布线；一些叫作长线资源，用以完成器件分区间的一些高速信号和第二全局时钟信号的布线；还有一些叫作短线资源，用以完成基本逻辑单元之间的逻辑互联和布线；另外，在基本逻辑单元内部还有各种布线资源和专用时钟、复位等控制信号线。

设计者在实现过程中，一般不需要直接选择布线资源，而是由布局布线器自动根据输入的逻辑网表的拓扑结构和约束条件选择可用的布线资源，连通所用的底层单元模块，所以设计者往往忽略布线资源。其实布线资源的优化与使用和设计的实现结果(包括速度和面积)有着直接关系。

5. 底层嵌入功能单元

底层嵌入功能单元的概念比较笼统，这里主要指的是那些通用性比较高的嵌入式功能模块，如 PLL(Phase Locked Loop)、DLL(Delay Locked Loop)、DSP、CPU 等。随着 FPGA 的发展，这些模块被越来越多地嵌入 FPGA 内部，以满足不同场合的需求。

目前大多数 FPGA 厂商都在 FPGA 内部集成了 DLL 或者 PLL 硬件电路，用以完成时钟的高精度、低抖动的倍频、分频、占空比调整、移相等功能。一些高端的 FPGA 产品集成的 DLL 和 PLL 资源越来越丰富，功能越来越复杂，精度越来越高。Altera 芯片集成的是 PLL，Xilinx 芯片集成的是 DLL，Lattice 的新型 FPGA 同时集成了 PLL 和 DLL 以适应不同的需求。这些时钟模块的生成和配置一般有两种方法：一是在 HDL 代码和原理图中直接实例化；另一种方法是在 IP 核生成器中配置相关参数，自动生成。Altera 的 IP 核生成器叫作 Mega Wizard，Xilinx 的 IP 核生成器叫作 Core Generator，Lattice 的 IP 核生成器被称为 Module/IP Manager。另外可以通过在综合实现步骤的约束文件中编写约束属性来完成时钟模块的约束。

越来越多的高端 FPGA 产品包含 DSP 或 CPU 等软处理核,从而 FPGA 将从传统的硬件设计手段逐步过渡为系统级设计平台。例如 Altera 的 Stratix、Stratix GX 等器件族内部集成了 DSP Core,配合通用逻辑资源,还可以实现 ARM、MIPS、NIOS 等嵌入式系统;Xilinx 的 Virtex Ⅱ 和 Virtex Ⅱ Pro 系列 FPGA 内部集成了 POWER PC 450 的 CPU Core 和 MicroBlaze RISC 处理器 Core;Lattice 的 EPC 系列 FPGA 内部集成了系统 DSP Core 模块。这些 CPU 或 DSP 处理模块的硬件主要由一些加、乘、快速进位链、Pipelining 和 Mux 等结构组成,加上用逻辑资源和块 RAM 实现的软核部分,就组成了功能强大的软运算中心。这种 CPU 或 DSP 比较适合实现 FIR 滤波器、编码解码、FFT(快速傅里叶变换)等运算密集型应用。FPGA 内部嵌入 CPU 或 DSP 等处理器,使 FPGA 在一定程度上具备了软硬件联合系统的能力,FPGA 正逐步成为 SOPC 的高效设计平台。Altera 的系统级开发工具是 SOPC Builder 和 DSP Builder,通过这些平台,用户可以方便地设计标准的 DSP 处理器、专用硬件结构与软硬件协同处理模块等。Xilinx 的系统级设计工具是 EDK 和 Platform Studio,Lattice 的嵌入式 DSP 开发工具是 MATLAB 的 Simulink。

6. 内嵌专用硬核

这里的内嵌专用硬核主要指那些通用性相对较弱,不是所有 FPGA 器件都包含的硬核(Hard Core),与前面的"底层嵌入单元"是不同的。FPGA 的通用性主要是针对 ASIC 而言的。其实 FPGA 也分为两个阵营,一方面是通用性较强,目标市场范围很广,价格适中,即低成本 FPGA;另一方面是针对性较强,目标市场明确,价格较高,主要指某些高端通信市场的 FPGA。例如,Altera 的 Stratix GX 器件族内部集成了 3.1875Gb/s SERDES(串并收发单元);Xilinx 的对应器件族是 Virtex Ⅱ Pro 和 Virtex Ⅱ ProX;Lattice 器件专用硬核的比重更大,有两类器件族支持 SERDES 功能,分别是 Lattice 高端 SC 系列 FPGA 和现场可编程系统芯片(Field Programmable System Chip,FPSC)。

可编程逻辑设计技术正处于高速发展阶段。新型的 FPGA 规模越来越大,成本越来越低。下一代 FPGA 的发展趋势可以归为 4 点:最先进的 ASIC 生产工艺将被越来越广泛地应用于以 FPGA 为代表的可编程逻辑器件;越来越多的高端 FPGA 产品将包含 DSP 或 CPU 处理器,从而 FPGA 将由传统的硬件设计手段逐步过渡为系统级设计平台;FPGA 将包含功能越来越丰富的硬核,与传统 ASIC 进一步融合,并通过结构化 ASIC 技术加快占领部分 ASIC 市场;低成本的 FPGA 密度越来越高,价格越来越合理,将成为 FPGA 发展的中坚力量。

7.4.2 FPGA 开发流程

完整地了解 FPGA 的开发流程对优化设计项目、提高设计效率十分有益。FPGA 开发流程如图 7-22 所示。

1. 设计输入

设计输入有两种方式:

1) 图形输入

图形输入包括电路原理图输入、状态图输入

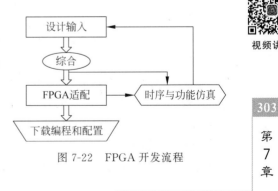

视频讲解

图 7-22　FPGA 开发流程

303

第 7 章

高密度可编程逻辑器件

和波形图输入等方法。状态图输入方式就是根据电路的控制条件和不同的转换方式,用绘图的方法在开发软件的状态图编辑器上绘制状态图,然后由编译器和综合器将此状态变化流程图编译综合成电路网表。

波形输入方式则是将待设计的电路看成一个黑盒子,只需告诉开发工具该黑盒子电路的输入输出时序波形图,开发工具就可以据此完成黑盒子电路的设计。

原理图输入方式类似传统电子设计方法,就是在开发工具的图形编辑界面上绘制能完成所需功能的电路原理图。原理图由逻辑器件(符号)和连接线构成。图中的逻辑器件可以使软件库中预制的功能模块,如与门、非门、或门、触发器、各种含 74 系列器件功能的宏功能块,甚至还有类似 IP 的宏功能块。

2) 文本输入

使用某种硬件描述语言,如 VHDL 或 Verilog 编制的设计代码,在文本编辑界面中进行输入。

2. 综合

综合(Synthesis),原指把某些东西结合到一起,将抽象层次中的一种表述转换成另一种表述的过程。在电子设计领域,综合可以表述为:将行为和功能层次表达的电子系统转换为低层次的便于具体实现的模块并且组合装配的过程。

自上而下的设计过程中,每个步骤都可以看作一个综合环节。现代数字系统设计过程通常从高层次的行为描述开始,以底层的结构甚至更低层次的描述结束的,每个综合步骤都是上一层次的转换,包括:

从自然语言到 VHDL 算法描述,即自然语言综合。

从算法描述到寄存器传输级(Register Transport Level,RTL)表述,即行为综合,从行为域到结构域的综合。

从 RTL 级表述转换到逻辑门(包括触发器)的表述,即逻辑综合。

从逻辑门表述转换到版图级表述(ASIC 设计),或转换到 FPGA 的配置网表文件,即版图综合或结构综合。有了版图信息,芯片就可以生产出来了。有了对应的配置文件,就可以使对应的 FPGA 变成具有专用功能的电路器件了。

能够自动完成上述转换功能的计算机程序或协助手工转换的程序就叫作综合器。综合器的工作环境比较复杂。在接受 VHDL 程序并准备开始综合前,必须获得与最终实现电路硬件设计特征相关的工艺库的信息以获得优化综合的诸多约束条件。一般地,约束条件分为设计规则、时间约束、面积约束。设计优化要求:综合器将 VHDL 源代码翻译成通用原理图时,需要识别各种运算功能,如状态机、加法器、乘法器、多路选择器等。这些运算功能可以用很多种方法实现,例如加法可实现的方案很多,有的面积小,速度慢;有的面积大,速度快。VHDL 行为描述强调的是电路的行为和功能,而选择电路的实现方案正是综合器的任务。现在有许多综合器允许设计者指定在优化时"努力"的等级,即低、中、高档。HDL 综合器不能支持标准 VHDL 的全部语句,不同的综合器所支持的 VHDL 部分语句也不完全相同。因此,对于相同的 VHDL 源代码,不同的 HDL 综合器可能综合出来不完全相同的电路系统结构、功能。这点设计者应当要注意。

3. FPGA 适配

适配器将综合后的网表文件针对某一具体的目标器件进行逻辑映射操作,其中包括底层器件配置、逻辑分割、优化、布局布线操作。适配完成后,可以利用适配所产生的仿真文件做精确的时序仿真,同时产生可对目标器件进行编程的文件。

4. 仿真

在下载编程前利用 FPGA 仿真工具或第三方专业仿真工具对适配生成的结果进行模拟测试,即仿真(Simulation),它可以完成两种不同级别的仿真测试。

时序仿真,就是接近真实器件时序性能运行特性的仿真。仿真文件必须来自针对具体器件的适配器,仿真文件中包含器件的硬件特性参数,因而仿真精度高,产生的仿真结果中包含了精确的硬件延迟信息。

功能仿真,即直接对 HDL、原理图描述或其他描述形式的逻辑功能进行测试模拟,以了解其实现的功能是否满足原设计的要求。仿真过程不涉及任何具体器件的硬件特性,不经历适配阶段,在设计项目编辑、综合后即可进行。直接进行功能仿真的好处是设计耗时短,对硬件库、综合器没有任何要求。

5. 下载编程和配置

生成编程文件后,就可对器件进行下载编程和配置以进行板级调试。

7.4.3 Altera 低成本 FPGA

视频讲解

Altera 公司的低成本 FPGA 继 ACEX 后,推出了 Cyclone(飓风)系列,之后还有基于 90nm 工艺的 Cyclone Ⅱ。低成本 FPGA 主要定位在大量且对成本敏感的设计中,如数字终端、手持设备等。另外,在 PC、消费类产品和工业控制领域,FPGA 还不是特别普及,主要原因就是以前其成本相对较高。目前随着 FPGA 厂商的工艺改进,制造成本的降低,低端市场竞争也非常激烈,不断有新的产品推向市场。下面仅对 Altera 的 Cyclone 做一个简单介绍。

1. 器件概述

Altera 公司针对 Cyclone 的应用,经过市场调研,在设计初期就将其定位为一款低成本的 FPGA。Cyclone FPGA 的应用主要定位在终端市场,如消费类电子、计算机、工业和汽车等领域。

Cyclone 器件采用 $0.13\mu m$ 的工艺制造,全铜 SRAM 工艺,1.5V 内核,其内部有锁相环(PLL)、RAM 块,逻辑容量为 2910~20 060 个 LEs。Cyclone 系列 FPGA 特性见表 7-4。

表 7-4 Cyclone 系列 FPGA

类　　别	EP1C3	EP1C4	EP1C6	EP1C12	E1C20
LE	2910	4000	5980	12 060	20 060
M4K RAM 块数	13	17	20	52	64
总 RAM 位数	59 904	78 336	92 160	239 616	294 912
锁相环(PLL)	1	2	2	2	2
封装形式	TQFP	FBGA	TQFP,PQFP,FBGA	PQFP,FBGA	FBGA
最大用户 I/O 引脚数	104	301	185	249	301

2. 器件结构

(1) 逻辑阵列块(LAB)。

每个 LAB 包含 10 个 LE,LE 进位链,LAB 控制信号,一个局部互连,查找表 LUT 链和寄存器链路,如图7-23所示。在同一个LAB内,LE之间的通信是由局部互连实现的,LUT链把一个LE查找表的输出快速地传输到相邻的LE上;寄存器链把一个LE寄存器的输出送往相邻的LE寄存器上。

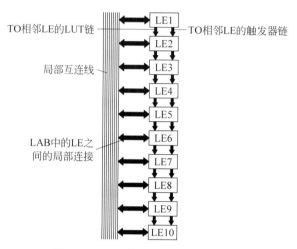

图 7-23　LAB 的 LUT 链和触发器链

(2) 多通道互连。

在 Cyclone 体系结构中,LEs、M4K 存储块和器件 I/O 引脚之间的连接是由采用 DirectDrive 技术的多通道互连结构来实现的。多通道互连由不同速度、连续的,性能最优的布线组成,例如 C4 互连、R4 互连、直通链路互连等。这些布线实现设计电路中使用到的阵列块之间或内部的互连。Quartus 编译器会自动地在较快的互连上放置关键设计路径来提高设计性能。

(3) 嵌入式存储器。

Cyclone 嵌入式存储器由 M4K 存储块列组成。EP1C3 和 EP1C6 器件有一列 M4K 存储块;EP1C12 和 EP1C20 器件有两列 M4K 存储块。M4K 存储块能够实现多种带奇偶校验或不带奇偶校验的存储器,包括真正的双端口 RAM,简单的双端口 RAM,单端口 RAM、ROM,先入先出 FIFO 缓冲器。设计者还可以将 M4K 存储块配置成移位寄存器,用于 DSP 应用,如伪随机数生成器、多通道过滤器等。如果选择标准触发器来实现 DSP 这些应用的局部数据存储,会快速消耗大量逻辑单元和线路资源。而使用嵌入式存储器作为移位寄存器,可以通过专用电路节省逻辑单元和线路资源,这是一种更高效的实现方案。M4K 支持赋初值,初始化文件可以使用 .mif 文件,这样也可以把 RAM 做成一个只读存储器(ROM)。

(4) 全局时钟和锁相环(PLL)。

Cyclone 器件提供一个全局时钟网络和最多两个锁相环用于完全的时钟管理。全局时钟网络的 8 条全局时钟线用于驱动整个器件,能为器件内所有资源提供时钟,还可以被用作控制信号,如时钟使能和同步/异步清零信号等。图 7-24 显示了全局时钟网络的各种驱动源。从图中可以看到全局时钟网络可以由全局时钟引脚 CLK0～CLK3、复用的时钟引脚 DPCLK0～DPCLK7、锁相环(PLL)或者内部逻辑来驱动。

Cyclone PLLs(锁相环)通过支持时钟倍频、分频、相位转移及多种时钟输出,为设计者提供了多用途的时钟控制。锁相环只能由全局时钟引脚 CLK0～CLK3 来驱动。CLK0 和

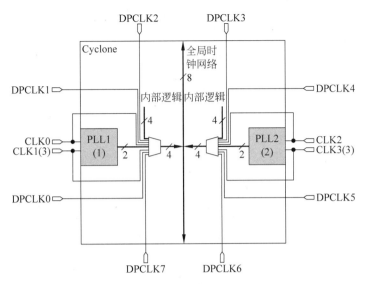

图 7-24　全局时钟网络的各种驱动源

CLK1 可以作为 PLL1 两个可选的时钟输入端,也可以作为一对差分 LVDS 的时钟输入引脚,CLK0 作为正端输入,而 CLK1 作为负端输入。CLK2 和 CLK3 也是如此。

（5）I/O 单元（IOE）。

Cyclone 器件的 I/O 元素包括一个双向的缓冲器和三个寄存器,即输入寄存器、输出寄存器和输出使能寄存器,如图 7-25 所示。在与外部的芯片接口时,使用 IOE 中的寄存器可以显著地提高设计的输入输出性能。当然,在实际的设计中,如果 I/O 的时序和内部逻辑的性能都比较紧张,一般建议先根据外部芯片的实际情况,为 FPGA 设置引脚的约束,也就是建立和保持时间的约束,让布线工具根据设计的具体情况来自动决定是否将输入输出寄存器放入 IOE 中。

在 Cyclone 器件的 IOE 中没有支持 DDR 的寄存器,所以用户如果要实现 DDR 接口,就必须使用临近引脚的 LAB 中的触发器。同时,Cyclone 中还有可以复用为通用 I/O 脚的 DQS 和 DQ 信号组,可以支持外部的 DDR 存储器。

Cyclone 体系结构支持多电压 I/O 接口特性,这使得任意封装的 Cyclone 器件可与不同电源电压的系统相接。

3. 配置与测试

FPGA 器件的工作状态分为三种:第一种称为用户状态（User Mode）,指电路中 FPGA 器件正常工作时的状态;第二种则是配置状态（Configuration Mode）,指将编程数据装入 FPGA 器件的过程,也可称为构造;第三种就是初始化状态（Initialization Mode）,FPGA 器件复位各类寄存器,让 I/O 管脚为逻辑器件正常工作做准备。其中后两种状态可统称为命令状态（Command Mode）。

Altera FPGA 器件的配置方式主要分为:主动方式、被动方式及基于 JTAG 的配置方式。主动配置方式由 FPGA 器件引导配置操作过程,它控制着外部存储器和初始化过程;而被动配置方式由外部计算机或控制器控制配置过程。根据数据线的多少又可以将 FPGA

高密度可编程逻辑器件

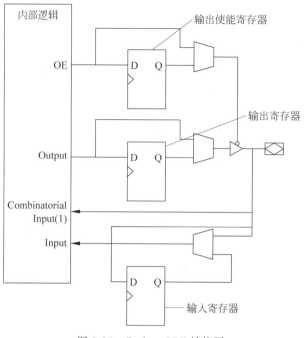

图 7-25　Cyclone IOE 结构图

器件配置方式分为并行配置和串行配置两类。Altera 公司专门为 Cyclone 的低成本方案设计了一种低成本串行加载芯片,有 EPCS1 和 EPCS4 两款。Cyclone 器件在加载时主动发出加载时钟和其他控制信号,数据从串行加载芯片中读出。此外,Cyclone 器件可接收压缩的配置数据位流,并能对这些数据进行实时的解压缩,从而减少了存储空间和配置时间。

7.4.4　Xilinx XC4000 系列 FPGA

视频讲解

XC4000 是 Xilinx 公司早期的典型产品,了解其结构对了解新的 FPGA 器件的结构很有用处。

1. XC4000 系列 FPGA 器件的整体结构

XC4000 系列 FPGA 器件也是基于 SRAM 编程的,它的整体结构如图 7-26 所示。主要由可配置逻辑块(CLB)、输入/输出块(IOB)和可编程内部连线(PI)组成。其中,多个 CLB 构成的二维阵列是 FPGA 的核心,以 $n \times n$ 阵列的形式散布于整个芯片,用于实现设计者所需的逻辑功能。同一系列中不同型号的 FPGA,其阵列规模也不同。IOB 位于器件的四周,它提供内部逻辑单元和外部引出线之间的可编程接口;PI 位于器件内部的逻辑块之间,主要包括可编程开关矩阵(Programmable Switch Matrix,PSM)、可编程开关点和金属导线,金属导线以纵横交错的格栅状结构分布在两个层面(一层为横向线段,一层为纵向线段),有关的交叉点上连接着可编程开关或可编程开关矩阵,经过对可编程开关或可编程开关矩阵编程后可以实现 CLB 与 CLB 之间、CLB 与 IOB 之间以及全局信号与 CLB 和 IOB 之间的互连。此外,FPGA 器件内部还有用于存放编程数据的可配置静态存储器(SRAM),其加电后所存放的内容决定了整个芯片的逻辑功能。

表 7-5 给出了 XC4000 系列的部分 FPGA 器件的主要特征。表中标注的"最大用户

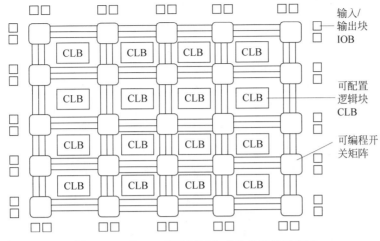

图 7-26　XC4000 系列 FPGA 芯片的结构示意图

I/O 数"是指单片上所能提供的输入/输出块的最大数目。然而 XC4000 系列可以有很多封装形式,并不是所有 I/O 都被连接到封装件的外部引脚上。表中的"触发器数"是指器件中含有触发器的数目。每个 CLB 有两个触发器,每个 I/O 块有两个触发器(后面会讲到)。触发器数是设计者在粗略估计用于设计的 FPGA 的大小时应考虑的因素之一。最大 RAM位数也是其中之一。正如人们所知的,如果不用于逻辑函数,则每个 CLB 能够被配置成小型 SRAM,存储量最多可达 32 位。

　　FPGA 的内部结构主要由三种可编程单元(可配置逻辑块(CLB)、可编程输入/输出块(IOB),可编程连线资源(PI))和一个用于存放编程数据的静态存储器组成。下面分别对这几个部分予以介绍。

表 7-5　XC4000 系列 FPGA 器件的主要特征

器件型号	主要特征					
	CLB 矩阵	CLB 总数	触发器数	逻辑门数	最大用户 I/O 数	最大 RAM 位数
XC4002XL	8×8	64	256	1600	64	2048
XC4003E	10×10	100	360	3000	80	3200
XC4005E/XL	14×14	196	616	5000	112	6272
XC4006E	16×16	256	768	6000	128	8192
XC4008E	18×18	324	936	8000	144	10 368
XC4010E/XL	20×20	400	1120	10 000	160	12 800
XC4013E/XL	24×24	576	1536	13 000	192	18 432
XC4020E/XL	28×28	784	2016	20 000	224	25 088
XC4025E	32×32	1024	2560	25 000	256	32 768
XC4028EX/XL	32×32	1024	2560	28 000	256	32 768
XC4036EX/XL	36×36	1296	3168	36 000	288	41 472
XC4044XL	40×40	1600	3840	44 000	320	51 200
XC4052XL	44×44	1936	4576	52 000	352	61 952
XC4062XL	48×48	2304	5376	62 000	384	73 728
XC4085XL	56×56	3136	7168	85 000	448	100 352

高密度可编程逻辑器件

2. 可配置逻辑块

CLB 是 FPGA 中的基本逻辑单元,它可以实现绝大多数的逻辑功能。XC4000 系列的 CLB 简化的结构框图如图 7-27 所示。由图 7-27 可知,CLB 中包含三个逻辑函数发生器、两个触发器、多个可编程数据选择器及其他控制电路。一个 CLB 共有 13 个输入和 4 个输出。13 个输入信号中,$G1 \sim G4$、$F1 \sim F4$ 是 8 个组合逻辑输入信号,CLK 为时钟信号,$C1 \sim C4$ 是 4 个控制信号,由多路开关分配给时钟使能信号 EC、置位/复位信号 SR/$H0$、直接输入信号 DIN/$H2$ 和第 9 输入 $H1$。$H1$、DIN 和 SR 三个信号是复用的,在 CLB 用作 RAM 时分别用于写信号 WE、数据信号 $D1$ 和 $D0$(或低 2 位地址线)。在 4 个输出中,X、Y 为组合输出,XQ、YQ 为寄存器或控制信号输出。这些输入输出可以与 CLB 周围的互连资源相连接。

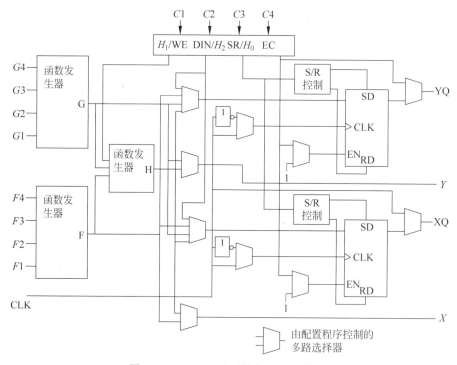

图 7-27　XC4000 系列简化的 CLB 结构

1) 逻辑函数发生器

三个逻辑函数发生器中,F、G 是两个独立的 4 输入函数功能发生器,可实现任意 4 变量的逻辑函数。另一个逻辑函数发生器 H 可实现 3 输入的逻辑函数。这里所谓的逻辑函数发生器,在结构上由 4 或 3 输入的查找表组成,实际就是一个静态存储器(SRAM)组成的存储器阵列。前面讲过,一个 2^n 位的 RAM 可以实现任何一个 n 变量的逻辑函数。也就是说,只要将 n 个输入变量作为 RAM 的地址,把 2^n 种变量取值组合下的函数值存放到相应的 2^n 个存储单元中,RAM 的输出就是相应的逻辑函数。因此,逻辑函数发生器 F 和 G 实际上是非常紧凑、快速的 16×1 位 RAM,可以实现 4 输入的查找表,而 H 是一个 8×1 位 RAM,可以实现 3 输入的查找表。查找表中的数就是 SRAM 阵列中所存逻辑函数的真值,查找表的输入就是 SRAM 的地址输入。用查找表实现逻辑函数的过程即将逻辑函数的真值表存储在查找表的存储单元中,当逻辑函数的输入变量取不同组态时,由相应组态的二进制取值构成 SRAM 的地址,选中相应单元,也就得到了与输入变量组合对应的逻辑值。

2) 实现组合逻辑函数的功能

当工作方式字被编程设置成组合逻辑函数发生器时,4 个控制信号 $C1\sim C4$ 通过可编程控制电路分别将 $H1$、DIN、S/R(异步置位/复位)及 EC(使能)信号接入 CLB 中,作为逻辑函数发生器的可控制输入信号。

逻辑函数发生器 F 和 G 分别有 4 个独立的输入 $F1\sim F4$,$G1\sim G4$,可以在输出端快速产生 4 变量的任意逻辑函数,逻辑函数发生器 H 接收 $F(F1,F2,F3,F4)$、$G(G1,G2,G3,G4)$ 和 $H1$,可以快速产生三个变量的任意逻辑函数。将三个逻辑函数发生器 F、G 和 H 编程配置,在一个 CLB 可以实现任意两个独立的 4 个输入变量逻辑函数,或任何单个 5 变量的逻辑函数,或 6 变量的部分逻辑函数等,最多可实现某些 9 变量的逻辑函数。在一个 CLB 中能实现多种函数功能,这样在设计中既可以减少所需的 CLB 块的个数,又可以缩短信号的延迟时间,提高系统速度。

例 7-1 用一个 CLB 实现下列函数功能:

(1) $X=\overline{A}\overline{B}C+AB\overline{C}$,$Y=A\overline{B}$

(2) $Y=JKLMPQR$

解:(1)将 CLB 中 F 逻辑函数发生器配置成产生输出 X,G 逻辑函数发生器配置成产生输出 Y,如图 7-28 所示。$F3$、$F2$、$F1$ 分别连接变量 A、B、C,$G2$、$G1$ 分别连接 A 和 B,$F4$、$G4$、$G3$ 任意。然后将多路选择器设置成直接输出 F 和 G 的输出,实现 X 和 Y 两个函数的功能。采用这种方法可以实现任意两个独立的最多 4 个变量的逻辑函数。

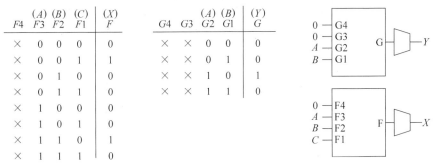

图 7-28 用 CLB 实现 X、Y 两个函数的功能

(2)这个逻辑函数包含了 7 个变量,因此将用 F 逻辑函数发生器来产生 $F=JKLM$ 的逻辑功能,G 逻辑函数发生器产生 $G=PQR$,然后将 H 配置成 $H=FG$。最终输出的多路选择器选择 H 的输出作为 Y,实现 Y 函数的功能,如图 7-29 所示。采用这种方法,一个 CLB 可以实现最多 9 个变量的部分函数的功能。

3) 实现 RAM 的功能

逻辑函数发生器 F 和 G 除了能够实现一般的组合逻辑函数以外,还可以被用作片内 RAM。每个 CLB 都有一种定义方式,使得 F 和 G 的逻辑函数发生器中的查找表可以用作 16×2 位或者 32×1 位的读写存储器。读操作时间与逻辑延时一样,写操作时间只比读操作稍慢一点,整个读/写速度比片外 RAM 快许多,因为避免了输入/输出端的延时。

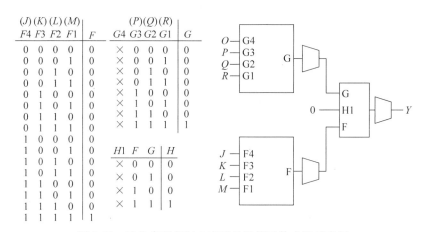

图 7-29　CLB实现超过 4 变量的逻辑函数功能示意图

用逻辑函数发生器实现存储器功能的结构框图如图 7-30 所示。当工作方式字编程设置成存储器功能有效时,4 个控制信号 $C1 \sim C4$ 通过可编程控制电路分别将控制信号 WE、$H2(D1/A4)$、$H0(D0)$ 及 EC(不用)作为存储器写控制信号、数据输入信号或地址信号。

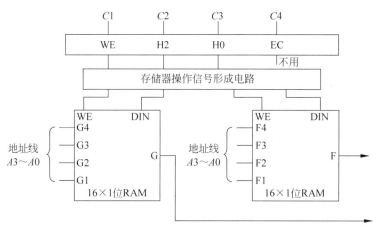

图 7-30　逻辑函数发生器作为存储器使用的结构框图

当 CLB 配置为读/写存储器(RAM)来使用时,每个 CLB 的函数发生器可以配置成 2 个独立的 16×1 位 RAM,或者 1 个 16×2 位 RAM,或者 1 个 32×1 位的 RAM;也可以将 F 或者 G 函数发生器配置成 1 个 16×1 位的 RAM,而另一个函数发生器用来实现最多 5 变量的逻辑函数。另外,片内 RAM 有两种写操作方式:一种是边沿触发(同步方式),在 CLB 时钟信号指定的边沿写入,WE 信号起时钟使能作用;另一种是电平触发(异步方式),直接用外部的写信号作为 RAM 的写脉冲。片内 RAM 还可以被配置成单端口模式和双端口模式。单端口模式有独立的地址和数据输入,但是共用一个写使能输入端,所以读、写操作不能同时进行;双端口模式中,两个函数发生器一起配置为具有一个写入口和两个读取口,支持同时对不同的地址进行读/写操作。

例 7-2　试分别给出用一个 CLB 构成 2 个 16×1 位 RAM 和用一个 CLB 构成 1 个 32×1 位 RAM 的实现方案(假定均用电平触发方式)。

解:根据函数用作片内 RAM 时的配置模式和题目要求,得出用一个 CLB 构成 2 个 16×1

位 RAM 的实现方案如图 7-31 所示。逻辑函数发生器 F 和 G 分别作为 16×1 位的 RAM，G 和 F 的 4 个输入端分别对应存储器的 4 位地址线，来自控制电路的 WE 为写使能控制信号，$D1$、$D0$ 分别为 G 和 F 的数据输入线。

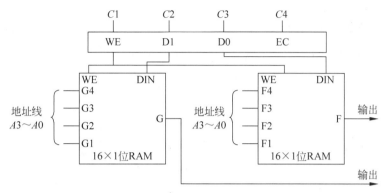

图 7-31　用 1 个 CLB 构成 2 个 16×1 位 RAM 的实现原理

一个 CLB 构成 1 个 32×1 位 RAM 的实现方案，如图 7-32 所示。函数发生器 F 和 G 分别作为 16×1 位 RAM，F 和 G 的 4 个输入端与存储器的低 4 位地址线相连，来自控制电路的 $A4$ 作为第 5 位地址，WE 为写使能控制信号，$D0$ 为 F 和 G 的数据输入线，F、G 的输出在 H 函数发生器中进行组合，产生 32×1 位 RAM 的输出。

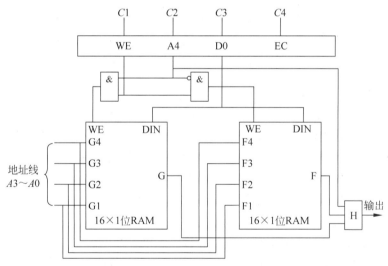

图 7-32　用 1 个 CLB 构成 1 个 32×1 位 RAM 的实现原理

每个 CLB 中包含两个触发器，它们用于存储函数发生器的输出，也可以独立使用。两个触发器有公共的时钟和时钟使能信号，每个触发器都可以配置成上升沿或下降沿触发，并且可以单独选择时钟使能为 EC 或 1（即时钟使能永久有效）。此外，控制电路送来的 R/S 信号可以对两个触发器异步置位/复位。触发器的激励信号可以通过多路选择器从 DIN/$H2$、F、G 和 H 的输出中选择，触发器的状态从 XQ 和 YQ 端输出。

此外，每个 CLB 的 F 和 G 函数发生器的前面还设计了快速产生进位和借位信号的专用算术逻辑，这个输出可以传递到邻近 CLB 的函数发生器中，这种专用的快速进位逻辑极大地加快了用来实现加法器、减法器、累加器、比较器和计数器的工作频率和性能。例如多个CLB串接起来,即可完成多位二进制数的快速加法运算。有关具体电路和实现方法可以参考相关器件的数据手册,在此不再赘述。

3. 可编程输入/输出块

可编程输入/输出块(IOB)提供了器件的外部封装引脚和内部逻辑之间的连接,每个IOB控制一个外部封装引脚,可以通过编程配置为输入、输出或双向信号端口,其结构如图7-33所示。

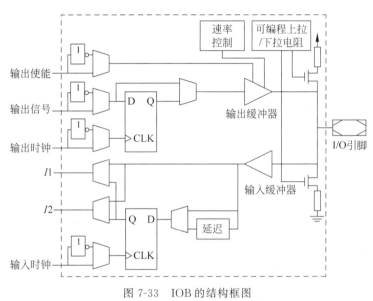

图 7-33 IOB 的结构框图

IOB中有输入输出两条通路,主要由输入缓冲器、输入寄存器、输出缓冲器、输出寄存器和若干多路选择器组成。当外部引脚作为输入时,输入信号经IOB后,通过$I1$、$I2$和逻辑阵列相连。当然,输入信号也被送到一个输入寄存器的输入端,该寄存器可以设置成边沿触发的寄存器或者电平触发的透明锁存器。因为时钟必须先经过一个全局缓冲器才能到达IOB,所以输入寄存器的信号可以选择被延迟几纳秒,这就消除了信号要在外部引脚上需要一定的保持时间的要求。另外通过选择,IOB的输出$I1$、$I2$上的信号可以是直接输入的信号,也可以是寄存器输入信号。

当外部引脚用作输出时,IOB的输出信号可以有以下处理:反相或不反相,直接输出到引脚或通过边沿触发器输出。另外还可以选择使能信号时输出处于高阻态或三态输出或双向输入/输出。输出缓冲的翻转速率也可以通过编程降低,以减少瞬态功耗。每个XC4000系列FPGA的输出缓冲器可以吸入12mA的电流,两个相邻的输出缓冲器进行线与后可以达到24mA。

IOB还有很多可设置选项,可设置上拉或下拉电阻,把不用的引脚挂到V_{CC}或GND,以使功耗最小。输入输出寄存器有各自的时钟信号,可以反相可以不反相,可以用上升沿触发,也可以选择下降沿触发。

在IOB上附有测试逻辑,与IEEE 1149.1标准兼容,可以用来进行边界扫描,允许进行简单的芯片或电路板一级的测试。

4. 内部可编程互连资源

可编程互连资源遍布于 CLB 和 IOB 之间,主要由纵横分布于 CLB 阵列之间的可编程连接线和位于纵横交叉点上的可编程开关矩阵(PSM)构成。在 XC4000E 系列 FPGA 中,PI 除了通用可编程连接线和 PSM,还包括可编程开关点和全局信号线。多种不同长度的金属线通过可编程开关点或 PSM,可以将器件内部任意两点连接起来,构成所需要的信号通路,以完成各种设计。

1) 通用可编程连接线

以连线的相对长度来分,XC4000 系列的通用可编程连线主要有单长线、双长线和长线。

① 单长线。单长线的长度相当于两个 CLB 之间的距离。它们通过 PSM 与其他单长线相连。单长线通常用在局部区域内传输信号,这种连接线可以提供最大的互连灵活性和相邻功能块之间的快速布线。在图 7-34 中,CLB 逻辑函数发生器的输入信号 $F4 \sim F1$、$G4 \sim G1$ 以及控制信号 $C4 \sim C1$,都可以由相邻的单长度线驱动。时钟能被一半数目的相邻单长线驱动。但是因为信号每通过一个开关矩阵都会增加一次时延,所以单长线不适合需要长距离传输的信号。

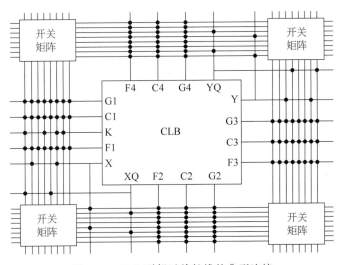

图 7-34　CLB 到邻近单长线的典型连接

② 双长线。双长线两根为一组,长度是单长线的两倍,要经过两个 CLB 后才进入 PSM,如图 7-35 所示。双长线可以实现两个非相邻 CLB 之间的互连。与单长线相比,双长线减少了经过开关矩阵的数量,更有效地提供了中等距离的信号通道,提高了系统的工作速度。

③ 长线。长线是指贯穿于整个阵列的水平或垂直连接线。长线不经过任何开关矩阵,信号的时延小。每条长线的中点处有一个可编程的分离开关,可将长线分成两条独立的布线通道。长线通常用于高扇出和时间要求苛刻的信号。

2) 可编程开关矩阵

垂直和水平方向上的连接线可以在可编程开关矩阵(PSM)中或可编程开关点上实现连接。图 7-36 给出了 PSM 的组成与连接方式。PSM 由多个水平或垂直方向单长线和双长线的交叉点组成,如图 7-36(a)所示。每个交叉点上有一个可编程的开关元件,如图 7-36(b)所示。开关元件有 6 个选通晶体管,每个进入开关矩阵的信号可以与任何方向的单长线或

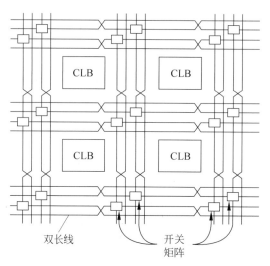

图 7-35　双长线示意图

双长线相连,即除了直通外,信号还可以"拐弯"。例如,从开关矩阵某侧输入的信号,可以被连接到另外三个方向中的任何一个或多个方向输出。正因为如此,器件中的任何一个 CLB 才能够与不同行或不同列的其他 CLB 实现互连。图 7-36(c)给出了几种互连方式。

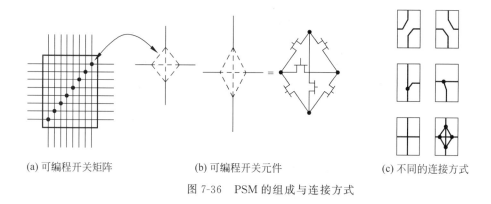

(a) 可编程开关矩阵　　　　　　(b) 可编程开关元件　　　　　　(c) 不同的连接方式

图 7-36　PSM 的组成与连接方式

3) 全局信号线和缓冲器

全局信号线用于时钟信号和其他高输出的控制信号进行布线,使信号失真最小。全局时钟线只分布在垂直方向上。专用的全局缓冲器位于 CLB 每列的 4 条垂直长线上。4 条全局线可以由这些专用缓冲器驱动,使得信号延迟达到最短,偏移最小,同时增强了布线的灵活性。

7.4.5　XC4000 系列 FPGA 的配置模式

XC4000 系列 FPGA 共有三个配置模式引脚($M2$、$M1$、$M0$),在进行配置之前,需采样这三个引脚来确定器件的配置模式,配置结束后,这三个配置引脚可以用作普通的 I/O 引脚,其中 $M2$、$M0$ 可用作输入引脚,而 $M1$ 可用作三态输出。

XC4000 系列 FPGA 共有 6 种配置模式:3 个自动加载的主模式、2 个外设模式和 1 个从串模式,如表 7-6 所示。

表 7-6　XC4000 系列 FPGA 的配置模式

模　式	$M2$	$M1$	$M0$	CCLK	DATA
主串模式	0	0	0	输出	位串
从串模式	1	1	1	输入	位串
主并(up)模式	1	0	0	输出	字节
主并(down)模式	1	1	0	输出	字节
外设(同步)模式	0	1	1	输入	字节
外设(异步)模式	1	0	1	输出	字节
保留	0	1	0	—	—
保留	0	0	1	—	—

1. 主串模式

在主串模式中,FPGA 的 CCLK 由内部振荡器产生,输出连接到 Xilinx 的相应串行 PROM 的 CLK 端,用来驱动 PROM。串行 PROM 的 DATA 信号反馈到 FPGA 的 DIN 端。CCLK 的每个上升沿使得 PROM 的内部地址计数器加 1,取出的数据位被送到 PROM 的 DATA 端,FPGA 在下一个 CCLK 的上升沿到来时接收来自 PROM 的数据。主串模式的硬件连接如图 7-37 所示。

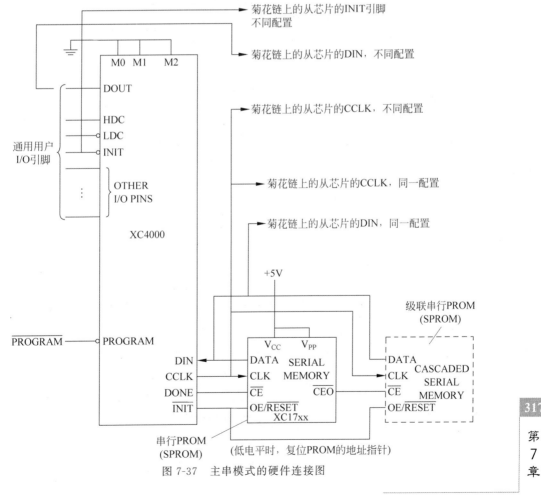

图 7-37　主串模式的硬件连接图

高密度可编程逻辑器件

如果有几个 FPGA 芯片需要同时进行配置,可以将多个 FPGA 芯片连接成菊花链的形式。其中一个 FPGA 作为主芯片,提供串行 PROM 所需要的时序,接收来自 PROM 的配置数据。引导位和溢出数据在 CCLK 的下降沿时出现在 DOUT 引脚上,在菊花链上的后面一个 FPGA 在紧接着的 CCLK 的上升沿接收数据,因此有 1.5 个 CCLK 的延迟。其配置时序如图 7-38 所示。芯片上电以后的配置有两种方法,推荐使用的是 PROGRAM 引脚上加低电平,FPGA 保持在清除状态;当 PROGRAM 升为高电平时,再清一次配置存储器,然后开始配置,这时 INIT 引脚的外部输入不允许为低电平。另一种方法可以在配置前,用一个集电极开路或漏极开路的驱动器保持 INIT 为低电平,在 FPGA 完成清除配置存储器后,等待 INIT 不再为低。然后 FPGA 可以采样模式线,开始配置过程。一般主串模式要等 $250\mu s$,以确保所有在菊花链上的从 FPGA 都能采样到 INIT 变为高电平。

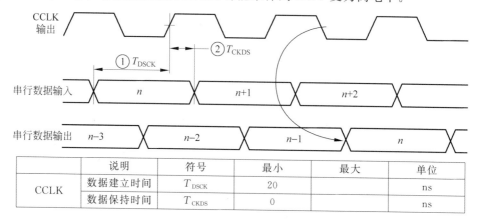

	说明	符号	最小	最大	单位
CCLK	数据建立时间	T_{DSCK}	20		ns
	数据保持时间	T_{CKDS}	0		ns

图 7-38　主串模式的配置时序

2. 从串模式

从串模式中,待配置的新片不再提供时钟,而是由外部提供。在每个 CCLK 的上升沿到来之前,串行的配置位流必须在 DIN 引脚上有一定的建立时间。当对多个芯片进行配置时,也可以将多个芯片连接成菊花链形式。从串模式的硬件连接如图 7-39 所示。图 7-40 给出了这种模式下的配置时序。

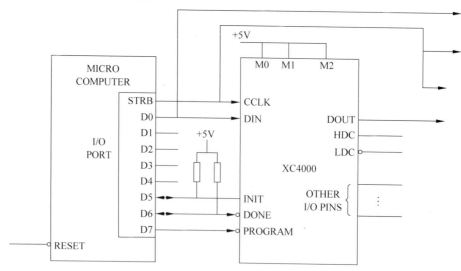

图 7-39　从串模式的连接图

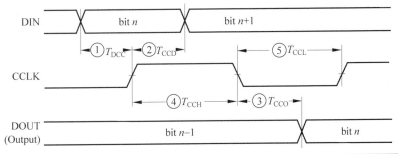

	说明	符号	最小	最大	单位
CCLK	DIN 建立时间	T_{DCC}	20		ns
	DIN 保持时间	T_{CCD}	0		ns
	到 DOUT 的时间	T_{CCO}		30	ns
	时钟高	T_{CCH}	45		ns
	时钟低	T_{CCL}	45		ns
	频率	F_{CC}		10	MHz

图 7-40   从串模式的配置时序

3. 主并模式

在主并模式中,主 FPGA 器件可以与符合工业标准的 8 位 EPROM 直接相连,每个 CCLK 周期中有一个字节(8 比特)的数据被读入 FPGA,并且使 EPROM 的地址加 1(或减 1),这样当 CCLK 的频率为 1MHz 时,相当于用了 8MHz 的高倍时钟。主并模式的连接如图 7-41 所示。

其他三种配置模式读者可以参考相关数据手册,在此不一一列举。

4. XC4000 系列 FPGA 的配置过程

XC4000 系列 FPGA 的加电配置过程如流程图 7-42 所示,配置流程主要有 4 步:清除配置存储器、初始化、配置和启动。

(1) 清除配置存储器。

当给 FPGA 加电时,内部电路迫使配置逻辑初始化。当 V_{CC} 达到操作电平(大于 3.5V)且电路发送读写测试后开始延时,一般延时时间为 16ms(主模式中延时 64ms)。在这段时间中,或只要 PROGRAM 引脚上出现低电平,配置逻辑始终保持在清除配置存储器状态。通过内部振荡器,配置存储器内的数据帧相继被初始化。每帧初始化的时间大约为 $1.3\mu s$。在每个帧寻址结束时,将会检测是否超时或测试 PROGRAM 引脚是否为高。如果已经超时或者 PROGRAM 为高电平,则重新清除配置帧,并测试 INIT 引脚上的信号。

(2) 初始化。

在初始化和配置期间,引脚 HDC、LDC 和 INIT 上的信号反映了系统接口的状态。FPGA 上电初始化时,LDC、INIT 和 DONE 保持低电平,而 HDC 引脚保持高电平。在初始化结束时,INIT 输出高电平。在 INIT 被识别出来为高电平后的两个内部时钟后,器件采样 MODE 引脚以确定配置模式。此时相应的接口线路被激活,开始加载引导码和数据。

(3) 配置。

配置数据流以 0010 作为引导码,后面紧跟 24 位的长度计数值以及 4 位填充位(1111)。在 4 位填充位之后是真正的配置数据,以帧为单位。每帧数据以 0 作为起始位,以 4 位校验码作为结束。位流产生软件允许选择 CRC 校验或无 CRC 校验。若没有 CRC 校验,则数据

高密度可编程逻辑器件

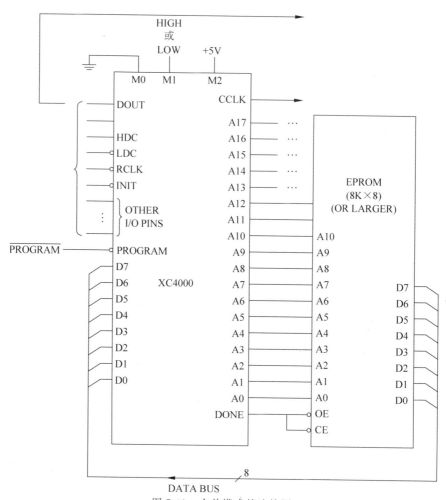

图 7-41　主并模式的连接图

帧校验位的位置上出现的是 0010。配置文件的格式如图 7-43 所示。

当系统捕捉到帧头的引导代码 0010 后,接下来的 24b 作为配置程序的长度存储到长度计数器中。存储器初始化结束后,每个时钟的上升沿计数器会加 1,直到计数器的数值等于长度计数器中存储的文件长度,FPGA 启动开始时序。在主串模式中,主片接收的配置数据中有专门控制配置时钟频率的位,也可以选择高配置速率,但是 PROM 和从器件必须足够快,以支持高速率。在数据帧接收的过程中,如果校验出错,配置过程立即被终止,并且输出引脚 INIT 的信号被拉低,配置过程失败,因此配置程序重新开始。

(4) 启动。

当配置存储器满,并且在 INIT 变高后,计数时钟等于计数长度的值时,整个器件配置过程进入启动阶段。启动步骤主要完成三个动作:DONE 引脚变为高电平,即配置过程成功且校验无误;内部的 RESET/SET 被释放;I/O 引脚被激活,即所有的 I/O 有效,配置过程中占用的引脚释放。这三个动作可以按任意顺序完成。默认的选项是首先 DONE 被拉高,然后下一个时钟激活 I/O 引脚,再下一个时钟释放 RESET/SET 信号。当然,设计者也可以根据需要进行修改。XC4000 系列 FPGA 的启动控制寄存器的时钟有两种提供方式,一是锁定在 CCLK 上,或者是用户提供的启动时钟。

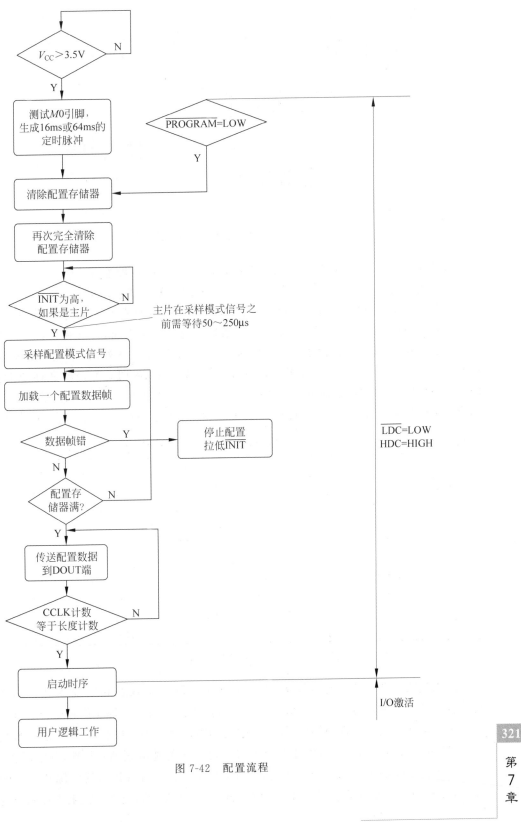

图 7-42　配置流程

第 7 章

高密度可编程逻辑器件

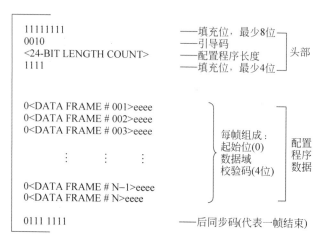

图 7-43　配置文件的格式

启动时序结束后,FPGA 就进入工作状态,实现用户的各种逻辑功能。

以上内容讨论了 Xilinx 公司的 XC4000 系列 FPGA 的基本结构、工作原理以及配置过程。目前,Xilinx 公司的主流 FPGA 有两大类:一类侧重低成本应用,容量中等,性能可以满足一般的逻辑设计要求,例如以 XC4000 系列结构为基础的 Spartan 系列;另一类则侧重于高性能应用,容量大,性能满足各类高端应用,例如 Virtex 系列,其系统门数从 5 万门到100 多万门,最大用户 I/O 数最多超过 500 个,突破了传统 FPGA 密度和性能的限制,使FPGA 不仅仅是逻辑模块,而成为一种系统元件。最新 FPGA 产品的性能比较如表 7-7 所示。用户可以根据实际应用要求进行选择。在性能可以满足的情况下,优先选择低成本器件。

表 7-7　**Xilinx 最新 PFGA 产品性能比较**

特　　　性	Virtex-6	Virtex-5	Spartan-6	Spartan-3A 延伸系列
逻辑单元	多达 760 000 个	多达 330 000 个	多达 150 000 个	多达 53 000 个
用户 I/O	多达 1200 个	多达 1200 个	多达 570 个	多达 519 的 I/O
支持的 I/O 标准	超过 40 种	超过 40 种	超过 40 种	超过 20 种
时钟管理技术	PLL	DCM+PLL	DCM+PLL	DCM
嵌入式 Block RAM	高达 38Mb	高达 18Mb	高达 4.8Mb	高达 1.8Mb
用于 DSP 的嵌入式乘法器	有(25×18)	有(25×18)	有(18×18)	有(18×18)
千兆位级高速串行	6.5Gb/s、超过 11.18Gb/s	3.75Gb/s、6.5Gb/s	3.125Gb/s	无
软处理器支持	是	是	是	是

注:DCM——数字时钟管理器;PLL——锁相环,用于消除抖动。

随着逻辑资源和性能的不断提高以及成本的下降,Xilinx 公司的全系列 FPGA 已经在现代社会的各个领域得到了广泛应用,涉及有线/无线以及广播等通信领域、汽车电子领域、消费电子领域、工业/教育/科研领域以及航空和国防领域等。目前,FPGA 的门数高达数百万,一个人或者一个团队单打独斗的开发模式已经不能适应潮流;此外,众多门类的应用,必然会增加 FPGA 的开发难度。为此,Xilinx 公司整合了自身累积的资源和广大的第三方资源,在不同领域提供了丰富的 IP 核、解决方案、参考设计和应用文档来提高用户的设计效率。因此,如果想成为 FPGA 的开发人员,就要熟悉和善于利用这些资源,这些资源可以在互联网或 Xilinx 公司的官方网站获得。总而言之,只有熟悉厂家的芯片手册、应用技术文档、相关解决方案,才能获得更深入、全面的知识,才能在工程实践中取得事半功倍的效果。

7.5 基于可编程逻辑器件的逻辑电路设计实验介绍

7.5.1 实验环境

(1) 硬件:EDA/SOPC 实验开发系统。

EDA/SOPC 实验开发系统是集 EDA 和 SOPC 系统开发为一体的综合性实验开发系统,除了满足高校专、本科生和研究生的 SOPC 教学实验开发之外,也是电子设计和电子项目开发的理想工具。整个开发系统由 NIOSII-EP1C12 核心板/NIOSII-EP2C35 核心板、EDA/SOPC系统板和扩展子板构成,根据用户需求的不同配置成不同的开发系统。目前市场上有很多与这类 EDA 开发系统相关的产品,具体使用方法可以参考相关公司的产品使用手册。

(2) 软件:Altera 公司的 Quartus Ⅱ 软件。

Quartus Ⅱ 软件提供了可编程片上系统(SOPC)设计的一个集成开发环境,是进行SOPC 设计的基础。Quartus Ⅱ 集成环境包括以下内容:系统级设计、嵌入式软件开发、可编程逻辑器件(PLD)设计、综合、布局和布线、验证与仿真。

Quartus Ⅱ 设计软件根据设计者的需要提供了一个完整的多平台开发环境,它包含整个 FPGA 和 CPLD 设计阶段的解决方案。图 7-44 说明了 Quartus Ⅱ 软件的开发流程。

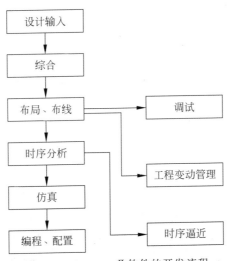

图 7-44 Quartus Ⅱ 软件的开发流程

此外,Quartus Ⅱ 软件允许用户在设计流程的每个阶段使用 Quartus Ⅱ 图形用户界面、EDA 工具界面或命令行界面。在整个设计流程中可以使用这些界面中的一个,也可以在不同的设计阶段使用不同的界面。

Quartus Ⅱ 软件支持 VHDL 和 Verilog 硬件描述语言(HDL)的设计输入、基于图形的设计输入方式以及集成系统设计工具。Quartus Ⅱ 软件可以将设计、综合、布局和布线以及系统的验证全部整合到一个无缝的环境之中,并且与很多第三方 EDA 工具兼容。

Quartus Ⅱ 软件包括 SOPC Builder 工具。SOPC Builder 针对可编程片上系统(SOPC)的各种应用自动完成 IP 核(包括嵌入式处理器、协处理器、外设、数字信号处理器、存储器和用户设定的逻辑)的添加、参数设置和连接进行操作。SOPC Builder 节约了原先系统集成工作中所需要的大量时间,使设计人员能够在几分钟内将概念转化成真正可运行的系统。软件系统的使用方法可扫描一下"7.5.1 实验环境"右侧的二维码观看有关视频。

视频讲解

7.5.2 基础实验举例

下面以全加器的设计为例,展示在 Quartus Ⅱ 当中如何通过不同的方法实现层次化、模块化的电路设计。

图 7-45 所示为 Quartus Ⅱ 的初始界面。

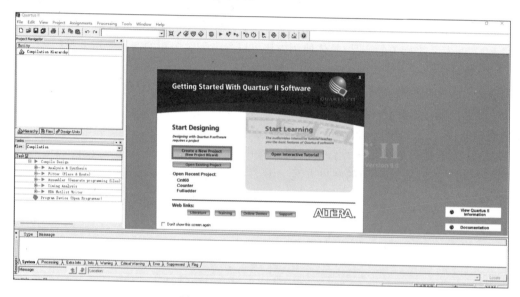

图 7-45　Quartus Ⅱ 的初始界面

在 Quartus Ⅱ 的初始界面里首先新建一个项目,然后对项目进行初始设置,包括工作路径、项目名称和顶层实体的名称,工作路径可以指向事先已经建好的一个文件夹,例如 D:\FullAdder。项目名称由用户自行定义,例如 fulladder。顶层实体的名称默认与项目名称保持一致,如图 7-46 所示。

接下来对实验主机所连接的芯片类型来做选择,以 Cyclone 系列的 EP1C/2F324C8 为例,通过条件筛选,可以精确地对芯片类型进行定位,如图 7-47 所示。

初始设置完成后,即可开始电路设计。首先根据设计需求新建特定类型的设计文件,如图 7-48 所示。Quartus Ⅱ 提供了多种类型的设计文件。此处重点关注三种文件类型,第一种:Block Diagram/Schematic 文件,在此文件中,通过调用内置的基本电路模块接口,或者已经设计完成并保存的自定义子电路,可以完成对电路的绘制;第二种:VHDL 文件,在此文件中,通过编写 VHDL 代码的方式完成电路设计;第三种:Vector Waveform 文件,可以在此文件中完成电路仿真,从而实现无须连接硬件即可验证设计的逻辑正确性。

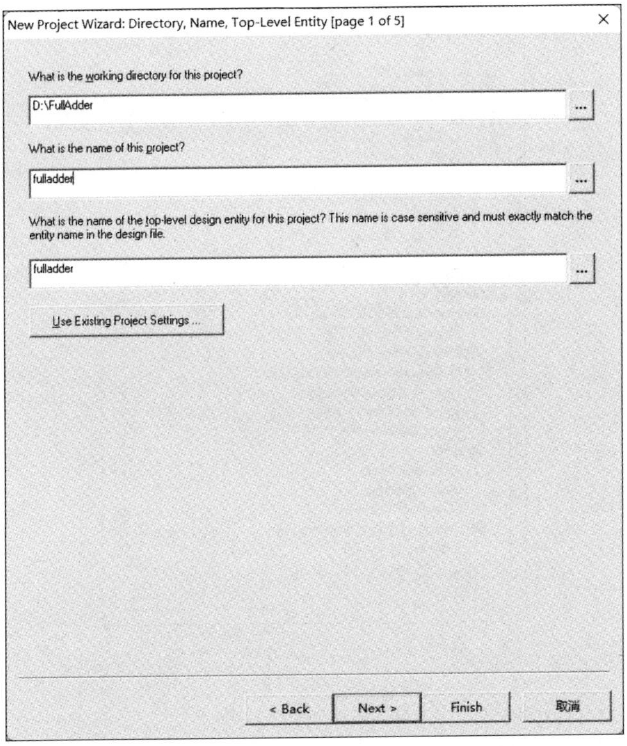

图 7-46　项目工作路径、名称及顶层实体设置

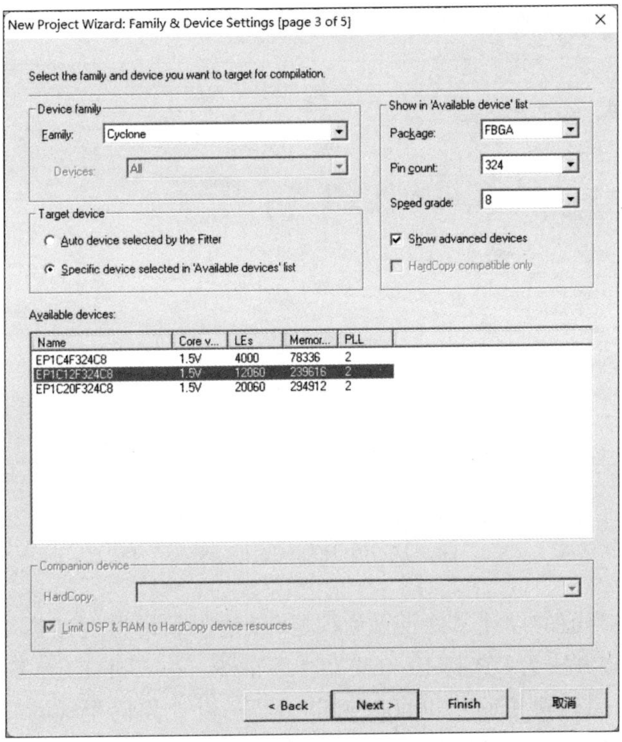

图 7-47　芯片选择

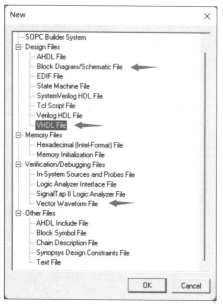

图 7-48　Quartus Ⅱ 文件类型

例如,新建一个 VHDL 文件完成半加器的设计,如图 7-49 所示。与众多的集成开发环境一样,Quartus Ⅱ 对所支持的各种硬件描述语言提供了语法高亮检查,方便对程序进行排错。完成编码后,应对文件进行保存,特别需要注意的是,文件名必须与 VHDL 代码中所定义的实体名称(halfadder)完全一致。

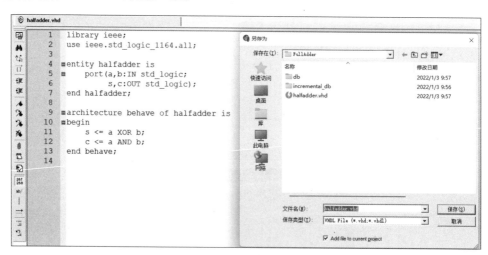

图 7-49　半加器 VHDL 文件

在编译前,应将当前的设计文件设置为顶层,以便于编译器对它进行识别,设置完成后即可运行编译。设置方法为:选择 Project 菜单下的 Set as Top-level Entity 菜单项。如果没有错误的话,则说明语法正确。也可以为半加器的设计代码生成对应的图形化符号,这样,所设计的电路将作为一个模块保存下来,与众多 Quartus Ⅱ 内置的电路模块一起,在以后的设计中可以直接对其进行调用。选择 File 菜单下的 Create Update/Create Symbol

Files for Current File 菜单项即可。至此完成半加器的设计。

接下来进行全加器的设计。为了展现 Quartus Ⅱ 所提供的多种设计方式,此处以半加器作为底层字模块,以绘制电路图的方式进行设计。新建一个电路文件 Block Diagram/Schematic File,在该文件当中,以半加器为底层实体,绘制电路图来完成设计。首先在工作区域内双击调出之前已经设计好的半加器电路并复制一份,同时添加一个或门电路,然后完成电路连线,接着在保存文件后进行编译。切记在编译前将全加器设置为顶层实体。全加器的电路图如图 7-50 所示。

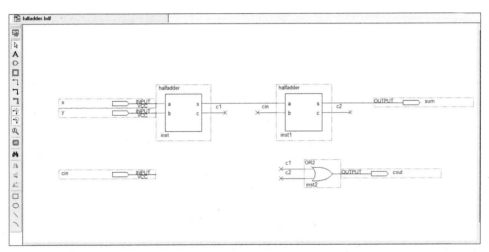

图 7-50　全加器的电路图

编译完成后,对电路进行仿真以验证设计的逻辑正确性。新建一个仿真波形文件:Vector Waveform File,在仿真工作区域当中右击,在弹出的快捷菜单中选择 Insert→Insert Note or Bus→Node Finder 选项。然后单击 list 按钮列出全加器的所有 I/O 接口,接着把它们加载到仿真环境当中,如图 7-51～图 7-53 所示。

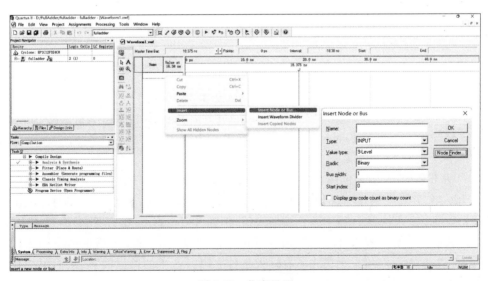

图 7-51　仿真界面

高密度可编程逻辑器件

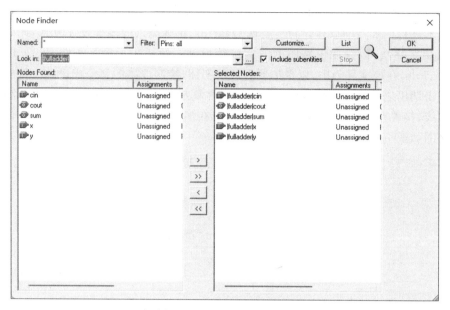

图 7-52　Node Finder 窗口

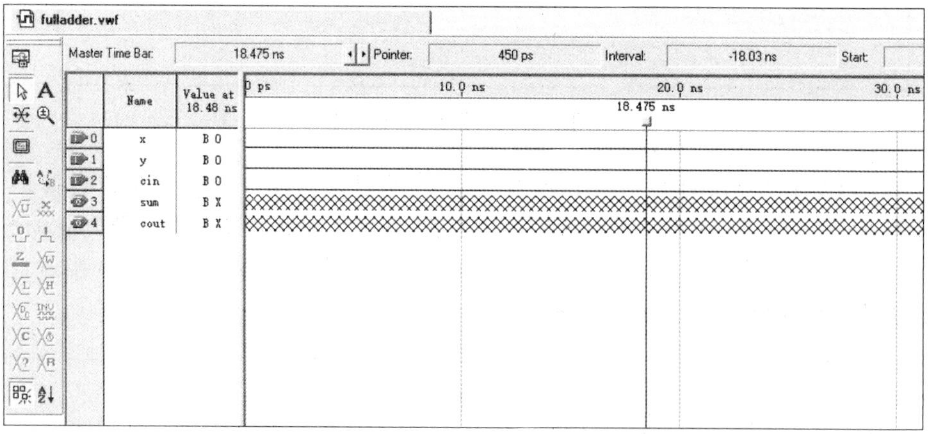

图 7-53　完成 I/O 接口加载后的仿真界面

　　为了便于对仿真结果进行观察,可以修改仿真模式。选择 Assignment 菜单下的 Settings 菜单项,然后在设置窗口中选择 Simulator Settings 选项,将系统默认的 timings 的仿真模式修改为 Functional,同时确保当前仿真输入为刚才所创建并保存的 .vwf 文件,如图 7-54 所示。

　　回到仿真环境,对输入的条件进行设置(见图 7-55)。为便于观察,本例中可以将所有输入合为一组,并设置组名称,例如 Ins;同时,可以修改其进制;然后进一步对输入组的值进行设置。可以选择左侧边栏中的各项输入值,例如可以选择 0 和 1。此处通过右击,然后在弹出的快捷菜单中选择 Value→Count Value 选项来列举出加 1 计数的所有输入值。这样,当运行仿真之后,就可以生成在所有输入条件之下所产生的输出波形,从而根据输出波形和输入条件之间的关系完整地验证设计的逻辑正确性。

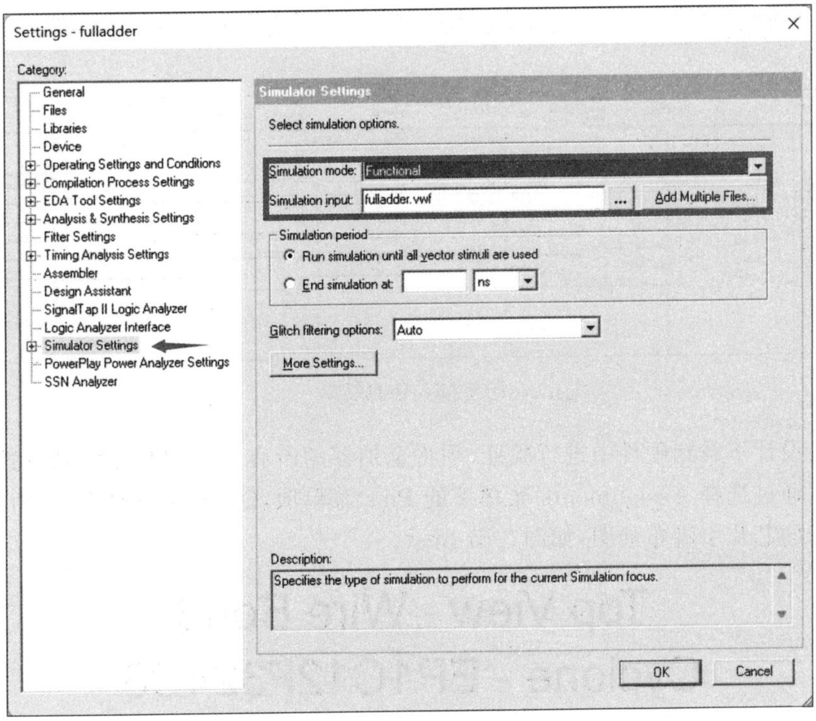

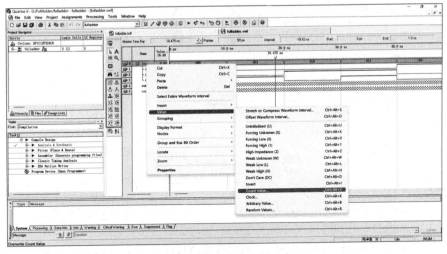

图 7-54　仿真模式设置

图 7-55　输入条件设置

在运行仿真之前还需为 Functional 仿真模式生成相应的网表文件：选择 Processing 菜单下的 Generate Functional Simulation Netlist 菜单项即可。网表文件生成成功之后，即可运行仿真。仿真执行完成后，可以看到全加器的输出端根据所设置的输入条件和设计逻辑生成了相应的波形，如图 7-56 所示。通过对输出值和输入值之间的关系来进行观察，很容易判断出设计的正确性。例如所有的输入为 1 时，和输出与进位输出的值均应为 1，可以看到对应输出端均产生了高电平。

高密度可编程逻辑器件

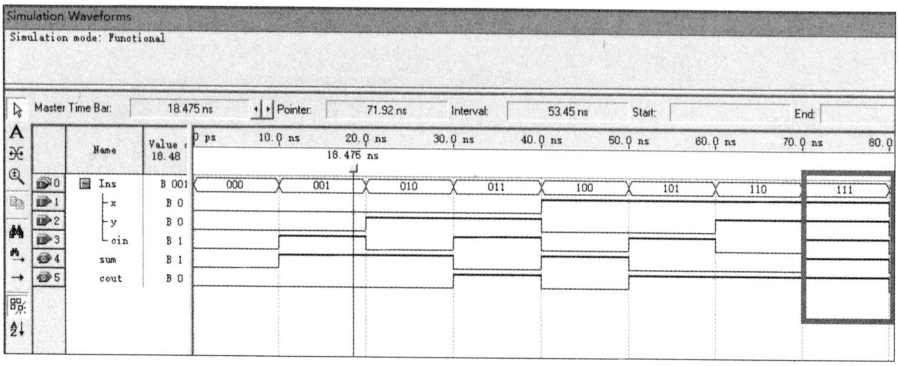

330

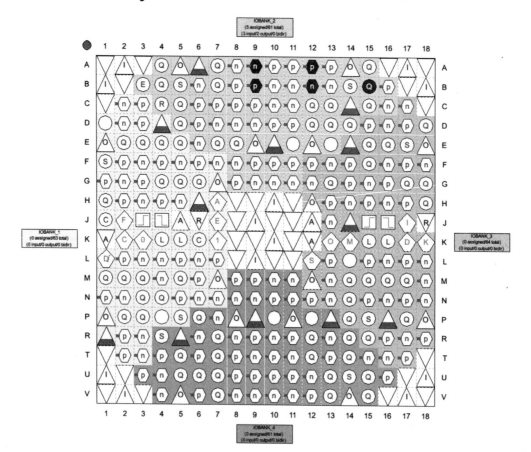

图 7-56　仿真结果

　　为了将设计下载到硬件中进行验证,须将全加器的所有 I/O 接口锁定到所选用的芯片相应引脚。通过选择 Assignments 菜单下的 Pins 菜单项,Quartus Ⅱ 会自动列出之前初始设置中选择的芯片引脚布局图,如图 7-57 所示。

Top View - Wire Bond
Cyclone - EP1C12F324C8

图 7-57　引脚布局图

参考该芯片手册以确定所选择的引脚与电路的 I/O 接口之间的对应关系，从而进行锁定。引脚锁定的过程可以通过单击布局图中对应位置的引脚来实现。当锁定完成之后，布局图中对应的引脚会以深色底色显示；回到电路图中，发现对应的引脚编号已经被附着在了输入和输出接口旁，如图 7-58 所示。

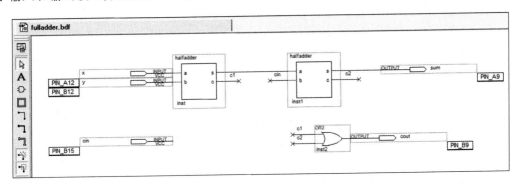

图 7-58　完成引脚锁定后的全加器电路图

最后将设计文件下载到硬件。将实验主机与硬件进行连接后，选择 Tools 菜单下 Programmer 的菜单项调出下载窗口进行下载，如图 7-59 所示。下载完成后即可通过对硬件的操作和观察，进一步对设计结果进行验证。

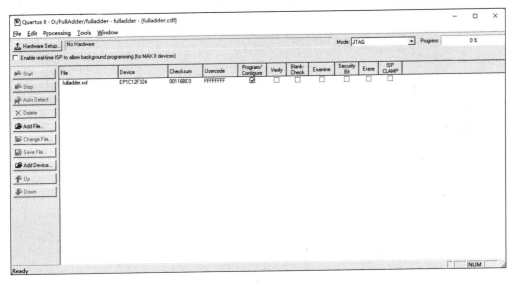

图 7-59　下载窗口

7.5.3　多功能数字钟的设计实例

1. 基本功能介绍

本节将介绍使用前述 Cyclone 系列的 FPGA 芯片：EP1C12F324C8，结合 Altera 公司 CAD 工具 Quartus II 设计一个多功能数字钟的实例，通过该系统的设计过程介绍，读者将能够对可编程器件的原理和使用有更加直观的认识和理解。

这里的多功能数字钟具有以下功能：

（1）能进行正常的时、分、秒计时。

（2）可使用以 EP1C12F324C8 为核心的硬件系统上的脉冲按键或者拨动开关实现校时、校分及秒清零功能。

（3）可使用以 EP1C12F324C8 为核心的硬件系统上的扬声器进行整点报时。

（4）设置闹钟，并连接扬声器实现闹铃功能。

（5）通过以 EP1C12F324C8 为核心的硬件系统上的动态扫描数码管进行时间显示。

2. 系统设计框图

多功能数字钟的系统设计总体框图如图 7-60 所示。

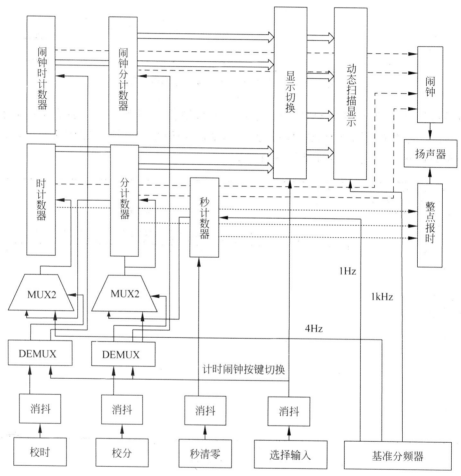

图 7-60　多功能数字钟总体设计框图

3. 系统功能分析

根据总体设计框图，可以将整个系统分为 6 个模块来实现，分别是计时模块、校时模块、整点报时模块、分频模块、动态显示模块及闹钟模块。

1) 计时模块

计时模块的设计相对简单，使用一个二十四进制和两个六十进制计数器级联，构成数字钟的基本框架。二十四进制计数器用于计时,六十进制计数器用于计分和计秒。只要给秒计数器一个1Hz的时钟脉冲,则可以进行正常计时。分计数器以秒计数器的进位作为计数脉冲,小时计数器以分计数器的进位作为计数脉冲。

2) 校时模块

校时模块设计要求实现校时、校分以及秒清零的功能。

(1) 按下校时键,小时计数器迅速递增以调至所需要的小时位。

(2) 按下校分键,分计数器迅速递增以调至所需要的分位。

(3) 按下清零键,将秒计数器清零。

可以选择硬件系统上的三个脉冲按键进行锁定。

对于此模块的设计,有以下三个需要注意的问题。

① 计时过程中,分计数器的进位信号触发小时计数器加1计数;然而在校分时,分计数器的计数不应对小时位产生影响,因而需要屏蔽此时分计数器的进位信号。

② 按键"抖动"的消除。

所谓"抖动"是指一次按键时的弹跳现象,通常硬件系统所设置的按键所用的开关为机械弹性开关,由于机械触点的弹性作用,按键开关在闭合时并不能马上接通,而断开时也不能马上断开,使得闭合及断开的瞬间伴随一系列的电压抖动,从而导致本来一次按键,希望计数一次,结果因为抖动计数多次,且次数随机,于是严重影响了时间校对的准确性。

消除抖动的方案有多种,较为简单的方法是利用触发器,比如可以使用D触发器进行消抖。原因在于,D触发器边沿触发,则在除去时钟边沿到来前一瞬间之外的绝大部分时间都不接受输入,自然消除了抖动。

③ 计时采用1Hz的脉冲驱动计数器计数,而校对时间时应选用正对高频率的信号驱动计数器以达到快速设置的目的。显然,这两种计数脉冲之间需要进行相应的选择切换。于是将计时和校时模块合起来的电路实现示意图如图7-61所示。两种脉冲信号用2路选择器进行选择,选择条件为是否按键。按键输出经过了消抖处理。

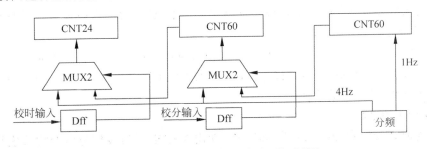

图 7-61 多功能数字钟的计时和校时模块

3) 整点报时模块

整点报时模块的功能要求是:计时到59分50秒,每两秒一次低音报时,整点是进行高音报时,可以将报时信号接扬声器输出。低音和高音报时可用不同频率的脉冲信号区分。比如可用512Hz信号作为低音报时信号,1kHz信号作为高音报时信号。

进行报时的条件是计数器计数至所要求的时间点,因而需要实现一个比较模块,将分计数器和秒计数器的输出连至比较模块完成比较过程。

高密度可编程逻辑器件

4）分频模块

在本系统中需要用到多种不同频率的脉冲信号,上至 1kHz 的高音报时信号,下至 1Hz 的计秒脉冲。所有这些脉冲信号均可以通过一个基准频率分频器生成。基准频率分频器就是一个进制很大的计数器,利用计数器的分频功能,从不同的输出位得到所需要的脉冲信号。

5）动态显示模块

时间的显示需要用到 6 个数码管,如果硬件系统上使用静态数码管显示时间,则每个数码管可分别用一组独立的七段码进行驱动显示,这时只需要将小时高位到秒低位共 6 组时间值经七段译码后,将各组七段码输出按顺序锁定到 6 个数码管上即可。但为了节省资源,硬件系统通常将所有数码管用一组七段码输出进行驱动。在这种情况下,如果要区分各个位置上的时间显示,需要采用动态扫描的方式实现时间显示。

在动态方式下,所有的数码管对应同一组七段码,每个数码管由一个选择端控制点亮或熄灭,如果同时全部点亮,则都显示相同的数字。若要实现六位时间的显示,需要利用人的视觉缺陷,采用扫描方式。

具体来讲,可以在 6 个不同的时间段分别将每组时间经过七段译码后输出到 6 个数码管,当某一组时间的七段码到达时,只点亮对应位置上的数码管,显示相应的数字;下一个循环将相邻一组时间的七段码送至数码管,同样只点亮相应位置的数码管,六次一个循环,形成一个扫描序列。只要扫描频率超过人眼的视觉暂留频率(24Hz),就可以达到点亮单个数码管,却能享有 6 个“同时”显示的视觉效果,人眼辨别不出差别,而且扫描频率越高,显示越稳定。

6）闹钟模块

闹钟模块要求数字钟计时到所设定的任意时间时均能驱动扬声器报时。该模块的设计应考虑到以下几个问题:

(1) 设定的闹钟的时间应使用新的计数器进行存储,与正常的计时互不干扰。

(2) 与正常计时状态的显示切换。可以设定一个按键,用于选择是将计时时间还是将闹钟时间状态送动态显示模块。

(3) 应实现一个比较模块,当计时到与闹钟时间相等时,驱动扬声器鸣叫。

(4) 闹钟响声应限定在一定时间内,比如一分钟,且在这段时间内应随时可以通过按键取消闹时状态(扬声器停止鸣叫)。

4. 系统实现过程

下面将具体介绍在 Quartus Ⅱ v9.0 中,使用 VHDL 语言及图形混合方式实现多功能数字钟的层次化设计过程。Quartus Ⅱ 的使用方法、步骤在本书配套的教辅书中有详细介绍。系统实现所选硬件系统为以 Cyclone EP1C12F324C8 为核心的 SOPC-NIOSII EDA/SOPC 系统开发平台。

在 Quartus Ⅱ 中建立项目(Project)、设定项目目录及选择 Cyclone EP1C12F324C8 作为开发芯片后,可以按照自底向上的方法完成系统设计,即首先完成各个模块的设计,然后将其连接成顶层电路,将各个输入和输出锁定至 EP1C12F324C8 相应引脚,然后经编译通过后将设计文件下载至硬件系统验证结果。

计时、校时及闹钟模块中需用的二十四进制计数器和六十进制计数器可以用十进制计数器为子器件级联构成。在 Quartus Ⅱ中,两种计数器的实现电路分别如图 7-62 和图 7-63 所示。

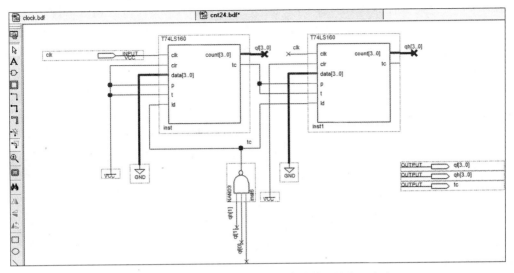

图 7-62　Quartus Ⅱ中二十四进制计数器的实现电路

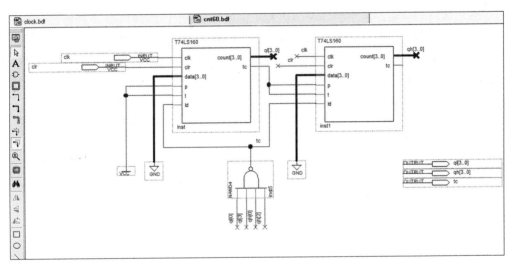

图 7-63　Quartus Ⅱ中六十进制计数器的实现电路

经编译通过并生成器件后,可以形成封装后的上层电路图以供在顶层电路实现中对其进行调用,封装后的两种计时器的电路框架如图 7-64 所示。其他层次化设计所需的电路,均可按此方法完成设计。

图 7-64　封装后的二十四和六十进制计数器

将计时和校时模块合并至顶层的电路图如图 7-65 所示。图中实线和虚线箭头所指处分别为来自分频模块的 1Hz 几秒脉冲和 4Hz 校对时间信号；标①处为用于消抖的 D 触发器,标②处为用于计时和校时脉冲选择的 2 路选择器；最右侧为从小时(高位)到秒(低位)的 6 组 BCD 码输出。

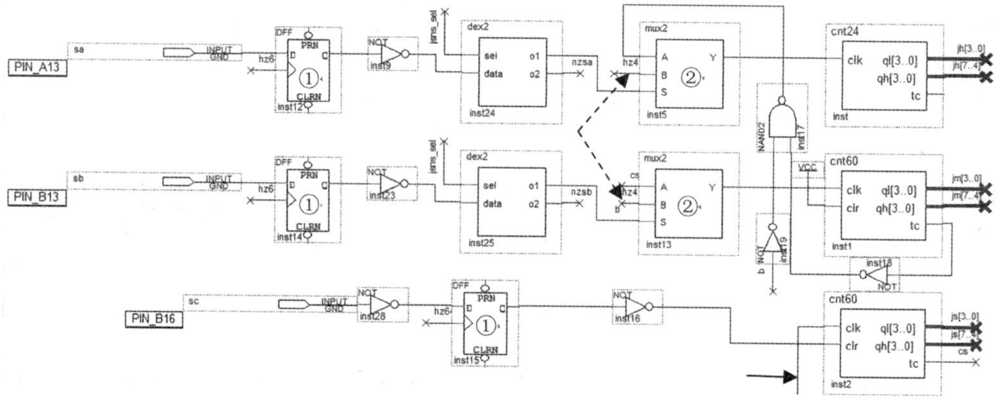

图 7-65　计时及校时模块

分频模块将产生系统所需的各种不同频率的时钟信号,可以对一个千进制的计数器进行分频得到。本例中的分频模块采用 VHDL 语言实现,如图 7-66 所示。输出 HZ1、HZ4、HZ64 和 HZ512 可分别得到 1Hz、4Hz、64Hz 和 512Hz 的脉冲信号。将 clk 时钟端外接硬件系统基准时钟可直接得到频率为 1kHz 的时钟信号。

```
1    LIBRARY ieee;
2    USE ieee.std_logic_1164.ALL;
3    USE ieee.std_logic_unsigned.ALL;
4    entity freq_divider is
5      port(clk:in std_logic;
6           hz1,hz4,hz64,hz512:out std_logic);
7    end freq_divider;
8    architecture BEHAVIORAL of freq_divider is
9      signal q:std_logic_vector(9 downto 0);
10     begin
11       process(clk)
12       begin
13         if(rising_edge(clk)) then
14           q<=q+1;
15         end if;
16       end process;
17       hz1<=q(9);
18       hz4<=q(7);
19       hz64<=q(3);
20       hz512<=q(0);
21     end BEHAVIORAL;
```

图 7-66　分频模块的 VHDL 实现

根据本例实现所选用的硬件系统,动态扫描显示电路按照从左向右的顺序进行六位扫描。电路实现须保证在高频扫描过程中点亮某位数码管时,同时译码输出该位应显示的七段码。在第 6 章中的图 6-23 给出了以动态方式显示四位数字的电路图实现方案,请思考如果要显示六位数字应如何进行设计(电路图或 VHDL 实现)。封装后形成的动态扫描电路如图 7-67 所示。输入端 clk 外接高频时钟用于扫描,h[7..0]、m[7..0]、s[7..0]连接六位时间值；输出端 sel[2..0]用于选择点亮某位数码管,seg7out 用于产生七段码输出。

　　整点报时模块的设计相对简单,它接受分、秒高低四位输入,当计时至 $59'50''$、$59'52''$、$59'54''$、$59'56''$、$59'58''$ 时,驱动扬声器低音报时,计时至整点时产生高音报时。封装后形成的整点报时电路如图 7-68 所示。输入端 mh[3..0] 和 ml[3..0] 用于连接分位,sh[3..0] 和 sl[3..0] 用于连接秒位;输出端 sig500 用于产生低音报时,sig1k 用于产生高音报时。

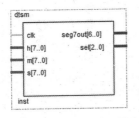

图 7-67　动态扫描显示模块　　图 7-68　整点报时模块

　　闹钟部分应分别调用一个新的二十四进制和六十进制计数器用于存储设定的闹钟小时位和分位,同时应设计一个比较模块将计时部分的小时位、分位与闹钟部分小时位、分位进行比较,若相等则驱动扬声器鸣叫。需要注意的是,为了在计时和设定闹钟时间时进行显示切换,还应设计一个显示选择模块,根据闹钟设定按键是否按下决定是将计时时间或闹钟时间送动态扫描部分进行显示。该选择模块经编译、生成器件后封装形成的电路框架如图 7-69 所示。该模块中加入 clk 时钟输入是为了引入 1Hz 脉冲,用以设定闹钟时间时进行显示闪烁,从而与正常计时显示进行区分;sel1 用于外接选择按键。输入 oh[7..0] 和 om[7..0] 连接动态显示模块。

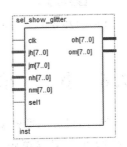

图 7-69　显示选择模块

　　将所设计的各个模块进行连接,构成顶层电路图后,须将所有的外部输入、输出接口锁定至 EP1C12F324C8 的相应引脚。在 Quartus Ⅱ v9.0 中,经引脚锁定后所得到的芯片顶视图如图 7-70 所示。

　　如图 7-70 所示,芯片引脚在 Quartus Ⅱ 中以二维矩阵形式进行显示,通过行列值可找到某个特定芯片引脚,如 J4 为系统时钟(图中箭头所指处),A13、B13 分别对应一个脉冲按键输入,等等。注意图中深色显示的为已锁定引脚。

　　引脚锁定完成后重新进行编译,最后通过编程器将实现文件下载至硬件系统可得到最终显示结果。

高密度可编程逻辑器件

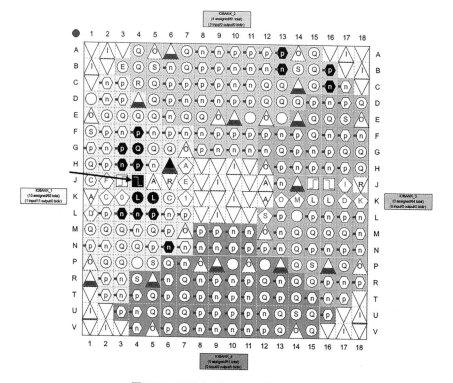

图 7-70　EP1C12F324C8 引脚阵列图

7.6　小　　结

可编程逻辑器件按器件的集成度划分,可分成低密度可编程逻辑器件(LDPLD)和高密度可编程器件(HDPLD)。常见的高密度可编程逻辑器件有 CPLD(复杂的 PLD)以及 FPGA(现场可编程门阵列)等。

CPLD:以乘积项结构方式构成逻辑行为的器件称为 CPLD,如 Lattice 的 ispLSI 系列、ispMACH 4000V/B/C 系列;Xilinx 的 XC9500 系列;Altera 的 MAX7000S 系列等。

FPGA:以查表法结构方式构成逻辑行为的器件称为 FPGA,如 Xilinx XC4000 FPGA 系列、Altera 的 FLEX10K 或 ACEX1K 系列等。

ISP 技术是 20 世纪 90 年代发展起来的新技术,其特点是在系统可编程,可以先装配后编程,且成为产品之后还可反复编程。

Lattice 公司的 ispLSI 类型器件是基于与或阵列结构的复杂的 PLD 产品,它有若干系列,以基本系列 ispLSI1000 为例介绍芯片的结构和工作原理。每种芯片都是由若干大块组成的,大块之间通过全局布线区 GRP 连接起来,每个大块包含若干万能逻辑块 GLB、输出布线区 ORP、若干个 I/O 引脚和专用输入引脚等。

在系统器件的编程是对器件内 E^2CMOS 元件阵列置 0 或置 1，与普通编程操作基本相同，都是逐行进行的。对每行的编程步骤依次是：按地址和命令将 JED 文件中的数据自 SDI 端串行输入数据寄存器；将编程数据写进 E^2CMOS 逻辑单元；将写入的数据自 SDO 移出进行校验。编程由一个编程状态机来控制编程操作的执行。

ISP 技术实质上是一种串行编程技术，利用 ISP 技术可完全摆脱编程器。可利用 PC 的 I/O 口编程，与 ISP 器件之间只需 5 根信号线。也可利用目标板上的微处理器编程。对于多片 ISP 芯片的编程，一般采用一种特殊的串行编程方式，即菊花链结构（Daisy Chain），其硬件接口简单，效率最高，也最容易实现。

FPGA 是现场可编程门阵列。所谓现场可编程，是指用户在自己的工作室内编程。

不同公司生产的 FPGA 器件在结构和性能上不尽相同。例如 Altera 和 Xilinx 主要生产一般用途的 FPGA，其主要产品采用 RAM 工艺。而 Actel 主要提供非易失性 FPGA，产品主要基于反熔丝工艺和 Flash 工艺，主要应用于军品和宇航级市场。

Xilinx 公司是 FPGA 发明者，也是全球领先的可编程逻辑器件及完整解决方案供应商，提供了类型多样、功能强大的 FPGA 器件，以及软件设计工具和丰富的 IP 核，在众多领域得到了广泛的应用。

FPGA 的内部结构主要由三种可编程单元（可配置逻辑块（CLB）、可编程输入/输出块（IOB），可编程连线资源（PI））和一个用于存放编程数据的静态存储器组成。本章中讨论了 Xilinx 公司的 XC4000 系列 FPGA 的基本结构、工作原理以及配置过程。目前，Xilinx 公司的主流 FPGA 有两大类：一类侧重低成本应用，容量中等，性能可以满足一般的逻辑设计要求，例如以 XC4000 系列结构为基础的 Spartan 系列；另外一类则侧重于高性能应用，容量大，性能满足各类高端应用，例如 Virtex 系列，其系统门数从 5 万门到 100 多万门，最大用户 I/O 数最多超过 500 个，突破了传统 FPGA 的密度和性能限制，使 FPGA 不仅仅是逻辑模块，而成为一种系统元件。

7.7　习题与思考题

1. FPGA 和 CPLD 各是什么意思？它们之间有何区别？

2. 简述 ISP 技术的特点及优越性。

3. ISP 器件有哪些类型产品？各有什么特点？

4. 简述万能逻辑块 GLB 的 5 种组态的特点。

5. 现有一个 ispLSI1016、一个 ispGDS14、一个 ispGAL22V10 器件，请设计一种菊花链配置的方案。

6. FPGA 的产品有哪些？特点是什么？

7. 叙述一下 Xilinx 公司的 XC4000 系列 FPGA 的基本结构、工作原理以及配置过程。

附录A VHDL 基本语句及设计实例

A.1 顺 序 语 句

顺序语句是相对并行语句而言的,只能出现在进程、函数和过程中,执行的顺序和书写的顺序基本一致,也可以称之为行为描述语句。

1. 赋值语句

(1) 信号赋值语句。

目标信号名<=表达式 AFTER 时间量

(2) 变量赋值语句。

目标变量名:=表达式

2. CASE 语句

```
CASE 表达式  IS
    WHEN  选择值或标识符  =>  <顺序语句>;…;<顺序语句>;
    WHEN  选择值或标识符  =>  <顺序语句>;…;<顺序语句>;
      ⋮
    WHEN  OTHERS  =>  <顺序语句>;…;<顺序语句>;
END CASE;
```

3. IF 语句

```
(1) IF  条件句  THEN
       顺序语句;
     END  IF;
```

```
(2) IF  条件句  THEN
       顺序语句;
       ELSE
       顺序语句;
     END  IF;
```

```
(3) IF  条件句  THEN
     IF  条件句  THEN
       ⋮
     END  IF;
     END  IF;
```

（4）IF　条件句　THEN
　　　顺序语句；
　　　ELSIF　条件句　THEN
　　　顺序语句；
　　　　⋮
　　　ELSE
　　　顺序语句；
　　　END　IF；

4. LOOP　语句

（1）单个 LOOP 语句。

```
[LOOP 标号：] LOOP
            顺序语句；
        END　LOOP[LOOP 标号];
```

例如：

```
  ⋮
L2: LOOP
  a: = a + 1;
  EXIT  L2   WHEN  a > 10;
  END   LOOP  L2;
```

（2）FOR_LOOP 语句。

```
[LOOP 标号：]FOR  循环变量   IN   循环次数范围 LOOP
            顺序语句；
        END LOOP[LOOP 标号];
```

其他还有 WHILE　LOOP 语句,格式如下：

```
WHILE   条件   LOOP
  顺序语句；
END   LOOP;
```

5. NEXT 语句

NEXT 语句主要用在 LOOP 语句执行中进行有条件的或无条件的转向控制。它的语句格式有以下三种：

```
NEXT;
NEXT   LOOP 标号;
NEXT   LOOP 标号   WHEN   条件表达式;
```

6. EXIT 语句

EXIT 语句与 NEXT 具有十分相似的语句格式和跳转功能,它们都是 LOOP 的内部循环控制语句。EXIT 的语句格式如下：

```
EXIT;
EXIT   LOOP 标号;
EXIT   LOOP 标号   WHEN   条件表达式;
```

VHDL 基本语句及设计实例

NEXT 语句是转向 LOOP 语句的起始点,而 EXIT 语句则是转向 LOOP 语句的终点。

7. NULL 语句

NULL 语句不完成任何操作,常用于 CASE 语句中。

A.2 并 行 语 句

并行语句在结构体中的执行是同步的,执行顺序与书写顺序无关。

1. 并行信号赋值语句

(1) 简单信号赋值语句。

赋值目标<＝表达式

(2) 条件赋值语句。

赋值目标<＝表达式 1　WHEN 赋值条件 1 ELSE
　表达式 2　WHEN 赋值条件 2 ELSE
　　　⋮
　表达式 n;

(3) 选择信号赋值语句。

WITH　选择表达式　SELECT
　赋值目标<＝表达式 1　WHEN　选择值 1,
　　　　　表达式 2　WHEN　选择值 2,
　　　　　　⋮
　　　　　表达式 n−1　WHEN　选择值 n−1,
　　　　　表达式 n　WHEN　OTHERS;

2. 进程语句

[进程标号:]PROCESS　[(敏感信号参数表)]
　　　　[进程说明部分]
　　　　BEGIN
　　　　　顺序描述语句;
　　　　END　PROCESS[进程标号];

3. 元件例化语句

元件例化语句分两个部分,前一部分是将一个现成的设计实体定义为一个元件,后一部分是此元件的输入、输出与当前设计实体中的端口或信号连接的说明,其格式如下。

第一部分:

COMPONENT　元件名
GENERIC(类属表)
PORT(端口名表);
END　COMPONENT;

第二部分:

例化名:元件名　PORT　MAP([端口名 ＝>]连接端口名,⋯);

例如：

```
    LIBRARY   IEEE;
    USE IEEE.STD_LOGIC_1164.ALL;
    ENTITY and2m IS
    PORT(a,b: IN STD_LOGIC;
         c:OUT   STD_LOGIC);
    END   and2m;
    ARCHITECTURE   and2m_a   OF   and2m   IS
    BEG1N
       c<=a   AND   b;
    END   and2m_a;
----------------------------------------
LIBRARY IEEE;
USE IEEE.STD_LOGIC_1164.ALL;
ENTITY   ordm IS
PORT(a1,b1,c1,d1:IN STD_LOGIC;
  z1:OUT STD_LOGIC);
END ordm;
ARCHITECTURE ordm_a   OF   ordm   IS
COMPONENT and2m
PORT(a,b: IN STD_LOGIC;
     c:OUT   STD_LOGIC);
END COMPONENT;
SIGNAL x,y:STD_LOGIC;
BEGIN
  U1:and2m   PORT MAP(a1,b1,x);                 -- 位置关联
  U2:and2m   PORT MAP(a=>c1,c=>y,b=>d1);        -- 名字关联
  U3:and2m   PORT MAP(x,y,c=>z1);               -- 混合关联
END ordm_a;
```

4. 生成语句
生成语句有复制功能，可以用来产生多个相同的结构，格式如下：

（1）[标号：]FOR   变量   IN   取值范围   GENERATE
　　　　　说明部分；
　　　　　并行语句；
　　　　　END   GENERATE[标号]；

（2）[标号：]IF   条件 GENERATE
　　　　　说明部分；
　　　　　并行语句；
　　　　　END   GENERATE[标号]；

生成参数是一个局部变量，在使用时不需要预先声明，它会根据取值范围自动递增或递减。
　　例如：

```
LIBRARY IEEE;
USE IEEE.STD_LOGIC_1164.ALL;
ENTITY comp  IS
PORT(x,y:IN STD_LOGIC;
       w:OUT STD_LOGIC);
END  comp;
ARCHITECTURE comp_a  OF  comp  IS
BEGIN
    w <= '1' WHEN x > y ELSE'0';
END comp_a;
```

利用一位比较器生成一组并列的 8 位比较器
(见图 A-1):

```
LIBRARY IEEE;
USE IEEE.STD_LOGIC_1164.ALL;
ENTITY  commp  IS
PORT(x,y:IN STD_LOGIC_VECTOR(7 DOWNTO 0);
       w:OUT STD_LOGIC_VECTOR(7 DOWNTO 0));
END commp;
ARCHITECTURE commp_a  OF  commp  IS
COMPONENT  comp
PORT(x,y:IN STD_LOGIC;  w:OUT  STD_LOGIC);
END COMPONENT;
SIGNAL c:STD_LOGIC_VECTOR(7 DOWNTO 0);
  BEGIN
    M1:FOR i  IN  7 DOWNTO 0  GENERATE
    U1:comp  PORT MAP(x => x(i),y => y(i),
                       w => c(i));
    END GENERATE;
      w <= c;
END commp_a;
```

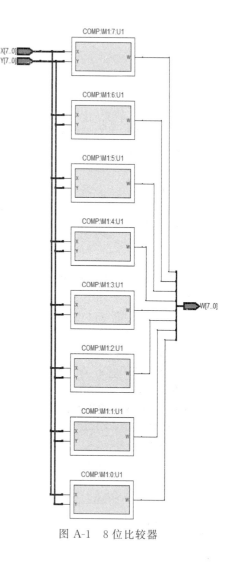

图 A-1 8 位比较器

A.3 属性描述与定义语句

GENERIC 参数定义语句如下:

传递类属值,可以用来很方便地改变一个设计实体或一个元件的内部电路结构和规模。
定义语句格式如下:

GENERIC(常数名:数据类型[:设定值]{;常数名:数据类型[:设定值]});

在传递参数时,必须使用参数传递映射语句 GENERIC MAP(常数名 => 参数),此语
句一般与元件例化语句中的端口映射语句 PORT MAP()联合使用。语句格式如下:

例化名:元件名 GENERIC MAP(类属表) PORT MAP([端口名 =>]连接端口名,…);

具体使用方法可以参考 CPU 基本部件设计举例。

数据类型定义语句如下:

(1) 限定性数组定义。

TYPE 数组名 IS ARRAY (数组范围)OF 基本数据类型;

例如：TYPE stb IS ARRAY (7 DOWNTO 0)OF STD_LOGIC;此数组的名字是 stb,它有 8 个元素,stb(7),stb(6),…,stb(0),每个元素的数据类型都是 STD_LOGIC 类型的。

(2) 非限定性数组定义。

TYPE 数组名 IS ARRAY (数组下标名 RANGE <>)OF 数据类型;

例如：TYPE BIT_VECTOR IS ARRAY(NATURAL RANGE<>OF BIT;

(3) 枚举型数据定义。

TYPE 数据类型名 IS 数据类型定义表述;

例如：TYPE m_STATE IS (ST0,ST1,ST2,ST3,ST4,ST5);

SIGNAL present_STATE,next_STATE: m_STATE;

(4) 子类型数据定义。

SUBTYPE 子类型名 IS 基本数据类型 RANGE 约束范围;

子类型定义中的基本数据类型必须是已有过 TYPE 定义过的类型。

A.4　触发器的 VHDL 描述

1. 基本 RS 触发器的 VHDL 描述

基本 RS 触发器由两个与非门交叉连接而成,触发器状态的改变直接受控于激励信号 $\bar{R}$ 和 $\bar{S}$,属于直接电平触发方式。为了区分触发器的现态和次态,表达式中使用符号 Q^n 和 Q^{n+1} 表示,在 VHDL 描述中不能使用上标,要用不同的名称表示。下面给出基本 RS 触发器的一种数据流描述方法。

```
LIBRARY IEEE;
USE IEEE.STD_LOGIC_1164.ALL;
ENTITY rs_ff_1 IS
  PORT(r,s:IN STD_LOGIC;
      q,qb:BUFFER STD_LOGIC);
END rs_ff_1;
ARCHITECTURE rtl_rs_ff_1 OF rs_ff_1 IS
BEGIN
  q <= s NAND qb;
  qb <= r NAND q;
END  rtl_rs_ff_1;
```

描述中用 q 和 qb 表示触发器的两个互补输出端,因为 q 和 qb 要反馈到与非门的输入端,所以不能使用 OUT 类型,这里使用了可以反馈的 BUFFER 类型。描述中用的是两个并行赋值语句,只要语句的激励信号发生变化,语句就会执行。因此,当输入 r 或 s 发生变化时,就会导致输出变化(无论 q 先变,还是 qb 先变),这种变化又会使另一个语句的输入变化并开始执行。考虑到电路存在延时,输出的变化需要一段时间,在这段时间内,两个方程

VHDL 基本语句及设计实例

就会交替执行,直到输出稳定。

根据基本 RS 触发器的次态真值表(见表 4-2),也可以用 VHDL 行为描述方式对其进行描述,源程序如下:

```
LIBRARY IEEE;
USE IEEE.STD_LOGIC_1164.ALL;
ENTITY rs_ff_1 IS
  PORT(r,s:IN STD_LOGIC;
       q,qb:BUFFER STD_LOGIC);
END rs_ff_1;
ARCHITECTURE behave_rs_ff_1 OF rs_ff_1 IS
  SIGNAL rs:STD_LOGIC_VECTOR(1 DOWNTO 0);
BEGIN
  PROCESS(r,s)
  BEGIN
    rs <= r&s;
    CASE rs IS
      WHEN "00" => q <= 'X'; qb <= 'X';
      WHEN "01" => q <= '0'; qb <= '1';
      WHEN "10" => q <= '1'; qb <= '0';
      WHEN "11" => q <= q; qb <= qb;
    END CASE;
  END PROCESS;
END   behave_rs_ff_1;
```

2. 同步 RS 触发器的 VHDL 描述

同步 RS 触发器的输出变化受同步时钟 CP 的控制。当 CP=0 时,触发器处于保持状态;当 CP=1 时,触发器的状态随 R 和 S 变化,属于电平触发方式,这种类型的触发器也称为锁存器,如常用的有 D 锁存器等。下面给出同步 RS 触发器的一种数据流描述方法,该描述方法与同步 RS 触发器的原理图(见图 4-5)对应,容易理解。

```
LIBRARY IEEE;
USE IEEE.STD_LOGIC_1164.ALL;
ENTITY rs_ff_2 IS
  PORT(r,s,cp:IN STD_LOGIC;
       q,qb:BUFFER STD_LOGIC);
END rs_ff_2;
ARCHITECTURE rtl_rs_ff_2 OF rs_ff_2 IS
  signal s1,r1:STD_LOGIC;
BEGIN
  s1 <= s NAND cp;
  r1 <= r NAND cp;
  q <= s1 NAND qb;
  qb <= r1 NAND q;
END   rtl_rs_ff_2;
```

根据同步 RS 触发器的次态真值表(见表 4-4),也可以用 VHDL 行为描述方式对其进行描述,源程序如下:

```
LIBRARY IEEE;
USE IEEE.STD_LOGIC_1164.ALL;
ENTITY rs_ff_2 IS
```

```
      PORT(r,s,cp:IN STD_LOGIC;
           q,qb:BUFFER STD_LOGIC);
END rs_ff_2;
ARCHITECTURE behave_rs_ff_2 OF rs_ff_2 IS
    signal rs:STD_LOGIC_VECTOR(1 DOWNTO 0);
BEGIN
    PROCESS(cp,r,s)
    BEGIN
      rs <= r& s;
      IF (cp = '1') THEN
        CASE rs IS
          WHEN "00" => q <= q; qb <= qb;
          WHEN "01" => q <= '1'; qb <= '0';
          WHEN "10" => q <= '0'; qb <= '1';
          WHEN "11" => q <= 'X'; qb <= 'X';
        END CASE;
      ELSE
        q <= q;
        qb <= qb;
      END IF;
    END PROCESS;
END   behave_rs_ff_2;
```

3. 基本 JK 触发器的 VHDL 描述

基本 JK 触发器只有在时钟信号 CP 的上升沿(或下降沿)到来时,才会根据 J 和 K 的值进行状态翻转,下面给出基本 JK 触发器的一种 VHDL 行为描述,并以此为例介绍时钟信号边沿的 VHDL 描述方法。

```
LIBRARY IEEE;
USE IEEE.STD_LOGIC_1164.ALL;
ENTITY ff_jk_basic IS
    PORT(j,k:IN STD_LOGIC;
         cp:IN STD_LOGIC;
         q,qb:OUT STD_LOGIC);
END ff_jk_basic;
ARCHITECTURE behave_ff_jk_basic OF ff_jk_basic IS
    SIGNAL q_jk:STD_LOGIC;
BEGIN
    PROCESS(j,k,cp)
    BEGIN
      IF (cp'EVENT AND cp = '1') THEN
        IF (j = '0' AND k = '0') THEN q_jk <= q_jk;
        ELSIF (j = '0' AND k = '1') THEN q_jk <= '0';
        ELSIF (j = '1' AND k = '0') THEN q_jk <= '1';
        ELSIF (j = '1' AND k = '1') THEN q_jk <= NOT q_jk;
        END IF;
      END IF;
    END PROCESS;
    q <= q_jk;
```

```
qb < = NOT q_jk;
END behave_ff_jk_basic;
```

程序中采用了信号的 EVEN 属性描述的时钟上升沿,EVEN 属性可以在一个极小的时间段内对信号所发生的事件情况进行检测,若信号有事件发生,则返回 TRUE,否则返回 FALSE。

CP'EVENT 表示对 CP 信号在当前一个极小的时间段内所发生的事件进行检测,即用来检测时钟的边沿。CP'EVENT 返回 TRUE 后,再根据 CP 当前的电平值即可进一步判断是上升沿还是下降沿,即 CP'EVENT AND CP = '1'表示时钟上升沿,CP'EVENT AND CP = '0'表示时钟下降沿。

此外,VHDL 还预定义了两个函数 RISING_EDGE()、FALLING_ EDGE(),利用这两个函数也可以方便地检测信号的变化。RISING_EDGE(CP)表示时钟 CP 的上升沿,与 CP' EVENT AND CP = '1'等价;FALLING_ EDGE(CP)表示时钟 CP 的下降沿,与 CP' EVENT AND CP = '0'等价。

4. 同步置位/复位 JK 触发器的 VHDL 描述

同步置位/复位是指,置位/复位信号受时钟信号的控制,只有当有效的时钟信号到来时,如果此时置位/复位信号有效才能使触发器置位/复位。下面是同步置位/复位 JK 触发器的一种 VHDL 行为描述,其中 rd 和 sd 为同步复位和同步置位信号。

```
LIBRARY IEEE;
USE IEEE.STD_LOGIC_1164.ALL;
ENTITY jk_ff_syn IS
    PORT(j,k:IN STD_LOGIC;
        cp,rd,sd:IN STD_LOGIC;
        q,qb:OUT STD_LOGIC);
END jk_ff_syn ;
ARCHITECTURE behave_jk_ff_syn OF jk_ff_syn IS
    SIGNAL q_jk:STD_LOGIC;
BEGIN
    PROCESS(cp)
    BEGIN
        IF(cp'EVENT AND cp = '1') THEN
            IF (rd = '0') THEN q_jk < = '0';
            ELSIF (sd = '0') THEN q_jk < = '1';
            ELSIF (j = '0' AND k = '0') THEN q_jk < = q_jk;
            ELSIF (j = '0' AND k = '1') THEN q_jk < = '0';
            ELSIF (j = '1' AND k = '0') THEN q_jk < = '1';
            ELSIF (j = '1' AND k = '1') THEN q_jk < = NOT q_jk;
            END IF;
        END IF;
    END PROCESS;
    q < = q_jk;
    qb < = NOT q_jk;
END behave_jk_ff_syn;
```

程序采用了嵌套的 IF 语句结构,对时钟信号上升沿的判断放在外层,对置位/复位信号的判断放在内层,这样就可以使置位/复位信号受时钟信号的同步控制。因为只有当 cp 变化时，输出才有可能变化，所以程序中只需要将 cp 作为敏感信号。

5. 异步置位/复位 JK 触发器的 VHDL 描述

异步置位/复位是指，置位/复位信号不受时钟信号的控制，任何时候只要置位/复位信号有效，就可以使触发器立刻置位/复位，而与当前时钟信号是否有效无关。下面是异步置位/复位 JK 触发器的一种 VHDL 行为描述，其中 rd 和 sd 为同步复位和同步置位信号。

```
LIBRARY IEEE;
USE IEEE. STD_LOGIC_1164. ALL;
ENTITY jk_ff_asyn IS
    PORT(j,k:IN STD_LOGIC;
         cp,rd,sd:IN STD_LOGIC;
         q,qb:OUT STD_LOGIC);
END jk_ff_asyn;
ARCHITECTURE behave_ff_jk_asyn OF jk_ff_asyn IS
    SIGNAL q_jk:STD_LOGIC;
BEGIN
    PROCESS(rd,sd,cp)
    BEGIN
        IF (rd = '0') THEN q_jk <= '0';
        ELSIF (sd = '0') THEN q_jk <= '1';
        ELSIF (cp'EVENT AND cp = '1') THEN
            IF (j = '0' AND k = '0') THEN q_jk <= q_jk;
            ELSIF (j = '0' AND k = '1') THEN q_jk <= '0';
            ELSIF (j = '1' AND k = '0') THEN q_jk <= '1';
            ELSIF (j = '1' AND k = '1') THEN q_jk <= NOT q_jk;
            END IF;
        END IF;
    END PROCESS;
    q <= q_jk;
    qb <= NOT q_jk;
END behave_ff_jk_asyn;
```

程序中将对置位/复位信号的判断放在嵌套 IF 语句的外层，将对时钟信号上升沿的判断放在内层，这样就可以使置位/复位信号不受时钟信号的控制，从而实现异步置位/复位。程序中需要将 rd、sd 和 cp 都作为敏感信号放到进程的敏感信号列表中。

A. 5　CPU 基本部件设计举例

CPU 是计算机硬件结构中一个非常核心的部件。对于一个采用单总线系统结构的 CPU 来说，其基本功能模块主要包括：寄存器阵列、运算器、移位器、输出寄存器、程序计数器、指令寄存器、地址寄存器、比较器和控制器，还有一些对应的输入输出模块。所有这些模块共用一组三态数据总线，系统的控制信息由控制器通过单独的通道分别传给各模块。在这其中控制器设计相对较难，可以利用 VHDL 的有限状态机描述，完成从外部存储器读取指令，然后对指令进行译码，向各功能模块发出对应的控制命令。由于控制器的设计涉及指令系统的设计，因此控制器的设计可以作为课程实践或创新实践项目的内容完成。以下仅介绍 CPU 设计时的一些基本部件模块，这些模块功能比较简单，读者可以根据需要增加复杂的功能,并自行进行仿真测试。

1. 基本寄存器与寄存器阵列组

在寄存器阵列中,共设计了三种不同受控方式的寄存器。

(1)只有锁存控制时钟的寄存器。这类寄存器可以担任 CPU 中的缓冲寄存器或指令寄存器。VHDL 程序如下:

```
LIBRARY IEEE;
USE IEEE.STD_LOGIC_1164.ALL;
ENTITY reg_a IS
GENERIC (WIDTH:INTEGER:=8);
PORT(a:IN STD_LOGIC_VECTOR(WIDTH-1 DOWNTO 0);
      clk:IN STD_LOGIC;
      q:OUT STD_LOGIC_VECTOR(WIDTH-1 DOWNTO 0));
END reg_a;
ARCHITECTURE behave OF reg_a IS
 BEGIN
 PROCESS(clk,a)
  BEGIN
   IF RISING_EDGE(clk) THEN q<=a;
   END IF;
  END PROCESS;
END behave;
```

(2)含三态输出控制的寄存器。此类寄存器可以担任运算结果寄存器,输出数据接数据总线。VHDL 程序如下:

```
LIBRARY IEEE;
USE IEEE.STD_LOGIC_1164.ALL;
USE IEEE.STD_LOGIC_UNSIGNED.ALL;
ENTITY reg_b IS
   GENERIC (WIDTH:INTEGER:=8);
   PORT(a:IN STD_LOGIC_VECTOR(WIDTH-1 DOWNTO 0);
       clk,rst,en:IN STD_LOGIC;
       q:OUT STD_LOGIC_VECTOR(WIDTH-1 DOWNTO 0));
END reg_b;
ARCHITECTURE behave OF reg_b IS
SIGNAL c:STD_LOGIC_VECTOR(WIDTH-1 DOWNTO 0);
 BEGIN
 PROCESS(clk,a,rst)
   BEGIN
   IF rst='1' THEN c<=(OTHERS=>'0');
     ELSIF RISING_EDGE(clk) THEN c<=a;
     END IF;
   END PROCESS;
 PROCESS(en,c)
   BEGIN
    IF en='1' THEN q<=c;
             ELSE q<=(OTHERS=>'Z');
    END IF;
 END PROCESS;
END behave;
```

（3）含清零和数据锁存同步使能控制的寄存器。此类寄存器可以担任地址寄存器、PC寄存器和工作寄存器。VHDL 程序如下：

```
LIBRARY IEEE;
USE IEEE.STD_LOGIC_1164.ALL;
USE IEEE.STD_LOGIC_UNSIGNED.ALL;
ENTITY reg_c IS
    GENERIC (WIDTH:INTEGER: = 8);
    PORT(a:IN STD_LOGIC_VECTOR(WIDTH - 1 DOWNTO 0);
        clk,rst,load:IN STD_LOGIC;
        q:OUT STD_LOGIC_VECTOR(WIDTH - 1 DOWNTO 0));
END reg_c;
ARCHITECTURE behave OF reg_c IS
BEGIN
  PROCESS(clk,a,rst)
  BEGIN
  IF rst = '1' THEN q < = (OTHERS = >'0');
    ELSIF RISING_EDGE(clk) THEN
      IF load = '1' THEN   q < = a;
        END IF;
      END IF;
    END PROCESS;
END behave;
```

2. 运算器

运算器单元（ALU）的模块符号如图 A-2 所示，opa 和 opb 是运算器的操作数输入端口，操作数的宽度可以根据 CPU 的规模进行修改，只需将 WIDTH 参数修改即可。result 为运算器的结果输出端口，直接与移位器输入口相连，flag 是加法运算进位或减法运算借位标志。4 位控制信号 sel[3..0] 来自控制器，用于选择运算器的运算功能。ALU 的 VHDL 程序如下：

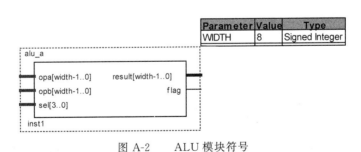

Parameter	Value	Type
WIDTH	8	Signed Integer

图 A-2　　ALU 模块符号

```
LIBRARY IEEE;
USE IEEE.STD_LOGIC_1164.ALL;
USE IEEE.STD_LOGIC_UNSIGNED.ALL;
------------------------------------------------
ENTITY alu_a IS
GENERIC (WIDTH:INTEGER: = 8);
PORT(opa,opb:IN STD_LOGIC_VECTOR(WIDTH - 1 DOWNTO 0);
      sel:IN STD_LOGIC_VECTOR(3 DOWNTO 0);
```

VHDL 基本语句及设计实例

```
        result:OUT STD_LOGIC_VECTOR(WIDTH − 1 DOWNTO 0);
        flag:OUT STD_LOGIC);
END alu_a;
-------------------------------------------------
ARCHITECTURE behave OF alu_a IS
SIGNAL result1:STD_LOGIC_VECTOR(WIDTH DOWNTO 0);
CONSTANT ALUPASS:STD_LOGIC_VECTOR(3 DOWNTO 0): = "0000";
CONSTANT opaND:STD_LOGIC_VECTOR(3 DOWNTO 0): = "0001";
CONSTANT OPOR:STD_LOGIC_VECTOR(3 DOWNTO 0): = "0010";
CONSTANT OPNOT:STD_LOGIC_VECTOR(3 DOWNTO 0): = "0011";
CONSTANT OPXOR:STD_LOGIC_VECTOR(3 DOWNTO 0): = "0100";
CONSTANT opaDD:STD_LOGIC_VECTOR(3 DOWNTO 0): = "0101";
CONSTANT OPSUB:STD_LOGIC_VECTOR(3 DOWNTO 0): = "0110";
CONSTANT OPINC:STD_LOGIC_VECTOR(3 DOWNTO 0): = "0111";
CONSTANT OPDEC:STD_LOGIC_VECTOR(3 DOWNTO 0): = "1000";
CONSTANT OPZERO:STD_LOGIC_VECTOR(3 DOWNTO 0): = "1001";
BEGIN
    PROCESS(opa,opb,sel)
      BEGIN
        CASE sel IS
            WHEN   ALUPASS  = > result < = opa;
            WHEN   opaND    = > result < = opa AND opb;
            WHEN   OPOR     = > result < = opa OR opb;
            WHEN   OPNOT    = > result < = NOT opa;
            WHEN   OPXOR    = > result < = opa XOR opb;
            WHEN   opaDD    = > result1 < = ('0'&opa) +  '0'&opb);
                             flag < = result1(WIDTH);
                             result < = result1(WIDTH − 1 DOWNTO 0);
            WHEN   OPSUB    = > result1 < = ('0'&opa)  − ('0'& opb);
                             flag < = result1(WIDTH);
                             result < = result1(WIDTH − 1 DOWNTO 0);
            WHEN   OPINC    = > result < = opa + 1;
            WHEN   OPDEC    = > result < = opa − 1;
            WHEN   OPZERO   = > result < = (OTHERS = >'0');
            WHEN OTHERS     = > result < = (OTHERS = >'0');
        END CASE;
    END PROCESS;
END BEHAVE;
```

3. 移位器

移位器在 CPU 中主要完成移位和循环移位操作。移位器对输入的数据可以实现左移、右移、左循环移和右循环移 4 种操作。此移位器还有一个功能就是通过控制,允许数据直接输出,即数据直通,不执行任何移位操作。ALU 也有这个功能。VHDL 程序如下:

```
ENTITY shifter IS
GENERIC (WIDTH:INTEGER: = 8);
PORT(a:IN STD_LOGIC_VECTOR(WIDTH − 1 DOWNTO 0);
    sel:IN STD_LOGIC_VECTOR(2 DOWNTO 0);
    b:OUT STD_LOGIC_VECTOR(WIDTH − 1 DOWNTO 0));
END shifter;
```

```
ARCHITECTURE behave OF shifter IS
CONSTANT    SHIFTPASS:STD_LOGIC_VECTOR(2 DOWNTO 0): = "000";
CONSTANT    SHIFTLEFT:STD_LOGIC_VECTOR(2 DOWNTO 0): = "001";
CONSTANT    SHIFTRIGHT:STD_LOGIC_VECTOR(2 DOWNTO 0): = "010";
CONSTANT    ROTATELEFT:STD_LOGIC_VECTOR(2 DOWNTO 0): = "011";
CONSTANT    ROTATERIGHT:STD_LOGIC_VECTOR(2 DOWNTO 0): = "100";
    BEGIN
    PROCESS(a,sel)
        BEGIN
        CASE sel IS
            WHEN    SHIFTPASS    = > b < = a;
        WHEN    SHIFTLEFT    = > b < = a(WIDTH − 2 DOWNTO 0)&'0';
        WHEN    SHIFTRIGHT   = > b < = '0'&a(WIDTH − 1 DOWNTO 1);
        WHEN    ROTATELEFT   = > b < = a(WIDTH − 2 DOWNTO 0)&a(WIDTH − 1);
        WHEN    ROTATERIGHT = > b < = a(0)&a(WIDTH − 1 DOWNTO 1);
        WHEN    OTHERS        = > b < = (OTHERS = >'0');
        END CASE;
        END PROCESS;
END behave;
```

4. 存储器

与 CPU 接口的外部存储器可以采用 LPM 模块,容量和端口选择如图 A-3 所示,8 位数据宽度,512 位深度。数据输入端接数据总线,输出端接三态控制门,三态门的输出端仍然接数据总线。地址端口接地址总线,wren 接来自控制器的读写控制信号,时钟输入端接节拍发生器产生的节拍信号。

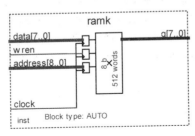

图 A-3　存储器模块

如果要实现一个完整的 CPU 功能,首先必须要确定此处理器的工作(或控制)对象,然后根据 CPU 需要的程序功能确定 CPU 应该具备哪些功能,针对这些功能设计指令系统,以及指令的具体格式。控制器按照指令系统的内容,对每条指令负责译码、生成各种"微操作"命令,控制 CPU 中的其他功能模块。目前市面上介绍 CPU 设计的 EDA 书籍很多,读者可以自行参考相关资料完成 CPU 的后续设计步骤。

VHDL基本语句及设计实例

参 考 文 献

[1] 秦曾煌.电工学下册,电子技术[M].6版.北京:高等教育出版社,2003.
[2] ROTH C H.逻辑设计基础[M].解晓萌,黎永志,王坤,等译.5版.北京:机械工业出版社,2005.
[3] 罗会昌,周新云.电子技术(电工学,Ⅱ)[M].4版.北京:机械工业出版社,2009.
[4] 姜雪松,吴钰淳,王鹰.VHDL设计实例与仿真[M].北京:机械工业出版社,2007.
[5] 徐惠民,安德宁.数字逻辑设计与VHDL描述[M].2版.北京:机械工业出版社,2010.
[6] 欧阳星明.数字逻辑[M].3版.武汉:华中科技大学出版社,2007.
[7] 阎石.数字电子技术基础[M].4版.北京:高等教育出版社,1998.
[8] 鲍可进,赵不贿,赵念强.数字逻辑电路分析与设计[M].南京:东南大学出版社,1999.
[9] 姜雪松,吴钰淳,王鹰,等.VHDL设计实例与仿真[M].北京:机械工业出版社,2007.
[10] 邹彦,庄严,邹宁,等.EDA技术与数字系统设计[M].北京:电子工业出版社,2007.
[11] 赵俊超.集成电路设计VHDL教程[M].北京:北京希望电子出版社,2002.
[12] 朱勇.数字逻辑[M].北京:中国铁道出版社,2005.
[13] 刘笃仁.用ISP器件设计现代电路与系统[M].西安:西安电子科技大学出版社,2002.
[14] JOHN F W.数字设计——原理与实践(影印版)[M].3版.北京:高等教育出版社,2001.
[15] 黄志强,潘天保,吴鹏,等.Xilinx可编程逻辑器件的应用与设计[M].北京:机械工业出版社,2007.
[16] 马义忠,常蓬彬,马浚,等.数字电路逻辑设计[M].北京:人民邮电出版社,2007.
[17] 黄正瑾,徐坚,章小丽等.CPLD系统设计技术入门与应用[M].北京:电子工业出版社,2002.
[18] 朱明程,董尔令.可编程逻辑器件原理及应用[M].西安:西安电子科技大学出版社,2004.
[19] 徐惠民,安德宁,延明.数字电路与逻辑设计[M].北京:人民邮电出版社,2009.
[20] ALAN B M.逻辑设计基础[M].殷洪玺,刘新元,禹莹,等译.2版.北京:清华大学出版社,2006.
[21] 田耘,徐文波,胡彬,等.Xilinx ISE Design Suite 10.x FPGA开发指南——逻辑设计篇[M].北京:人民邮电出版社,2008.
[22] 何伟.现代数字系统实验及设计[M].重庆:重庆大学出版社,2005.

图 书 资 源 支 持

感谢您一直以来对清华版图书的支持和爱护。为了配合本书的使用,本书提供配套的资源,有需求的读者请扫描下方的"书圈"微信公众号二维码,在图书专区下载,也可以拨打电话或发送电子邮件咨询。

如果您在使用本书的过程中遇到了什么问题,或者有相关图书出版计划,也请您发邮件告诉我们,以便我们更好地为您服务。

我们的联系方式:

地　　址:北京市海淀区双清路学研大厦 A 座 714

邮　　编:100084

电　　话:010-83470236　010-83470237

客服邮箱:2301891038@qq.com

QQ:2301891038(请写明您的单位和姓名)

资源下载:关注公众号"书圈"下载配套资源。

资源下载、样书申请

书 圈

图书案例

清华计算机学堂

观看课程直播